全国医药类高职高专"十三五"规划教材·药学类专业

U0719634

分析化学 （第2版）

主　编　陈素娥　郭丽霞
副主编　闫冬良　叶桦珍　桂劲松
编　者　（以姓氏笔画为序）
　　　　叶桦珍　福建卫生职业技术学院
　　　　闫冬良　南阳医学高等专科学校
　　　　朱开梅　桂林医学院
　　　　刘晓琴　汉中职业技术学院
　　　　纪从兰　安徽中医药高等专科学校
　　　　李慧芳　山西职工医学院
　　　　杨　阳　黑龙江护理高等专科学校
　　　　陈素娥　山西职工医学院
　　　　张文新　山西职工医学院
　　　　张学东　首都医科大学燕京医学院
　　　　桂劲松　桂林医学院
　　　　郭丽霞　邢台医学高等专科学校

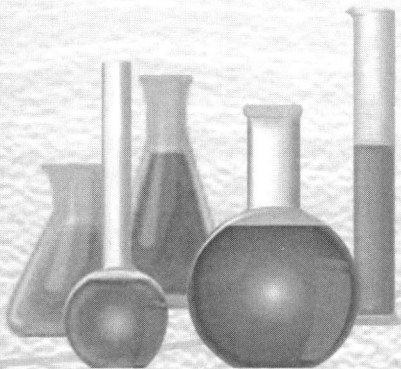

西安交通大学出版社
XI'AN JIAOTONG UNIVERSITY PRESS

图书在版编目(CIP)数据

分析化学/陈素娥,郭丽霞主编. —2 版. —西安:西安交通大学
出版社,2017.6
全国医药类高职高专"十三五"规划教材·药学类专业
ISBN 978 - 7 - 5605 - 9591 - 7

Ⅰ.①分… Ⅱ.①陈…②郭… Ⅲ.①分析化学-高等
职业教育-教材 Ⅳ.①O65

中国版本图书馆 CIP 数据核字(2017)第 080944 号

书　　名	分析化学(第 2 版)	
主　　编	陈素娥　郭丽霞	
责任编辑	黄　璐	
出版发行	西安交通大学出版社	
	(西安市兴庆南路 10 号　邮政编码 710049)	
网　　址	http://www.xjtupress.com	
电　　话	(029)82668357　82667874(发行中心)	
	(029)82668315(总编办)	
传　　真	(029)82668280	
印　　刷	陕西日报社	
开　　本	787mm×1092mm　1/16　印张　21　字数　505 千字	
版次印次	2017 年 8 月第 2 版　　2017 年 8 月第 1 次印刷	
书　　号	ISBN 978 - 7 - 5605 - 9591 - 7	
定　　价	42.00 元	

读者购书、书店添货、如发现印装质量问题,请与本社发行中心联系、调换。
订购热线:(029)82665248　(029)82665249
投稿热线:(029)82668803　(029)82668804
读者信箱:med_xjup@163.com

再版说明

全国医药类高职高专规划教材于 2012 年出版,现已使用近 4 年,为我国药学类职业教育培养大批药学专业技能型人才发挥了积极的作用。教材着力构建具有药学专业特色和专科层次特点的课程体系,以职业技能的培养为根本,力求满足学科、教学和社会三方面的需求。全套教材共 18 种,主要供药学类专业学生使用。

随着我国职业教育体制改革地不断深入,药学类专业办学规模不断扩大,办学形式、专业种类、教学方式亦呈多样化发展。同时,随着我国医疗卫生体制改革、国家基本药物制度、执业药师制度建设地不断深入推进与完善,以及《中国药典》(2015 年版)的颁布等,对药学职业教育也提出了新的要求和任务。为了更好地贯彻落实《国家中长期教育改革和发展规划纲要(2011—2020 年)》文件精神,顺应职业教育改革发展的趋势,同时也为"十三五"期间申报国家规划教材做准备,在总结汲取 1 版教材成功经验的基础上,西安交通大学出版社医学分社于 2016 年启动了"全国医药类高职高专'十三五'规划教材·药学类专业"的再版工作。

本轮教材改版,以《高等职业学校专业教学标准(试行)》为依据,按照《药品管理法》《国家基本药物目录》《国家非处方药目录》要求,进一步提高教材质量,邀请医药院校教师、医药企业人员共同参与,以对接高职高专药学(药品)类专业教学标准和职业标准。以就业为导向,以能力为本位,以学生为主体,突出药学专业特色,以国家执业助理药师资格准入标准为指导,以培养技能型、应用型专业技术人才为目标,坚持"基础够用,突出技能"的编写原则,做到精简实用,从而更有效地施惠学生、服务教学。

为了便于学生学习、教师授课,在教材内容、体例设置上编出特色,教材各章开篇以高职高专教学要求为标准,编写"学习目标";正文中根据课程、教材特点有选择性地增加"知识拓展""实例解析""课堂活动""思维导图"等模块;在每章内容后附有"目标检测",供教师和学生检验教学效果、巩固学习使用。此外,本轮教材编写紧扣执业助理药师资格考试大纲,增设了"考纲提示"模块,根据岗位需要设计教材内容,力求与生产实践、职业资格鉴定(技能鉴定)无缝对接。

由于众多教学经验丰富的专家、学科带头人和教学骨干教师积极踊跃并严谨认真地参与本轮教材的编写,使教材的质量得到了不断完善和提高,并被广大师生所认同。在此,西安交通大学出版社医学分社对长期支持本套教材编写和使用的院校、专家、老师及同学们表示诚挚的感谢!我们将继续坚持"用最优质的教材服务教学"的理念,为我国医药学职业教育做出应有的贡献。

本轮教材出版后,各位教师、学生在使用过程中,如发现问题请及时反馈给我们,以便及时更正和修订完善。

编审委员会

前　　言

为了贯彻落实教育部《关于深化职业教育教学改革,全面提高人才培养质量的若干意见》(〔2015〕6 号)文件精神,以立德树人为根本,以服务发展为宗旨,以促进就业为导向,以药学及相关专业发展和职业能力培养为目标,以技术应用能力为主线,确立了本教材的编写大纲与编写内容。重点突出以下特点:

1. 教材的实用性

教材内容编写力求体现职业教育特点,与岗位需求紧密结合。精简了传统教材的理论部分,力求够用为度,增加了实践知识,如"分析操作的基本技能"等。实训内容中主要仪器设备操作方法和注意事项,是参照药品检验岗位操作标准进行编写的,使其具有更强的可操作性;实训内容编写结合了职业能力要求和药品检验工作需求,尽可能缩小学习与岗位操作的距离,使学生具有全面素质和综合的职业能力。

2. 教材的科学性

教材每章设立学习目标、课堂互动、知识拓展、考点提示、目标检测等模块,明确学习目标,激发学生学习兴趣,拓展学生的知识面,提高学习效果。教材涉及的滴定液配制、标定、表示和常用的测定方法均以《中国药典》(2015 年版)登载的方法为依据。计量单位与符号均使用国际单位制。

3. 教材的创新性

本教材首次编入"实训预习指导与检测"和"立德树人"模块。

实训预习指导与检测:在指导学生预习相关知识的基础上,将实训中涉及的主要理论知识点及实训操作步骤的关键点以填空的形式编写,强化实训步骤,提高实训效率,帮助学生理解理论知识在实践中的应用;同时为教师实现翻转课堂实训教学提供便利。

立德树人:为了强化职业素养的培养,在学习分析化学相关知识的基础上,引导、培养学生正确的世界观与价值观,坚持立德树人、全面发展。教材在章节中穿插了"立德树人"模块,引导广大师生做社会主义核心价值观的坚定信仰者、积极传播者、模范践行者。

本教材适用于高职三年制药学专业学生使用,也可供制药、中药、检验等其他相关专业使用,包含分析化学与仪器分析两大部分。主要内容有分析化学概论、分析操作的基本技能、误差和分析数据的处理、滴定分析法概论、酸碱滴定法、沉淀滴定法、配位滴定法、氧化还原滴定法、电化学分析法、紫外-可见分光光度法、经典液相色谱法、气相色谱法、高效液相色谱法、原子吸收分光光度法及其他仪器分析法简介。

　　本教材由陈素娥、郭丽霞担任主编,由闫冬良、叶桦珍、桂劲松担任副主编,李慧芳为编写组秘书。具体编写分工为:郭丽霞编写第一章,张文新编写第二章和第四章,陈素娥编写第三章,杨阳编写第五章和附录,刘晓琴编写第六章,桂劲松编写第七章,朱开梅编写第八章,张学东编写第九章,闫冬良编写第十章和第十四章,纪从兰编写第十一章,叶桦珍编写第十二章,李慧芳编写第十三章和第十五章,实训预习指导与检测由陈素娥、李慧芳编写。在编委互审的基础上,郭丽霞对化学分析部分统稿,闫冬良、叶桦珍对色谱部分统稿,最后由陈素娥对全书统稿。

　　本教材在编写过程中得到了主编、编委所在院校的大力支持与帮助,在此表示感谢。

　　由于编者水平和编写时间的限制,书中难免有不妥和疏漏之处,敬请读者批评指正。

编　者
2017 年 2 月

目　　录

上　篇

下　篇

上　篇

第一章　分析化学概论

学习目标

【掌握】分析化学的任务、作用及分析方法的分类。

【熟悉】定量分析的一般步骤及实验技能基本知识。

【了解】分析化学的发展及分析化学在药学方面的应用。

第一节　分析化学的任务和作用

分析化学是研究物质组成、含量、结构和形态等化学信息的科学,它是化学学科的一个重要分支。分析化学的任务是鉴定物质的化学组成、测定物质组分的相对含量以及确定物质的化学结构和形态。它包括定性分析、定量分析和结构分析。定性分析的任务是鉴定物质由哪些元素、离子、原子团、官能团或化合物组成,定量分析的任务是测定试样中有关组分的相对含量,结构分析的任务是确定物质的分子结构。分析工作的一般程序是首先确定物质的组成和结构,然后根据测定的要求,选择恰当的定量分析方法,确定物质中某组分的相对含量。在一般分析工作中,被分析物质的组分和结构都是已知的。因此不需要做定性分析和结构分析,可直接做定量分析。

分析化学作为一种检测手段,在科学领域中起着十分重要的作用。它不仅为化学的各个分支学科提供有关物质的组成和结构信息,而且还促进了其他学科的发展,在国民经济发展、资源开发利用、医药卫生及科技进步等各领域中发挥着十分重要的作用。

在国民经济建设中,分析化学具有极其重要的实际意义。例如工业生产中从原料的选择到半成品和成品的检测及新产品的研制,农业生产中从土壤成分、化肥、农药到农作物生长的研究分析,以及在国防建设及科学研究都涉及有关分析化学的知识及技能。

在科学研究中,分析化学自始至终都占有重要的地位。如化学基本定律、基本理论的建立等都与分析化学紧密相关。在当今以生物科学技术和生物工程为基础的"绿色革命"中,分析化学在细胞工程、基因工程以及纳米技术的研究方面也发挥着重要的作用。

因此,分析化学被称为是工农业生产的"眼睛",是控制产品质量的重要保证,也是进行科学研究的基础方法。分析化学的发展水平是衡量国家科学技术发展水平的重要标志之一。

在医药卫生领域中,分析化学有着非常重要的作用。如新药研究、药品鉴定、生化检验、临床检验等,都需要应用分析化学的理论和技术。随着药学技术的发展,药品的质量及质量标准也在提高,分析化学对提高药品质量,保证人们用药安全起着十分重要的作用。

分析化学

在药学专业的教育中,分析化学是一门重要的专业基础课。许多专业课都会涉及分析化学的理论、方法及技术。例如,药物化学中对药物的理化性质与结构关系的研究,药物分析中对药品质量标准的制定、含量分析及纯度检测,药剂学中对制剂稳定性,天然药物化学中对药物有效成分的提取、分离、定性鉴定和化学结构的测定,药理学中对药物分子的理化性质和药理作用的关系及药物代谢动力学,等等,都与分析化学有着密切的关系。

第二节 分析方法的分类

分析方法按其分析任务、分析对象、方法原理、试样用量和待测组分含量的多少分为以下几类。

一、定性分析、定量分析和结构分析

按分析任务不同可分为定性分析、定量分析和结构分析。

(一)定性分析
定性分析的任务是鉴定物质由哪些元素、离子、原子团、官能团或化合物组成。

(二)定量分析
定量分析的任务是测定试样中有关组分的相对含量。

(三)结构分析
结构分析的任务是研究有关物质的化学结构。

二、无机分析和有机分析

按分析对象不同可分为无机分析和有机分析。

(一)无机分析
无机分析的对象是无机物,在无机分析中鉴定试样是由哪些元素、离子、原子团或化合物组成以及各组分的相对含量。无机分析又可分为无机定性分析和无机定量分析。

(二)有机分析
有机分析的对象是有机物,但有机物的化学结构很复杂,化合物的种类有数百万之多,因此,不仅需要元素分析,更重要的是进行官能团分析及结构分析。有机分析也可分为有机定性分析和有机定量分析。

三、化学分析和仪器分析

按分析方法原理不同可分为化学分析与仪器分析。

(一)化学分析
化学分析法是以物质的化学反应为基础的分析方法。化学分析法历史悠久,是分析化学的基础,又称为经典分析法。被分析的物质称为试样(或样品),与试样起反应的物质称为试剂。根据分析化学反应的现象和特征鉴定物质的化学成分,称为化学定性分析;根据试样和试剂的用量,测定物质中各组分的相对含量,称为化学定量分析。化学定量分析又分为重量分析与滴定分析或容量分析。化学分析法所用的仪器简单、结果准确,因而应用范围广泛,但也有一定的局限性,只适用于常量组分的分析,且灵敏度较低、分析速度较慢。

(二)仪器分析

仪器分析法是以被测物质的物理或物理化学性质为基础的分析方法。如电化学分析、光学分析、色谱分析及质谱分析等。由于往往需要用到特定的仪器,故称为仪器分析,也称为现代分析。仪器分析法具有灵敏、快速、准确及操作自动化程度高的特点,其发展快,应用广泛,特别适合于微量分析或复杂体系的分析。

仪器分析中样品的预处理、杂质的分离,这些都是在化学分析法的基础上进行的,所以,化学分析法是仪器分析法的基础。方法准确度的验证、仪器的校准必须由化学分析方法完成。所以化学分析法和仪器分析法是相辅相成的。因此,实际工作中应根据具体情况选择相应的分析方法。

四、常量、半微量、微量和超微量分析

根据试样用量的多少,分析方法又可分为常量分析、半微量分析、微量分析和超微量分析,如表1-1所示。

表1-1 各种分析方法的试样用量

方法	试样的质量	试液的体积
常量分析	> 0.1g	> 10ml
半微量分析	0.01 ~ 0.1g	1 ~ 10ml
微量分析	0.1 ~ 10mg	0.01 ~ 1ml
超微量分析	< 0.1mg	< 0.01ml

无机定性分析多采用半微量分析法,化学定量分析一般采用常量分析,而微量和超微量分析常常需要选用仪器分析方法。

此外,根据试样中被测组分的含量高低可分为常量组分分析(>1%)、微量组分分析(0.01% ~1%)及痕量组分分析(<0.01%)。要注意这种分类法与试样用量分类法不同,两种概念不要混淆。例如,痕量成分的测定,有时取样千克以上。

课堂互动

请讨论常量组分分析是否必须用常量分析法。

知识拓展

一般实验室在日常或工作中的分析,称为常规分析。例如,制药企业质检室的日常分析工作即是例行分析。仲裁分析是指不同单位对分析结果有争议时,要求某仲裁单位(如一定级

分析化学

别的药检所、法定检测单位等）用法定方法，进行裁判的分析。

第三节　定量分析的一般步骤

分析检验者的任务与待解决的问题密切相关，如确定某一新药的化学结构，需进行元素分析、光谱分析、质谱分析、核磁共振分析等；确定某一药品的含量，则需进行定量测定。

整个分析过程一般包括明确任务和制订计划、取样、试样制备、干扰的消除、测定、结果计算和表达、方法认证、形成报告等步骤。

一、分析任务和计划

首先要明确所需解决的问题，如试样的来源、测定的对象、测定的样品数、可能存在的影响因素等。根据任务制订一个初步的研究计划，包括采用的方法、准确度、精密度要求等，还包括所需实验条件如仪器设备、试剂等。

二、取样

为了得到有意义的化学信息，分析测定的实际试样必须具有一定的代表性。例如生产一批原料药1000kg，而实际分析的试样往往只有1g或更少。如果所取试样不能代表整批原料药，即使在分析测定中做到如何准确，都是毫无意义的。因此，必须采用科学取样法，从大批原始试样的不同部分、不同深度选取多个取样点采样，然后混合均匀，从中取出少量物质作为分析试样进行分析。这样，分析结果就能够代表整批原始试样的平均组成和含量。

三、试样的制备

试样的制备目的是使试样适合于选定的分析方法，消除可能引起的干扰。试样的制备主要包括试样的分解和干扰物质的分离。

（一）试样的分解

在定量分析中一般要先将试样进行分解，然后再制成溶液（干法分析除外）进行分析。分解的方法很多，主要有溶解法和熔融法。

1. 溶解法

此法是采用适当的溶剂将试样溶解后制成溶液。由于试样的组成不同，溶解所用的溶剂也不同。常用的溶剂有水、酸、碱、有机溶剂等四类。溶解时，一般先选用水为溶剂；不溶于水的试样根据其性质可用酸作溶剂，也可以用碱作溶剂。常用的溶剂酸：盐酸、硝酸、硫酸、磷酸、高氯酸、氢氟酸以及它们的混合酸。常用的溶剂碱：氢氧化钾、氢氧化钠、氨水等。对于有机化合物试样，一般采用有机试剂作溶剂，常用的有机溶剂有甲醇、乙醇、三氯甲烷、苯、甲苯等。

2. 熔融法

有些试样难溶于溶剂中，可根据其性质，采用熔融法对试样进行预处理。熔融法是利用酸性或碱性溶剂与试样在高温条件下进行复分解反应，使试样中的待测成分转变为可溶于酸或溶于水的化合物。常用的酸性溶剂有 $K_2S_2O_7$，碱性溶剂有 Na_2CO_3、K_2CO_3、Na_2O_2、$NaOH$ 和 KOH 等。

6

（二）干扰物质的分离

对于组成比较复杂的试样,在进行分析时,被测组分的含量测定常受样品中其他组分干扰,需在分析前进行分离。常用的分析方法有沉淀法、挥发法、萃取法、色谱法等。

四、分析测定

试样的含量测定应根据试样的组成、被测组分的性质及含量、测定目的要求和干扰物质的情况等,选择恰当的分析方法进行含量测定。一般来说,测定常量组分时,常选用重量分析法和滴定分析法;测定微量组分时,常选用仪器分析法。例如,自来水中钙、镁离子的含量测定选用滴定分析法,而矿泉水中微量锌的测定则常选用仪器分析法。

五、结果的计算和表达

根据分析试验测量数据和各种方法的计算公式可计算出试样中待测组分的含量,即称为定量分析结果。其一般用下面几种方法表示:

1. **待测组分的化学式表示形式**

分析结果通常以待测组分实际存在形式的含量表示。例如,测得试样中磷含量时,根据实际情况可以用 P、P_2O_5、PO_4^{3-}、HPO_4^{2-}、$H_2PO_4^-$ 等形式的含量来表示分析结果。如果待测组分的实际存在形式不清楚,则最好是以其氧化物或元素形式的含量来表示分析结果。例如,各种元素的含量在矿石分析中常以其氧化物形式（如 CaO、MgO、Al_2O_3、Fe_2O_3 等）的含量来表示分析结果,而在金属材料和有机分析中常以元素形式（Ca、Mg、Al、Fe 等）的含量来表示分析结果。电解质溶液的分析结果常以所存在的离子的含量来表示。

2. **待测组分含量的表示方法**

固体试样的含量通常以质量分数表示,在药物分析中也可用含量百分数表示;液体试样中待测组分的含量通常以物质的量浓度、质量浓度及体积分数等表示;气体试样中待测组分的含量常用体积分数表示。

一个完整的定量分析结果的表示,不仅仅是简单的含量测定结果的计算数据,而应是包括测定结果的平均值、测量次数、测定结果的准确度、精确度以及置信度等（见第三章误差和分析数据的处理）,因此应按测量步骤记录原始测量数据,根据测定数据计算测定结果,最后应对测定结果作出科学合理的判断,写出书面报告。

第四节　分析化学的发展

分析化学学科的发展经历了三次巨大的变革。第一次在 20 世纪初由于物理化学溶液理论的发展,为分析化学提供了理论基础,使分析化学由一门技术发展为一门科学;第二次是在 20 世纪中叶,物理学和电子学的发展,改变了经典的以化学分析为主的局面,使仪器分析获得蓬勃发展;第三次是目前,生命科学、环境科学、新材料科学发展的要求,生物学、信息科学,计算机技术的引入,使分析化学进入了一个崭新的境界。第三次变革的基本特点:从采用的手段看,是在综合光、电、热、声和磁等现象的基础上进一步采用数学、计算机科学及生物学等学科新成就对物质进行纵深分析的科学。

分析化学

　　分析化学是近年来发展最为迅速的学科之一,这是同现代科学技术总的发展密切相关的。现代科学技术的飞速发展给分析化学提出了越来越高的要求,同时由于各门学科向分析化学渗透,也向分析化学提供了新的理论、方法和手段,使分析化学不断丰富和发展。对分析化学学科的要求是快速、准确、非破坏性、高灵敏度、高选择性、遥测、自动化、智能化等。

　　分析化学的发展趋势,为获取物质尽可能全面的信息,进一步认识自然、改造自然,需要仪器化、自动化、快速跟踪、无损、在线监测技术发展;现代分析化学的任务已不只限于测定物质的组成、含量和结构,而是要对物质的存在形态(氧化态－还原态、配位态、结晶态等)、微区、薄层及化学生物活性等作出瞬时追踪。

　　分析化学与日常生活联系非常密切。分析化学与生物学的结合和交叉方面;生命科学及医学中的分析化学,即从分子水平上研究生命的过程;环境科学、食品科学、医药科学中的痕量分析、微区分析、表面分析、形态分析和结构分析的分析水平都得到了提高。

　　学习分析化学课程的目标,基本理论与实践紧密结合,通过严格的实验训练,培养认真的科学态度及独立进行精密科学实验的技巧,树立准确"量"的概念,提高分析问题和处理问题的能力,为后续课程的学习及工作打下良好的基础。

第五节　实验技能基本知识

一、实验用水及化学试剂

　　(一)实验用水
　　在分析化学实验中,离不开分析实验用水。根据实验要求不同,实验用水的纯度要求也不同。在一般分析工作中,用蒸馏水或纯化水(去离子水)。而对于超纯物质的分析,则要求纯度更高的"高纯化水"。常用的制备纯化水的方法有以下几种:
　　1. 蒸馏法
　　蒸馏法是通过蒸馏器蒸馏自来水制备的纯化水,也称蒸馏水。此法只能除去水中非挥发性的杂质,不能除去溶解在水中的气体。
　　2. 离子交换法
　　离子交换法是利用阴、阳离子交换树脂中的 OH^- 和 H^+ 与水中的杂质离子进行交换,被置换出的 OH^- 和 H^+ 结合成水,从而除去杂质离子达到纯化水的目的。此法制备的纯化水也称"去离子水",其特点:供水量大、成本低、除去离子的能力强;但设备和操作较复杂,不能除去有机物杂质。
　　3. 电渗析法
　　电渗析法是离子交换技术的又一个新的方法。它是在外电场作用下,利用阴、阳离子交换膜对溶液中离子的选择性透过而使溶液中的溶质和溶剂分离,从而达到净化水的目的。此法制备的纯化水,对除去弱电解质杂质效率较低,仅适用于要求不高的分析工作。
　　无论用什么方法制备的纯水都不可能绝对不含杂质,只是杂质的含量极少而已。对于纯化水的质量可以通过测定 pH 值、电导率、吸光度和某些离子的浓度等进行检验。分析实验室用水如蒸馏水或纯化水,可以满足一般化学分析的要求。

（二）化学试剂

分析化学实验中常用化学试剂有一般试剂、基准试剂和专用试剂。一般试剂是实验室最普通使用的试剂,以其所含杂质多少可分为优级纯、分析纯、化学纯和实验试剂,其规格及用途列于表 1-2 所示。

表 1-2 化学试剂的等级及主要用途

等级	名称	符号	标签颜色	主要用途
一级	优级纯保证试剂	G.R	绿色	纯度高用于精密分析实验
二级	分析纯分析试剂	A.R	红色	纯度较高用于一般分析实验
三级	化学纯	C.P	蓝色	纯度较低用于一般化学实验
四级	实验试剂	L.R	棕色	纯度低用于实验辅助试剂

质量高的,做标准用的试剂称为基准试剂(又称标准试剂)。目前用于滴定分析、校准酸度计和热值测定的试剂均为基准试剂,其纯度相当于或高于优级纯试剂。用于滴定分析中的基准物质,也可用于直接配制滴定液。

专用试剂是指有专门用途的试剂。例如光谱纯试剂、色谱纯试剂等,其纯度都高于优级纯试剂,主要用于标准物质。

化学试剂的纯度越高,价格越贵。因此,分析工作者应当做到科学合理地使用化学试剂,既不超等级而造成浪费,又不随意降低等级而影响分析结果的准确度。

二、实验室意外事故及应急处理

1. 火情紧急处理

酒精及其他可溶于水的液体着火时,可用水灭火;乙醚、汽油等有机溶剂着火时,应用干沙土扑火,也可用干灭火器,不可用水灭火;导线或电器着火,应切断电源,或用四氯化碳灭火器,不能用水及二氧化碳灭火器。

2. 触电紧急处理

应首先切断电源,再将伤员送往医院抢救。

3. 烫伤紧急处理

如遇烫伤且皮肤完好时,可采用大量的自来水冲洗烫伤处,或用饱和碳酸钠溶液涂擦。

4. 酸碱灼伤紧急处理

如遇酸灼伤时,立即用大量清水冲洗,再用 2% 碳酸氢钠(或肥皂水)溶液冲洗;如碱灼伤时,先用清水冲洗,再用 2% 的硼酸溶液冲洗,最后用清水冲洗。

考点提示

本章主要介绍了分析化学的任务、分析方法的分类、定量分析过程的一般步骤,主要内容如下:

分析化学

1. 分析化学的任务 { 定性分析:鉴定物质的组成
定量分析:测定试样中有关组分的相对含量
结构分析:研究物质的化学结构

2. 分析方法按任务、对象、分析方法原理、试样用量、组分含量、作用进行分类

{ 任务:定性分析、定量分析、结构分析、形态分析
对象:无机分析、有机分析
工作原理:化学分析、仪器分析
试样用量:常量、半微量、微量与超微量分析

3. 分析过程的一般步骤 { 明确任务和制订计划
取样
试样制备
干扰的消除
试样的测定
结果计算和表达

目标检测

一、选择题

（一）单项选择题

1. 分析化学分为化学分析和仪器分析的依据是

A. 分析对象不同　　B. 测定原理不同　　C. 实验方法不同　　D. 分析任务不同

2. 定性分析的任务为

A. 鉴定物质的化学组成　　　　　　　　B. 测定物质的相对含量

C. 确定物质的结构　　　　　　　　　　D. 确定物质的存在形式

3. 定量分析的任务为

A. 鉴定物质的化学组成　　　　　　　　B. 测定物质的相对含量

C. 确定物质的结构　　　　　　　　　　D. 确定物质的存在形式

4. 滴定分析又称为

A. 重量分析　　　　B. 容量分析　　　　C. 痕量分析　　　　D. 微量分析

5. 常量分析中的样品取量应在

A. 1g 以上　　　　B. 0.1g 以上　　　　C. 0.01g 以上　　　　D. 0.001g 以上

6. 测定 0.2mg 样品中被测组分的含量,按取样量的范围为

A. 常量分析　　　　B. 半微量分析　　　　C. 微量分析　　　　D. 超微量分析

7. 试样的选取原则应具有

A. 典型性　　　　B. 代表性　　　　C. 统一性　　　　D. 不均匀性

8. 用 pH 计测定溶液的 pH 值,应为

A. 重量分析　　　　B. 滴定分析　　　　C. 化学分析　　　　D. 仪器分析

9. 气体试样中待测组分的含量用哪种方法表示

A. 质量分数　　　　B. 质量浓度　　　　C. 物质的量浓度　　　　D. 体积分数

10. 测定食盐中氯化钠的含量应选用
A. 定性分析　　　　B. 滴定分析　　　　C. 结构分析　　　　D. 仪器分析
（二）多项选择题
1. 分析化学的任务有
A. 定性分析　　B. 定量分析　　C. 形态分析　　D. 结构分析　　E. 化学分析
2. 据样品取量的不同分析方法可分为
A. 常量分析　　B. 半微量分析　　C. 微量分析　　D. 超微量分析　　E. 痕量分析
3. 根据分析对象不同分析方法可分为
A. 无机分析　　B. 有机分析　　C. 结构分析　　D. 化学分析　　E. 痕量分析
4. 下列分析方法称为经典分析法的是
A. 光学分析　　B. 重量分析　　C. 滴定分析　　D. 色谱分析　　E. 电化学分析
5. 仪器分析法的特点是
A. 准确　　B. 灵敏　　C. 快速　　D. 价廉　　E. 适合于常量分析

二、名词解释
1. 分析化学　　2. 定量分析　　3. 仪器分析　　4. 化学分析

三、简答题
1. 简述分析方法的分类。
2. 简述定量分析过程的一般步骤。

（郭丽霞）

第二章　分析操作的基本技能

📌 学习目标

【掌握】分析天平的使用方法和称量方法,容量瓶、滴定管、移液管的使用和操作方法。

【熟悉】容量瓶、滴定管、移液管的形状和规格。

【了解】容量瓶、滴定管、移液管的使用注意事项。

第一节　分析天平

常用的分析天平有电光天平和电子天平,其中电子天平是近年发展起来的应用最为广泛的分析天平。电子天平具有操作简单、称量准确可靠等优点。本教材主要介绍电子天平的相关知识。

一、电子天平的原理与结构

(一)原理和结构

电子天平是利用电磁力平衡原理进行称量的称重衡器,配备了高精度称重传感器,一般电子天平都装有微处理器,具有数字显示、自动调零、自动校准、扣除皮重、输出打印等功能,有些产品还具有数据存储与处理功能。如赛多利斯天平 BP 221S 型电子天平,见图 2-1。

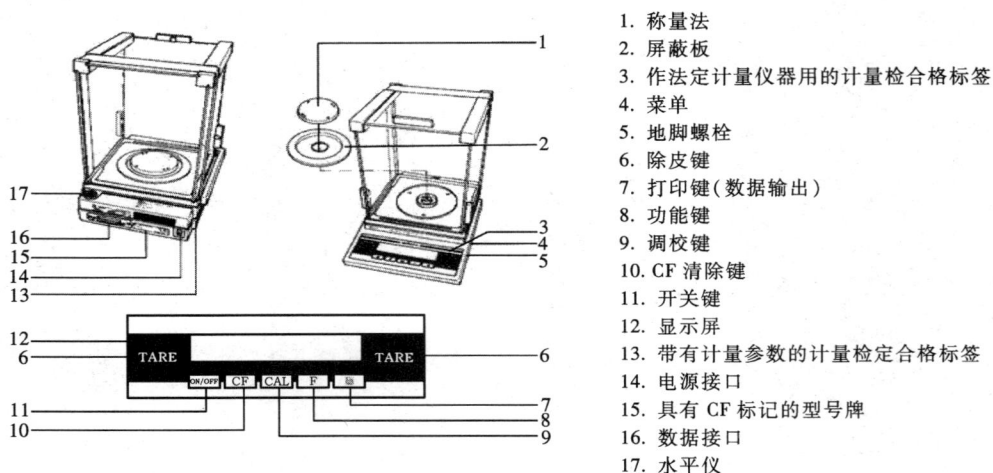

1. 称量法
2. 屏蔽板
3. 作法定计量仪器用的计量检合格标签
4. 菜单
5. 地脚螺栓
6. 除皮键
7. 打印键(数据输出)
8. 功能键
9. 调校键
10. CF 清除键
11. 开关键
12. 显示屏
13. 带有计量参数的计量检定合格标签
14. 电源接口
15. 具有 CF 标记的型号牌
16. 数据接口
17. 水平仪

图 2-1　电子天平的结构示意图

（二）特点

称量过程中不需要砝码,放上被称物后,几秒钟内即达平衡,显示读数,称量速度快,测定准确度和精密度高,它的支撑点采取弹性簧片代替机械天平的玛瑙刀口,用差动变压器取代升降枢纽,用数字显示代替指针刻度。因而,具有使用寿命长、性能稳定、操作简单和灵敏度高等优点。

二、电子天平的使用方法及注意事项

（一）使用方法

电子天平的操作较简单,主要分为以下步骤:

1. 调水平

天平开机前,应观察天平后部水平仪内的气泡是否位于圆环的中央,若不在,则调节天平的地脚螺栓,使水平仪内气泡位于圆环中央。

2. 预热

天平在初次接通电源或长时间断电后开机时,至少需要 30 分钟的预热时间。因此,在通常情况下,实验室电子天平不要频繁切断电源。

3. 开机

按下开关键,接通显示屏,仪器开始自检,当显示屏显示零时,自检过程结束,天平可进行称量。

4. 称量

自检完毕,根据要求选用适宜的称量方法进行称量。

5. 关机

称量结束,按下开关键,关闭显示屏。

（二）注意事项

1. 电子天平应放置在牢固的台面上,避免震动、潮湿、阳光直射,防止腐蚀气体的侵蚀。

2. 称量前先将天平罩取下叠好,检查天平是否处于水平状态,用软毛刷拭去灰尘,检查天平是否正常,如有异常或故障情况应及时报告指导教师予以调整和修理。

3. 称量时,开关天平两边侧门时,动作要轻、缓（不发出碰击声）;读数时必须关好天平侧门。

4. 称量物必须干净,过冷和过热的物品都不能在天平上称量（会使水汽凝结在物品上,或引起天平箱内空气对流,影响准确称量）。不得将化学试剂和试样直接放在天平盘上,应放在干净的称量纸、表面皿或称量瓶中;具有腐蚀性的气体或吸湿性物质,必须放在称量瓶或其他适当的密闭容器中称量。

5. 绝不能使天平载重超过最大负载,同一实验应使用同一台天平称量,减少称量误差。

6. 称量完毕后,关上天平门,按开关键,关闭天平,清洁天平内外,罩好天平罩。

三、分析天平的称量方法

使用分析天平进行称量的方法有直接称量法、递减称量法和固定质量称量法三种。

分析化学

（一）直接称量法

直接称量法指将被称物放在天平称量盘上，直接称出其质量的方法（用电子天平称量时先按除皮键，再将物品放在天平盘上，显示屏显示的质量即为该物品的质量）。主要用于称取固体物品的质量，或一次称取一定质量的样品，被称量物品性质稳定，不吸湿、不挥发。

（二）固定质量称量法

固定质量称量法又称增重法，此方法用于称取某一固定质量的不易吸潮、在空气中能稳定存在的粉末或小颗粒。方法是：先将器皿（小烧杯、表面皿）或称量纸放在天平盘上并准确称出其质量，然后用药勺缓慢加入指定质量的试样，如图 2-2 所示。

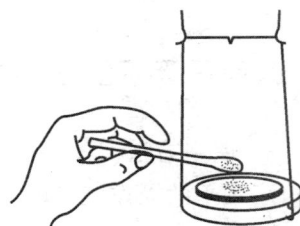

图 2-2　固定质量称量法

用电子天平称量时，先将器皿或称量纸放在天平盘上，按除皮键归零，然后用小药勺逐渐添加（轻轻抖落）被称样品，直到显示屏上显示指定质量时停止抖落。

（三）递减称量法

递减称量法又称减重称量法，即称取的样品质量是由两次称量之差求得的。方法是先取适量的样品装于干燥的称量瓶中，然后称出样品和称量瓶的总质量，用 W_1 表示，取出称量瓶，放在盛接容器上方，小心倒出所需质量的样品，再称出称量瓶和剩余样品的总质量，用 W_2 表示，则倒在盛接容器中，样品的质量 m 即为：$m = W_1 - W_2$。同样的操作，可以连续称取第二、第三、第四份试样。

用电子天平称量时可利用除皮键的功能简化计算，方法是将装有适量样品的称量瓶放在电子天平的称量盘中，轻按除皮键归零，然后取出称量瓶往盛接容器中小心倒出所需质量的样品，最后将称量瓶和剩余样品放在称量盘上，此时天平显示的数值为负值，此负值的绝对值即为倒出在盛接容器中样品的质量。同理，每次取样前先按除皮键归零，就可以连续称取多份样品。

递减称量法在称量多份样品时连续称量，从而缩短了称量时间。此法用于称量易吸水、易氧化或与 CO_2 起反应的物质，是化学药品称量中最常用的一种方法。称量时应注意手不能直接接触称量瓶，可用纸条裹紧称量瓶进行操作，左手持称量瓶，右手持盖轻敲瓶口上部，使样品慢慢落入容器中，如图 2-3 所示，倒完后，慢慢将称量瓶直立，同时用瓶盖轻敲瓶口，使粘在瓶口的样品落回瓶中，然后将瓶盖盖上，送回天平盘上称量。

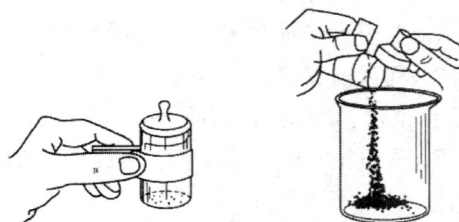

称量瓶的拿法　　　　倾倒样品的操作

图 2-3　减重称量法

特别提示

样品所需的量很难一次倒准，往往需要重复倒出几次，才能达到要求。如果倾出量太多，应将已倾出的样品倒掉，洗净容器，重新称量，不得将已倒出的样品重新倒回称量瓶中。

第二节　滴定分析常用仪器

在滴定分析中,常用的仪器主要有移液管、容量瓶、滴定管、烧杯、碘量瓶等。

一、移液管

(一)形状和规格

移液管又称吸量管,是用于准确移取一定体积溶液的量器。通常有两种形状,一种移液管中部有膨大部分,下端有细长尖嘴,具有单刻度而无分刻度,又称腹式吸管。常用的有 5ml、10ml、25ml、50ml 等规格,这种吸管用来移取一定体积的溶液。另一种为直形管状,管上有分刻度,称为刻度吸管(或称吸量管),可用于准确量取在总容积范围以内体积的溶液,如 5ml 刻度吸管也可以吸取 3ml 或 4ml 溶液等,常用的有 1ml、2ml、5ml、10ml 等规格。

(二)使用方法

1. 洗涤

使用时,先将移液管用自来水洗净,再用少量纯化水淌洗 2~3 次,最后用少量待量取的溶液润洗 2~3 次,以除去残留在管内的水分。操作见图 2-4。

图 2-4　移液管的洗涤

2. 移液

吸取溶液时,右手将移液管插入溶液中,左手拿洗耳球,先把球内空气压出,然后把球的尖端插入移液管顶口,慢慢松开洗耳球,使溶液吸入管内,见图 2-5(左)。当液面升高到标线以上时,立即用右手食指将管口堵住,将管尖离开液面,稍松食指,使液面缓缓下降至弯月面下缘与标线相切,立即按紧管口,使液体不再流出。

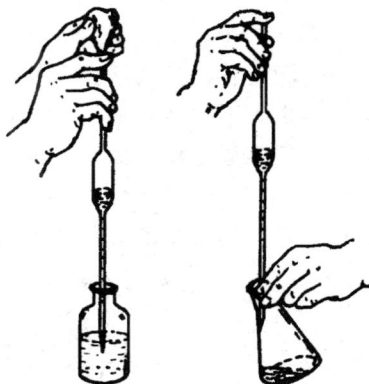

3. 放液

把移液管移入微倾斜的准备承接溶液的容器中,并同时将其垂直,使管尖与容器内壁接触,见图 2-5(右)。松开食指,让管内溶液自然沿器壁全部流下,等待 15 秒后,取出移液管。不要将管尖残留的液体吹出,因移液管校准时,这部分液体体积未计算在内(如果移液管上标有"吹"字,则应将管内残留的液体吹出)。

图 2-5　移液管的使用

(三)注意事项

1. 移液管必须用洗耳球吸取溶液,不可用嘴吸取。

2. 将溶液插入待移溶液中,不能太深也不能太浅,太深会使管外黏附溶液过多,影响量取溶液体积的准确性,太浅往往会产生空吸。

3. 移液管使用完毕,立即洗净放在移液管架上。移液管不能放在烘箱中烘烤,以免引起

15

容积变化而影响测量的准确度。

二、滴定管

(一)形状和规格

1. 形状

滴定管是用来进行滴定的仪器,用于准确测量滴定中所用溶液的体积。滴定管是细长、内径大小均匀且具有精密刻度的玻璃管,管的下端连有开关和玻璃尖嘴。滴定管一般分为两种:一种是下端带有玻璃活塞开关的酸式滴定管,用来盛放酸、酸性或氧化性溶液,不宜盛放碱性溶液,因碱性溶液能腐蚀玻璃,使活塞与活塞套黏合,难于转动;另一种是下端连接一段橡皮管,管内放一小玻璃珠,用来控制滴定速度的碱式滴定管。碱式滴定管用来盛放碱或碱性溶液,不能盛酸或氧化性等腐蚀橡皮的溶液,见图 2-6。

现在有一种滴定管,外观与酸式滴定管相似,但是活塞部分是聚四氟,即可用于装酸液又可用于装碱液。

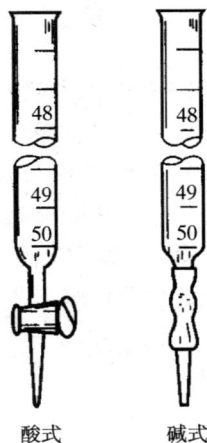

酸式　　碱式

图 2-6　滴定管

2. 规格

一般常量分析的滴定管容积为 25ml 或 50ml,最小刻度为 0.1ml,最小刻度间可估计到小数点后第二位,读数误差一般为 ±0.01ml。另外,还有容积为 10ml、5ml、2ml、1ml 的半微量和微量滴定管。

(二)滴定管的准备

1. 涂凡士林

为使滴定管活塞润滑、不漏水,转动灵活,在使用前,应在活塞上涂凡士林。操作方法是:将酸式滴定管平放在台面上,取出活塞,用滤纸将活塞及活塞套内的水擦干,蘸取适量凡士林,用手指在活塞周围涂上薄薄一层,或分别涂在活塞的粗端和活塞套的细端(切勿将活塞小孔堵塞),见图 2-7。然后将活塞插入活塞套内,压紧并向同一方向旋转,直到活塞转动部分透明为止。最后用橡皮圈套住活塞末端,以防活塞脱落。

图 2-7　滴定管活塞涂凡士林

聚四氟滴定管不须涂凡士林。

2. 检漏

涂好凡士林的滴定管要检查是否漏水。检漏的方法是先将活塞关闭,在滴定管内装满水,擦干滴定管外部,直立放置约 2 分钟,仔细观察有无水滴滴下,活塞缝隙中是否有水渗出,然后将活塞旋转 180°再放置约 2 分钟,观察是否有水渗出,如无渗水现象,即可洗净使用。

碱式滴定管应选择大小合适的玻璃珠和橡皮管,并检查滴定管是否漏水,液滴是否能灵活控制。如不符合要求,应重新装配。

3. 洗涤

滴定管洗净的基本要求是滴定管用水润湿时,其内壁应不挂水珠。否则说明滴定管内壁有沾污。如果无明显油污,可以用自来水冲洗,也可用肥皂水或洗涤剂冲洗（不能用去污粉）。若仍不能洗干净,则可用洗液浸泡,再用自来水冲洗干净,最后用少量纯化水淌洗 2~3 次,直至内壁不挂水珠。

4. 装溶液

为避免滴定管中残留的水分改变滴定液的浓度,在装溶液前,先用少量待装溶液润洗 2~3 次,每次用量不超过滴定管体积的 1/5。其方法是加入适量被装溶液,然后将滴定管倾斜,慢慢转动,使溶液浸润全管,然后打开活塞,将溶液自下端放出。装溶液时,要直接从试剂瓶加入滴定管,不要再经过其他容器,以免污染或影响溶液的浓度。

5. 排气泡

滴定管装满溶液后,应检查管下端是否有气泡,如有气泡,将影响溶液体积的准确性,必须排除。对于酸式滴定管,如有气泡,可将滴定管倾斜,管尖朝上,迅速转动活塞,让溶液急速下流以除去气泡。碱式滴定管,则可将橡皮管向上弯曲,用两指挤压玻璃珠,形成缝隙,让溶液从尖嘴口喷出,气泡即可除去,见图 2-8。最后调节液面控制在零刻度线或零刻度线以下。

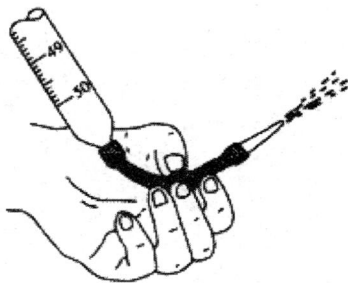

（三）滴定操作

图 2-8　碱式滴定管排气泡的方法

将滴定液由滴定管滴加到待测物质溶液中的操作过程称为滴定。滴定时,用左手控制滴定管,右手拿锥形瓶。使用酸式滴定管时,左手拇指在活塞前,食指及中指在活塞后,灵活控制活塞。转动活塞时,手指微微弯曲,轻轻向里扣住,手心不要顶住活塞小头一端,以免顶出活塞,使溶液漏出,见图 2-9。使用碱式滴定管时,左手食指和拇指挤捏稍高于玻璃珠外橡皮管,使形成一狭缝,溶液即可流出,见图 2-10。滴定时注意不要移动玻璃珠,也不要摆动尖嘴,以防空气进入尖嘴。

图 2-9　酸式滴定管操作

图 2-10　碱式滴定管操

滴定时,滴定管尖端应伸入锥形瓶瓶口少许,左手控制溶液的流速,右手拿住锥形瓶瓶颈,向同一方向做圆周旋摇,随滴随摇,以使滴入的溶液快速反应完全,注意不要使瓶内溶液溅出。在滴定过程中,左手始终控制滴定流速,右手不断旋摇锥形瓶,眼睛始终注视锥形瓶内颜色的变化,而不要注视滴定管内溶液体积刻度的变化。

(四)滴定管的读数

读数时滴定管应保持垂直,管内的液面呈弯月形,读取溶液的弯月面最低处与刻度线的相切点,视线与切点在同一水平线上,否则将因眼睛的位置不同而引起误差,见图 2 – 11(a)。也可在滴定管后面衬一张纸卡为背景,使读数清晰,见图 2 – 11(b)。深色溶液的弯月面底缘较难看清,如 $KMnO_4$、I_2 溶液等,可读取液面的最上缘,见图 2 – 11(c)。如果滴定管后壁带有白底蓝线背景,则蓝线上下两尖端相交点的刻度即为液面的读数。滴定管的读数应估计到 0.01ml,即小数点后第二位。

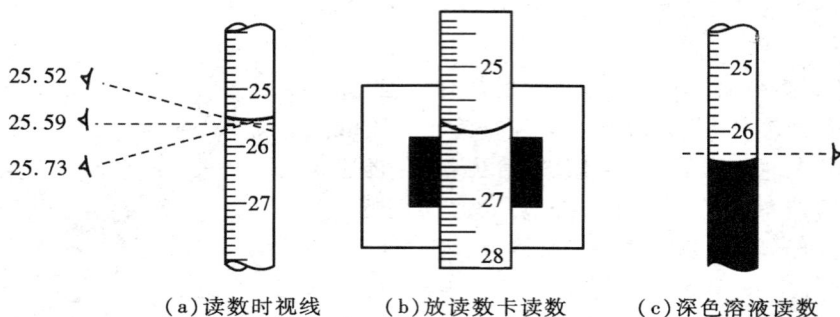

(a)读数时视线　　(b)放读数卡读数　　(c)深色溶液读数

图 2 – 11　滴定管的读数

在同一个实验的每次滴定中,所用溶液的体积应控制在滴定管刻度的同一部位,例如使用 50ml 的滴定管,第一次滴定是在 0 ~ 25ml 的部位,第二次滴定时也应控制在这段长度的部位。这样,可以抵消由于滴定管上下刻度不够准确而引起的误差。每次滴定完毕,需等 1 ~ 2 分钟,待内壁溶液完全流下再读数。每次滴定的初读数和末读数必须由一人读取,以免两人的读数误差不同而引起误差的积累。初读数每次最好调节在零刻度线。

(五)注意事项

1. 酸式滴定管的玻璃活塞与滴定管是配套的,不能任意更换。

2. 碱性滴定液不宜使用酸式滴定管,因碱性滴定液常腐蚀玻璃,使玻璃塞和玻璃孔黏合,以致难以转动。如果碱性滴定液浓度不大,使用时间不长,用毕后立即用水冲洗,也可使用酸式滴定管。

3. 酸式滴定管长期不用时,活塞部分应垫上滤纸,否则时间一久塞子不易打开;碱式滴定管长期不用,胶管应拔下,蘸些滑石粉保存。

三、容量瓶

(一)形状和规格

容量瓶是一种细长颈梨形的平底玻璃瓶,带有磨口塞或塑料塞。瓶颈上刻有环形标线,表示在瓶身标示温度下,当液面至标线时,液体体积恰好与瓶上注明的体积相等。容量瓶一般用于配制和准确稀释溶液,通常有 25ml、50ml、100ml、250ml、500ml、1000ml 等多种规格。

(二)使用方法

1. 检漏

容量瓶使用之前,首先要检查是否漏水。其方法是将容量瓶装自来水至标线附近,盖紧瓶塞,一手食指按住瓶塞,一手握住瓶体,将量瓶倒置 1~2 分钟,观察瓶口是否有水渗出,如不漏水,将瓶塞转动 180°后,再检查一次,仍不漏水,即可使用。

2. 洗涤

配制溶液前,先将容量瓶用自来水洗净,再用少量纯化水淌洗 2~3 次,洗至内壁不挂水珠。否则用洗液浸泡,再清洗。

3. 定量转移

如果是用固体溶质配制溶液,应先将准确质量的固体物质放在小烧杯中,加入少量溶剂搅拌溶解后,再将溶液定量转移至容量瓶中。转移时,将玻璃棒伸入容量瓶内,玻璃棒下端靠着瓶颈内壁,烧杯嘴紧靠玻璃棒,使溶液沿玻璃棒流入容量瓶中,见图 2-12。待溶液全部流完后,将烧杯嘴沿玻璃棒上移,并同时直立,使附在玻璃棒与烧杯嘴之间的溶液流回烧杯中。然后用少量溶剂冲洗烧杯壁和玻璃棒,按同样的方法将洗涤液一并转入容量瓶中,重复冲洗三次以上。然后加入溶剂至容量瓶容积的 2/3 处,旋摇容量瓶,使溶液初步混合均匀。

4. 定容

当溶剂加至液面离标线 1cm 左右时,要改用胶头滴管逐滴加入,直至溶液的弯月面最低处与标线相切为止,观察时眼睛位置也应和标线在同一水平面上,否则会引起测量体积不准确。

5. 摇匀

盖紧瓶塞,一只手握住瓶底,另一只手食指压紧瓶塞,倒转容量瓶摇动数十次,再直立,如此反复数次,使溶液充分混合均匀,见图 2-13。

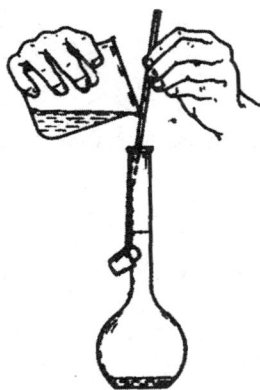

图 2-12　溶液转入容量瓶操作　　　　　图 2-13　容量瓶混匀操作

(三)注意事项

1. 容量瓶的容积是固定的,刻度不连续,所以一种规格的容量瓶只能配制某一体积的溶液。在配制前先要弄清需要配制的溶液的体积,然后选用合适规格的容量瓶。

分析化学

2. 容量瓶不能直火加热,也不能盛放热溶液。

3. 容量瓶不能长期存放溶液,配制好的溶液应倒入清洁干燥的试剂瓶中储存。

4. 瓶塞与瓶配套使用,不能互换。

5. 容量瓶用毕应及时洗涤干净,塞上瓶塞,并在塞子与瓶口之间夹一纸条,防止瓶塞与瓶口粘连。

立德树人

分析化学实验是非常细致的工作,来不得半点马虎,如容量仪器的洗涤要求就非常严格,滴定管和移液管用纯化水润洗后,必须再用待装溶液或待移取的溶液润洗 2~3 次,但容量瓶和锥形瓶用溶液润洗就不正确了。故在实训过程中我们要养成严谨、认真、一丝不苟的工作态度和精益求精的敬业精神。

技能实训

实训1 电子天平称量练习

一、实训目的

1. 学会正确使用电子天平。

2. 掌握直接称量法和递减称量法的操作。

3. 熟悉固定质量称量法的操作。

二、仪器与试剂

1. 仪器

电子天平(0.1mg)、托盘天平(0.1g)、小烧杯(50ml)或锥形瓶(250ml)、称量瓶、干燥器、小药勺、小纸带、擦镜纸、手套。

2. 试剂

$K_2Cr_2O_7(AR)$。

三、实训内容

1. 认识电子天平

在教师指导下观察电子天平的结构,了解其工作原理,明确其各功能键的名称与作用,掌握电子天平的基本操作方法。

2. 用直接称量法称取空称量瓶的质量

调水平,开机,预热,开启显示屏,仪器自检,显示 0.0000g。将干燥器中的空称量瓶用纸带夹住取出或戴手套取出,放在天平盘上,关上天平侧门,待读数稳定后,显示屏上显示的数值

即为空称量瓶质量 m_0，记录。

3. 用递减称量法称取 $K_2Cr_2O_7$ 样品 3 份（每一份的质量为 0.3g±0.03g）

（1）取适量的 $K_2Cr_2O_7$ 样品于称量瓶中　首先在托盘天平上称出空称量瓶的质量，然后移动游码或更换砝码，使右盘的质量增加1g（约为 3 份 $K_2Cr_2O_7$ 样品的质量），打开瓶盖，将称量瓶和瓶盖一同放在托盘天平的左盘上，用小药勺缓缓加入 $K_2Cr_2O_7$ 样品于称量瓶中，直至天平平衡，盖上瓶盖，即称取约 1g $K_2Cr_2O_7$ 样品于称量瓶中。

（2）准确称取所需质量的 $K_2Cr_2O_7$ 样品　戴上手套，将盛有 $K_2Cr_2O_7$ 样品的称量瓶用擦镜纸擦拭干净后，放在电子天平的秤盘中央，显示屏显示数字稳定后，按除皮键归零。将称量瓶从天平盘上取出，放在小烧杯（或锥形瓶）上方，打开称量瓶瓶盖，倾斜瓶身，用瓶盖轻敲瓶口外缘，使样品慢慢落入到小烧杯中，当敲出的样品接近总量的 1/3 时，缓缓直立称量瓶，同时用瓶盖轻轻敲击瓶口，使粘在瓶口的样品回落到瓶底，盖好称量瓶盖，放回天平盘，此时，显示屏上显示负值的绝对值，即为倒出在小烧杯中样品的质量，若取出的样品质量不足，则继续取出称量瓶取药，直至质量达 0.3g±0.03g，关闭天平侧门，记录第一份样品的质量 m_1。按除皮键归零，取出称量盘，按上述方法将称量瓶中样品量的 1/2 敲落在第二个小烧杯中，再次记录显示屏显示负值的绝对值 m_2，按除皮键回零。最后将称量瓶中剩余的样品敲落在第三个小烧杯中，记录显示屏显示负值的绝对值 m_3。

4. 用固定质量称量法称取 $K_2Cr_2O_7$ 样品 0.3000g

将干燥洁净的表面皿放在电子天平的秤盘中央，待读数稳定后，无需记录数值，按除皮键，显示 0.0000g 后，打开天平侧门，用小药勺向表面皿中缓缓加入 $K_2Cr_2O_7$ 样品，直到显示屏上显示 0.3000g±0.0001g 时停止，关闭天平门，读数稳定后，记录 $K_2Cr_2O_7$ 样品的质量 m_4。

四、注意事项

1. 在称量过程中，不要让手指直接触及称量物品（如称量瓶及瓶盖、小烧杯、表面皿等），需戴手套或用小纸带夹取。

2. 用递减法称量时，样品放在带盖的称量瓶中，可防止样品吸水、氧化，便于称量。

3. 固定质量称量法用于称量某一固定质量的试剂（如基准物质）或样品。这种称量操作的速度很慢，适于称量不易吸潮、在空气中能稳定存在的粉末状或小颗粒（最小颗粒应小于 0.1mg，以便容易调节其质量）样品。

五、数据记录与处理

称量方法	直接称量法	递减称量法			固定质量称量法	
名称	m_0	m_1	m_2	m_3	预称取质量	实际称取质量 m_4
数据记录					0.3000g	

六、问题与讨论

1. 读取天平显示屏数值时为什么必须关上天平门？
2. 除皮键的作用有哪些？

实训 2 滴定分析仪器的洗涤及基本操作

一、实训目的

1. 熟悉常用的滴定分析仪器。
2. 学会滴定分析仪器的洗涤。
3. 学会滴定管、容量瓶、移液管的使用。

二、仪器与试剂

1. 仪器

酸式滴定管(50ml)、碱式滴定管(50ml)、锥形瓶(250ml)、移液管(25ml、10ml)、容量瓶(250ml)、洗耳球、烧杯、玻璃棒、塑料洗瓶、滤纸等。

2. 试剂

洗涤剂、铬酸洗液。

三、实训内容

(一)认识常用的滴定分析仪器

常用的滴定分析仪器包括滴定管、移液管、容量瓶、锥形瓶、烧杯、洗瓶等。

(二)滴定分析仪器的洗涤

可根据仪器的沾污程度,酌情选用洗涤剂或铬酸洗液。其程序一般为:

1. 用自来水冲洗,洗净后用纯化水涮洗 3 次。
2. 如自来水洗不干净,先用洗涤剂洗,再用自来水冲洗,最后用纯化水涮洗 3 次。
3. 如仍不能洗净,可以用铬酸洗液处理。使用铬酸洗液时,先将仪器内部的水分尽量除去,然后注入约 1/5 的洗液,慢慢转动仪器使其内壁全部被洗液润湿后,将洗液放回洗液瓶中。等 10～30 分钟后,用自来水冲洗,纯化水涮洗 3 次。如仍不能洗净,可将洗液充满仪器浸泡数小时后,将洗液放回原洗液瓶中,再用自来水冲洗,纯化水涮洗 3 次。

判断仪器是否洗净的方法:将洗净的仪器倒置,内壁应均匀被水润湿而不挂水珠。

(三)滴定分析常用仪器的使用练习

1. 容量瓶的使用练习

(1)检漏 将容量瓶装自来水至标线附近,盖紧瓶塞,一手食指按住瓶塞,一手握住瓶体,将量瓶倒置 1～2 分钟,观察瓶口是否有水渗出,如不漏水,将瓶塞转动 180°后,再试验一次,仍不漏水,即可使用。

(2)容量瓶的洗涤操作 同上。

(3)定量转移 先将固体样品至小烧杯中,加适量纯化水溶解成溶液,再将溶液定量转移至容量瓶中(可用自来水代替溶液做练习)。转移时,用一玻璃棒插入容量瓶内,玻璃棒下端靠着瓶颈内壁,烧杯嘴紧靠玻璃棒,使溶液沿玻璃棒流入容量瓶中。待溶液全部流完后,将烧杯沿玻璃棒上移,并同时直立,使附在玻璃棒和烧杯嘴之间的溶液流回烧杯中。用纯化水冲洗玻璃棒和烧杯,冲洗液按上述方法一并转入容量瓶中,重复冲洗3次。

（4）定容　加纯化水至容量瓶容积的2/3处时,旋摇容量瓶,使溶液混合均匀。继续加水到接近标线1cm左右处,改用胶头滴管逐滴加入,直至溶液的弯月面最低处与标线相切为止。

（5）摇匀　盖紧瓶塞,一手手指握住瓶底,另一手食指压紧瓶塞,倒转容量瓶摇动10~20次,使溶液充分混合均匀。

2. 移液管使用练习

（1）洗涤　使用时,先将移液管洗净,并用少量待量取的溶液润洗2~3次,以除去残留在管内的水分。

（2）移液　吸取溶液时,右手将移液管插入溶液中,左手拿洗耳球,先把球内空气压出,然后把球的尖端插入移液管顶口,慢慢松开洗耳球,使溶液吸入管内。当液面升高到标线以上时,立即用右手食指将管口堵住,将管尖离开液面,稍松食指,使液面缓缓下降至弯月面下缘与标线相切,立即按紧管口,使液体不再流出。

（3）放液　把移液管移入稍微倾斜的准备承接溶液的容器中,移液管垂直,使管尖与容器内壁接触。松开食指,让管内溶液自然沿器壁全部流下,等待15秒后,取出移液管。

（4）练习移取溶液操作　用移液管分别移取自来水2ml、4ml、6ml、25.00ml于锥形瓶或烧杯中。

3. 滴定管使用练习

（1）涂凡士林（聚四氟滴定管不需涂凡士林）。

（2）检漏　先将滴定管的活塞关闭,在滴定管内装满水,擦干滴定管外部,直立放置约2分钟,仔细观察有无水滴滴下,活塞缝隙中是否有水渗出;然后将活塞旋转180°,再放置约2分钟,观察是否有水渗出。如无渗水现象,即可洗净使用。

（3）洗涤　按前述方法洗净滴定管后,并用少量待装的溶液润洗2~3次,以除去残留在管内的水分。

（4）装溶液　即向滴定管中装满待装溶液。

（5）排气泡　可将滴定管倾斜,迅速转动活塞至竖直,让溶液急速下流以除去气泡。

（6）调零点　调节溶液的凹液面与零刻度线相切。

（7）滴定操作　用左手控制滴定管,右手拿锥形瓶。左手拇指在活塞前,食指及中指在活塞后,灵活控制活塞。转动活塞时,手指微微弯曲,轻轻向里扣住,手心不要顶住活塞小头一端,以免顶出活塞,使溶液漏出。滴定时,滴定管应伸入瓶口少许,左手控制溶液的流速,右手前三指拿住瓶颈,其余两指做辅助,向同一方向做圆周运动,随滴随摇,反复练习。溶液由滴定管逐滴连续滴加,到滴出一滴及半滴的操作（半滴操作:滴定管管尖悬挂溶液未落,关紧活塞,倾斜锥形瓶,使内壁靠紧滴定管管尖,管尖溶液则黏附在锥形瓶内壁,然后用纯化水冲洗锥形瓶内壁,将瓶壁的溶液淋下,摇匀）。

（8）读数　滴定管应保持垂直,管内的液面呈弯月形,读取与弯月面最低处与刻度的相切之点,视线与切点在同一水平线上。读准到小数点后两位。

四、注意事项

1. 使用蒸馏水润洗,坚持少量多次的原则。

2. 洗液具有很强的腐蚀性,能灼烧皮肤和腐蚀衣物,使用时应特别小心,如不慎把洗液洒在皮肤、衣物和实验台上,应立即用水冲洗。洗液的颜色如已变为绿色,显示其不再具有去污能力,不能继续使用。

3. 容量瓶不能长期存放溶液,配制好的溶液应倒入清洁干燥的试剂瓶中储存。容量瓶不能直火加热,也不能盛放热溶液。瓶塞与瓶配套使用,不能互换。

4. ①移液管在用待移取的溶液润洗前,先用滤纸轻轻擦去管体外面的水,并且将管尖部分的蒸馏水用洗耳球吹去。②润洗时注意不要让吸入移液管中的溶液再流回溶液中,以免将溶液稀释。③吸取溶液时,右手将移液管插入溶液中,左手拿洗耳球。④当液面升高到标线以上时,立即用右手食指将管口堵住,不要用大拇指。⑤承接溶液的器皿应倾斜,移液管直立,管下端紧靠器皿内壁。⑥流完后管尖端接触内壁停留 15 秒,再取出移液管。⑦不要将管尖残留的液体吹出。⑧移液管使用完毕,立即洗净放在移液管架上。⑨移液管不能放在烘箱中烘烤,以免引起容积变化而影响测量的准确度。

5. 开始滴定时,滴定速度可稍快,但不能使滴出液呈线状。近终点时,滴定速度要放慢,以防滴定过量,每次滴加 1 滴或半滴后将溶液摇匀,观察颜色变化情况,再决定是否还要滴加溶液,仅需半滴时,将滴定管活塞微微转动,使有半滴溶液悬于滴定管口,用锥形瓶内壁把溶液靠下来,用洗瓶的纯化水冲洗锥形瓶内壁(注意用少量纯化水),将溅留在瓶壁的溶液淋下,摇匀。

6. 现在有一种滴定管既可用于酸性溶液,又可用于碱性溶液的滴定。

考点提示

本章介绍了电子天平的使用和称量方法,以及滴定分析中常用仪器的使用方法,主要包括滴定管、移液管和容量瓶的使用。

1. 电子天平
- 使用方法:调水平、预热、开机、称量、关机
- 称量方法
  - 直接称量法
  - 固定质量称量法
  - 递减称量法

$$
2.\ 滴定分析常用仪器
\begin{cases}
移液管
\begin{cases}
用途:准确移取一定体积的溶液\\
形状:刻度吸管、腹式吸管\\
操作:洗涤\rightarrow吸液\rightarrow放液
\end{cases}\\
滴定管
\begin{cases}
用途:进行滴定操作的仪器、准确测量滴定液的体积\\
形状:酸式滴定管、碱式滴定管\\
操作:试漏\rightarrow洗涤\rightarrow装溶液\rightarrow赶气泡\rightarrow滴定\\
读数:应估读到小数点后两位
\end{cases}\\
容量瓶
\begin{cases}
用途:配制和准确稀释溶液\\
操作:检漏\rightarrow洗涤\rightarrow定量转移\rightarrow定容\rightarrow摇匀
\end{cases}
\end{cases}
$$

目标检测

一、选择题

（一）单项选择

1. 用万分之一分析天平进行称量时,若以克为单位,结果应记录到小数点后

A. 一位　　　　　B. 二位　　　　　C. 三位　　　　　D. 四位

2. 移液管一般有两种类型,一种管体中部膨大,两端细长,叫作

A. 酸式滴定管　　B. 碱式滴定管　　C. 腹式吸管　　　D. 刻度吸管

3. 用 25ml 移液管量取 25ml 碳酸钠溶液,应记为

A. 25ml　　　　　B. 25.0ml　　　　C. 25.00ml　　　　D. 25.0000ml

4. 使用碱式滴定管进行滴定的正确操作是

A. 用左手捏稍低于玻璃珠的近旁　　　　B. 用左手捏稍高于玻璃珠的近旁

C. 用右手捏稍低于玻璃珠的近旁　　　　D. 用右手捏稍高于玻璃珠的近旁

5. 下列操作错误的是

A. 移液管需要用待移取的溶液润洗 2~3 次

B. 用右手拿移液管,左手拿洗耳球

C. 用大拇指控制移液管的液流

D. 移液管尖部最后留有少量溶液没有吹入接受器中

6. 固体溶质在小烧杯中溶解,必要时可加热。溶解后溶液转移到容量瓶中时,下列操作中错误的是

A. 趁热转移

B. 使玻璃棒下端和容量瓶颈内壁相接触,但不能和瓶口接触

C. 缓缓使溶液沿玻璃棒和颈内壁全部流入容量瓶内

D. 用洗瓶小心冲洗玻璃棒和烧杯内壁 3~5 次,并将洗涤液一并移至容量瓶内

7. 下列操作中,哪个不是容量瓶能完成的操作

A. 直接法配制一定体积准确浓度的标准溶液

分析化学

B. 定容操作

C. 测量容量瓶规格以下的任意体积的液体

D. 准确稀释某一浓度的溶液

（二）多项选择题

1. 下列哪些样品的称量常采用递减称量法

A. 易吸水的样品 　　B. 某一固定质量的样品 　　C. 易氧化的样品

D. 易与 CO_2 反应的样品 　　E. 不易吸潮的样品

2. 滴定分析常用仪器在使用时需要用被装溶液润洗的是

A. 酸式滴定管 　　B. 碱式滴定管 　　C. 移液管

D. 锥形瓶 　　E. 容量瓶

3. 下列说法正确的是

A. 滴定管读数应读取溶液弯月面最低处与滴定管上刻度的相切之点,视线与切点相平

B. 滴定管读数应读取溶液弯月面最低处与滴定管上刻度的相切之点,视线与切点可不相平

C. 滴定管读数应读取到小数点后两位

D. 滴定时,要随滴随摇,眼睛注视滴定管上溶液体积的变化

E. 滴定时,要随滴随摇,眼睛注视锥形瓶内颜色的变化

4. 容量瓶的操作步骤包括哪些

A. 检漏 　　B. 洗涤 　　C. 定量转移

D. 定容 　　E. 摇匀

二、名词解释

1. 递减称量法 　　2. 移液管 　　3. 滴定

三、简答题

1. 简述电子天平的操作步骤。

2. 简述滴定管和移液管的操作方法。

（张文新）

第三章　误差和分析数据的处理

学习目标

【掌握】准确度和精密度的概念及关系,分析结果的一般表示方法,有效数字的表示方法和运算规则。

【熟悉】系统误差和偶然误差产生的原因和表示方法,提高分析结果准确度的方法。

【了解】统计学在分析数据处理中的应用。

第一节　定量分析的误差

即使技术很熟练的分析工作者,用最完善的分析方法和最精密的仪器和很纯的试剂,对同一试样进行多次分析也不可能得到完全一样的分析结果。也就是说,分析过程中的误差是客观存在的。在药物分析或医学检验中不准确的分析结果可能导致临床诊断和治疗上的错误,给患者带来不可估量的危害,因此,在进行定量分析时,不仅要测得被测组分的含量,还要了解分析过程中误差产生的原因及其规律,以便采取相应的措施减小误差,使分析结果尽可能接近真实值。

一、误差的分类

根据产生的原因和性质,可将误差分为系统误差和偶然误差两大类。

(一)系统误差

系统误差(systematic error)也称为可测误差(determinate error),它是由分析过程中某些确定的原因造成的,对分析结果的影响比较固定。根据系统误差的来源可分为:

1. **方法误差**

方法误差是由于分析方法本身不完善造成的误差,通常对测定结果影响较大。例如,在滴定分析中,受指示剂种类限制所选指示剂变色点和化学计量点不完全一致。

2. **仪器误差**

仪器误差是由于所使用仪器本身不够精准或未经校准所引起的误差。如天平两臂不等长,滴定管、容量瓶、移液管等刻度不够准确等,在使用过程中会使测定结果产生误差。

3. **试剂误差**

试剂误差是由于所用试剂纯度不够或蒸馏水中含有微量杂质而引起的误差,如使用的试

分析化学

剂中含有微量的待测组分或存在干扰杂质等。

4. 操作误差

操作误差是由于分析人员的主观原因所造成的误差。例如,根据指示剂变色确定滴定终点,操作者对终点颜色的辨别偏深或偏浅;滴定管读数偏高或偏低,均能导致操作误差。

在一个测定过程中上述四种误差都可能存在,这类误差的共性特点是在重复测定时会重复出现,其数值具有恒定单向性,即以固定的方向和大小出现。故可用加校正值的方法予以消除。

(二)偶然误差

偶然误差(accidental error)也称为随机误差。在同一条件下,对同一试样反复进行测量,在消除系统误差之后,每次测量所得结果仍然会出现一些无规律的变化,我们把这种随机变化归咎于随机误差的存在。这种误差表面上似乎毫无规律,纯属偶然,所以称为偶然误差,它是由某些难以控制或无法避免的偶然因素引起的。如测量时温度、湿度、气压的微小变化,分析仪器的轻微波动以及实验人员操作的细小变化等,都可能引起测量数据的波动而带来误差。

偶然误差的大小、正负都不固定,是较难预测和控制的。但偶然误差的出现服从统计规律(正态分布),见图3-1:①大小相等的正负误差出现的概率相等;②小误差出现的概率大,大误差出现的概率小,特别大的误差出现的概率极小。

利用"大小相等的正负偶然误差出现的概率相等""正负偶然误差能互相抵消"这一事实,在消除系统误差的前提下,随着测定次数

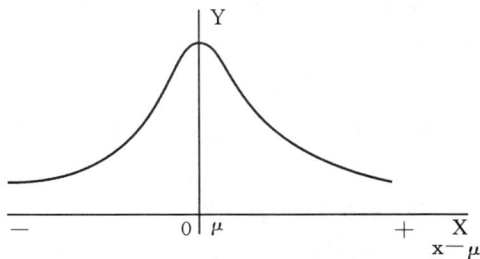

图3-1　偶然误差的正态分布曲线

的增加,偶然误差的算术平均值趋近于零。所以适当地增加平行测定次数,取平均值表示测定结果,可以减小偶然误差。

课堂互动

溶液溅失、加错试剂、读错刻度、记录和计算错误是否属于偶然误差?

需要说明的是,虽然系统误差与偶然误差在定义上不难区分,但在实际分析过程中除了较明显的现象外,两者常常纠缠在一起,难以直观地区别。例如,观察滴定终点颜色的改变,有人总是偏深,产生属于操作误差的系统误差。但在多次测定观察滴定终点的深浅程度时,又不可能完全一致,因而产生偶然误差。因此两类误差的划分并无绝对界限,很多情况下,两种误差可能同时存在。

立德树人

相对与绝对是反映事物性质的两个不同方面的哲学范畴。相对和绝对,都是同一事物既相互联系又相互区别的两重属性。人们在认识这个哲学的时候产生不同的观点。马克思主义

哲学认为,世界上一切事物既包含有相对的方面,又包含有绝对的方面,任何事物都既是绝对的,又是相对的。

二、准确度与精密度

(一)准确度与误差

准确度(accuracy)是指测量值与真实值的接近程度。通常用误差(error)来表示,误差越小,表示分析结果与真实值越接近,准确度越高;反之,准确度越低。

误差有绝对误差(absolute error)和相对误差(relative error)两种表示方法。

1. 绝对误差

测量值与真实值之差称为绝对误差,用 E 表示。若以 x 代表测量值,以 μ 代表真实值,则绝对误差 E 为:

$$E = x - \mu \tag{3-1}$$

2. 相对误差

绝对误差 E 与真实值 μ 的比值称为相对误差,用 RE 表示。

$$RE = \frac{E}{\mu} \times 100\% \tag{3-2}$$

绝对误差和相对误差均有大小正负之分,正误差表示分析结果偏高,负误差表示分析结果偏低。误差的绝对值越小,测量值越接近于真实值,测量的准确度就越高。绝对误差以测量值的单位为单位,相对误差没有单位。绝对误差和相对误差区别实际是量和率的不同,用相对误差来表示测定结果的准确度更为科学。

例1　用万分之一的分析天平称量某样品两份,其质量分别为 2.1450g 和 0.2145g。若二者的真实质量分别为 2.1452g 和 0.2147g,分别计算两份样品称量的绝对误差和相对误差。

解:称量的绝对误差分别为:

$$E_1 = 2.1450 - 2.1452 = -0.0002(g)$$
$$E_2 = 0.2145 - 0.2147 = -0.0002(g)$$

称量的相对误差分别为:

$$\frac{-0.0002}{2.1452} \times 100\% = -0.009\%$$

$$\frac{-0.0002}{0.2147} \times 100\% = -0.09\%$$

从上例可知,用相对误差来表示测定结果的准确度更为确切,因此常用相对误差衡量分析结果的准确程度。

知识拓展

真实值与标准参考物质

由于任何测量数据都存在误差,因此实际测量不可能得到真值,而只能尽量接近真值。在分析化学工作中常用的真值是约定真值与相对真值。

分析化学

（1）约定真值　由国际计量大会定义的单位（国际单位）及我国的法定计量单位。如国际单位制的基本单位有七个：长度、质量、时间、电流强度、热力学温度、发光强度及物质的量。

（2）相对真值或标准参考物质　采用可靠的分析方法，在不同实验室（经相关部门认可），由不同分析人员对同一试样进行反复多次测定，然后将大量测定数据用数理统计方法处理而求得的测量值。这种通过高精度测量而获得的更加接近真值的值称为标准值（或相对真值），获得标准值的试样称为标准试样或标准参考物质，作为评价准确度的基准，标准试样及其标准值需经权威机构认定并提供。

（二）精密度与偏差

精密度（precision）是在相同条件下平行测量的各测量值（实验值）之间互相接近的程度。各测量值间越接近，测量的精密度越高；反之，精密度越低。精密度的高低用偏差来衡量，偏差有以下几种表示方法。

1. 偏差（deviation）

偏差是单个测量值（x_1）与平均值（$\bar{x}$）之差，也称为绝对偏差，其值可正可负，用 d 表示：

$$d = x_1 - \bar{x} \tag{3-3}$$

2. 平均偏差（average deviation）

平均偏差是各单个偏差绝对值的平均值，其值均为正值，用 $\bar{d}$ 表示（若测定次数为 n）：

$$\bar{d} = \frac{\sum\limits_{i=1}^{n} |x_i - \bar{x}|}{n} \tag{3-4}$$

3. 相对平均偏差（relative average deviation）

相对平均偏差是平均偏差（$\bar{d}$）与测量平均值（$\bar{x}$）的比值，用 $R\bar{d}$ 表示：

$$R\bar{d} = \frac{\bar{d}}{\bar{x}} \times 100\% \tag{3-5}$$

4. 标准偏差（standard deviation）

标准偏差是衡量测量值分散程度的一个参数。在平均偏差和相对平均偏差的计算过程中忽略了个别较大偏差对测定结果重现性的影响，而采用标准偏差则是为了突出较大偏差的影响。对少量测定值（$n \leqslant 20$）而言，其标准偏差用 S 表示：

$$S = \sqrt{\frac{\sum\limits_{i=1}^{n}(x_i - \bar{x})^2}{n-1}} \quad 或 \quad S = \sqrt{\frac{\sum\limits_{i=1}^{n} x_i^2 - \frac{1}{n}\left(\sum\limits_{i=1}^{n} x_i\right)^2}{n-1}} \tag{3-6}$$

例2　甲、乙两组对同一样品进行平行测定，每组均测定 10 次，甲组测定数据为 10.3、9.8、9.6、10.2、10.1、10.4、10.0、9.7、10.2、9.7，乙组测定数据为 10.0、10.1、9.3、10.2、9.9、9.8、10.5、9.8、10.4、10.0。比较这两组数据的精密度如何。

解：$\bar{x}_{甲} = \dfrac{10.3 + 9.8 + 9.6 + 10.2 + 10.1 + 10.4 + 10.0 + 9.7 + 10.2 + 9.7}{10} = 10.0$

$\bar{x}_{乙} = \dfrac{10.0 + 10.1 + 9.3 + 10.2 + 9.9 + 9.8 + 10.5 + 9.8 + 10.4 + 10.0}{10} = 10.0$

由 $\bar{d} = \dfrac{\sum\limits_{i=1}^{n} |x_i - \bar{x}|}{n}$ 计算得：$\bar{d}_{甲} = 0.24$，$\bar{d}_{乙} = 0.24$

由 $S = \sqrt{\dfrac{\sum\limits_{i=1}^{n}(x_i - \bar{x})^2}{n-1}}$ 或 $S = \sqrt{\dfrac{\sum\limits_{i=1}^{n} x_i^2 - \dfrac{1}{n}\left(\sum\limits_{i=1}^{n} x_i\right)^2}{n-1}}$ 计算得：

$$S_{甲} = \sqrt{\frac{0.3^2 + (-0.2)^2 + (-0.4)^2 + 0.2^2 + 0.1^2 + 0.4^2 + 0^2 + (-0.3)^2 + 0.2^2 + (-0.3)^2}{10-1}}$$

$= 0.28$

$$S_{乙} = \sqrt{\frac{0^2 + 0.1^2 + (-0.7)^2 + 0.2^2 + (-0.1)^2 + (-0.2)^2 + 0.5^2 + (-0.2)^2 + 0.4^2 + 0^2}{10-1}}$$

$= 0.34$

由两者的标准偏差比较可知，甲组数据较乙组数据精密度高。

由计算结果可见，两组数据的平均偏差相同，均为 0.24，但明显地可以看出，乙组数据较为分散。因此用平均偏差有时不能准确反映出两组数据的精密度差异，出现这种情况的原因主要是乙组中的较大偏差和较小偏差互相平均所致，为了避免类似情况的发生，对要求较高的分析结果现在多采用统计学中的标准偏差来表示数据精密度。

5. 相对标准偏差（relative standard deviation）

标准偏差（S）与测量平均值（$\bar{x}$）的比值，用 RSD 表示：

$$RSD = \frac{S}{\bar{x}} \times 100 \tag{3-7}$$

例 3　测定某试样中 Cl^- 的含量，得到下列结果：10.48%、10.37%、10.47%、10.43%、10.40%，计算测定的平均值、平均偏差、相对平均偏差、标准偏差及相对标准偏差。

解：平均值 $\bar{x} = \dfrac{10.48\% + 10.37\% + 10.47\% + 10.43\% + 10.40\%}{5} = 10.43\%$

平均偏差 $\bar{d} = 0.05\% + 0.06\% + 0.04\% + 0 + 0.03\% = 0.036\%$

相对平均偏差 $R\bar{d} = \dfrac{\bar{d}}{\bar{x}} \times 100\% = \dfrac{0.036\%}{10.43\%} \times 100\% = 0.35\%$

标准偏差 $S = \sqrt{\dfrac{(0.05\%)^2 + (-0.06\%)^2 + (0.04\%)^2 + 0^2 + (-0.03\%)^2}{5-1}} = 0.046\%$

相对标准偏差 $RSD = \dfrac{S}{\bar{x}} \times 100\% = \dfrac{0.046\%}{10.43\%} \times 100\% = 0.44\%$

（三）准确度与精密度的关系

测量值的准确度与精密度的概念不同，准确度表示测量结果的正确性，精密度表示测量结果的重复性与再现性。系统误差影响分析结果的准确度，偶然误差影响分析结果的精密度。测定结果的好坏应从精密度和准确度两个方面来衡量，如图 3-2 所示。

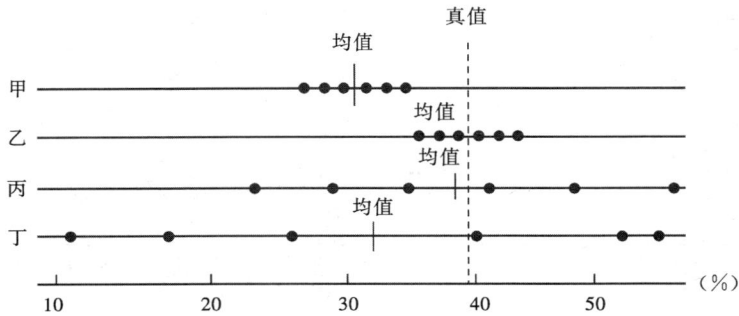

图 3-2　定量分析结果的准确度与精密度

图 3-2 表示甲、乙、丙、丁四组分别对同一试样中某组分进行含量测定,每组均测定 6 次,所得结果如图所示。由图可知:甲组数据的精密度虽然很高,但其平均值离真值较远、准确度较低,说明测量存在系统误差;乙组数据的精密度和准确度均较高,结果可靠;丙组数据较分散,虽然其平均值离真值较近,但这是由于大的正负误差相抵消的结果,纯属偶然,因此该组数据不可取;丁组数据的精密度和准确度都不好,数据不可信。

综上所述:准确度高一定需要精密度高,但精密度高不一定准确度高,精密度是保证准确度的先决条件,精密度低所测结果不可靠,在这种情况下自然失去了衡量准确度的先决条件。只有精密度与准确度都高的测量结果才是可取的。

三、提高分析结果准确度的方法

从前面的讨论可知,要想得到准确可靠的分析结果,必须设法减免分析过程中带来的各种系统误差和偶然误差。

(一)选择适当的分析方法

不同的分析方法具有不同的灵敏度和准确度,分析人员应根据分析工作的实际情况选择合适的分析方法。例如经典化学分析方法(滴定分析法和重量分析法)的灵敏度虽然不高,但对常量组分的测定,能获得比较准确的分析结果(相对误差≤0.2%),可是对微量或痕量组分则无法准确测定;仪器分析法灵敏度较高、绝对误差较小、相对误差较大,对微量或痕量组分的测定符合准确度要求,但不适于对常量组分的测定。

(二)减小测量误差

为了保证分析结果的准确度,必须尽量减小测量各步骤产生的误差。例如在称量过程中应设法减少称量误差,一般万分之一分析天平读数(平衡)一次的称量误差为 ±0.0001g,称取一定质量试样须读数(平衡)两次,因此可能引起的最大误差是 ±0.0002g,为了使称量的相对误差≤0.1%,所称试样量必须≥0.2g。

知识拓展

用万分之一分析天平称取试样不得少于 0.2g 的理论依据。

计算依据为：相对误差 $= \dfrac{绝对误差}{真值（或测得值）} \times 100\%$

当相对误差 $\leqslant 0.1\%$ 时，要想满足上式，测量值的范围应是：

测量值 $\geqslant \dfrac{绝对误差}{0.1\%} \times 100\%$

（三）消除测量中的系统误差

测量中的系统误差可以通过校准仪器、空白试验、对照试验、回收试验消除。

1. 校准仪器

对仪器不准确引起的系统误差，可以通过校准仪器加以消除。

2. 空白试验

对由试剂、蒸馏水、实验器皿及环境带入杂质或微量被测组分等所引起的系统误差，可通过空白试验加以消除。所谓空白试验，是采用与分析试样相同的方法、条件、步骤对只有试剂、不加待测物的空白试样进行分析测定，所得结果为空白值，然后从试样的分析结果中扣除此空白值，进而消除试剂和部分仪器引起的系统误差。

3. 对照试验

对照试验是综合检验系统误差的有效方法，如检查试剂是否失效、反应条件是否正常、测定方法是否可靠，以减免方法、试剂和仪器误差，常用标准品对照法和标准方法对照法。

标准品对照法是用已知准确含量的标准试样代替待测试样，在完全相同的条件下进行分析测定，用测量结果与已知含量作对照，以检验分析结果的准确度。有时可对测定结果进行校正：

$$试样中某组分含量 = 试样中某组分测得含量 \times \dfrac{标准试样中某组分已知含量}{标准试样中某组分测得含量}$$

标准方法对照法是对由于分析方法不完善等方法原因引起的系统误差，可用所建方法与公认的经典方法对同一试样进行测量并比较，以判断所建方法的可靠性，进而消除方法误差。

4. 回收试验

如果无标准试样作对照试验，或对试样的组成不太清楚时，可做回收试验，此试验是自我检验准确度的一种实用方法。这种方法是先测出试样中待测组分含量，然后在几份相同试样（$n \geqslant 5$）中加入适量待测组分的纯品，以相同条件进行测定，按下式计算回收率：

$$回收率 = \dfrac{加入纯品后的测得值 - 加入前的测得值}{纯品加入量} \times 100\%$$

（四）减小偶然误差

根据偶然误差的统计规律，在消除系统误差的前提下，增加平行测定次数取平均值，可减小偶然误差对分析结果的影响。在实际工作中，一般对同一试样平行测定 3~4 次，其精密度符合要求即可。

第二节　分析数据的处理

在定量分析中，为了得到准确的测量结果，不仅要准确地测定各种数据，还必须对其进行正确记录和科学的分析处理。

一、数据记录及有效数字

(一)有效数字

有效数字(significant figure)就是在分析工作中测量到的具有实际意义的数字。有效数字的位数由测量数据中的所有准确数字和最后一位可疑数字组成。保留有效数字的位数,受到测量仪器的精度和分析方法的准确度限制。因此有效数字不仅能表示数值的大小,还可以反映测量的精确程度。

例如用万分之一的分析天平称取某试样的质量为0.4387g,其中0.438是准确的,最后一位"7"是可疑数字,有±1个单位的误差。因此该试样的真实质量应为0.4387g±0.0001g。如用千分之一的天平称试样质量为0.438g,则其真实质量应为0.438g±0.001g。观察这两份试样,不仅其质量大小不同,而且两者的准确度也不同,我们可通过计算其相对误差来衡量:

$$试样一:RE = \frac{0.0002}{0.4387} \times 100\% = 0.05\%$$

$$试样二:RE = \frac{0.002}{0.438} \times 100\% = 0.5\%$$

由此可见,有效数字位数取决于测量方法和使用仪器的精确程度,在测量准确度范围内,有效数字位数越多越准确,但超过测量准确度,过多的位数是毫无意义的。

在实际判断有效数字位数时,应注意以下几点:

(1)数据中有"0"时,应分析具体情况,以确定其是否为有效数字。在第一个数字(1~9)前的"0"不是有效数字,它们只起定位作用;而在数字中间或末尾的"0"是有效数字。如数据0.0036为两位有效数字,而1.006为四位有效数字。

(2)数据中的对数值如pH、pM、lgK等,其有效数字的位数仅决定于小数点后面数字的位数,因为整数部分只说明原值的方次。例如pH = 12.68,即$[H^+] = 2.1 \times 10^{-13}$mol/L,其有效数字是两位,而不是四位。

(3)常数 π、e 以及计算中倍数、分数、$\sqrt{}$ 等数值可视为准确数字,在计算中考虑有效数字时与此类数字无关。

(4)数据的单位改变时,其有效数字的位数不变。如 21.36ml 应写成 0.021 36L 或 21.36×10^{-3}L。

(5)对于7800这样的数字可视为有效数字位数不明确,可以表示为 7.8×10^3 两位有效数字、7.80×10^3 三位有效数字、7.800×10^3 四位有效数字。

(二)有效数字的修约及运算规则

1. 有效数字的修约

在数据处理时,对有效数字位数不相同的数据,应在计算前先将有效数字位数较多的数据,按要求舍去多余的尾数,该过程称为数字修约,其基本规则:

(1)采用"四舍六入五留双"的规则进行修约 ①被修约的数字≤4时,舍弃该数字;被修约的数字≥6时,则进位。②被修约的数字=5,且5的后面无数字或数字为零时,则若5的前一位是偶数就舍弃,若是奇数就进位;当被修约的数字 =5,但5 的后面还有非零数字时,则进位。

例如,将下面测量值修约为四位有效数字:

0.325 54→0.3255;　0.362 36→0.3624;　10.2150→10.22;　4.624 51→4.625

（2）禁止分次修约　只允许对原测量值一次修约到所需位数,不得分次修约。如将 2.545 46修约为两位有效数字,应为 2.5。如果分次修约,则 2.545 46→2.5455→2.546→2.55→2.6,结果为 2.6,这种修约方式是不允许的。

2. 有效数字运算规则

在数据处理运算中,加减运算和乘除运算的规则不同。

（1）加减法　几个数据相加或相减时,它们的和或差的有效数字的保留位数,应以小数点后位数最少的数据为依据。

例 1　计算该算式的结果:10.2346 + 0.121 + 25.43

解:三个数据中,25.43 是小数点后位数最少的,因此结果的小数点后应保留两位数字。10.2346 + 0.121 + 25.43 = 10.23 + 0.12 + 25.43 = 35.78

（2）乘除法　几个数据相乘或相除时,它们的积或商的有效数字的保留位数,应以有效数字位数最少的数据为依据。

例 2　计算该算式的结果:10.2346 × 0.121 × 25.43

解:三个数据中,0.121 是有效数字位数最少的,有三位有效数字,因此结果应保留三位有效数字。10.2346 × 0.121 × 25.43 = 10.2 × 0.121 × 25.4 = 31.3

（三）有效数字在定量分析中的应用

1. 有效数字的记录

记录测量数据时,只保留一位可疑数字。

2. 测量仪器的选择

根据分析实验的要求选择适当的测量仪器。如在常量分析中,用递减法称取 0.2g 试样,一般要求称量的相对误差 ≤ ±0.1%,其绝对误差为 ±0.1% ×0.2 = ±0.0002(g),即选用万分之一的分析天平称量即可达到要求。又如仪器分析法测定微量组分要求相对误差 ≤ ±2%,若称取试样 0.5g,则试样称量的绝对误差为 ±2% ×0.5 = ±0.01(g),选用百分之一的天平即可满足该分析要求。

3. 试剂用量及器皿的选择

为了正确选择试验所用器皿,需要对试验中试剂的消耗有正确的估计。如滴定分析法,常量滴定管的绝对误差为 ±0.02ml,当要求滴定过程的相对误差 ≤0.1% 时,应保证消耗滴定管中的溶液体积 ≥20ml。据此在滴定试验中,设计消耗滴定液体积为 20 ~ 25ml。试验一般选用 50ml 的滴定管。

4. 分析结果的表示

最后报告分析结果的准确度应与测量的准确度相一致。通常填报试验结果时,对于高含量组分(>10%)的测定,要求分析结果报告四位有效数字;对于中等含量组分(1% ~ 10%)的测定,要求报告三位有效数字;对于微量组分(<1%)的测定,只要求报告两位有效数字。

在表示准确度和精密度时,一般只取一位有效数字,最多取两位有些数字,如 $R\bar{d} = 0.3\%$ 。

第三节　分析数据统计处理基本知识

近年来,分析化学中愈来愈广泛地采用统计学方法来处理各种分析数据。统计学知识在定量分析中的应用常见于下列几种情况。

一、可疑测量值的取舍

在实际分析工作中,常常会遇到对同一样品进行一系列平行测定所得的数据中,个别数据过高或过低,若将这样的数据纳入计算过程中,可能会影响结果的准确度,这种数据称为可疑值或离群值(outlier)。例如,分析某一含铁试样时,平行测定四次,其结果分别为:23.12%、23.36%、23.40%和23.38%,显然第一个测量值偏离较大,是可疑值。该数据可能是实验中的过失造成的,但不能凭个人主观愿望任意取舍,需要用统计学方法进行处理,决定取舍。统计学处理可疑值的方法有多种,目前常用的方法是 Q 检验法和 G 检验法。

1. Q 检验法

Q 检验法的检验步骤如下:

(1)将所有测量数据按大小顺序排列,可疑值将在序列的开头或末尾。

(2)计算出可疑值与其最相邻值之差。

(3)计算出序列中最大值与最小值之差(极差),用下列公式计算 Q 值:

$$Q_{计} = \frac{|x_{可疑} - x_{邻近}|}{x_{最大} - x_{最小}} \tag{3-8}$$

(4)查 Q 临界值表(表3-1),若计算所得的 Q 值大于表中相应的 Q 临界值,则该可疑值应舍弃,否则应被保留。

表 3-1　不同置信度下的 Q 值表

P ＼ n	3	4	5	6	7	8	9	10
90%	0.94	0.76	0.64	0.56	0.51	0.47	0.44	0.41
95%	0.97	0.84	0.73	0.64	0.59	0.54	0.51	0.49
99%	0.99	0.93	0.82	0.74	0.68	0.63	0.60	0.57

n 为测定次数,P 为置信度

Q 检验法比较简单,适用于测定次数 3~10 次试验数据的检验。

例1　用碳酸钠基准物质标定盐酸标准溶液的浓度,平行测定 4 次,结果分别为:0.1014mol/L、0.1012mol/L、0.1019mol/L、0.1016mol/L,其中 0.1019mol/L 明显偏大,试用 Q 检验法确定该值的取舍(置信度为 95%)。

解:$Q_{计} = \dfrac{|x_{可疑} - x_{邻近}|}{x_{最大} - x_{最小}} = \dfrac{|0.1019 - 0.1016|}{0.1019 - 0.1012} = 0.4286$

查表 3-1,当置信度为 95%,$n=4$ 时,$Q_{表}=0.84$。可见 $Q_{计} < Q_{表}$,所以数据 0.1019 不能舍弃。

2. G 检验法

G 检验法检验步骤如下：

（1）计算出包括可疑数据在内的平均值 $\bar{x}$。

（2）计算出可疑值 $x_{可疑}$ 与平均值 $\bar{x}$ 之差的绝对值 $|x_{可疑} - \bar{x}|$。

（3）计算包括可疑值在内的标准偏差 S，用下列公式计算 G 值：

$$G_{计} = \frac{|x_{可疑} - \bar{x}|}{S} \tag{3-9}$$

（4）查 G 临界值表（表 3-2），若计算所得的 G 值大于表中相应的 G 临界值，则该可疑值应舍弃，否则应被保留。

表 3-2　不同置信度下的 G 值表

Q P	3	4	5	6	7	8	9	10	15	20	25	30
90%	1.15	1.46	1.67	1.82	1.94	2.03	2.11	2.18	2.41	2.56	2.66	2.75
95%	1.15	1.48	1.71	1.89	2.02	2.13	2.21	2.29	2.55	2.71	2.82	2.91
99%	1.15	1.50	1.76	1.97	2.14	2.27	2.39	2.48	2.81	3.00	3.14	3.24

G 检验法使用范围较 Q 检验法广，效果较好

二、置信度与置信区间

在准确度要求较高的分析工作中，提出报告时需对样本总体平均值 μ（真实值）做出估计，即 μ 的可能取值的区间（范围），将 μ 所在的范围称为置信区间（confidence interval）。在对 μ 的取值区间做出估计时，还应指明这种估计的可靠程度或概率，将真实值落在此范围内的概率称为置信概率或置信度（confidence），用 P 表示。

$$\mu = \bar{x} \pm t_{P,f} \frac{S}{\sqrt{n}} \tag{3-10}$$

式中，n 为测定次数，$\bar{x}$ 为 n 次测定的平均值，S 为 n 次测定的标准偏差，$f(f = n-1)$ 为自由度，$t_{P,f}$ 为置信度为 P，自由度为 f 的置信系数（$t_{P,f}$ 值可查相关统计学表）。

考点提示

误差的类型 {
　系统误差 {
　　特点对分析结果的影响比较固定
　　来源 {
　　　方法误差：是由于分析方法本身不完善造成的误差
　　　仪器误差：是由于所使用仪器本身不够精准或未经校准所引起的误差
　　　试剂误差：是由于所用试剂纯度不够而引起的误差
　　　操作误差：是由于分析人员的主观原因所造成的误差
　　}
　}
　偶然误差 {
　　特点：对分析结果的影响不固定，但服从一般的统计规律
　　来源：偶然因素造成，如温度、气压和湿度
　}
}

分析化学

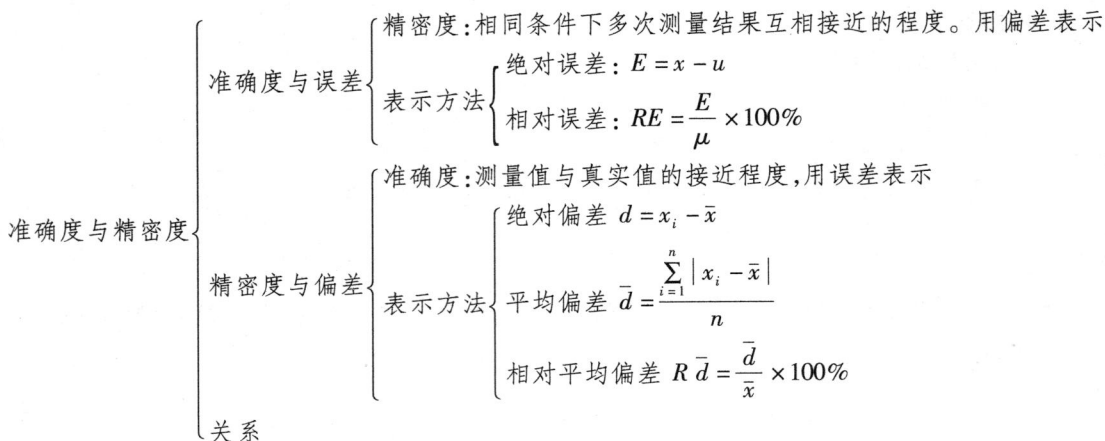

准确度与精密度
 ├ 准确度与误差
 │ ├ 精密度：相同条件下多次测量结果互相接近的程度。用偏差表示
 │ └ 表示方法
 │   ├ 绝对误差：$E = x - u$
 │   └ 相对误差：$RE = \dfrac{E}{\mu} \times 100\%$
 ├ 精密度与偏差
 │ ├ 准确度：测量值与真实值的接近程度，用误差表示
 │ └ 表示方法
 │   ├ 绝对偏差 $d = x_i - \bar{x}$
 │   ├ 平均偏差 $\bar{d} = \dfrac{\sum\limits_{i=1}^{n} |x_i - \bar{x}|}{n}$
 │   └ 相对平均偏差 $R\bar{d} = \dfrac{\bar{d}}{\bar{x}} \times 100\%$
 └ 关系

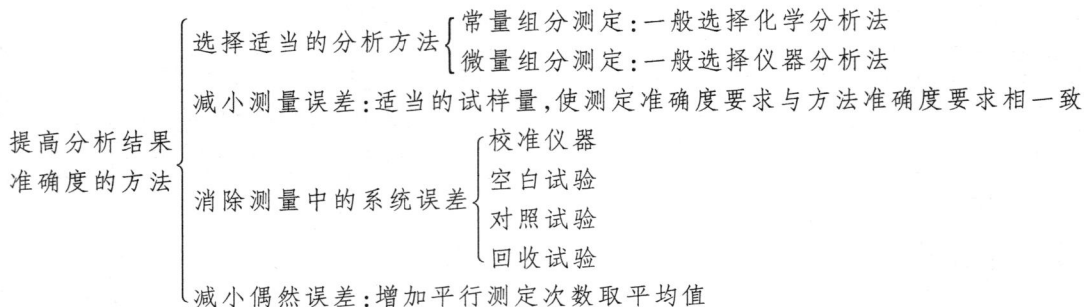

提高分析结果准确度的方法
 ├ 选择适当的分析方法
 │ ├ 常量组分测定：一般选择化学分析法
 │ └ 微量组分测定：一般选择仪器分析法
 ├ 减小测量误差：适当的试样量，使测定准确度要求与方法准确度要求相一致
 ├ 消除测量中的系统误差
 │ ├ 校准仪器
 │ ├ 空白试验
 │ ├ 对照试验
 │ └ 回收试验
 └ 减小偶然误差：增加平行测定次数取平均值

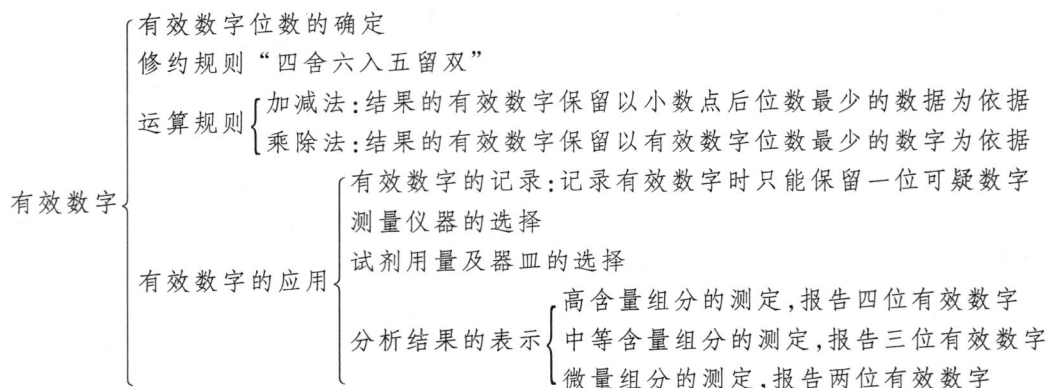

有效数字
 ├ 有效数字位数的确定
 ├ 修约规则"四舍六入五留双"
 ├ 运算规则
 │ ├ 加减法：结果的有效数字保留以小数点后位数最少的数据为依据
 │ └ 乘除法：结果的有效数字保留以有效数字位数最少的数字为依据
 └ 有效数字的应用
    ├ 有效数字的记录：记录有效数字时只能保留一位可疑数字
    ├ 测量仪器的选择
    ├ 试剂用量及器皿的选择
    └ 分析结果的表示
       ├ 高含量组分的测定，报告四位有效数字
       ├ 中等含量组分的测定，报告三位有效数字
       └ 微量组分的测定，报告两位有效数字

目标检测

一、选择题

（一）单项选择题

1. 下列是四位有效数字的数字是

A. 2.1000　　　　B. 1.1050　　　　C. 1.005　　　　D. pH = 12.00

2. 用 50ml 量筒取 15ml 盐酸溶液，应记为

A. 15ml　　　　B. 15.0ml　　　　C. 15.00ml　　　　D. 15.0000ml

3. 25ml 移液管移的读数一般可以读准到 0.01ml,用该移液管量取 25ml 氢氧化钠溶液,应记为

A. 25.00ml　　　B. 25ml　　　C. 25.0ml　　　D. 25.0000ml

4. 一次成功的实验结果应是

A. 精密度差,准确度高　　　　　B. 精密度高,准确度差

C. 精密度差,准确度差　　　　　D. 精密度高,准确度高

5. 减少偶然误差的方法

A. 对照试验　　　　　　　　　B. 多次测定取平均值

C. 校准仪器　　　　　　　　　D. 空白试验

6. 有一组平行测定所得的分析数据,要判断其中是否有可疑值,应采用

A. G 检验法　　　B. t 检验法　　　C. F 检验法　　　D. 归一法

(二)多项选择题

1. 下列哪些情况可引起系统误差

A. 滴定终点和计量点不吻合　　B. 天平砝码被腐蚀　　　C. 加错试剂

D. 天平零点突然变动　　　　　E. 看错砝码读数

2. 精密度表示方法包括

A. 绝对误差　　　　　　　　　B. 相对误差　　　　　　C. 平均偏差

D. 相对平均偏差　　　　　　　E. 标准偏差

3. 空白试验可减小

A. 试剂造成的误差　　　　　　B. 实验方法不当造成的误差

C. 仪器不洁净造成的误差　　　D. 操作不正规造成的误差

E. 记录有误造成的误差

4. 下列滴定分析仪器在使用时不需要用溶液润洗的是

A. 容量瓶　　　　　　　　　　B. 碱式滴定管　　　　　C. 移液管

D. 锥形瓶　　　　　　　　　　E. 酸式滴定管

二、名词解释

1. 有效数字　　　　　　　2. 系统误差　　　　　　3. 偶然误差

三、简答题

1. 简述误差的种类及减免方法。

2. 滴定管的读数误差为 ±0.02ml,如果滴定时用去滴定液 2.50ml,相对误差是多少? 如果滴定时用去滴定液 25.00ml,相对误差又是多少? 计算结果说明了什么问题?

3. 将下列数据修约为四位有效数字:

(1)12.2343　　　　　　　(2)25.4473　　　　　　　(3)10.4550

(4)40.1650　　　　　　　(5)32.0251　　　　　　　(6)17.0753

4. 根据有效数字运算规则,计算下列结果。

(1) 213.64 + 4.4 + 0.3244　　　(2) 7.869 ÷ 0.9967 × 5.02

四、应用实例

标定某溶液的浓度,四次结果分别为 0.2041mol/L、0.2049mol/L、0.2039mol/L 和 0.2043mol/L,试计算标定结果的平均值、平均偏差、相对平均偏差、标准偏差和相对标准偏差。

(陈素娥)

第四章 滴定分析法概论

学习目标

【掌握】滴定分析法的基本术语和滴定液浓度的表示方法,滴定液的配制和标定的方法,滴定分析的有关计算。

【熟悉】滴定分析法的滴定方式,基准物质应具备的条件。

【了解】滴定分析法的条件及分类。

第一节　滴定分析法概述

滴定分析法(titrimetric analysis)又称容量分析法,是化学定量分析法中重要的分析方法之一。它是将一种已知准确浓度的试剂溶液,滴加到被测物质的溶液中,直到所加的试剂溶液与被测物质按化学计量关系定量反应完全,根据所用试剂溶液的浓度和消耗的体积,计算出被测物质的浓度或含量的方法。

一、滴定分析法的基本术语及条件

(一)基本术语

滴定液(titrant):已知准确浓度的试剂溶液称为滴定液,又称标准溶液(standard solution)。

滴定(titration):是指滴定液从滴定管中滴加到被测物质溶液中的过程。

化学计量点(stoichiometric point):滴加的滴定液与被测组分刚好反应完全(它们的物质的量之间的关系恰好符合化学反应式所表示的化学计量关系),此时称反应到达化学计量点,简称计量点,以 sp 表示。

指示剂(indicator):帮助确定化学计量点的辅助试剂,利用它的颜色变化指示化学计量点的到达,这种辅助试剂称为指示剂。

滴定终点(end point of titration):在滴定中,指示剂发生颜色变化的转变点称为滴定终点。

终点误差(end point error):化学计量点是根据化学反应的计量关系求得的理论值,而滴定终点是实际滴定时测得的测量值,两者往往不完全一致,由此造成的误差称为终点误差或滴定误差(titration error)。

滴定分析法具有设备简单、操作方便、测定快速、分析结果的准确度高(一般情况下,测定的相对误差不大于 0.2%)等特点。通常应用于常量分析,是分析化学中最基本的方法之一,在生产实践和科学实验中具有很大的实用价值。

(二)滴定分析反应必须具备的条件

滴定分析是以化学反应为基础的分析方法,但并不是所有的化学反应都能用于滴定分析,

能用于滴定分析的化学反应,必须具备下述条件:

1. **反应必须定量、完全**

被测组分与滴定液之间的反应必须按确定的反应方程式进行完全(通常要求≥99.9%),不能有副反应,这是定量分析的基础。

2. **反应速度要快**

滴定反应要求瞬间完成,对反应速度较慢的,可采取适当的措施(加热、加入催化剂等方法)来加快反应速度。

3. **必须要有简便可靠的确定终点的方法**

通常情况下借助指示剂的颜色变化来指示滴定终点,也可以用电位滴定法或永停滴定法来确定滴定终点。

二、滴定分析法的分类及滴定方式

(一)滴定分析法的分类

滴定分析法根据标准溶液和被测物质所发生的化学反应类型不同一般可分为四类:

1. **酸碱滴定法**

酸碱滴定法(acid – base titration)是以质子转移反应为基础的滴定分析法,其化学反应实质为

$$H_3O^+ + OH^- \rightleftharpoons 2H_2O$$

可以强酸为滴定液滴定碱或碱性物质,也可以强碱为滴定液滴定酸及酸性物质。例如用 NaOH 为滴定液测定测定醋酸含量时,其主要反应为:

$$OH^- + HAc \rightleftharpoons Ac^- + H_2O$$

2. **配位滴定法**

配位滴定法(coordination titration)是以配位反应为基础的滴定分析方法。例如用 EDTA 滴定液测定 Mg^{2+} 时,其主要反应为:

$$Mg^{2+} + Y^{4-} \rightleftharpoons MgY^{2-}$$

3. **沉淀滴定法**

沉淀滴定法(precipitation titration)是以沉淀反应为基础的滴定分析方法。例如用 $AgNO_3$ 滴定液测定 Cl^- 时,主要反应为:

$$Ag^+ + Cl^- \rightleftharpoons AgCl \downarrow$$

4. **氧化还原滴定法**

氧化还原滴定法(oxidation – reduction titration)是以氧化还原反应为基础的滴定分析法,例如用 $KMnO_4$ 滴定液测定 Fe^{2+} 时,其主要反应为:

$$MnO_4^- + 5Fe^{2+} + 8H^+ \rightleftharpoons Mn^{2+} + 5Fe^{3+} + 4H_2O$$

(二)滴定方式

1. **直接滴定法**

用滴定液直接滴定被测物质,这种滴定方式称为直接滴定法(direct titration)。只要符合滴定分析反应必须具备的三个条件的化学反应均可用直接滴定法进行滴定。例如以 HCl 为滴定液滴定 NaOH 溶液,以 $AgNO_3$ 滴定液滴定 NaCl 等均属于直接滴定法。

$$NaOH + HCl \rightleftharpoons NaCl + H_2O$$
$$NaCl + AgNO_3 \rightleftharpoons AgCl \downarrow + NaNO_3$$

直接滴定法是最简单、应用范围最广的一种滴定方式。当一个化学反应不满足直接滴定法的条件时,可采用其他滴定方式进行滴定。

2. 返滴定法（剩余滴定法）

先加入准确、过量的一种滴定液至被测物质中,待反应完全后,再用另一种滴定液滴定前面剩余的滴定液,这种滴定方式称为返滴定法(residual titration)。

返滴定法是在被测物质为固体,或被测物质与滴定液反应速度慢,或没有适当的指示剂时可采用,其最大特点是用两种滴定液分两步完成。例如测定试样中碳酸钙的含量时,由于碳酸钙难溶于水,可先加入准确过量的 HCl 滴定液,待碳酸钙与盐酸定量反应完全后,再用 NaOH 滴定液滴定剩余的 HCl 滴定液。反应式为:

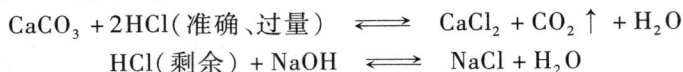

$$CaCO_3 + 2HCl(准确、过量) \Longleftrightarrow CaCl_2 + CO_2\uparrow + H_2O$$
$$HCl(剩余) + NaOH \Longleftrightarrow NaCl + H_2O$$

3. 置换滴定法

先用适当的试剂与被测物质发生反应,使其定量地置换出一种能被滴定液滴定的物质,然后用滴定液滴定这种物质,这种滴定方式称为置换滴定法(replacement titration)。

置换滴定法是被测物质与滴定液的化学反应没有确定的计量关系,伴有副反应发生时可采用。例如:测定试样中 $K_2Cr_2O_7$ 的含量时,由于 $K_2Cr_2O_7$ 在酸性溶液中和 $Na_2S_2O_3$ 滴定液反应时,$Na_2S_2O_3$ 一部分被氧化成 $S_4O_6^{2-}$,另一部分被氧化成 SO_4^{2-},反应没有确定的计量关系,故而不能用 $Na_2S_2O_3$ 滴定液直接滴定 $K_2Cr_2O_7$,但 $Na_2S_2O_3$ 能直接滴定 I_2,因此可采用置换滴定法。第一步在 $K_2Cr_2O_7$ 的酸性溶液中先加入过量 KI,使 $K_2Cr_2O_7$ 还原并定量置换出 I_2,第二步再用 $Na_2S_2O_3$ 滴定液滴定置换出的 I_2,以测定 $K_2Cr_2O_7$ 的含量。反应式为:

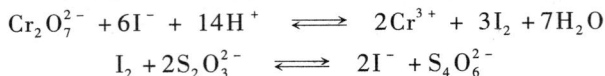

$$Cr_2O_7^{2-} + 6I^- + 14H^+ \Longleftrightarrow 2Cr^{3+} + 3I_2 + 7H_2O$$
$$I_2 + 2S_2O_3^{2-} \Longleftrightarrow 2I^- + S_4O_6^{2-}$$

4. 间接滴定法

当被测试样不能与滴定液直接反应时,可先将试样通过一定的化学反应后,再用适当的滴定液滴定,这种滴定方式称为间接滴定法(indirect titration)。

例如:测定试样中 $CaCl_2$ 的含量时,由于钙盐不能直接与 $KMnO_4$ 滴定液反应,可先加入过量 $(NH_4)_2C_2O_4$ 使 Ca^{2+} 定量沉淀为 CaC_2O_4,然后用 H_2SO_4 溶解,生成 $H_2C_2O_4$,再用 $KMnO_4$ 滴定液滴定生成的 $H_2C_2O_4$,从而可间接求出 $CaCl_2$ 的含量,其主要反应为:

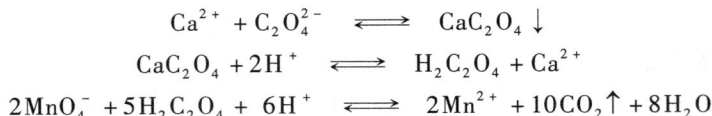

$$Ca^{2+} + C_2O_4^{2-} \Longleftrightarrow CaC_2O_4\downarrow$$
$$CaC_2O_4 + 2H^+ \Longleftrightarrow H_2C_2O_4 + Ca^{2+}$$
$$2MnO_4^- + 5H_2C_2O_4 + 6H^+ \Longleftrightarrow 2Mn^{2+} + 10CO_2\uparrow + 8H_2O$$

在滴定分析中由于采用了剩余滴定法,置换滴定法,间接滴定法等方式,使原本不满足于滴定分析反应条件的化学反应通过改变滴定方式,也可以采用滴定分析法,从而极大地扩展了滴定分析的应用范围。

立德树人

其他滴定方式的应用极大地扩展了滴定分析的应用范围,因此在学习上要尽可能储备更多的知识,在遇到实际问题时,要善于思考和分析,对这些知识进行加工处理,提炼出对我们有用的解决方案。

第二节　滴定液的配制与标定

在滴定分析中,主要通过滴定液的浓度和消耗的体积计算被测组分的含量,滴定液浓度的准确性直接影响着分析结果的准确性,因此,只有采用正确的方法配制滴定液,才能得到可靠的分析结果。配制滴定液的方法一般有两种,即直接配制法和间接配制法。

一、直接配制法

只有符合基准物质条件的试剂,才可用直接配制法配制滴定液,否则需用间接配制法配制滴定液。

(一)基准物质

基准物质(primary standard substance)是指能用来直接制备滴定液或标定滴定液浓度的纯物质。作为基准物质必须具备下列条件:

1. 纯度高

杂质的含量应少到滴定分析所允许的误差限度以下,一般要求纯度≥99.9%以上。

2. 组成恒定

其组成应与化学式完全相符,若含结晶水,如草酸 $H_2C_2O_4 \cdot 2H_2O$、硼砂 $Na_2B_4O_7 \cdot 10H_2O$ 等,其结晶水的含量也应与化学式相符。

3. 性质稳定

应不分解、不潮解、不风化、不挥发,不与空气中 CO_2 和 O_2 反应等。

4. 具有较高的摩尔质量

具有较高的摩尔质量以减小称量误差。

课堂互动

为什么基准物质需具备较高的摩尔质量,才能减少称量误差?

(二)配制方法

准确称取一定量的基准物质,加适量溶剂溶解后,定量转移至容量瓶中,再用溶剂稀释至刻度,摇匀,根据基准物质的质量和溶液的体积,即可计算出该滴定液的准确浓度,即称量→溶解→定量转移→定容→摇匀→计算。

课堂互动

如果配制前的物质是液体溶液,应如何配制呢?

二、间接配制法

对于不符合基准物质条件的试剂,如 HCl(易挥发)、NaOH(易吸收空气中的水分和二氧化碳)等,不能用直接法配制,只能用间接法配制。

间接配制法分为两步,先配制成近似所需浓度的试剂溶液,然后再用基准物质或其他滴定液来确定它的准确浓度。

(一)配制近似浓度的溶液

固体物质可用天平粗称其质量,然后用量筒取所需体积的溶剂溶解,混合均匀;液体物质则用量筒量取浓溶液,再加一定体积的溶剂稀释即可。

(二)标定

利用基准物质或已知准确浓度的滴定液来确定另一滴定液浓度的操作过程称为标定。常用的标定方法有两种:

1. 基准物质标定法

基准物质标定法又分多次称量法和移液管法两种。

(1)多次称量法 精密称取一定量的基准物质置于锥形瓶中,加适量溶剂溶解,然后用待标定的滴定液进行滴定,根据基准物质的质量及待标定滴定液所消耗的体积,即可计算出被标定滴定液的准确浓度。

(2)移液管法 精密称取一定量的基准物质于小烧杯中,加适量溶剂溶解后,定量转移至容量瓶中,加溶剂稀释至刻度,摇匀。然后用移液管移取该溶液于锥形瓶中,用待标定的滴定液进行滴定,根据移取溶液中所含基准物质的质量及待标定滴定液所消耗的体积,即可计算出被标定滴定液的准确浓度。

2. 比较法标定

与其他已知准确浓度的滴定液进行比较。即准确量取一定量已知准确浓度的某滴定液,用待标定的滴定液进行滴定;或准确量取一定体积待标定的溶液,用已知准确浓度的某滴定液滴定。根据两种溶液消耗的体积及某滴定液的浓度,即可求出待标定滴定液的准确浓度。

例如:用已知准确浓度的 NaOH 滴定液标定未知准确浓度的 HCl 溶液,根据两种溶液所用的体积和 NaOH 滴定液的浓度,从而可计算出被标定的 HCl 溶液的准确浓度。

标定时,无论采用哪种方法,一般规定要平行测定 2 ~ 3 份,并且相对平均偏差不大于 0.2%,标定好的滴定液应妥善保存并标注浓度与标定日期,对不稳定的溶液还要定期进行标定。例如:对见光易分解的 $AgNO_3$、$KMnO_4$ 等滴定液贮存在棕色瓶中,并放置暗处;对 NaOH、$Na_2S_2O_3$ 等不稳定的滴定液,放置 2 ~ 3 个月后,应重新标定。

第三节 滴定液浓度的表示

滴定液浓度的表示方法通常有物质的量浓度和滴定度两种。

一、物质的量浓度

物质的量浓度(amount – of – substance concentration)是以单位体积溶液中所含溶质 A 的物质的量表示的溶液浓度,用符号 c_A 表示,其数学表达式为:

$$c_A = \frac{n_A}{V} \tag{4-1}$$

式中:n_A表示溶液中溶质的物质的量,单位为摩尔(mol);V表示溶液的体积,单位为升(L);c_A表示物质的量浓度,单位为摩尔/升(mol/L)。

物质的量与物质的质量具有下列关系

$$n_A = \frac{m_A}{M_A} \qquad (4-2)$$

式中:n_A表示物质的量,单位为mol;m_A表示物质的质量,单位为g;M_A表示物质的摩尔质量,单位为g/mol。

利用上述关系,可以计算m、n、c。

二、滴定度

滴定度(titer)是指每毫升滴定液相当于被测物质的质量,用$T_{T/A}$表示,其中T表示滴定液,A表示被测物质。如$T_{HCl/Fe} = 0.005\,800 g/ml$,表示每毫升HCl滴定液相当于Fe的质量为$0.005\,800g$。即滴定过程中,每毫升的HCl滴定液与$0.005\,800g$的Fe恰好完全反应。

滴定度与被测物质质量的关系为

$$m_A = T_{T/A} \cdot V_T \qquad (4-3)$$

式中m_A为被测物质A的质量,单位为g;V_T为滴定液T的体积,单位为ml;$T_{T/A}$为滴定度,单位为g/ml。

如某次滴定中用去上述HCl滴定液的体积为25.00ml,则此试样中Fe的质量为:

$m_{Fe} = T_{HCl/Fe} \cdot V_{HCl} = 0.005\,800 g/ml \times 25.00ml = 0.1250g$

此法的优点是计算简便,用滴定中消耗滴定液的体积乘以滴定度就能直接求出被测组分的质量。这种浓度表示方法在常规分析中经常使用,测定大批试样中同一种组分的含量,可以省去很多计算,很快得出分析结果。

第四节　滴定分析计算

一、滴定分析计算的依据

当滴定反应进行完全时,根据反应物质之间的化学计量关系——物质的量之比等于系数之比进行计算,设A为被测物质,T为滴定液,其滴定反应可用下式表示:

$$aA + tT \rightleftharpoons cC + dD$$

当滴定达计量点时a mol被测物质(A)恰好与t mol滴定液(T)完全反应。即被测物质(A)与滴定液(T)的物质的量之比等于各物质的系数之比:

$$\frac{n_A}{n_T} = \frac{a}{t} \qquad (4-4)$$

二、滴定液配制计算方法

(一)直接配制法的有关计算

根据溶液配制前后物质的量相等的原则:n(配制前) = n(配制后)

分析化学

如果配制前物质的状态是固体，则：

$$c_T V_T = \frac{m_T}{M_T} \qquad\qquad (4-5)$$

如果配制前物质的状态是液体，则：

$$c_1 V_1 = c_2 V_2 \qquad\qquad (4-6)$$

公式（4-6）中"1"表示配制前，"2"表示配制后。

例1　准确称取基准 $K_2Cr_2O_7$ 5.001g，溶解后定量转移至1000ml 的容量瓶中，则配成的 $K_2Cr_2O_7$ 滴定液的物质的量浓度是多少？

已知：$m_{K_2Cr_2O_7}$　　$m_{K_2Cr_2O_7} = 294.2\text{g/mol}$

$V_{K_2Cr_2O_4} = 1000\text{ml} = 1000 \times 10^{-3}\text{L}$

求：$c_{K_2Cr_2O_7}$

解：根据公式（4-5）得

$$c_{K_2Cr_2O_7} = \frac{m_{K_2Cr_2O_7}}{M_{K_2Cr_2O_7} V_{K_2Cr_2O_7}} = \frac{5.001}{294.2 \times 1000 \times 10^{-3}} = 0.017\,00(\text{mol/L})$$

答：配成的 $K_2Cr_2O_7$ 浓度是 0.017 00mol/L。

例2　欲配制浓度为 0.1mol/L 盐酸溶液1000ml，应取浓度为 12mol/L 的浓盐酸的体积为多少毫升？

已知：$c_1 = 12\text{mol/L}$　　$c_2 = 0.1\text{mol/L}$

$V_2 = 1000\text{ml}$

求：V_1

解：根据稀释定律（4-6）得

$$V_1 = \frac{c_2 V_2}{c_1} = \frac{0.1 \times 1000}{12} = 8.3(\text{ml})$$

答：应取浓盐酸的体积为 8.3ml。

（二）间接配制法——滴定液标定的有关计算

1. 用基准物质标定滴定液

由公式（4-4）知　　$n_T = \frac{t}{a}n_A$　　因为　　$n_T = c_T \cdot V_T$　　$n_A = \frac{m_A}{M_A}$

故　　　　　　　　　　　$$c_T = \frac{t}{a}\frac{m_A}{M_A V_T} \qquad\qquad (4-7)$$

例3　为标定 HCl 溶液，取硼砂（$Na_2B_4O_7 \cdot 10H_2O$）0.4705g，用 HCl 滴定至化学计量点，消耗 HCl 的体积为 25.20ml，求 HCl 溶液的物质的量浓度。

已知：$m_{Na_2B_4O_7 \cdot 10H_2O} = 0.4705\text{g}$　　$M_{Na_2B_4O_7 \cdot 10H_2O} = 381.37\text{g/mol}$

$V_{HCl} = 25.20\text{ml}$

求：c_{HCl}

解：$Na_2B_4O_7 + 2HCl + 5H_2O \Longleftrightarrow 4H_3BO_3 + 2NaCl$

由方程式可知 t = 2　　a = 1　　$nHCl = 2n_{Na_2B_4O_7 \cdot 10H_2O}$

根据公式（4-7）得：

$$c_{HCl} = 2 \cdot \frac{m_{Na_2B_4O_7 \cdot 10H_2O}}{M_{Na_2B_4O_7 \cdot 10H_2O} V_{HCl} \times 10^{-3}} = \frac{2 \times 0.4705}{381.37 \times 25.20 \times 10^{-3}} = 0.097\ 91\,(mol/L)$$

答：HCl 溶液的物质的量的浓度为 0.097 91mol/L。

2. 用另一已知准确浓度的滴定液标定

由公式(4-4)知 $n_A = \frac{a}{t} n_T$ 因为：$n_T = c_T \cdot V_T$ $n_A = c_A \cdot V_A$

故
$$c_A = \frac{a}{t} \frac{c_T \cdot V_T}{V_A} \qquad\qquad (4-8)$$

例4 25.00ml 未知浓度的 NaOH 溶液,用 0.1002mol/L 的 HCl 滴定液滴定,达计量点时用去 22.40ml HCl 滴定液,计算此 NaOH 溶液的物质的量浓度。

已知：$V_{NaOH} = 25.00ml$ $c_{HCl} = 0.1002mol/L$ $V_{HCl} = 22.40ml$

求：c_{NaOH}

解：$NaOH + HCl \rightleftharpoons NaCl + H_2O$

$t=1$ $a=1$ $n_{NaOH} = n\,HCl$

根据公式(4-8)得：

$$c_{NaOH} = \frac{c_{HCl} \cdot V_{HCl}}{V_{NaOH}} = \frac{0.1002 \times 22.40}{25.00} = 0.089\ 78\,(mol/L)$$

答：此 NaOH 溶液物质的量浓度为 0.089 78mol/L。

知识拓展

有关滴定液标定的计算可以不用死记公式,只要根据滴定分析计算的依据写出比例关系 $\frac{n_A}{n_T} = \frac{a}{t}$,然后应用以前学过的两个简单公式 $n = cV$ $n = \frac{m}{M}$ 带入比例关系,移项即可。具体解题的步骤为：

(1)首先要弄清楚题目中已知什么,求什么;

(2)根据滴定反应列出比例关系 $n_A = \frac{a}{t} n_T$ 或 $n_T = \frac{t}{a} n_A$;

(3)根据题意应用两个公式,即：$n = cV$ $n = \frac{m}{M}$

选择公式的基本原则是：若题目中已知或求涉及的是物质的浓度,则选用公式 $n = cV$;若涉及的是质量,则选用公式 $n = \frac{m}{M}$;

(4)分别将 n_A 和 n_T 代入关系式 $n_A = \frac{a}{t} n_T$ 或 $n_T = \frac{t}{a} n_A$。

例如：已知基准物质的质量 m_T,求被滴定溶液的浓度 c_A,则用

$$n_A = c_A V_A \qquad\qquad n_T = \frac{m_T}{M_T}$$

即
$$c_A V_A = \frac{a}{t} \frac{m_T}{M_T}$$

例5 精密称取基准无水碳酸钠0.1326g置250ml锥形瓶中,加纯化水适量,溶解后,用待标定的盐酸溶液滴定,消耗盐酸溶液24.51ml,试求该盐酸溶液的物质的量浓度(试用上述解题步骤计算)。

第一步:弄清楚题目中已知什么,求什么。

已知:$m_{Na_2CO_3} = 0.1326g$ $M_{Na_2CO_3} = 105.99 g/mol$

$V_{HCl} = 24.51ml$

求:c_{HCl}

第二步:根据滴定反应列出比例关系

解:

$$n_{HCl} = 2n_{Na_2CO_3}$$

第三步:根据题意应用两个公式

碳酸钠涉及质量故选择 $n_{Na_2CO_3} = \dfrac{m_{Na_2CO_3}}{M_{Na_2CO_3}}$,盐酸涉及浓度故选择公式 $n_{HCl} = c_{HCl} V_{HCl}$

第四步:分别将 $n_{Na_2CO_3} = \dfrac{m_{Na_2CO_3}}{M_{Na_2CO_3}}$ 和 $n_{HCl} = c_{HCl} V_{HCl}$ 代入关系式 $n_{HCl} = 2n_{Na_2CO_3}$

$$c_{HCl} V_{HCl} = 2 \frac{m_{Na_2CO_3}}{M_{Na_2CO_3}}$$

$$c_{HCl} = 2 \frac{m_{Na_2CO_3}}{M_{Na_2CO_3} V_{HCl}} = \frac{2 \times 0.1326}{105.99 \times 24.51 \times 10^{-3}} = 0.1021 (mol/L)$$

答:该盐酸溶液的物质的量浓度为0.1021mol/L。

三、物质的量浓度与滴定度之间的换算关系

$$T_{T/A} = \frac{a}{t} c_T M_A \times 10^{-3} \tag{4-9}$$

例6 若 $T_{HCl/Na_2CO_3} = 0.005342 g/ml$,试计算HCl滴定液的物质的量浓度。

解:

$$n_{Na_2CO_3} = \frac{1}{2} n_{HCl}$$

根据公式(4-9)得:

$$T_{HCl/Na_2CO_3} = \frac{1}{2} c_{HCl} M_{Na_2CO_3} \times 10^{-3}$$

$$c_{HCl} = 2 \frac{T_{HCl/Na_2CO_3}}{M_{Na_2CO_3}} \times 10^3 = \frac{2 \times 0.005342 \times 10^3}{105.99} = 0.1008 (mol/L)$$

答:HCl滴定液的物质的量浓度为0.1008mol/L。

四、待测组分的含量计算

待测组分的含量用质量分数表示,质量分数指混合试样中某种物质质量占总质量的百分

比,用 ω_A 表示,设 m_s 为样品的质量,m_A 为样品中被测组分的质量,则其公式为:

$$\omega_A = \frac{m_A}{m_s} \qquad\qquad (4-10a)$$

m_A 为样品中某物质的质量,单位为 g;m_S 为样品的取样量,单位为 g。

待测组分的含量也可用百分含量(A%)表示:

$$A\% = \frac{m_A}{m_s} \times 100\% \qquad\qquad (4-10b)$$

当滴定液浓度用物质的量浓度表示时:

$$\omega_A = \frac{m_A}{m_S} = \frac{a}{t} \frac{c_T V_T M_A \times 10^{-3}}{m_s} \qquad\qquad (4-11a)$$

或:

$$A\% = \frac{m_A}{m_s} \times 100\% = \frac{a}{t} \frac{c_T V_T M_A \times 10^{-3}}{m_s} \times 100\% \qquad\qquad (4-11b)$$

当滴定液浓度用滴定度表示时:

$$\omega_A = \frac{m_A}{m_S} = \frac{T_{T/A} V_T}{m_s} \qquad\qquad (4-12a)$$

或:

$$A\% = \frac{m_A}{m_s} \times 100\% = \frac{T_{T/A} V_T}{m_s} \times 100\% \qquad\qquad (4-12b)$$

例7　用 $AgNO_3$ 滴定液测定氯化钠含量:称取不纯的氯化钠样品 0.1925g,用 $AgNO_3$ 滴定液(0.1000mol/L)滴定至终点,消耗 $AgNO_3$ 滴定液 24.00ml,试计算样品中氯化钠的含量。

已知:$m_s = 0.1925g$ 　　　　$c_{AgNO_3} = 0.1000mol/L$

$V_{AgNO_3} = 24.00ml$ 　　　　$M_{NaCl} = 58.44g/mol$

求:ω_{NaCl}

解:$NaCl + AgNO_3 \rightleftharpoons AgCl\downarrow + NaNO_3$

$n_{NaCl} = n_{AgNO_3}$

根据公式(2-11a)得:

$$\omega_{NaCl} = \frac{m_{NaCl}}{m_s} = \frac{c_{AgNO_3} V_{AgNO_3} M_{NaCl} \times 10^{-3}}{m_s} = \frac{0.1000 \times 24.00 \times 58.44 \times 10^{-3}}{0.1925} = 0.7286$$

答:样品中的氯化钠含量为 0.7286。

技能实训

实训1　重铬酸钾溶液的配制

一、实训目的

1. 熟悉直接配制法配制溶液的方法
2. 熟悉电子天平的使用。
3. 练习容量瓶配制溶液。

二、仪器与试剂

1. 仪器

电子天平（0.1mg）、容量瓶（250ml）、小烧杯（50ml）、称量瓶、胶头滴管、塑料洗瓶、小药勺、玻璃棒、标签等。

2. 试剂

$K_2Cr_2O_7$（基准试剂）、纯化水。

三、实训内容

精密称取 120℃ 干燥至恒重的基准 $K_2Cr_2O_7$ 2.94g（准确至 0.1mg），置于 50ml 小烧杯中，加适量纯化水用玻璃棒搅拌溶解，定量转移至 250ml 容量瓶中，用纯化水冲洗小烧杯和玻璃棒 3～5 次，冲洗液一并转移至容量瓶中，继续加纯化水至容量瓶容积的 2/3，旋摇容量瓶使溶液初步混合。然后慢慢加纯化水至近标线时，改用胶头滴管逐滴加入，直至溶液的弯月面下缘与标线相切为止。盖紧瓶塞，倒转容量瓶摇动十余次，使溶液充分混合均匀。

四、数据记录与处理

1. 数据记录

项目	数据
基准 $K_2Cr_2O_7$ 的质量 $m_{K_2Cr_2O_7}$（g）	
所配 $K_2Cr_2O_7$ 溶液的体积 $V_{K_2Cr_2O_7}$（ml）	
$K_2Cr_2O_7$ 的物质的量浓度（mol/L）	

2. 结果计算

$$c_{K_2Cr_2O_7} = \frac{m_{K_2Cr_2O_7} \times 10^3}{M_{K_2Cr_2O_7} V_{K_2Cr_2O_7}}$$

五、注意事项

1. 容量瓶在使用前要检漏。
2. 定容时若加纯化水超过刻度线，必须重做。

六、问题与讨论

1. 直接配制法配制的溶液需要标定吗？
2. 如需将所配制的重铬酸钾溶液稀释成 0.0500mol/L 的溶液 100ml，将如何操作？

实训2 氢氧化钠滴定液的配制与标定

一、实训目的

1. 熟悉氢氧化钠滴定液的配制方法。
2. 掌握用比较法标定氢氧化钠滴定液浓度的操作方法及计算。

二、仪器与试剂

1. 仪器

托盘天平、滴定管(50ml)、移液管(5ml、20ml)、量筒(50ml)、量杯(100ml、500ml)、锥形瓶(250ml)、聚乙烯塑料瓶(500ml)、标签。

2. 试剂

盐酸滴定液(0.1mol/L)、氢氧化钠、酚酞指示剂。

三、实训内容

1. 饱和溶液的配制

用托盘天平称取 NaOH 固体 120g,放入盛有 20ml 水的 100ml 量杯内,边搅拌边加水至刻线,待冷却后,倒入聚乙烯塑料瓶中,密封,贴签,静置数日,备用。

2. 氢氧化钠滴定液（0.1mol/L）的配制

取饱和溶液的上清液 2.8ml 置 500ml 量杯中,加新沸冷水,稀释至刻线,倒入塑料瓶中,密封,贴标签备用。

3. 氢氧化钠滴定液（0.1mol/L）的标定（比较法）

用移液管精密量取已知浓度的盐酸滴定液 25.00ml,置锥形瓶中,加酚酞指示液 2 滴,用待标定的氢氧化钠滴定液滴定至溶液呈粉红色,且 30 秒内不褪色,即为终点。记录消耗氢氧化钠滴定液的体积。平行测定 3 次。

四、数据记录与处理

1. 数据记录

测定份数		1	2	3
盐酸滴定液的体积 V_{HCl}(ml)				
盐酸滴定液的浓度 c_{HCl}(mol/L)				
V_{NaOH}(ml)	初读数			
	终读数			
消耗 NaOH 的体积 V_{NaOH}(ml)				

2. 结果计算

$$c_{NaOH} = \frac{c_{HCl} \cdot V_{HCl}}{V_{NaOH}}$$

3. 数据处理

测定份数	1	2	3
c_{NaOH} (mol/L)			
c_{NaOH} (mol/L) 平均值			
相对平均偏差 $R\bar{d}$			

五、注意事项

1. NaOH 具有引湿性, 称量时 NaOH 固体应置于表面皿或干燥小烧杯中。

2. 用移液管移取饱和氢氧化钠的上清液时, 注意不要吸到溶液底层的沉淀。

3. 酚酞指示剂由无色变为微红时, 溶液的 pH 约为 8.7。在空气中放置后, 因吸收空气中的 CO_2, 又变为无色。因此, 滴定时溶液由无色变为微红后, 30 秒不褪色即为终点。

4. NaOH 对玻璃有腐蚀性, 因此 NaOH 饱和溶液、NaOH 滴定液需置于塑料瓶中贮存。

六、问题与讨论

1. 为什么要先配制 NaOH 饱和溶液? 稀释时为什么用新沸冷水?

2. 在滴定过程中, 粉红色在 30 秒内褪色和超出 30 秒褪色, 分别说明什么? 对测定结果有什么影响?

3. NaOH 饱和溶液、NaOH 滴定液为什么置于塑料瓶中贮存?

考点提示

本章主要介绍了滴定分析法的基本术语、滴定分析法的分类、滴定方式,基准物质、滴定液的配制与标定,滴定液的浓度表示方法,讨论了滴定分析计算的依据、基本公式及应用。

一、滴定分析法的条件、分类及方式

1. 滴定分析法的基本术语
- 滴定液
- 滴定
- 化学计量点
- 指示剂
- 滴定终点
- 终点误差

2. 滴定分析法的分类
- 酸碱滴定法
- 配位滴定法
- 沉淀滴定法
- 氧化还原滴定法

3. 滴定方式 $\begin{cases} 直接滴定法 \\ 返滴定法(剩余滴定法) \\ 置换滴定法 \\ 间接滴定法 \end{cases}$

二、滴定液的配制与标定

1. 直接配制法 $\begin{cases} 基准物质的条件 \begin{cases} 纯度高 \\ 组成恒定 \\ 性质稳定 \\ 具有较高的摩尔质量 \end{cases} \\ 配制方法：准确称取基准物质 \to 溶解 \to 定容 \to 摇匀 \to 计算 \\ 所需仪器：分析天平、小烧杯、容量瓶 \end{cases}$

2. 间接配制法 $\begin{cases} 配制方法：粗称物质 \to 配成一定体积 \to 标定 \to 计算(量取体积) \\ 所需仪器：台秤/量筒、烧杯、滴定管、锥形瓶 \\ 滴定液的标定方法 \begin{cases} 基准物质标定法 \begin{cases} 多次称量法 \\ 移液管法 \end{cases} \\ 比较法标定 \end{cases} \end{cases}$

三、滴定分析法计算

1. 滴定液的浓度表示方法 $\begin{cases} 物质的量浓度(c)(mol/L) \\ 滴定度(T)(g/ml) \end{cases}$

2. 滴定液配制的计算公式 $\begin{cases} 配制前物质的状态是固体：c_T V_T = \dfrac{m_T}{M_T} \\ 配制前物质的状态是液体：c_1 V_1 = c_2 V_2 \end{cases}$

3. 滴定分析法计算 $\begin{cases} 计算的依据：n_A = \dfrac{a}{t} n_T \\ 两个基本公式：n = \dfrac{m}{M} \quad n = cV \\ 公式应用的基本原则 \begin{cases} 题目中涉及物质的浓度，则选用公式 n = cV \\ 题目中涉及物质的质量，则选用公式 n = \dfrac{m}{M} \end{cases} \end{cases}$

4. 物质的量浓度和滴定度之间的换算关系：$T_{T/A} = \dfrac{a}{t} c_T M_A \times 10^{-3}$

5. 被测物质的含量计算 $\begin{cases} 当滴定液浓度用物质的量浓度表示时：\omega_A = \dfrac{m_A}{m_s} = \dfrac{\dfrac{a}{t} c_T V_T M_A \times 10^{-3}}{m_s} \\ 当滴定液浓度用滴定度表示时：\omega_A = \dfrac{m_A}{m_s} = \dfrac{T_{T/A} V_T}{m_s} \end{cases}$

分析化学

目标检测

一、选择题

（一）单项选择题

1. 滴定分析法主要用于

A. 仪器分析　　　　B. 常量分析　　　　C. 定性分析　　　　D. 微量分析

2. 测定 $CaCO_3$ 的含量时，先加入准确过量的 HCl 滴定液与其完全反应，再用 NaOH 滴定液滴定剩余的 HCl 滴定液，此种滴定方式属于

A. 直接滴定法　　B. 返滴定法　　C. 置换滴定法　　D. 间接滴定法

3. 能够用直接法配制滴定液的试剂必须是

A. 纯净物　　　　B. 化合物　　　　C. 单质　　　　D. 基准物质

4. 滴定分析中已知准确浓度的试剂溶液称为

A. 溶液　　　　B. 滴定　　　　C. 标定　　　　D. 滴定液

5. 滴定分析法是下列哪种分析法中的一种

A. 化学分析法　　B. 仪器分析法　　C. 重量分析法　　D. 定性分析法

6. 以每毫升滴定液中相当于被测物质的质量表示的浓度，符号为

A. c_A　　　　B. T_A　　　　C. $T_{T/A}$　　　　D. $T_{A/T}$

7. 下列试剂中能采用直接配制法配制标准溶液的是

A. HCl　　　　B. NaOH　　　　C. H_2SO_4　　　　D. Na_2CO_3

8. 在滴定中，指示剂发生颜色变化的转变点称为

A. 化学计量点　　B. 滴定终点　　C. 滴定起点　　D. 滴定起点

（二）多项选择题

1. 滴定液标定方法有

A. 多次称量法　　　　　　B. 移液管法　　　　　　C. 对照法

D. 空白试验　　　　　　E. 比较法

2. 滴定反应必须具备的条件有

A. 反应要定量地完成　　B. 反应速度要快　　C. 反应要完全

D. 要有适当简便的方法确定滴定终点　　　　　E. 具有较高的摩尔质量

3. 下列哪种方法可以用来配制滴定液

A. 多次称量法　　　　　　B. 移液管法　　　　　　C. 比较法

D. 间接配制法　　　　　　E. 直接配制法

4. 滴定液浓度常用的表示方法有

A. 滴定度　　　　　　　　B. 物质的量浓度　　　　C. 百分比浓度

D. 标定浓度　　　　　　　E. 试剂浓度

5. 化学计量点是指

A. 滴加的滴定液与被测组分刚好反应完全

B. 滴定液与被测组分的物质的量之间的关系恰好符合化学式所表示的化学计量关系

C. 指示剂颜色发生变化的转变点

D. 滴定终点

E. pH 发生变化的转折点

二、名词解释

1. 滴定分析法　　　2. 化学计量点　　　3. 滴定液　　　4. 滴定终点

三、简答题

1. 什么是基准物质？它应具备什么条件？

2. 什么是滴定液？应如何配制？

四、实例分析题

1. 准确称取 10.6000g 基准碳酸钠，溶解后定量转移至 1L 容量瓶中，用水稀释至刻度，摇匀，求碳酸钠溶液的浓度。

2. 准确称取 0.1500g 基准碳酸钠，置于 250ml 锥形瓶中，加 20～30ml 水溶解后，加入甲基橙指示剂 2 滴，用待标定的 HCl 溶液滴定至橙色停止滴定，消耗 HCl 滴定液 25.00ml，求 HCl 滴定液的浓度。

3. 准确称取 1.2000g 基准碳酸钠，溶解后定量转移至 250ml 容量瓶中，用水稀释至刻度，摇匀。准确吸取该碳酸钠溶液 25.00ml，置于 250ml 锥形瓶中，加入指示剂，用待标定的 HCl 溶液滴定，待指示剂变色时停止滴定，消耗 HCl 滴定液 24.00ml，求 HCl 滴定液的浓度。

4. 为标定 HCl 溶液，准确量取 NaOH 滴定液（0.1019mol/L）25.00ml 置于 250ml 锥形瓶中，用 HCl 溶液滴定至化学计量点，消耗 HCl 滴定液 20.80ml，求 HCl 滴定液的浓度。并说明 NaOH 滴定液应选用什么量器量取。

5. 精密称取阿司匹林 0.4005g，加中性乙醇 20ml 溶解后，加酚酞指示剂 3 滴，用 NaOH 滴定液滴定至粉红色且 30 秒钟不褪色停止滴定，消耗滴定液 22.00ml。已知每 1ml 该 NaOH 滴定液相当于 18.02mg 的阿司匹林，求阿司匹林的含量。

6. 准确称取药用碳酸钠 0.1300g，置于 250ml 锥形瓶中，加 20～30ml 水溶解后，加入指示剂，用浓度为 0.1132mol/L HCl 滴定液滴定，待指示剂变色时停止滴定，消耗 HCl 滴定液 21.55ml，求碳酸钠的含量。

（张文新）

第五章　酸碱滴定法

学习目标

【掌握】强酸强碱、一元弱酸、一元弱碱滴定的基本原理及酸碱指示剂的选择原则,酸碱滴定液的配制与标定。

【熟悉】酸碱指示剂的变色原理、影响变色范围及常用酸碱指示剂的性质,滴定突跃的意义,多元酸碱滴定及指示剂的选择。

【了解】混合指示剂的作用原理、非水溶液酸碱滴定法的原理及应用。

酸碱滴定法(acid - base titration)是以酸碱中和反应为基础的滴定分析方法,是滴定分析中的重要分析方法之一。一般的酸、碱以及能与酸、碱直接或间接反应的物质几乎都可利用酸碱滴定法进行含量测定。酸碱中和反应通常无外观现象变化,在滴定中常借助酸碱指示剂的颜色变化来确定反应是否完全,从而判断滴定终点。

由于不同类型的酸碱反应在化学计量点时的 pH 不同,各种指示剂的变色范围也存在差异,为正确确定反应的滴定终点,应选择能在化学计量点附近变色的指示剂。因此我们需要了解滴定过程中溶液 pH 的变化以及酸碱指示剂的变色原理、变色范围,以便能够正确的选用指示剂,获得准确的分析结果。

第一节　酸碱指示剂

一、指示剂的变色原理与变色范围

常用酸碱指示剂一般是有机弱酸或有机弱碱,在水溶液中存在离解平衡,解离生成与指示剂分子不同颜色的共轭酸碱对。当溶液 pH 发生变化时,共轭酸碱对的平衡浓度发生变化,从而引起溶液颜色的改变。下面以酚酞指示剂、甲基橙指示剂为例,说明指示剂的变色原理。

酚酞是一种有机弱酸($pK_a = 9.1$)。以 HIn 代表酚酞指示剂的酸式结构,呈现的颜色为酸式色(无色),In^- 代表酚酞指示剂的碱式结构,呈现的颜色为碱式色(红色),酚酞指示剂的离解平衡用下式表示:

$$HIn \rightleftharpoons H^+ + In^-$$

酸式(无色)　　　碱式(红色)

从上述平衡式可以看出,当溶液 pH 降低(加酸)时,平衡向左移动,酚酞指示剂主要以酸式结构存在,溶液呈无色;当溶液 pH 升高(加碱)时,平衡向右移动,酚酞指示剂主要以碱式结构存在,溶液呈红色。

同理,甲基橙为有机弱碱,在水溶液中也存在离解平衡。其碱式结构为黄色,酸式结构为红色。溶液 pH 降低时,甲基橙指示剂主要以酸式结构存在,溶液呈红色;当溶液 pH 升高时,甲基橙指示剂主要以碱式结构存在,溶液呈黄色。

课堂互动

请思考,指示剂的酸式色是指示剂在酸性条件下显示的颜色吗?

因此,酸碱指示剂的变色与溶液的 pH 密切相关。即溶液 pH 改变,指示剂的结构发生变化,从而导致溶液颜色的改变,这就是酸碱指示剂的变色原理。

实际上,不是溶液 pH 稍有变化或任意改变,都能引起指示剂颜色的变化。上面仅仅讨论了指示剂为什么会在酸、碱性溶液中变色。对于酸碱滴定分析,只有知道指示剂变色的条件,才可用来指示滴定终点。因此,必须了解指示剂的变色与溶液 pH 变化的数量关系。

下面以弱酸型指示剂为例讨论,其电离平衡可用下式表示:

$$HIn \rightleftharpoons H^+ + In^-$$

平衡时:

$$K_{HIn} = \frac{[H^+][In^-]}{[HIn]}$$

则:

$$\frac{[In^-]}{[HIn]} = \frac{K_{HIn}}{[H^+]} \tag{5-1}$$

即:

$$[H^+] = K_{HIn}\frac{[HIn]}{[In^-]}$$

若以 pH 表示则为: $pH = pK_{HIn} + \lg\frac{[In^-]}{[HIn]}$

上式中 $[HIn]$、$[In^-]$ 分别为指示剂酸式结构和碱式结构的浓度。K_{HIn} 为指示剂的离解平衡常数,在一定温度下是一常数。因此,$\frac{[In^-]}{[HIn]}$ 的比值只与溶液的 pH 有关,即溶液的 pH 改变时,$\frac{[In^-]}{[HIn]}$ 随之改变。由于人的肉眼对颜色的分辨能力有限,两种颜色又相互掩盖,当两种颜色的浓度在相差 10 倍或者 10 倍以上时,只看得出浓度较大的那种颜色。如,$\frac{[In^-]}{[HIn]} \geqslant 10$,看到 In^- 的颜色;$\frac{[In^-]}{[HIn]} \leqslant \frac{1}{10}$,看到 HIn 的颜色;而在 $\frac{1}{10} < \frac{[In^-]}{[HIn]} < 10$,看到的是 HIn 和 In^- 的混合色。

即 $\frac{[In^-]}{[HIn]} \geqslant 10$, $pH \geqslant pK_{HIn} + 1$ 时,观察到的是碱式色;

$\frac{[In^-]}{[HIn]} \leqslant \frac{1}{10}$, $pH \leqslant pK_{HIn} - 1$ 时,观察到的是酸式色;

$\frac{[In^-]}{[HIn]} = 1$, $pH = pK_{HIn}$,指示剂呈现酸式色和碱式色的混合色,此时溶液 pH 称为指示剂的理论变色点。

故指示剂的理论变色范围为：

$$pH = pK_{HIn} \pm 1$$

不同指示剂具有不同的 pK_{HIn}，所以指示剂的变色范围各有不同。

根据理论推算，指示剂的变色范围应该是 2 个 pH 单位内。但由于人的视觉对各种颜色的敏感程度不同，实际观察结果与理论值有差别，如表 5 - 1 所示。

表 5 - 1　常用的酸碱指示剂

指示剂	变色范围 pH	颜色		pK_{HIn}	浓度	用量 (滴/10 毫升)
		酸色	碱色			
百里酚蓝	1.2 ~ 2.8	红	黄	1.65	0.1% 的 20% 酒精溶液	1 ~ 2
甲基黄	2.9 ~ 4.0	红	黄	3.25	0.1% 的 90% 酒精溶液	1
甲基橙	3.1 ~ 4.4	红	黄	3.45	0.05% 的水溶液	1
溴酚蓝	3.0 ~ 4.6	黄	紫	4.10	0.1% 的 20% 酒精溶液或其钠盐的水溶液	1
溴甲酚绿	3.8 ~ 5.4	黄	蓝	4.90	0.1% 的乙醇溶液	1
甲基红	4.4 ~ 6.2	红	黄	5.10	0.1% 的 60% 酒精溶液或其钠盐的水溶液	1
溴百里酚蓝	6.2 ~ 7.6	黄	蓝	7.30	0.1% 的 20% 酒精溶液或其钠盐的水溶液	1
中性红	6.8 ~ 8.0	红	黄橙	7.40	0.1% 的 60% 酒精溶液	1
酚红	6.7 ~ 8.4	黄	红	8.00	0.1% 的 20% 酒精溶液或其钠盐的水溶液	1
酚酞	8.0 ~ 10.0	无	红	9.10	0.5% 的 90% 酒精溶液	1 ~ 3
百里酚酞	9.4 ~ 10.6	无	蓝	10.00	0.1% 的 90% 酒精溶液	1 ~ 2

例如，甲基橙的 $pK_{HIn} = 3.4$，理论变色范围应为 2.4 ~ 4.4，而实际测得的变色范围是 3.1 ~ 4.4。 $pH = 3.1$ 时， $\dfrac{[In^-]}{[HIn]} = \dfrac{K_{HIn}}{[H^+]} = \dfrac{1}{2}$，即酸式色（红色）的浓度只要大于碱式色（黄色）2 倍，就可观察出酸式色，所以甲基橙的变色范围在 pH 小的一端比理论变色范围窄一些。这是由于人的眼睛对红色比黄色更为敏感的缘故。

为使滴定终点更接近于化学计量点，要求在化学计量点时，溶液的 pH 稍有改变指示剂颜色就发生改变，有利于提高分析结果的准确度，因此指示剂的变色范围应越窄越好。

二、影响指示剂变色范围的因素

1. 温度

指示剂变色范围与 K_{HIn} 有关， K_{HIn} 与温度有关，因此，温度改变，指示剂的变色范围也随之改变。一般要求滴定应在室温下进行。

2. 溶剂

指示剂在不同溶剂中 K_{HIn} 不同,故变色范围不同。

3. 指示剂的用量

指示剂用量不宜过多,浓度大时变色不敏锐。另外,指示剂本身又是弱酸或弱碱,会消耗一部分酸、碱滴定液,带来一定误差。指示剂用量也不宜太少,因为颜色太浅不易观察到颜色的变化。

4. 滴定程序

当溶液由浅色到深色变化时,颜色变化较明显,易被辨认。例如,用 NaOH 滴定 HCl,可选用酚酞,也可选用甲基橙作指示剂。如果用酚酞,溶液颜色由无色变成红色,颜色变化明显,易被辨认;若用甲基橙作指示剂,溶液颜色由红色变成黄色,颜色变化不明显,难以辨认,易滴过量。因此用 NaOH 滴定 HCl 宜选用酚酞作指示剂,而用 HCl 滴定 NaOH 宜选用甲基橙作指示剂。

立德树人

"酚酞指示剂在酸性溶液中无色,在碱性溶液中显红色"这个说法在中学阶段是正确的,但学了指示剂变色范围后,这种说法就不正确了。故而需要用辩证唯物主义的观点来认识事物。

三、混合指示剂

在某些酸碱滴定中,使用单一指示剂不能准确判断终点,此时应使用混合指示剂。混合指示剂能缩小变色范围,使颜色变化更敏锐。混合指示剂通常采用两种方法配制,一种是在某种指示剂中加入一种惰性染料。例如,甲基橙和靛蓝组成的混合指示剂,靛蓝在滴定过程中不变色,只做甲基橙的蓝色背景,其蓝色与甲基橙的酸式色(红色)叠加为紫色,与甲基橙的碱式色(黄色)叠加为绿色。在滴定过程中,甲基橙 – 靛蓝混合指示剂随溶液 pH 变化而发生如表 5 – 2 所示的颜色变化。

表 5 – 2　甲基橙 – 靛蓝混合指示剂随溶液 pH 变化

溶液的酸度	甲基橙的颜色	甲基橙 – 靛蓝
pH≥4.4	黄色	绿色
pH = 4.4	橙色	浅灰色
pH≤3.1	红色	紫色

可见,甲基橙由黄(红)色变为红(黄)色时,有一过渡的橙色较难辨别;而甲基橙 – 靛蓝混合指示剂由绿(紫)色变为紫(绿)色,其过渡色是几乎无色的浅灰色,而且绿色与紫色颜色反差很大,易于辨别。此例说明混合指示剂比单一指示剂变色更敏锐。

另一种配制方法是用两种或两种以上的指示剂按一定比例混合而成。例如,溴甲酚绿和甲基红按 3:1 混合后,在 pH 小于 5.0 时,显酒红色;在 pH 大于 5.2 时,显绿色;在变色点 pH 为 5.1 的溶液中显浅灰色。颜色由绿色变为酒红色时,不仅变色敏锐,而且变色范围比单一指

分析化学

示剂更窄。表 5 - 3 列出的常用的混合指示剂。

表 5 - 3　常用的混合指示剂

混合指示剂的组成	变色点 pH	变色情况		备注
		酸色	碱色	
1 份 0.1% 甲基黄乙醇溶液 1 份 0.1% 次甲基蓝乙醇溶液	3.25	蓝紫	绿	pH = 3.4,绿色 pH = 3.2,蓝紫色
1 份 0.1% 甲基橙水溶液 1 份 0.1% 靛蓝二磺酸钠水溶液	4.10	紫	黄绿	pH = 4.1,灰色
3 份 0.2% 溴甲酚绿乙醇溶液 2 份 0.1% 甲基红乙醇溶液	5.10	酒红	绿	pH = 3.5,黄色 pH = 4.05,绿色 pH = 4.3,浅绿色
1 份 0.1% 溴甲酚绿钠盐水溶液 1 份 0.1% 氯酚红钠盐水溶液	6.10	黄绿	蓝紫	pH = 5.4,蓝绿色 pH = 5.8,蓝色 pH = 6.0,蓝紫色 pH = 6.2,蓝紫色
1 份 0.1% 中性红乙醇溶液 1 份 0.1% 次甲基蓝乙醇溶液	7.00	蓝紫	绿	pH = 7.0,蓝紫色
1 份 %0.1 甲酚红钠盐水溶液 3 份 %0.1 百里酚蓝钠盐水溶液	8.30	黄	紫	pH = 8.2,玫瑰色 pH = 8.4,紫色
1 份 0.1% 百里酚蓝 50% 乙醇溶液 3 份 0.1% 酚酞 50% 乙醇溶液	9.00	黄	紫	pH = 9.0,绿色
2 份 0.1% 百里酚酞乙醇溶液 1 份 0.1% 茜黄素 R 乙醇溶液	10.2	黄	紫	

第二节　酸碱滴定曲线和指示剂的选择

酸碱滴定中,若要保证待测物质能够被准确滴定,就必须了解滴定反应过程中溶液 pH 的变化情况,尤其是在计量点前后 0.1% 的相对误差范围内溶液的 pH 变化情况,进而选择适宜的指示剂来指示化学计量点。因为在此 pH 范围内发生颜色变化的指示剂,才符合滴定分析误差的要求。为了表示在滴定过程中溶液的 pH 变化规律,常以溶液的 pH 为纵坐标,滴定液的物质的量或体积为横坐标作图,即得酸碱滴定曲线。酸碱滴定曲线在滴定分析中不仅可从理论上解释滴定过程中 pH 的变化规律,而且还对指示剂的选择具有重要的指导意义。下面介绍几类不同类型的酸碱滴定曲线及指示剂的选择方法。

一、一元酸(碱)的滴定

一元酸(碱)的滴定按照一元酸(碱)的强弱不同,主要分为三种类型:强酸强碱的滴定、强碱滴定弱酸和强酸滴定弱碱。下面分别介绍这三类滴定方法。

(一)强酸强碱滴定

1. 滴定曲线

强酸强碱滴定的基本反应为：

$$H^+ + OH^- \Longleftrightarrow H_2O$$

现以 NaOH(0.1000mol/L)滴定 20.00ml 的 HCl(0.1000mol/L)为例,讨论强酸强碱滴定过程中溶液 pH 的变化情况。滴定过程分四个阶段：

(1)滴定前 溶液 pH 由 HCl 的初始浓度决定

$$[H^+] = 0.1000(mol/L)$$

$$pH = 1.00$$

(2)滴定开始至化学计量点前 溶液 pH 取决于剩余 HCl 的量和溶液的体积。

例如,滴入 NaOH 溶液 19.98ml 时：

$$[H^+] = \frac{0.1000 \times 0.02}{20.00 + 19.98} = 5.0 \times 10^{-5}(mol/L)$$

$$pH = 4.30$$

(3)计量点时 滴入 NaOH 溶液 20.00ml,此时溶液中的酸与碱以等物质的量反应,溶液呈中性,其 pH 由水的电离决定。

$$[H^+] = [OH^-] = 1.0 \times 10^{-7}(mol/L)$$

$$pH = 7.00$$

(4)计量点后 溶液的 pH 取决于过量 NaOH 的量和溶液的体积。

例如,滴入 NaOH 溶液 20.02ml 时：

$$[OH^-] = \frac{0.1000 \times 0.02}{20.00 + 20.02} = 5.0 \times 10^{-5}(mol/L)$$

$$pOH = 4.30$$

$$pH = 14.00 - pOH = 14.00 - 4.30 = 9.70$$

用类似方法可逐一计算出滴定过程中溶液的 pH,其值列于表 5-4 中。

表 5-4 NaOH(0.1000mol/L)滴定 20.00ml HCl(0.1000mol/L)溶液的 pH 变化(25℃)

加入的 NaOH(ml)	HCl 被滴定(%)	剩余的 HCl(ml)	过量 NaOH(ml)	$[H^+]$	pH
0	0	20.0		1.00×10^{-1}	1.00
18.00	90.0	2.00		5.26×10^{-3}	2.30
19.80	99.0	0.20		5.02×10^{-4}	3.30
19.98	99.9	0.02		5.00×10^{-5}	4.30
20.00	100.0	0.00		1.00×10^{-7}	7.00
20.02	100.1		0.02	2.00×10^{-10}	9.70
20.20	101.0		0.20	2.01×10^{-11}	10.70

以 NaOH 加入量为横坐标,溶液的 pH 为纵坐标绘制强碱滴定强酸的滴定曲线,如图 5-1 所示。

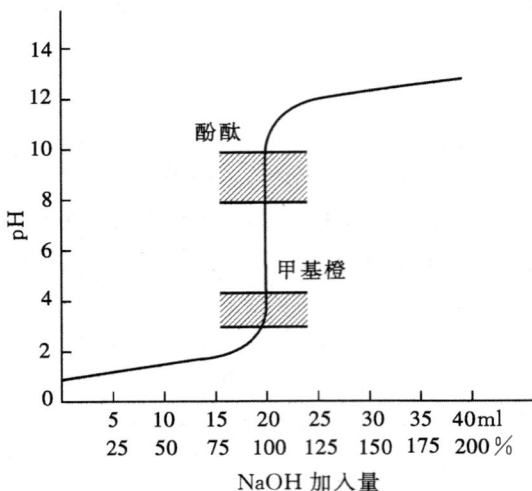

图 5 - 1   NaOH(0.1000mol/L)滴定 HCl(0.1000mol/L)的滴定曲线

2. 滴定曲线的特点

从表 5 - 4 和图 5 - 1 的滴定曲线可看出:

(1)从滴定开始到加入 NaOH 溶液的量为 19.98ml 时,溶液 pH 仅仅改变了 3.30 个 pH 单位,即 pH 变化缓慢,因此这段曲线较平坦。

(2)当 NaOH 溶液的量由 19.98ml 加到 20.02ml,即在计量点前后 ±0.1% 范围加入 NaOH 0.04ml(约 1 滴)时,溶液的 pH 由 4.30 急剧变化到 9.70,增加了 5.40 个 pH 单位,溶液由酸性突变到碱性,在计量点前后曲线呈近似垂直的一段,表明溶液的 pH 发生了急剧变化。这种在化学计量点附近 pH 突变的现象称为滴定突跃,滴定突跃所在的 pH 范围称为滴定突跃范围(pH 4.30 ~ 9.70)。

(3)化学计量点 pH = 7.00 在突跃范围内。

(4)当 NaOH 溶液的量大于 20.02ml,继续滴加,溶液的 pH 变化又越来越小,曲线又比较平坦。

3. 指示剂的选择

滴定突跃范围具有十分重要的实际意义,它是选择指示剂的依据。即,指示剂的选择原则是凡是指示剂的变色范围全部或部分落在滴定突跃范围内的指示剂,都可以用来指示滴定终点。根据这一原则,以上滴定可选酚酞、甲基橙、甲基红等作指示剂。

如果用 HCl(0.1000mol/L)滴定 NaOH(0.1000mol/L)时,滴定曲线恰好与图 5 ~1 对称,但 pH 变化方向相反,滴定突跃范围为 4.30 ~ 9.70,也可选用甲基红、甲基橙等作指示剂。

课堂互动

请同学们参考图 5 - 1,试着描绘出 HCl(0.1000mol/L)滴定 NaOH(0.1000mol/L)的滴定曲线,并判断是否可以选用酚酞作指示剂,说明其原因是什么。

4. 影响滴定突跃范围的因素

滴定突跃范围的大小与溶液的浓度有关,见图 5-2。由图可见,浓度越大,滴定突跃范围越大,可供选用的指示剂就越多;浓度越小,滴定突跃范围越小,可供选用的指示剂就越少。例如 NaOH 溶液(0.01mol/L)滴定 HCl 溶液(0.01mol/L),滴定突跃范围的 pH 为 5.30~8.70,可选择甲基红、酚酞作指示剂,但却不能选甲基橙作指示剂,否则会超过滴定分析的误差。需要强调的是,滴定液的浓度也不能太稀,否则滴定突跃范围太窄;一般滴定液浓度控制在 0.1~0.5mol/L 较适宜。

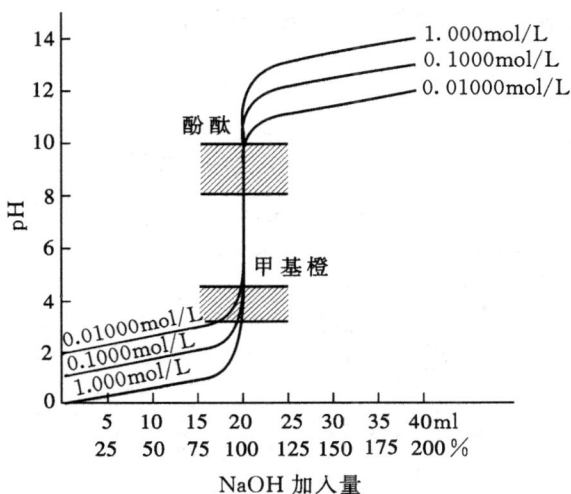

图 5-2　不同浓度 NaOH 溶液滴定相同浓度 HCl 溶液的滴定曲线

(二)强碱滴定弱酸

1. 滴定曲线

以 NaOH(0.1000mol/L)滴定 20.00ml HAc(0.1000mol/L)为例讨论。此滴定反应为:

$$OH^- + HAc \Longleftrightarrow Ac^- + H_2O$$

滴定过程中溶液 pH 变化情况参照弱酸溶液的 pH 及缓冲溶液的计算方法,所用公式及计算数据列于表 5-5 中。

表 5-5　NaOH(0.1000mol/L)滴定 20.00ml HAc(0.1000mol/L)溶液的 pH 变化(25℃)

加入的 NaOH		剩余的 HAc		算式	pH
%	ml	%	ml		
0	0	100	20.0	$[H^+] = \sqrt{K_a \times c_a}$	2.87
50	10.00	50	10.00		4.75
90.0	18.00	10	2.00	$[H^+] = K_a \times \dfrac{[HAc]}{[Ac^-]}$	5.71
99.0	19.80	1	0.20		6.75
99.9	19.98	0.1	0.02		7.70

续表

加入的 NaOH		剩余的 HAc		算式	pH
%	ml	%	ml		
100	20.00	0	0	$[OH^-] = \sqrt{\dfrac{K_W}{K_a} \times c_b}$	8.70
		过量的 NaOH			计量点
100.1	20.02	0.1	0.02	$[OH^-] = 10^{-4.3}$ $[H^+] = 10^{-9.7}$	9.70
101.0	20.20	1.0	0.20	$[OH^-] = 10^{-3.3}$ $[H^+] = 10^{-10.7}$	10.70

以 NaOH 加入量为横坐标,溶液的 pH 为纵坐标绘制滴定曲线,如图 5-3 所示。

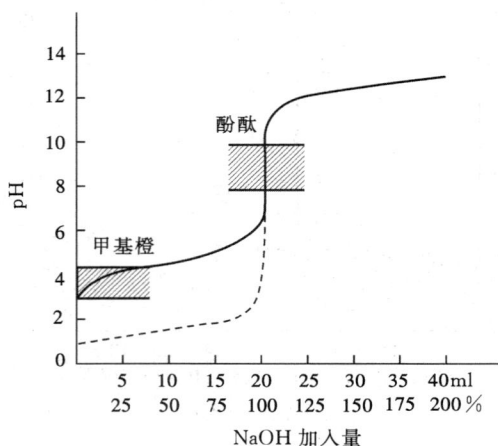

图 5-3　NaOH(0.1000mol/L)滴定 HAc(0.1000mol/L)的滴定曲线

2. 滴定曲线的特点

(1)由于 HAc 是弱酸,其解离度较相同浓度的 HCl 小,所以滴定前溶液 pH = 2.87,比 0.1000mol/L HCl 的 pH 约大 2 个 pH 单位,因此,曲线的起点比滴定 HCl 的高。

(2)滴定开始后,曲线的斜率较大,是因为生成的 Ac^- 产生了同离子效应,抑制了 HAc 的生成,H^+ 浓度迅速降低,pH 很快增大;继续滴定,由于 NaAc 不断生成,形成 HAc - NaAc 缓冲体系,使溶液 pH 变换缓慢,此段曲线较为平坦。接近化学计量点时,由于 HAc 浓度减少,缓冲作用减弱,继续滴加 NaOH 时,溶液 pH 变化加快,曲线斜率迅速增大。

(3)化学计量点时溶液呈碱性,pH = 8.70,是由于生成的 NaAc 呈碱性所致。

(4)此后再滴加 NaOH(0.1000mol/L),溶液的 pH 变化与 NaOH 滴定 HCl 一样。

3. 指示剂的选择

由于滴定的突跃范围为 7.70~9.70,故只能选用在碱性范围变色的指示剂,如酚酞、百里酚酞等,不能使用甲基橙、甲基红等在酸性范围变色的指示剂。

🎓 **课堂互动**

请同学们查阅表 5-1,分析用 NaOH 滴定 HAc 时还可以用哪些指示剂。

4. 影响突跃范围的因素

用 NaOH(0.1000mol/L)滴定不同强度一元弱酸(0.1000mol/L)的滴定曲线,如图 5-4 所示。从图中可以看出:

(1)酸(碱)的强弱 当酸的浓度一定时,K_a 越大,滴定的突跃范围越大;K_a 越小,滴定的突跃范围越小。当 $K_a \leq 10^{-9}$ 时,已无明显突跃,难以选择指示剂指示滴定终点。

(2)酸的浓度 当弱酸的强度 K_a 一定时,酸的浓度越大,突跃范围也越大。

如果弱酸的 K_a 很小或酸的浓度很低,则不能准确滴定。因此对于弱酸的滴定,一般要求弱酸的 $c_a K_a \geq 10^{-8}$,这样才有明显的滴定突跃,才能选择合适的指示剂。

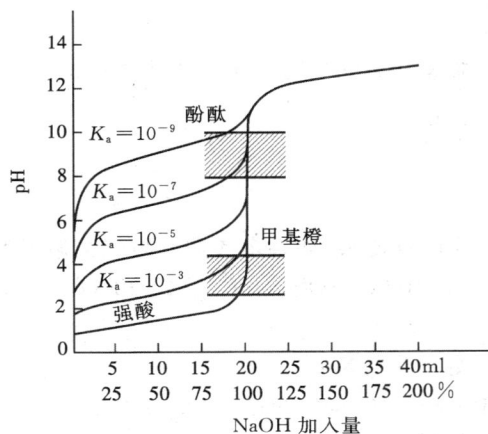

图 5-4 NaOH(0.1000mol/L)滴定不同强度酸(0.1000mol/L)的滴定曲线

课堂互动

现有 1mol/L HCN 溶液,请同学们查阅附录 3,判断可否准确滴定。

(三)强酸滴定弱碱

以 HCl(0.1000mol/L)滴定 20.00ml NH₃·H₂O(0.1000mol/L)为例讨论,将滴定过程中溶液的 pH 变化绘制成滴定曲线,如图 5-5 所示。

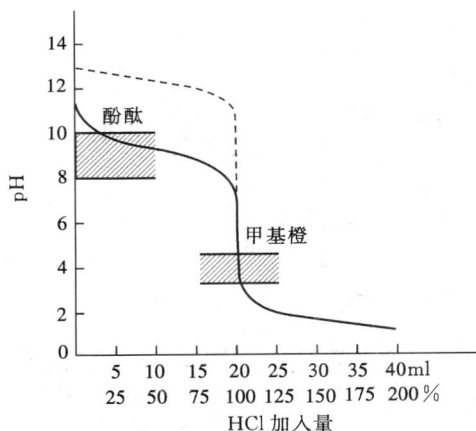

图 5-5 HCl(0.1000mol/L)滴定 NH₃·H₂O(0.1000mol/L)的滴定曲线

分析化学

由图 5-5 可知:此类型的滴定曲线和强碱滴定弱酸的曲线相似,所不同的是溶液 pH 由大到小,曲线形状相反,化学计量点时 pH 为 5.28,突跃范围的 pH 为 6.34~4.30,在酸性范围,应选择在酸性范围变色的指示剂,如甲基橙、甲基红等。不能选用酚酞等在碱性范围内变色的指示剂。

同理,要求弱碱的 $c_b K_b \geqslant 10^{-8}$,才能被强酸准确滴定。必须指出,弱酸和弱碱之间不能滴定,因为没有明显的滴定突跃,无法用一般的指示剂指示滴定终点。故在酸碱滴定中,一般以强碱或强酸作滴定液。

课堂互动

请同学们解释为什么当弱酸或弱碱的滴定突跃不明显或消失时,就不能被直接滴定。

二、多元酸(碱)的滴定

(一)多元酸的滴定

用强碱滴定多元酸的情况比较复杂,如果多元弱酸各级离解常数差别不大,则不能分步滴定;反之,可以分步滴定。以 NaOH(0.1000mol/L)滴定 20.00ml H_3PO_4(0.1000mol/L)为例,说明此类型滴定反应的特点。

H_3PO_4 为三元酸,在水中分三步解离:

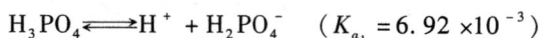

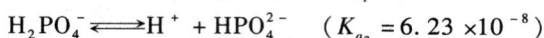

$$H_3PO_4 \Longleftrightarrow H^+ + H_2PO_4^- \quad (K_{a_1} = 6.92 \times 10^{-3})$$
$$H_2PO_4^- \Longleftrightarrow H^+ + HPO_4^{2-} \quad (K_{a_2} = 6.23 \times 10^{-8})$$
$$HPO_4^{2-} \Longleftrightarrow H^+ + PO_4^{3-} \quad (K_{a_3} = 4.80 \times 10^{-13})$$

NaOH 分步中和多元酸,即

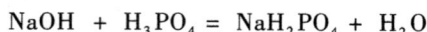

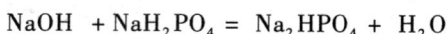

$$NaOH + H_3PO_4 = NaH_2PO_4 + H_2O$$
$$NaOH + NaH_2PO_4 = Na_2HPO_4 + H_2O$$

判断多元酸各级电离出的 H^+ 能否被准确滴定的依据与一元弱酸相同,即 $c_a K_a \geqslant 10^{-8}$,判断相邻两级解离的 H^+ 能否被分步滴定的依据是 $K_{a_1}/K_{a_2} \geqslant 10^4$。由于 HPO_4^{2-} 的 K_{a_3} 太小,$cK_{a_3} \leqslant 10^{-8}$,因此第三级解离出的 H^+ 不能被直接滴定。如图 5-6 所示,滴定曲线图上只有 2 个突跃。

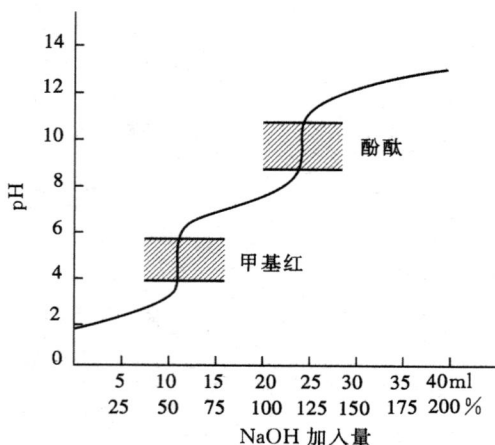

图 5-6 NaOH 滴 H_3PO_4 的滴定曲线

多元弱酸的滴定曲线计算复杂,在实际工作中,为了选择适宜的指示剂,通常只计算化学计量点的 pH,然后选择在此 pH 附近变色的指示剂确定滴定终点。

上例中,第一计量点的滴定产物是 $H_2PO_4^-$,其 pH 可由下式近似算出:

$$[H^+] = \sqrt{K_{a_1} \cdot K_{a_2}}$$

$$pH = \frac{1}{2}(pK_{a_1} + pK_{a_2}) = \frac{1}{2}(2.12 + 7.21) = 4.66$$

可选用甲基红做指示剂。

第二计量点的滴定产物是 HPO_4^{2-},pH 计算过程:

$$[H^+] = \sqrt{K_{a_2} \cdot K_{a_3}}$$

$$pH = \frac{1}{2}(pK_{a_2} + pK_{a_3}) = \frac{1}{2}(7.21 + 12.67) = 9.94$$

可选用酚酞做指示剂。

上述两个计量点由于突跃范围比较小,若选用混合指示剂,则终点变色比单一指示剂更明显。如第一计量点采用溴甲酚绿和甲基橙做变色指示,第二计量点用酚酞和百里酚酞做变色指示。

课堂互动

请同学们讨论:多元酸可以被准确滴定及两级相邻氢离子能分步滴定的依据分别是什么?查阅附录 3 中草酸($H_2C_2O_4$)在水溶液中的各级电离常数,讨论草酸溶液可否用 NaOH 滴定,能否分步滴定,为什么?

(二)多元碱的滴定

多元碱能否被准确滴定或分步滴定的判断原则与多元酸的滴定类似:

1. 准确滴定的条件

$$C_b K_b \geq 10^{-8}$$

2. 分步滴定的条件

$$K_{b_n}/K_{b_{n+1}} \geq 10^4$$

例:Na_2CO_3 是二元弱碱,其解离常数为:

$$K_{b_1} = \frac{K_W}{K_{a_2}} = 1.79 \times 10^4$$

$$K_{b_2} = \frac{K_W}{K_{a_1}} = 2.38 \times 10^{-8}$$

由于 K_{b_1}、K_{b_2} 均大于 10^{-8},且 $K_{b_1}/K_{b_2} \approx 10^4$,因此 Na_2CO_3 可用强酸分步滴定,滴定曲线上有两个滴定突跃。现以 HCl(0.1000mol/L)滴定 20.00ml Na_2CO_3(0.1000mol/L)为例:

第一计量点的滴定产物为 $NaHCO_3$,为两性物质,此时溶液 pH 按下式计算:

$$[H^+] = \sqrt{K_{a_1} \cdot K_{a_2}} = \sqrt{4.3 \times 10^{-7} \times 5.6 \times 10^{-11}} = 4.9 \times 10^{-9}(mol/L)$$

$$pH = 8.31$$

可选用酚酞作指示剂或甲酚红和百里酚蓝混合指示剂。

第二计量点的滴定产物为 H_2CO_3，溶液 pH 由 H_2CO_3 的离解平衡计算。因为 $K_{a_1} \gg K_{a_2}$，所以只需考虑一级解离，H_2CO_3 饱和溶液的浓度约为 $0.040mol/L$，其 pH 为：

$$[H^+] = \sqrt{K \cdot c} = \sqrt{4.3 \times 10^{-7} \times 0.040} = 1.3 \times 10^{-4} (mol/L)$$

$$pH = 3.89$$

可选用甲基橙作指示剂，滴定曲线如图 5 - 7 所示。

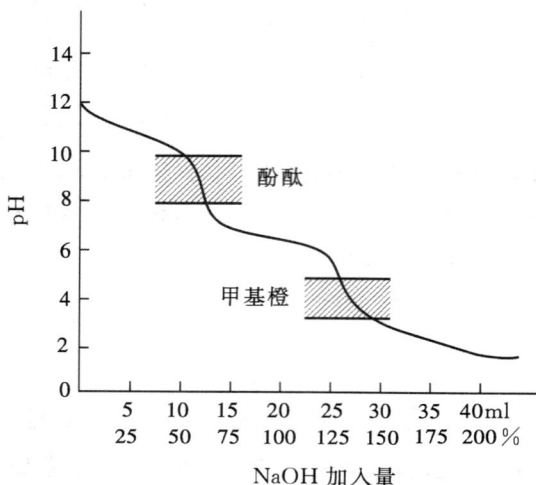

图 5 - 7　HCl(0.1000mol/L)滴定 20.00ml Na_2CO_3(0.1000mol/L)的滴定曲线

滴定中应注意，由于近第二计量点时容易形成 CO_2 的过饱和溶液，导致溶液酸度增大，使滴定终点提前，因此接近第二计量点时，应剧烈振摇溶液或将溶液煮沸释放出 CO_2，冷却至室温后再进行滴定。

第三节　酸碱滴定液的配制与标定

酸碱滴定中，常用盐酸和氢氧化钠配制滴定液，浓度一般为 $0.1 \sim 1mol/L$，最常用的浓度为 $0.1mol/L$。因盐酸易挥发，氢氧化钠易吸收空气中的二氧化碳和水，故均采用间接配制法。首先配制成近似所需浓度的溶液，再用基准物进行标定，操作过程中所用的水均为新沸冷水。

一、盐酸滴定液的配制与标定

(一)配制

市售浓盐酸的密度为 1.19，质量分数为 0.37，计算物质的量浓度为：

$$c_{HCl} = \frac{\dfrac{m}{M}}{V} = \frac{\dfrac{1000 \times 1.19 \times 0.37}{36.5}}{1} \approx 12(mol/L)$$

配制盐酸滴定液（0.1mol/L）1000ml，需要市售盐酸的体积为：

$$12 \times V = 0.1 \times 1000$$

$$V = 8.3 ml$$

为使配制的盐酸滴定液浓度不低于0.1mol/L，故盐酸取用量应比计算量稍多一些，取9.0ml。

（二）标定

标定盐酸滴定液的基准物，药典中规定采用的是无水碳酸钠，反应式为：

$$Na_2CO_3 + 2HCl = 2NaCl + CO_2\uparrow + H_2O$$

盐酸滴定液（0.1mol/L）的配制和标定的操作方法详见本章实训1。

二、氢氧化钠滴定液的配制与标定

（一）配制

NaOH易潮解，在空气中易吸收CO_2而生成Na_2CO_3。Na_2CO_3在饱和NaOH溶液中溶解度很小，可作为不溶物而沉淀于溶液底部，因此，配制时应取饱和NaOH的上清液，用新沸冷水稀释，配制成近似所需浓度的溶液。

配制好的NaOH饱和溶液其密度为1.56、质量分数为0.52，物质的量浓度为20mol/L。如果配制0.1mol/L NaOH滴定液1000ml，应取饱和NaOH溶液的体积为：

$$20 \times V = 0.1 \times 1000$$

$$V = 5(ml)$$

实际操作中，取用量一般比计算量多一些，取5.6ml。

（二）标定

标定NaOH滴定液常采用的基准物质为邻苯二甲酸氢钾。标定反应如下：

滴定过程以酚酞为指示剂，滴定至溶液显粉红色，且30秒钟不褪色时，即为终点。按下式计算NaOH滴定液的浓度：

$$c_{NaOH} = \frac{m_{KHC_6H_4(COO)_2}}{V_{NaOH} \cdot M_{KHC_6H_4(COO)_2} \times 10^{-3}}$$

除了上述用基准邻苯二甲酸氢钾标定NaOH滴定液的浓度外，还可采用基准草酸进行标定，也可以用已知浓度的酸滴定液，用比较法标定NaOH滴定液。

配制好的氢氧化钠滴定液需置聚乙烯塑料瓶中，密封保存；塞中有2孔，孔内各插入玻璃管1支，一管与钠石灰管相连，一管供吸出本液使用。

氢氧化钠滴定液（0.1mol/L）的标定的操作方法详见本章实训2。

知识拓展

《中国药典》（2015年版）通则中记载氢氧化钠滴定液（0.1mol/L）的标定过程如下：

分析化学

取在105℃干燥至恒重的基准邻苯二甲酸氢钾约0.6g，精密称定，加新沸过的冷水50ml，振摇，使其尽量溶解；加酚酞指示液2滴，用本液滴定；在接近终点时，应使邻苯二甲酸氢钾完全溶解，滴定至溶液显粉红色。每1ml氢氧化钠滴定液（1mol/L）相当于20.42mg的邻苯二甲酸氢钾。根据本液的消耗量与邻苯二甲酸氢钾的取用量，算出本液的浓度，即得。

$$c_{实测} = \frac{m \cdot c_{规定}}{V \cdot T \cdot 10^{-3}}$$

式中 $c_{规定}$ 为药典给定的滴定度中氢氧化钠滴定液规定的浓度，即0.1000mol/L。

注：《中国药典》规定，取用量为"约"若干时，系指取用量不得超过规定量的±10%；"精密称定"是指称取重量应准确至所取重量的千分之一。

第四节 酸碱滴定法的应用示例

酸碱滴定法能测定酸、碱以及能与酸碱起反应的物质，在药物的含量测定中应用较为广泛，如阿司匹林、药用硼砂等都可用酸碱滴定法测定含量。

一、直接滴定法

凡 $c_a K_a \geqslant 10^{-8}$ 的酸性物质和 $c_b K_b \geqslant 10^{-8}$ 的碱性物质都可以用碱和酸滴定液直接滴定。

（一）阿司匹林的含量测定

阿司匹林是常用的解热镇痛药，其结构中含有羧基，显酸性，可与氢氧化钠定量反应。药典规定阿司匹林采用酸碱滴定法直接滴定，滴定反应如下：

操作过程：精密称取规定量的供试品，加中性乙醇溶解，以酚酞为指示剂，用氢氧化钠滴定液滴定至溶液出现浅红色，且30秒不褪色，即为终点，记录消耗氢氧化钠滴定液的体积，按下式计算阿司匹林的含量。

$$C_9H_8O_4\% = \frac{c_{NaOH} \cdot V_{NaOH} \cdot M_{C_9H_8O_4} \times 10^{-3}}{m_{C_9H_8O_4}} \times 100\%$$

阿司匹林在水中微溶，在乙醇中易溶，且阿司匹林中酯键易水解导致测定结果偏高，故选用中性乙醇做溶剂。阿司匹林为有机弱酸，用氢氧化钠滴定时，化学计量点偏碱性，因此选择酚酞作指示剂。由于乙醇对酚酞显弱酸性，因此需用氢氧化钠中和后再使用。

（二）药用氢氧化钠的测定

药用辅料氢氧化钠为pH值调节剂。氢氧化钠易吸收空气中的二氧化碳，形成氢氧化钠和碳酸钠的混合碱，药典采用双指示剂法分别测定两种成分含量。准确称取规定量的供试品，用盐酸滴定液按如下过程滴定：

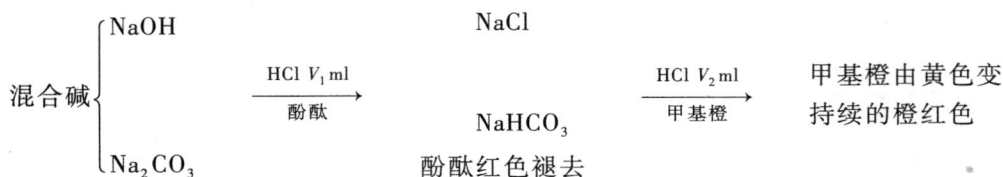

总碱量(作为 NaOH 计)和碳酸钠的含量为:

$$NaOH\% = \frac{c_{HCl} \cdot (V_1 - V_2) \cdot M_{NaOH} \times 10^{-3}}{m_{NaOH}} \times 100\%$$

$$Na_2CO_3\% = \frac{\frac{1}{2}c_{HCl} \times 2V_2 \cdot M_{Na_2CO_3} \times 10^{-3}}{m_{Na_2CO_3}} \times 100\%$$

二、间接滴定法

有些物质酸性、碱性很弱,不能采用直接滴定法测定含量,但是可以通过反应增强其酸性和碱性,再用碱、酸滴定液滴定,间接测定出被测物质的含量。

(一)药用辅料硼酸的测定

硼酸为极弱酸($K_{a_1} = 7.3 \times 10^{-10}$),不能用氢氧化钠滴定液直接滴定,但与甘露醇或甘油等多元醇生成的配合酸($pK_a = 4.26$),酸性增强,可用氢氧化钠滴定液直接滴定。其反应如下:

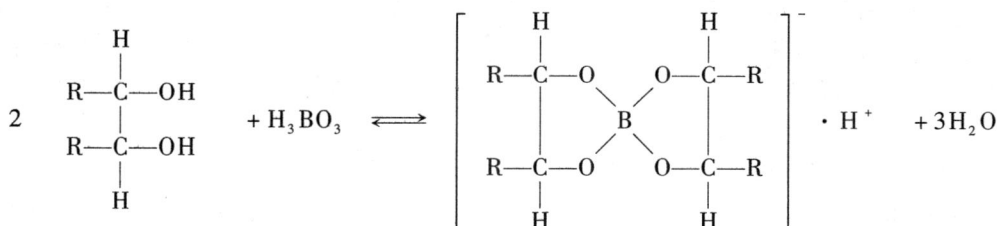

操作步骤:取规定量的供试品,加一定量20%的中性甘露醇溶液(对酚酞显中性),微温使溶解,放冷,以酚酞为指示剂,用氢氧化钠滴定液滴定至溶液出现淡红色,且30秒不褪色,即为终点。记录消耗氢氧化钠滴定液的体积,按下式计算 H_3BO_3 的含量:

$$H_3BO_3\% = \frac{c_{NaOH} \cdot V_{NaOH} \cdot M_{H_3BO_3} \cdot 10^{-3}}{m_{H_3BO_3}} \times 100\%$$

(二)铵盐中氮的测定

NH_4^+($K_a = 5.7 \times 10^{-10}$)是极弱酸,不能直接用 NaOH 测定,常用下述两种方法测定 NH_4Cl 或(NH_4)$_2SO_4$中的含氮量。

1. 蒸馏法

在铵盐溶液中加入过量 NaOH,加热煮沸使 NH_3 挥发出来。

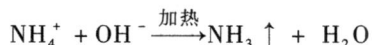

$$NH_4^+ + OH^- \xrightarrow{\text{加热}} NH_3 \uparrow + H_2O$$

挥发出的 NH_3 用过量的酸滴定液吸收,加甲基橙或甲基红作指示剂,用 NaOH 滴定液回滴剩余酸滴定液;也可将蒸馏出的 NH_3 用2% H_3BO_3 吸收,再用 HCl 滴定液滴定,反应如下:

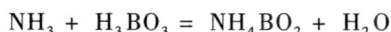

$$NH_3 + H_3BO_3 = NH_4BO_2 + H_2O$$
$$NH_4BO_2 + HCl + H_2O = NH_4Cl + H_3BO_3$$

按下式计算含氮量:

$$N\% = \frac{c_{HCl} \cdot V_{HCl} \cdot M_N \times 10^{-3}}{m_s} \times 100\%$$

2. 甲醛法

铵盐与甲醛反应生成六次甲基四铵离子,同时定量放出 H^+,反应如下:

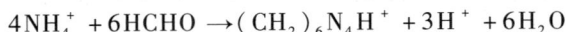

$$4NH_4^+ + 6HCHO \rightarrow (CH_2)_6N_4H^+ + 3H^+ + 6H_2O$$

以酚酞作指示剂,用 NaOH 滴定液滴至溶液呈微红色,按下式计算含量:

$$N\% = \frac{c_{NaOH} \cdot V_{NaOH} \cdot M_N \times 10^{-3}}{m_s} \times 100\%$$

第五节　非水溶液酸碱滴定法

一、概述

在水以外的溶剂中进行的酸碱滴定法称为非水溶液酸碱滴定法。水作为常用溶剂,具有安全、价廉的优点,但是在酸碱滴定中有一定局限性。例如,一些在水中离解常数很小的弱酸或弱碱,由于没有明显滴定突跃而不能准确滴定;许多有机酸、碱在水中的溶解度小,反应不能完全进行;另外,还有一些多元酸、多元碱,混合酸或碱,由于离解常数较接近,在水中不能分步或分别滴定。而采用不同种类的非水溶剂,不仅能改变溶液的酸碱性,还可以增加待测物质的溶解度,从而克服了在水中滴定的困难,因此,非水溶液酸碱滴定法在有机药物分析中得到更广泛应用。

非水滴定法除溶剂较特殊外,具有如准确、快速、设备简单等滴定分析的特点。非水溶液酸碱滴定法在药物分析中以非水碱量法为主,而其中又以用高氯酸的冰醋酸溶液为滴定剂最为常见。目前,药典中主要用于测定有机碱及其氢卤酸盐、硫酸盐、硝酸盐、有机酸盐和有机碱金属盐类药物的含量测定。

二、基本原理

(一)溶剂的分类

按照质子理论,可将非水溶剂分为质子溶剂和无质子溶剂两大类。

1. 质子溶剂

能给出或接受质子的溶剂称为质子溶剂。其特点为极性均化强,溶剂分子间可发生质子转移,即质子自递反应。根据其酸碱性的相对强弱,又可分为以下三类:

(1)酸性溶剂　是指能给出质子的溶剂,与水相比较,具有显著的酸性。如甲酸、醋酸、丙酸、硫酸等,其中常用的是醋酸。酸性溶剂适用于作为滴定弱碱性物质的溶剂。

(2)碱性溶剂　是指能接受质子的溶剂,与水相比较,具有显著的碱性。如乙二胺、乙醇胺、丁胺等。碱性溶剂适用于作为滴定弱酸性物质的溶剂。

(3)两性溶剂　是指既能给出质子又能接受质子的,也称为两性溶剂或中性溶剂,其酸碱性与水相似。如甲醇、乙醇、异丙醇等,主要作为滴定较强酸或碱的溶剂。

2. 无质子溶剂

溶剂分子间不能发生质子自递反应的溶剂称为无质子溶剂。按其是否能接受质子,又可分为以下两类:

(1)显弱碱性的无质子性溶剂　这类溶剂具有较弱的接受质子和形成氢键的能力,如吡啶类、酰胺类、酮类等。

（2）惰性溶剂　这类溶剂是指既不能给出质子又不能接受质子的溶剂,溶剂分子在滴定过程中不参与反应,只起溶解、分散和稀释溶质的作用,如苯、氯仿等。

以上的分类只是为了讨论方便,实际上各类溶剂之间无严格的界限。在实际工作中为了增大样品的溶解度和滴定突跃范围,使指示剂在终点变色敏锐,还可将质子溶剂和惰性溶剂混合使用,即称为混合溶剂。常用的混合溶剂有:由二醇类与烃类或卤烃类组成的混合溶剂,用于溶解有机酸盐、生物碱和高分子化合物。冰醋酸 – 醋酐、冰醋酸 – 苯混合溶剂,适用于弱碱性药物的滴定。苯 – 甲醇混合溶剂,适用于羧酸类的滴定。

（二）物质的酸碱性与溶剂的关系

酸碱反应在水溶液中质子传递过程是通过水分子来实现的,而在非水溶液中则是通过溶剂实现质子传递的。也就是说溶剂是质子传递的载体。因此,物质的酸碱强度,不但和物质本身的性质有关,也和溶剂的性质有关。同一种物质,溶解在不同的溶剂中时,将表现出不同的酸碱强度。

同一种酸,溶解在不同的溶剂中时,这种酸的强度将不同。例如苯甲酸在水中是较弱的酸,在碱性溶剂中乙二胺就是较强的酸;又如苯酚在水中是极弱的酸,不能用标准碱溶液直接滴定,而在乙二胺中苯酚却是一种可以直接滴定的弱酸。

同样,碱在溶液中的强度,不仅和碱的本质有关,也和溶剂的酸碱性有关。例如在水溶液中不能直接滴定的极弱碱,如吡啶、胺类、生物碱、各种醋酸盐等,在冰醋酸溶液中就可以直接滴定了。这是由于冰醋酸给出质子的能力比水强,因此在冰醋酸溶液中这些极弱的碱就容易获得质子,从而使其碱性增强,变成可以直接滴定的了。

总之,极弱的酸在水溶液中不能直接滴定,却可以在碱性溶剂中直接滴定;极弱的碱在水溶液中不能直接滴定,但在酸性溶剂中可以直接滴定。

（三）均化效应与区分效应

高氯酸、硫酸、盐酸和硝酸自身的酸强度是不同的,其酸性强弱顺序为:

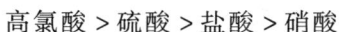

$$高氯酸 > 硫酸 > 盐酸 > 硝酸$$

但在水溶液中它们的酸强度几乎相等,均属强酸。因为他们溶于水后,几乎全部电离和离解生成水合质子 H_3O^+。其反应式如下:

$$HClO_4 + H_2O \rightleftharpoons H_3O^+ + ClO_4^-$$

$$H_2SO_4 + H_2O \rightleftharpoons H_3O^+ + HSO_4^-$$

$$HCl + H_2O \rightleftharpoons H_3O^+ + Cl^-$$

$$HNO_3 + H_2O \rightleftharpoons H_3O^+ + NO_3^-$$

H_3O^+ 是水溶液中酸的最强形式。上述几种酸在水中都被均化到 H_3O^+ 强度的水平。这种把不同强度的酸均化到溶剂合质子水平的效应称为均化效应。具有均化效应的溶剂称为均化性溶剂。水就是这四种酸的均化性溶剂。

如果将这四种酸溶解在冰醋酸溶剂中,由于醋酸的碱性比水弱,这四种酸不能全部将质子转移给醋酸,因此生成醋酸合质子（H_2Ac^+）的程度就有所差异。由四种酸在冰醋酸中的电离常数可说明酸的强弱。

$$HClO_4 + HAc \Longleftrightarrow H_2Ac^+ + ClO_4^- \quad pK = 5.8$$

$$H_2SO_4 + HAc \Longleftrightarrow H_2Ac^+ + HSO_4^- \quad pK = 8.2$$

$$HCl + HAc \Longleftrightarrow H_2Ac^+ + Cl^- \quad pK = 8.8$$

$$HNO_3 + HAc \Longleftrightarrow H_2Ac^+ + NO_3^- \quad pK = 9.4$$

$$HClO_4 > H_2SO_4 > HCl > HNO_3$$

这种能区分酸(碱)强弱的效应称为区分效应,具有区分效应的溶剂为区分性溶剂。冰醋酸是这四种酸的区分性溶剂。

溶剂的均化效应和区分效应与溶质和溶剂的酸碱相对强弱有关。例如水能均化盐酸和高氯酸,但不能均化盐酸和醋酸,这是由于醋酸的极性较弱,与水的质子转移反应不完全。因此,水是盐酸和高氯酸的均化性溶剂,是盐酸和醋酸的区分性溶剂。若改用液氨作溶剂,由于氨的碱性比水强很多,醋酸在液氨中的质子转移反应能进行完全,即表现为强酸,所以液氨是盐酸和醋酸的均化性溶剂。在均化性溶剂中,溶剂合质子是溶液中能存在的最强酸,溶剂阴离子是溶液中的最强碱。在液氨中他们的酸强度都被均化到溶剂合质子强度的水平,从而使这两种酸的强度差异消失。

一般来说,酸性溶剂是碱的均化性溶剂,而是酸的区分性溶剂;碱性溶剂是酸的均化性溶剂,是碱的区分性溶剂。在非水滴定中,通常利用均化效应测定混合酸(碱)的总量,利用区分效应测定混合酸(碱)中各组分的含量。

惰性溶剂没有明显的酸碱性,因此没有均化效应,而是一种良好的区分性溶剂。

(四)溶剂的选择

在非水酸碱滴定法中,溶剂的选择十分重要。主要考虑以下几个方面:

1. 溶剂能增加弱酸(碱)性供试品的酸碱性

这是非水酸碱滴定法的基本原理。弱碱性供试品选择酸性溶剂,弱酸性供试品选择碱性溶剂。

2. 溶剂能完全溶解供试品及滴定反应的产物

一种溶剂不能溶解时,可选用混合溶剂。

3. 溶剂的选择

溶剂应有一定的纯度、黏度,挥发性和毒性都应很小,并易于回收和精制。

课堂互动

请解释为何存在于非水溶剂中的水分,既是酸性杂质又是碱性杂质。

三、非水溶液酸碱滴定类型及应用

(一)碱的滴定

在非水溶剂测定碱性物质的方法称为非水碱量法。

1. 溶剂

在水溶液中，$c_b K_b < 10^{-8}$ 的弱碱不能被直接滴定。滴定弱碱，通常选用对碱有均化效应的酸性溶剂。冰醋酸性质稳定，对碱性很弱的物质也易提供质子，所以是滴定弱碱的理想溶剂。

冰醋酸按国家化学和试剂标准，常用的一级和二级都含有少量的水分，而水分的存在影响滴定突跃，使指示剂变色不敏锐。因此，冰醋酸使用前应加入计算量的醋酐除去水分，反应式如下：

$$(CH_3CO)_2O + H_2O == 2 CH_3COOH$$

若除去 1000ml，含水量为 0.2% 的冰醋酸（相对密度为 1.05），需加入含量为 97% 的醋酐（相对密度为 1.08）体积为：

$$V_{醋酐} = \frac{1.05 \times 1000 \times 0.002 \times 102.09}{18.02 \times 1.08 \times 0.97} = 11.36ml$$

$$(M_{水} = 18.02g/ml, M_{醋酐} = 102.09g/ml)$$

2. 滴定液

在冰醋酸溶剂中，高氯酸的酸性最强，所以常用高氯酸的冰醋酸溶液作为滴定弱碱的滴定液。

（1）配制　市售高氯酸含 $HClO_4$ 70% ~ 72%，相对密度为 1.75 的含水溶液，其水分同样需要加入醋酐除去，加入醋酐量的计算方法同上。

间接法配制高氯酸滴定液（0.1mol/L）：取无水冰醋酸 750ml，加入市售高氯酸 8.5ml，搅拌均匀，在室温下缓缓滴加醋酐 24ml，边加边搅拌，加完后继续搅拌均匀，放冷，加无水冰醋酸至 1000ml，搅拌均匀，置于棕色瓶内放置 24 小时，即可标定。

需要注意的是高氯酸与醋酐混合，反应剧烈，放出大量热。因此不能将醋酐直接加到高氯酸中，应先用冰醋酸将高氯酸稀释后，再不断搅拌，慢慢滴加醋酐。量取过高氯酸的小量筒不能接着量取醋酐。测定一般样品时醋酐的量可多于计算量，不影响结果。但若测定芳香伯胺或仲胺含量时，醋酸过量会发生乙酰化反应，影响测定结果，此时不宜过量。

高氯酸的冰醋酸溶液在低于 16℃ 时会变成冰状，不能滴定，若用冰醋酸 – 醋酐（9:1）的混合溶剂配制高氯酸滴定液，它不仅不会结冰，且吸湿性小，使用一年，浓度的改变也很小。有时也在冰醋酸中加入含量为 10% ~ 15% 的丙酸以防冻。

（2）标定　标定高氯酸滴定液，常用邻苯二甲酸氢钾为基准物质，结晶紫为指示剂。标定反应式如下：

在非水溶剂中进行标定和测定时，需做空白试验校正。

$$c_{HClO_4} = \frac{m_{C_8H_5O_4K}}{(V - V_{空白})_{HClO_4} \cdot M_{C_8H_5O_4K} \times 10^{-3}}$$

知识拓展

水的膨胀系数较小（$0.21 \times 10^{-3}/℃$），受温度改变的影响不大，而有机溶剂的膨胀系数多数较大（冰醋酸膨胀系数为 $1.1 \times 10^{-3}/℃$），其体积随温度改变较大。当标定高氯酸滴定液时的温度和用高氯酸的冰醋酸溶液滴定样品时的温度有差别时，应重新标定或按下式将滴定液的浓度加以校正：

$$c_1 = \frac{c_0}{1 + 0.0011(t_1 - t_0)}$$

式中，0.0011 为冰醋酸的膨胀系数，t_0 为标定时的温度，t_1 为测定时的温度，c_0 为标定时的浓度，c_1 为测定时的浓度。

3. 滴定终点的确定

滴定终点的确定方法常用指示剂法和电位法（见本书第九章）。

用非水溶液酸碱滴定法滴定弱碱性物质时，常用的指示剂是结晶紫，其酸式色为黄色，碱式色为紫色，在不同的酸度下变色较复杂，由碱区到酸区的颜色变化为：紫、蓝、蓝绿、黄绿、黄。滴定不同强度的碱时，终点颜色变化不同。滴定较强的碱，以蓝色或蓝绿色为终点，以电位滴定法作对照，并做空白试验以减小滴定终点误差。

（二）酸的滴定

1. 溶剂

在水中，$cK_a < 10^{-8}$ 的弱酸是不能被碱滴定液直接滴定，需选用碱性比水更强的溶剂，增加弱酸的酸性，增大滴定突跃。

滴定不太弱的羧酸类，常以醇类做溶剂，如甲醇、乙醇等。对于弱酸或极弱酸的滴定则以乙二胺、二甲基甲酰胺等碱性溶剂为宜。混合酸的区分滴定常以甲基异丁酮为区分性溶剂，有时也用甲醇 – 苯、甲醇 – 丙酮等混合溶剂。

2. 滴定液

常用的酸滴定液为甲醇钠的苯 – 甲醇溶液。甲醇钠是由甲醇与金属钠反应制得。反应式如下：

$$2CH_3OH + 2Na \Longleftrightarrow 2CH_3ONa + H_2 \uparrow$$

3. 指示剂

常用百里酚蓝、偶氮紫、溴酚蓝等作为指示剂。

（三）应用示例

非水溶液酸碱滴定法主要用于测定在非水溶剂中显酸性或碱性的化合物。《中国药典》（2015 年版）中多采用非水碱量法测定含氮碱性有机药物及其氢卤酸盐、硫酸盐、磷酸盐或有机酸盐的含量。例如：

1. 有机弱碱类

pK_b 值在 $8 \sim 10$ 的胺类、生物碱类等有机弱碱，可以在冰醋酸溶剂中选择适当指示剂，用高氯酸滴定液直接滴定。pK_b 值在 $10 \sim 12$ 的极弱碱，需在冰醋酸溶剂中加入醋酐，在混合溶剂中选择适当指示剂，再用高氯酸滴定液直接滴定，如咖啡因的滴定。

操作方法：取本品约 0.15g，精密称定，加醋酐 – 冰醋酸（5:1）的混合液 25ml，微温使溶解，放冷，加结晶紫指示液 1 滴，用高氯酸滴定液（0.1mol/L）滴定至溶液显黄色，并将滴定的结果用空白试验校正。每 1ml 高氯酸滴定液（0.1mol/L）相当于 19.42mg 的 $C_8H_{10}N_4O_2$。

按下式计算咖啡因含量:

$$咖啡因含量\% = \frac{(V - V_{空白})_{HClO_4} \cdot T_{HClO_4/C_8H_{10}N_4O_2} \times 10^{-3}}{m_{C_8H_{10}N_4O_2}} \times 100\%$$

2. 有机酸的碱金属盐类

由于有机酸的酸性较弱,其共轭碱在冰醋酸中显较强碱性,可采用高氯酸的冰醋酸溶液滴定。如枸橼酸钠的滴定。

操作方法:取本品约80mg,精密称定,加冰醋酸5ml,加热溶解后,放冷,加醋酐10ml与结晶紫指示液1滴,用高氯酸滴定液(0.1mol/L)滴定至溶液显蓝绿色,并将滴定的结果用空白试验校正。每1ml高氯酸滴定液(0.1mol/L)相当于8.602mg的$C_6H_5Na_3O_7$。

课堂互动

若实际操作中,用0.1003mol/L高氯酸滴定液测定枸橼酸钠含量,消耗体积8.02ml,空白试验消耗0.02ml,试计算枸橼酸钠的含量。

3. 有机碱的氢卤酸盐

生物碱类药物难溶于水,且不稳定,常制成氢卤酸盐的形式供药用。如盐酸麻黄碱、氢溴酸山莨菪碱等。由于氢卤酸在冰醋酸溶液中呈较强的酸性,使反应不能进行完全,需加入醋酸汞使之生成卤化汞,此时生物碱以醋酸盐形式存在,可用高氯酸的冰醋酸溶液滴定。《中国药典》(2015年版)中大多数生物碱类原料药的含量测定均采用非水碱量法,如盐酸麻黄碱的滴定。

操作方法:取本品约0.15g,精密称定,加冰醋酸10ml,加热溶解后,加醋酸汞试液4ml与结晶紫指示液1滴,用高氯酸滴定液(0.1mol/L)滴定至溶液显翠绿色,并将滴定的结果用空白试验校正。每1ml高氯酸滴定液(0.1mol/L)相当于20.17mg的$C_{10}H_{15}NO \cdot HCl$。

4. 有机碱的有机酸盐

有机碱的有机酸盐可在冰醋酸或冰醋酸－醋酐混合溶剂中增加碱性,再用高氯酸滴定液滴定,以结晶紫指示终点,如马来酸氯苯那敏等。

操作方法:取本品约0.15g,精密称定,加冰醋酸10ml溶解后,加结晶紫指示液1滴,用高氯酸滴定液(0.1mol/L)滴定至溶液显蓝绿色,并将滴定的结果用空白试验校正。每1ml高氯酸滴定液(0.1mol/L)相当于19.54mg的$C_{16}H_{19}ClN_2 \cdot C_4H_4O_4$。

技能实训

实训1 盐酸滴定液的配制与标定

一、实训目的

1. 掌握盐酸滴定液的配制与标定方法。

分析化学

2. 熟练使用分析天平和滴定管。

3. 学会用甲基红－溴甲酚绿混合指示剂确定滴定终点。

4. 学会分析数据的记录与结果计算方法。

二、仪器与试剂

1. 仪器

分析天平(0.1mg)、滴定管(50ml)、移液管(25ml)、锥形瓶(250ml)、量筒、试剂瓶、电炉、称量瓶、胶头滴管、塑料洗瓶、小药勺、玻璃棒、洗耳球、滤纸、标签等。

2. 试剂

浓 HCl、无水 Na_2CO_3(基准试剂)、甲基红－溴甲酚绿混合指示剂。

三、实训内容

1. 0.1mol/L HCl 滴定液的配制

用小量筒移取浓 HCl 4.5ml 至洁净的具有玻璃塞试剂瓶中,加纯化水稀释至500ml,摇匀,贴标签备用。

2. 0.1mol/L HCl 滴定液的标定

(1)多次称量法　采用减重法精密称定在 270~300℃ 干燥至恒重的基准无水 Na_2CO_3 为 0.12~0.15g,共三份,分别置于250ml 锥形瓶中,加 50ml 纯化水溶解后,加甲基红－溴甲酚绿混合指示剂10滴,用待标定的 HCl 滴定液滴定至溶液由绿色变紫红色,停止滴定,将锥形瓶置于电炉上煮沸2分钟,溶液由紫红色回到绿色,冷却至室温后继续滴定至溶液呈暗紫色,记录消耗 HCl 滴定液的体积。平行测定三次。

(2)移液管法　精密称定在 270~300℃ 干燥至恒重的基准无水 Na_2CO_3 约 0.60g,置于烧杯中,加适量纯化水溶解后,定量转移至100ml 容量瓶中,加纯化水稀释至刻度,摇匀。用 25ml 移液管移取该溶液三份,分别置于锥形瓶中。照多次称量法,自"加甲基红－溴甲酚绿混合指示剂10滴"起,依法测定,记录消耗 HCl 滴定液的体积。

四、数据记录与处理

(一)多次称量法

1. 数据记录

测定份数		1	2	3
$m_{Na_2CO_3}$				
V_{HCl} (ml)	初读数			
	终读数			
消耗 V_{HCl} (ml)				

2. 结果计算

$$c_{HCl} = \frac{2 \times m_{Na_2CO_3}}{V_{HCl} \cdot M_{Na_2CO_3} \times 10^{-3}}$$

3. 数据处理

测定份数	1	2	3
$c_{HCl}(mol/L)$			
$c_{HCl}(mol/L)$ 平均值			
相对平均偏差 $R\bar{d}$			

（二）移液管法

1. 数据记录

测定份数		1	2	3
基准无水 Na_2CO_3 的质量 $m_{Na_2CO_3}(g)$				
$V_{HCl}(ml)$	初读数			
	终读数			
消耗 HCl 的体积 $V_{HCl}(ml)$				

2. 结果计算

$$c_{HCl} = \frac{2 \times m_{Na_2CO_3} \times \dfrac{25.00}{100.00}}{V_{HCl} \cdot M_{Na_2CO_3} \times 10^{-3}}$$

3. 数据处理

测定份数	1	2	3
HCl 的浓度 $c(mol/L)$			
HCl 的平均浓度 $c(mol/L)$			
相对平均偏差 $R\bar{d}$			

五、注意事项

1. 无水 Na_2CO_3 作为基准物质时，使用前必须在 270～300℃ 的干燥箱中干燥 1 小时。

2. 无水 Na_2CO_3 经过高温烘烤后，极易吸水，故称量瓶一定要盖严；称量时，动作要快些，以免无水碳酸钠吸潮。

3. 若煮沸 2 分钟后溶液仍显紫红色，说明滴入的 HCl 溶液已过量，应重做。

4. 为防止溶液中生成的 CO_2 对滴定终点的干扰，在近终点时应剧烈摇动锥形瓶并加热煮沸，释放 CO_2。

5. 甲基红 - 溴甲酚绿混合指示剂的配制：取 0.1% 甲基红的乙醇溶液 20ml，加 0.2% 溴甲酚绿的乙醇溶液 30ml，摇匀、即得。

六、问题与讨论

1. 实训操作中量取浓 HCl 和水选用何种量具,为什么?

2. 为什么选择基准无水 Na_2CO_3 标定 HCl 滴定液? 基准无水 Na_2CO_3 使用前为什么需要在 270~300℃ 干燥至恒重?

3. 用基准无水 Na_2CO_3 标定盐酸滴定液时,为什么在近终点时要加热煮沸溶液 2 分钟? 若加热后溶液未回到绿色,仍显紫红色说明什么?

实训2 氢氧化钠滴定液的标定(基准物质标定法)

一、实训目的

1. 学会 NaOH 滴定液的标定。
2. 学会碱式滴定管的使用。
3. 学会酚酞指示剂滴定终点颜色的判断。

二、仪器与试剂

1. 仪器
电子天平(0.1mg)、碱式滴定管(50ml)、锥形瓶(250ml)、量筒。

2. 试剂
邻苯二甲酸氢钾(基准试剂)、待标定的 NaOH 滴定液(0.1mol/L)、酚酞指示剂。

三、实训内容

精密称取在 105℃ 干燥至恒重的基准邻苯二甲酸氢钾约 0.6g(准确至 0.1mg,平行称三份),置于 250ml 锥形瓶中,加新沸过的冷却的纯化水 50ml 振摇,使其尽量溶解;加酚酞指示剂 2 滴,用待标定的 0.1mol/L NaOH 滴定液滴定,直到溶液呈粉红色,半分钟不褪色。记录消耗 NaOH 滴定液的体积。

四、数据记录与处理

1. 数据记录

测定份数		1	2	3
取 $KHC_8H_4O_4$ 的质量 $m(g)$				
$V_{NaOH}(ml)$	初读数			
	终读数			
消耗 $V_{NaOH}(ml)$				

2. 结果计算

$$c_{NaOH} = \frac{m_{KHC_8H_4O_4} \times 10^3}{V_{NaOH} \times M_{KHC_8H_4O_4}}$$

其中 $M_{KHC_8H_4O_4} = 204.4(g/mol)$

3. 数据处理

测定份数	1	2	3
$c_{NaOH}(mol/L)$			
$c_{NaOH}(mol/L)$ 平均值			
相对平均偏差 $R\bar{d}$			

五、注意事项

1. 标定结果相对平均偏差不得大于 0.1%，否则应重做。

2. 标定后的 NaOH 滴定液保留备用。

六、问题与讨论

为什么要加入新沸过的冷却的纯化水？

实训 3　醋酸的含量测定(酚酞)

一、实训目的

1. 掌握强碱滴定弱酸的滴定过程、指示剂的选择和终点确定方法。

2. 掌握食醋中醋酸含量测定的原理。

3. 熟练使用滴定管、移液管和容量瓶。

二、仪器与试剂

1. 仪器

滴定管(50ml)、容量瓶(250ml)、移液管(25ml)、试剂瓶、锥形瓶(250ml)、烧杯、洗耳球。

2. 试剂

NaOH 滴定液、酚酞指示剂、食醋。

三、实训内容

用移液管准确量取 25.00ml 食醋样品,置于 250ml 容量瓶中,加纯化水稀释至刻度,摇匀。再用移液管准确移取稀释后的食醋样品 25.00ml,置锥形瓶中。加酚酞指示剂 2 滴,用 NaOH 滴定液滴定至溶液呈粉红色,且 30 秒不褪色,即为终点。记录消耗 NaOH 滴定液的体积。平行测定 3 份。

四、数据记录与处理

1. 数据记录

测定份数		1	2	3
移取 $V_{醋样}$（ml）				
NaOH 滴定液的浓度 c_{NaOH}（mol/L）				
V_{NaOH}（ml）	初读数			
	终读数			
消耗 NaOH 的体积 V_{NaOH}（ml）				

2. 结果计算

$$\rho_{HAc} = \frac{c_{NaOH} \cdot V_{NaOH} \cdot M_{HAc}}{V_{醋样} \times \dfrac{25.00}{250.00}}$$

测定份数	1	2	3
醋酸含量（g/L）			
醋酸含量平均值（g/L）			
相对平均偏差 $R\bar{d}$			

五、注意事项

1. 食醋中的酸主要是醋酸，还含有少量其他弱酸。本实训以酚酞为指示剂，用 NaOH 滴定液滴定，可测定酸的总量，结果按醋酸计算，以 g/L 表示。

2. NaOH 滴定液如果在空气中放置时间过长，会吸收空气中的 CO_2，使醋酸含量的测定结果偏高，为使测定结果准确，应尽量避免长时间将 NaOH 滴定液放置于空气中。

六、问题与讨论

1. 氢氧化钠滴定液滴定食醋中的醋酸，为何选用酚酞做指示剂，能否用甲基橙或甲基红？

2. NaOH 滴定液在保存时吸收了空气中的 CO_2，用它来测定醋酸的含量，若以酚酞为指示剂，对测定结果有何影响？

实训 4　药用 NaOH 含量测定(双指示剂法)

一、实训目的

1. 熟练应用双指示剂法测定混合碱的原理,对药用 NaOH 中的 NaOH 和 Na_2CO_3 组分进行含量测定。

2. 熟练使用滴定管、移液管和容量瓶等滴定仪器。

3. 学会用双指示剂法确定滴定终点的操作方法。

二、仪器与试剂

1. 仪器

滴定管(50ml)、量筒(50ml)、锥形瓶(250ml)、容量瓶(100ml)、移液管(25ml)、洗耳球、烧杯(50ml)。

2. 试剂

HCl 滴定液(配制、标定见实训一)、药用 NaOH、酚酞指示剂、甲基橙指示剂。

三、实训内容

精密称定药用 NaOH 约 0.35g,置 50ml 洗净的小烧杯中,加适量纯化水溶解,定量转移至 100ml 容量瓶中,加水稀释至刻度,摇匀。

用移液管精密量取 25.00ml 上述配制的样品溶液,置于 250ml 锥形瓶中,加纯化水 25ml,酚酞指示剂 2 滴,用 HCl 滴定液滴定至溶液的红色刚好消失,即为第一终点,记录消耗 HCl 滴定液的体积(V_1)ml。再加入甲基橙指示剂 2 滴,继续用 HCl 滴定液滴定至溶液由黄色变为橙色,即为第二终点,记录消耗 HCl 滴定液的体积(V_2)ml。平行测定 3 份,分别求出总碱度(以 NaOH 计算)和 Na_2CO_3 的百分含量。

四、数据记录与处理

1. 数据记录

测定份数		1	2	3
取样量(ml)				
HCl 滴定液的浓度 c_{HCl}				
HCl 滴定液 V_1(ml) (甲基橙变色)	初读数			
	终读数			
	实际消耗数			
HCl 滴定液 V_2(ml) (酚酞变色)	初读数			
	终读数			
	实际消耗数			

2. 结果计算

$$NaOH\% = \frac{c_{HCl}(V_1 - V_2)_{HCl} M_{NaOH} \times 10^{-3}}{V} \times 100\%$$

$$Na_2CO_3\% = \frac{1}{2} \frac{c_{HCl}(2V_2)_{HCl} \times M_{Na_2CO_3} \times 10^{-3}}{V} \times 100\%$$

3. 数据处理

测定份数		1	2	3
百分含量	NaOH%			
	Na$_2$CO3%			
平均值	NaOH%			
	Na$_2$CO$_3$%			
相对平均偏差 $R\bar{d}$	NaOH%			
	Na$_2$CO$_3$%			

五、注意事项

1. 样品及样品溶液不宜在空气中久置,否则容易吸收 CO$_2$ 使 NaOH 的量减少,而使 Na$_2$CO$_3$ 的量增多。

2. 实训中以酚酞为指示剂时,终点颜色为红色褪色,不易判断,须细心观察。

六、问题与讨论

1. 测定混合碱时,若消耗 HCl 滴定液的体积为 $V_1 < V_2$,则试样的组成是什么?

2. 样品溶液久置空气中对测定结果有什么影响?

考点提示

酸碱滴定反应的滴定终点是借助指示剂的颜色转变来确定的,滴定终点与化学计量点越接近,滴定分析的误差就越小。所以,本章主要介绍了酸碱指示剂的变色原理、变色范围及其影响因素。分析了各种类型酸碱反应滴定曲线的特点,讨论了滴定突跃的形成及意义,各类酸碱是否能被直接滴定及多元酸分步滴定的条件,选择指示剂的原则。同时介绍了非水溶剂的分类及选择,阐述非水溶液酸碱滴定法的基本原理及在酸碱性药物含量测定中的实际应用。本章主要考点如下:

$$1. 酸碱指示剂\begin{cases}变色原理:酸碱指示剂通常为有机弱酸或弱碱,其酸式结构和碱式结构\\\qquad 显示不同颜色,随溶液 pH 变化发生颜色改变而指示滴定终点\\理论变色范围:pH = pK_{HIn} \pm 1\\变色范围的影响因素:温度、溶剂、指示剂用量、滴定程序\\选择原则\begin{cases}变色范围全部或部分在滴定突跃范围内\\指示剂的变色点尽量靠近化学计量点\end{cases}\end{cases}$$

$$2. 滴定突跃\begin{cases}意义:指示剂选择的依据\\影响滴定突跃范围的因素:酸碱的浓度、强度\\准确滴定地条件\begin{cases}弱酸\ c_a K_a \geqslant 10^{-8}\\弱碱\ c_b K_b \geqslant 10^{-8}\end{cases}\\多元酸分步滴定条件\begin{cases}c_a K_a \geqslant 10^{-8}:各级 H^+ 可被准确滴定\\K_{a_1}/K_{a_2} \geqslant 10^4 可分步滴定\end{cases}\end{cases}$$

$$3. 酸碱滴定液配制与标定\begin{cases}HCl 滴定液\begin{cases}间接法配制\\基准无水碳酸钠标定\end{cases}\\NaOH 滴定液\begin{cases}间接法配制\\基准邻苯二甲酸氢钾标定\end{cases}\end{cases}$$

$$4. 溶剂分类\begin{cases}质子性溶剂\begin{cases}酸性溶剂:给出质子的溶剂、做弱碱性物质溶剂\\碱性溶剂:接受质子的溶剂、做弱酸性物质溶剂\\两性溶剂:给出、接受质子的溶剂、做强酸碱物质溶剂\end{cases}\\无质子溶剂\begin{cases}显弱碱性的无质子溶剂:不给出、能接受质子\\惰性溶剂:不给出、不接受质子,用于溶解、稀释溶质\end{cases}\\混合溶剂:制剂溶剂与惰性溶剂混合\end{cases}$$

$$5. 物质的酸碱性与溶剂的关系\begin{cases}酸性溶剂:能增强碱的碱性,能减弱酸的酸性\\碱性溶剂:能增强酸的酸性,能减弱碱的碱性\end{cases}$$

$$6. 均化效应与区分效应\begin{cases}当不同的酸或碱在同一溶剂中显示相同的酸碱强度水\\平——具有这种作用的溶剂称为均化性溶剂\\当不同的酸或碱在同一溶剂中显示不同的酸碱强度水\\平——具有这种作用的溶剂称为区分性溶剂\end{cases}$$

$$7. 非水碱量法\begin{cases}冰醋酸为溶剂,或加入醋酐除水\\高氯酸的冰醋酸溶液为滴定液\\电位法或结晶紫指示剂确定滴定终点\\测定有机弱碱类、有机碱的金属盐类、有机碱的氢卤酸盐等含量\end{cases}$$

分析化学

一、选择题

(一)单项选择题

1. 某弱酸型指示剂 HIn 在 pH 为 8.0 的溶液中呈现酸式色(无色),在 pH 为 10.0 的溶液中呈现碱式色(红色),指示剂 HIn 变色点的 pH 为

A. 7.0   B. 8.0   C. 9.0   D. 10.0

2. 对于酸碱指示剂,下列说法正确的是

A. 指示剂就是一种弱酸   B. 指示剂就是一种弱碱

C. 指示剂的实际变色范围 $pH = pK_{HIn} \pm 1$ D. 指示剂颜色变化与溶液 pH 有关

3. 直接滴定弱酸应满足的滴定条件是

A. $K_a \geqslant 10^{-8}$ B. $K_a \geqslant 10^{-10}$ C. $c \cdot K_a \geqslant 10^{-8}$ D. $c \cdot K_a \geqslant 10^{-10}$

4. 标定 NaOH 滴定液的最佳基准物质是

A. 邻苯二甲酸氢钾   B. 无水碳酸钠   C. 草酸钠   D. 硼砂

5. 滴定突跃范围为 6.8 ~ 9.0,最适宜的指示剂为

A. 甲基红(4.4 ~ 6.2)   B. 溴百里酚蓝(6.2 ~ 7.6)

C. 酚红(6.7 ~ 8.4)   D. 百里酚酞(9.4 ~ 10.6)

6. 下列弱酸或弱碱能用酸碱滴定法直接滴定的是

A. 0.1mol/L C_6H_5OH B. 0.1mol/L $C_6H_5NH_2$

C. 0.1mol/L $NH_3 \cdot H_2O$ D. 0.1mol/L $CH_3CH_2NH_2$

7. 标定 HCl 滴定液的基准物质是

A. 碳酸钠   B. 无水碳酸钠   C. 碳酸氢钠   D. 无水碳酸氢钠

8. 浓度为 0.1mol/L 的 HAc($K_a = 1.74 \times 10^{-5}$)溶液的 pH 值是多少

A. 2.87   B. 2.75   C. 4.87   D. 4.75

9. 用基准无水碳酸钠标定盐酸滴定液时,近终点需要煮沸溶液,其目的是

A. 加快反应速度   B. 增加碳酸钠的溶解性

C. 释放 O_2 D. 释放 CO_2

10. 用已知浓度 NaOH 滴定液滴定相同浓度的不同弱酸时,若弱酸的 K_a 值越大,则

A. 消耗 NaOH 滴定液越多   B. 消耗 NaOH 滴定液越少

C. 滴定突跃越大   D. 滴定突跃越小

11. 某二元弱酸可用 NaOH 滴定液分步滴定,其化学计量点的 pH 值分别为 4.15 和 9.50,按滴定过程,加入的指示剂先后为

A. 甲基黄、百里酚酞   B. 甲基黄、酚酞   C. 甲基橙、酚红   D. 甲基橙、酚酞

12. 下列哪种酸不能用 NaOH 滴定液直接滴定

A. HCOOH($K_a = 1.8 \times 10^{-4}$)   B. H_3BO_3($K_a = 7.3 \times 10^{-10}$)

C. C_6H_5COOH($K_a = 6.46 \times 10^{-5}$)   D. HCOOH($K_a = 1.8 \times 10^{-4}$)

13. 某未知溶液甲基红指示剂显黄色,加百里酚酞指示剂无色,则该溶液的 pH 范围在

A. 4.4～10.6   B. 6.2～9.4   C. 6.2～10.6   D. 4.4～9.4

14. 关于指示剂的应用,下列说法错误的是

A. 指示剂的变色范围越小越好

B. 指示剂的用量应适当

C. 混合指示剂比单一指示剂变色敏锐

D. 指示剂的变色范围必须全部在突跃范围内才可指示终点

15. 无水碳酸钠未经加热,直接用于标定 HCl 滴定液,则标定结果盐酸滴定液的浓度会

A. 偏高   B. 偏低   C. 不变   D. 无变化

16. 用 HCl 滴定硼砂溶液,化学计量点的 pH 为 5.0,最适宜的指示剂为

A. 甲基橙   B. 甲基红   C. 中性红   D. 酚酞

17. 下列药物中采用直接滴定法测定含量的是

A. 阿司匹林   B. 盐酸麻黄碱   C. 枸橼酸钠   D. 咖啡因

18. 能做高氯酸、硫酸、盐酸和硝酸的均化溶剂是

A. 氯仿   B. 苯   C. 水   D. 冰醋酸

19. 能将高氯酸、硫酸、盐酸和硝酸区分的溶剂是

A. 乙醇   B. 苯   C. 水   D. 冰醋酸

20. 下列非水溶剂中,可使滴定突跃范围改变最大的是

A. 甲醇($pK_s = 16.7$)   B. 乙腈($pK_s = 28.5$)

C. 乙醇($pK_s = 19.1$)   D. 冰醋酸($pK_s = 14.45$)

21. 除去冰醋酸中的水分,常用的方法是

A. 干燥剂干燥   B. 加热   C. 加入醋酐   D. 加入浓硫酸

22. 非水碱量法中,水是

A. 酸性杂质   B. 碱性杂质   C. 两性杂质   D. 惰性杂质

23. 液氨是盐酸和醋酸的均化性溶剂,则两种酸在液氨中的最强酸均是

A. H_3O^+ B. HCl   C. CH_3COOH D. NH_4^+

24. 高氯酸滴定液的配制中,下列做法错误的是

A. 醋酐直接加入到高氯酸中

B. 高氯酸先用冰醋酸稀释,在不断搅拌中逐滴加入醋酐

C. 醋酐的取用量可稍多于计算量

D. 量取过高氯酸的小量筒不可接着量取醋酐

25. 磷酸的 $K_{a_1} = 6.92 \times 10^{-3}$,$K_{a_2} = 6.23 \times 10^{-8}$,$K_{a_3} = 4.80 \times 10^{-13}$,用 NaOH(0.1000mol/L) 滴定浓度为 0.1000mol/L 的 H_3PO_4 溶液,可产生几个明显滴定突跃

A. 1   B. 2   C. 3   D. 4

26. 非水溶液滴定法中在药物含量测定中应用最广泛的是

A. 氧化还原滴定法   B. 沉淀滴定法   C. 酸碱滴定法   D. 配位滴定法

27. 有一种可能含有 NaOH 或 Na_2CO_3 或 $NaHCO_3$ 或是它们混合物的碱液,加入酚酞指示剂,若用酸滴定液定到酚酞褪色时,用去 V_1(ml),继续以甲基橙为指示剂滴至溶液显橙色,又

分析化学

用去 $V_2(\text{ml})$，若 $V_2 > V_1 > 0$，则碱液的组成是

    A. NaOH   B. NaOH、Na_2CO_3 C. $NaHCO_3$、Na_2CO_3 D. Na_2CO_3

28. 在冰醋酸溶剂中，下列哪个酸的酸性最强

    A. HCl   B. H_2SO_4 C. HNO_3 D. $HClO_4$

（二）多项选择题

1. 影响指示剂变色范围的因素有

    A. 溶液温度   B. 溶剂   C. 指示剂的用量

    D. 溶液浓度   E. 滴定程序

2. 可用于标定 NaOH 滴定液的有

    A. 基准无水碳酸钠   B. 硼砂   C. 已知浓度的 HCl 滴定液

    D. 基准邻苯二甲酸氢钾   E. 基准草酸

3. 根据质子理论可将溶剂分为

    A. 质子溶剂   B. 无质子溶剂   C. 酸性溶剂

    D. 碱性溶剂   E. 惰性溶剂

4. 用非水碱量法测定弱碱性物质含量时，常用的试剂是

    A. 高氯酸滴定液   B. 冰醋酸   C. 醋酐

    D. 醋酸汞   E. 结晶紫

5. 用非水碱量法测定盐酸麻黄碱时加入的试剂是

    A. 高氯酸滴定液   B. 冰醋酸   C. 醋酐

    D. 醋酸汞   E. 结晶紫

6. 混合溶剂中惰性溶剂的作用是

    A. 给出质子   B. 接受质子   C. 稀释溶质

    D. 溶解溶质   E. 不给出质子，能接受质子

7. 判断非水碱量法的滴定终点，常用方法为

    A. 电位法   B. 永停滴定法   C. 指示剂法

    D. 沉淀法   E. 水解法

8. 下列溶剂中两性溶剂有

    A. 水   B. 甲醇   C. 乙醇   D. 苯   E. 氯仿

二、名词解释

1. 滴定突跃   2. 质子性溶剂   3. 均化效应

三、简答题

1. 解释酸碱指示剂的变色范围。变色范围的大小受哪些因素的干扰？

2. 什么是滴定突跃？在滴定分析中有什么意义？影响滴定突跃大小的因素有哪些？

3. 下列多元酸能否分步滴定？可以滴定到哪一级？选用何种指示剂？

   （1）0.1moL/L $H_2C_2O_4$

   （2）0.1moL/L H_2S

   （3）0.1moL/L H_3PO_4

4. 溶剂的区分效应和均化效应在非水滴定分析中有何应用,请举例说明。

5. 为什么盐酸可以直接滴定硼砂,而不能直接滴定醋酸钠?

6. 采用间接法配制 NaOH 滴定液时,为何不直接称取固体 NaOH 配成近似浓度溶液,而取饱和 NaOH 的上清液稀释而成? 可采用几种方法标定 NaOH 滴定液? 配制好的滴定液应如何保存?

7. 有一种可能含有 NaOH 或 Na_2CO_3 或 $NaHCO_3$ 或是它们混合物的碱液,加入酚酞指示剂,若用酸滴定液定到酚酞褪色时,用去 V_1(ml),继续以甲基橙为指示剂滴至溶液显橙色,又用去 V_2(ml),由 V_1 和 V_2 的关系判断碱液的组成。

(1)$V_1 > V_2 > 0$　　　　　(2)$V_1 = V_2$　　　　　(3)$V_2 > V_1 > 0$

(4)$V_1 > 0$　$V_2 = 0$　　　　(5)$V_2 > 0$　$V_1 = 0$

8. 标定氢氧化钠滴定液的浓度,常要求消耗滴定液的体积为 25~35ml,则基准邻苯二甲酸氢钾的称量范围应是多少?

9. 为什么高氯酸滴定液配制中不能将醋酐直接加入高氯酸中? 应如何操作? 冰醋酸在低于 16℃ 时会变成冰块,用于滴定液配制时应如何处理以防止结冰?

四、实例分析题

1. 用基准无水 Na_2CO_3,标定浓度为 0.5mol/L 的 HCl 溶液。请分析回答:

(1)基准无水无水 Na_2CO_3 使用前应如何处理,为什么? 若未处理直接用于 HCl 标定,对测定结果有什么影响?

(2)标定中称取基准无水 Na_2CO_3 的质量为 0.8456,消耗 HCl 27.13ml,计算该 HCl 滴定液的物质的量浓度为多少,试计算该浓度 HCl 滴定液对碳酸氢钠的滴定度 $T_{HCl/NaHCO_3}$。

(3)药典规定,采用盐酸滴定液(0.5mol/L)测定碳酸氢钠原料药的含量。若采用上述浓度的 HCl 滴定液滴定碳酸钠原料药 1.1023g,消耗 HCl 22.25ml。试用两种方法计算碳酸氢钠原料药的含量。

2. 用基准邻苯二甲酸氢钾标定浓度为 0.1mol/L 的 NaOH 溶液。请分析回答:

(1)NaOH 饱和溶液其密度为 1.56、质量分数为 0.52,物质的量浓度为 20mol/L。配制 0.1mol/L 的 NaOH 溶液,计算理论上应取饱和 NaOH 的上清液体积为多少。

(2)标定中称取基准邻苯二甲酸氢钾的质量为 0.5932g,消耗 NaOH 26.56ml,计算该 NaOH 滴定液的物质的量浓度为多少? 配制好的滴定液应如何保存?

3. 配制 0.1000mol/L 的高氯酸滴定液 1000ml,需取 70% 高氯酸溶液和冰醋酸、醋酐。若要准备 1000ml 冰醋酸,则需加入多少醋酐才能除去其中的水分? (冰醋酸 99.8%,相对密度 1.05,醋酐 98% 相对密度 1.08)

4. 精密称定马来酸氯苯那敏 0.1578g,加冰醋酸 10ml 溶解后,加结晶紫指示液 1 滴,用高氯酸滴定液(0.1mol/L)滴定至溶液显翠绿色,消耗滴定液 7.72ml,空白试验消耗 0.02ml。每 1ml 高氯酸滴定液(0.1mol/L)相当于 19.54mg 的 $C_{16}H_{19}ClN_2 \cdot C_4H_4O_4$,计算马来酸氯苯那敏的含量。

5. 在 25℃ 时标定高氯酸滴定液的浓度是 0.1032mol/L,在 30℃ 时使用,其浓度为什么需要校正? 校正值为多少?

(杨　阳)

第六章 沉淀滴定法

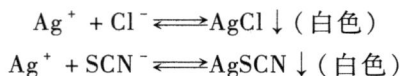 学习目标

【掌握】铬酸钾指示剂法的原理、滴定条件,铁铵矾指示剂法的原理、滴定条件,吸附指示剂法的原理、滴定条件。

【熟悉】硝酸银滴定液的配制与标定,熟练运用铬酸甲指示剂法、铁铵矾指示剂法、吸附指示剂法的原理和条件,测定含卤素化合物和银盐的含量,为后期药物分析课程的学习奠定基础。

【了解】银量法的特点和测定对象,理解难溶物质的溶度积。

第一节 概 述

沉淀滴定法(preeiptation titration)是以沉淀反应为基础的一种滴定分析方法。虽然沉淀反应很多,但是能用于滴定分析的沉淀反应必须符合下列几个条件:

1. 沉淀反应必须迅速,并按一定的化学计量关系进行。
2. 生成的沉淀应具有恒定的组成,而且溶解度必须很小。
3. 有确定化学计量点的简单方法。
4. 沉淀的吸附现象不影响滴定终点的确定。

由于上述条件的限制,能用于沉淀滴定法的反应并不多,目前有实用价值的主要是形成难溶性银盐的反应,例如:

$$Ag^+ + Cl^- \Longleftrightarrow AgCl\downarrow(白色)$$
$$Ag^+ + SCN^- \Longleftrightarrow AgSCN\downarrow(白色)$$

这种利用生成难溶银盐反应进行沉淀滴定的方法称为银量法。用银量法主要用于测定 Cl^-、Br^-、I^-、Ag^+、CN^-、SCN^- 等离子,也可测定经处理后能定量地产生这些离子的有机物。除银量法外,沉淀滴定法中还有利用其他沉淀反应的方法。本章主要讨论银量法。

银量法根据滴定方式的不同可分为直接法和间接法。直接法是用 $AgNO_3$ 标准溶液直接滴定待测组分的方法。间接法是先于待测试液中加入一定量的 $AgNO_3$ 标准溶液,再用 NH_4SCN 标准溶液来滴定剩余的 $AgNO_3$ 溶液的方法。

第二节 银量法

根据确定滴定终点所采用的指示剂不同,银量法可分为铬酸钾指示剂法(莫尔法)、铁铵

矾指示剂法(佛尔哈德法)和吸附指示剂法(法扬司法)。

一、铬酸钾指示剂法

以 K_2CrO_4 为指示剂,在中性或弱碱性介质中用 $AgNO_3$ 标准溶液测定 Cl^-(或 Br^-)的反应,其依据为 AgCl(或 AgBr)与 Ag_2CrO_4 溶解度和颜色的显著差异。

(一)测定原理

以测定 Cl^- 为例:在含 Cl^- 的待滴定溶液中加入 K_2CrO_4 作指示剂,用 $AgNO_3$ 标准溶液滴定,其反应为:

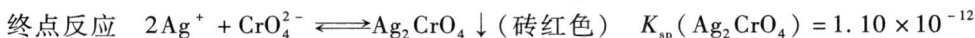

滴定反应　$Ag^+ + Cl^- \Longleftrightarrow AgCl\downarrow$　(白色)　$K_{sp}(AgCl) = 1.8 \times 10^{-10}$

终点反应　$2Ag^+ + CrO_4^{2-} \Longleftrightarrow Ag_2CrO_4\downarrow$(砖红色)　$K_{sp}(Ag_2CrO_4) = 1.10 \times 10^{-12}$

在滴定过程中,由于 AgCl 的溶解度($S = \sqrt{1.8 \times 10^{-10}} = 1.34 \times 10^{-5}$ g/L)小于 Ag_2CrO_4 的溶解度($S = \sqrt[3]{1.10 \times 10^{-12}/4} = 6.5 \times 10^{-5}$ g/L),根据分步沉淀的原理,首先析出的是 AgCl 沉淀。随着 $AgNO_3$ 滴定液的不断加入,AgCl 沉淀不断生成,溶液中 Cl^- 浓度越来越小,当溶液中的 Cl^- 反应完全时,稍过量的 $AgNO_3$ 即可使溶液中的 $[Ag^+]^2[CrO_4^{2-}] \geqslant K_{sp}(Ag_2CrO_4)$,从而立即生成 Ag_2CrO_4 砖红色沉淀,指示滴定终点的到达。

📖 知识拓展

当溶液中同时存在几种离子(如 Cl^-、Br^-、I^-)均可与所加的试剂($AgNO_3$)发生沉淀反应时,若它们的起始浓度接近,则生成沉淀的溶解度小的离子先沉淀(AgI),生成沉淀的溶解度大的离子后沉淀(AgCl),这种先后沉淀的现象称为分步沉淀。

(二)滴定条件

1. 指示剂用量

用 $AgNO_3$ 标准溶液滴定 Cl^-,指示剂 K_2CrO_4 的用量对于终点指示有较大的影响,CrO_4^{2-} 浓度过高或过低,Ag_2CrO_4 沉淀的析出就会过早或过迟,从而产生一定的终点误差。因此要求 Ag_2CrO_4 沉淀应该恰好在滴定反应的化学计量点时出现。

计量点时：$[Ag^+] = [Cl^-] = \sqrt{K_{sp}(AgCl)}$

若此时恰有 Ag_2CrO_4 沉淀,则

$$[CrO_4^{2-}] = \frac{K_{sp}(Ag_2CrO_4)}{[Ag^+]^2} = \frac{K_{sp}(Ag_2CrO_4)}{K_{sp}(AgCl)} = \frac{1.10 \times 10^{-12}}{1.8 \times 10^{-10}} = 6.11 \times 10^{-3} \text{mol/L}$$

在滴定时,由于 K_2CrO_4 显黄色,当其浓度较高时颜色较深,会影响滴定终点的观察。为了能观察到明显的终点,指示剂的浓度以略低一些为好。实验证明,5×10^{-3} mol/L 是确定滴定终点的 K_2CrO_4 的适宜浓度。通常在总体积为 50~100ml 溶液中,加入5%(g/100ml)铬酸钾指示剂 1~2ml,此时 K_2CrO_4 浓度为 $2.6 \times 10^{-3} \sim 5.2 \times 10^{-3}$ mol/L。

分析化学

2. 溶液的酸度

滴定反应在中性或弱碱性介质中进行,即 pH 范围为 pH = 6.5 ~ 10.5。若酸度太高(pH ≤ 6.5),CrO_4^{2-} 将因酸效应致使其浓度降低,导致计量点附近不能生成 Ag_2CrO_4 沉淀:

$$2CrO_4^{2-} + 2H^+ \Longrightarrow 2HCrO_4^- \Longrightarrow Cr_2O_7^{2-} + H_2O$$

若碱性太强(pH ≥ 10.5),会有棕黑色 Ag_2O 沉淀析出:

$$2Ag^+ + 2OH^- \Longrightarrow Ag_2O \downarrow + H_2O$$

因此,溶液酸性太强,可用 $Na_2B_4O_7 \cdot 10H_2O$ 或 $NaHCO_3$ 中和;若溶液碱性太强,可用稀 HNO_3 溶液中和。如果溶液中有铵盐存在,则由于 pH 较大时会有相当数量的 NH_3 生成,它与 Ag^+ 生成 $[Ag(NH_3)_2]^+$ 而使 $AgCl$ 和 Ag_2CrO_4 的溶解度增大,测定的准确度降低。实验证明,当 NH_4^+ 的浓度小于 0.05mol/L 时,控制溶液的 pH 在 6.5 ~ 7.2,可得到满意的结果。若 NH_4^+ 的浓度大于 0.15mol/L,则仅仅通过控制溶液酸度已不能消除其影响,此时须在滴定之前将大量铵盐除去。

3. 剧烈振摇

滴定时应剧烈摇动,使 $AgCl$ 或 $AgBr$ 沉淀吸附的 Cl^- 或 Br^- 及时释放出来,防止终点提前。

4. 分离干扰离子

与 Ag^+ 生成沉淀阴离子如 PO_4^{3-}、AsO_4^{3-}、CO_3^{2-}、$C_2O_4^{2-}$、SO_3^{2-}、S^{2-} 等;与 CrO_4^{2-} 能生成沉淀的阳离子如 Ba^{2+}、Pb^{2+}、Hg^{2+} 等;大量 Cu^{2+}、Co^{2+}、Ni^{2+} 等有色离子,以及在中性或弱碱性溶液中易发生水解反应的离子如 Fe^{3+}、Al^{3+}、Bi^{3+} 和 Sn^{4+} 等均干扰测定,应预先分离。

(三)应用范围

莫尔法主要用于测定 Cl^-、Br^- 和 CN^-,如氯化物、溴化物纯度测定以及天然水中氯含量的测定。当试样中 Cl^- 和 Br^- 共存时,测得的结果是它们的总量。若测定 Ag^+,应采用返滴定法,即向 Ag^+ 的试液中加入过量的 NaCl 标准溶液,然后再用 $AgNO_3$ 标准溶液滴定剩余的 Cl^-(若直接滴定,先生成的 Ag_2CrO_4 转化为 $AgCl$ 的速度缓慢,滴定终点难以确定)。莫尔法不宜测定 I^- 和 SCN^-,因为滴定生成的 AgI 和 $AgSCN$ 沉淀表面会强烈吸附 I^- 和 SCN^-,使滴定终点过早出现,造成较大的滴定误差。

课堂互动

你能解释为什么铬酸钾指示剂法的滴定条件应控制在中性或弱碱性的范围内吗?

(四)应用示例

例1 准确量取生理盐水 10.00ml,加入 K_2CrO_4 指示剂 0.5 ~ 1ml,以 0.1045mol/L $AgNO_3$

标准溶液滴定至砖红色,即为终点,计用去 $AgNO_3$ 标准溶液 14.58 ml,试计算生理盐水中 NaCl 的含量。

解：$Ag^+ + Cl^- \Longleftrightarrow AgCl\downarrow$

$$NaCl(mg/ml) = \frac{c_{AgNO_3} V_{AgNO_3} \times \dfrac{M_{NaCl}}{1000}}{V_{试样}} \times 1000$$

$$= \frac{0.1045 \times 14.58 \times \dfrac{58.45}{1000}}{10.00} \times 1000 = 8.906(mg/ml)$$

课堂互动

水中可溶性氯化物的测定,取一定量(50ml 或者 100ml)水样,加入 5% K_2CrO_4 1ml,以 0.1000mol/L 或 0.0100mol/L $AgNO_3$ 标准溶液滴定至微红色终点,如果水样的酸碱性不合适,应预先中和。写出水中氯化物的含量(Cl^- mg/L 表示)的计算公式。

二、铁铵矾指示剂法

在酸性介质中,以铁铵矾〔$NH_4Fe(SO_4)_2 \cdot 12H_2O$〕作指示剂,用 NH_4SCN 或 KSCN 标准溶液测定可溶性银盐和卤素化合物的银量法。根据测定对象的不同,该方法分为直接滴定法和返滴定法。

(一)测定原理

1. 直接滴定法

在酸性条件下,以铁铵矾作指示剂,用 NH_4SCN 或 KSCN 标准溶液直接滴定溶液中的 Ag^+,当滴定到化学计量点时,微过量的 SCN^- 与 Fe^{3+} 结合生成淡棕红色的 $[FeSCN]^{2+}$ 即为滴定终点。其反应分别为：

滴定反应 $Ag^+ + SCN^- \Longleftrightarrow AgSCN\downarrow$（白色）　　$K_{sp}(AgSCN) = 1.15 \times 10^{-12}$

终点反应 $Fe^{3+} + SCN^- \Longleftrightarrow [FeSCN]^{2+}$（淡棕红色）　　$K = 138$

指示剂用量要适当,一般控制 Fe^{3+} 在终点时的浓度约为 0.015mol/L,此时引起的终点误差小于 0.02%,可以忽略不计。

由于反应产物 AgSCN 沉淀易吸附溶液中尚未被滴定的 Ag^+,使 Ag^+ 浓度降低,以致红色的出现略早于化学计量点。因此,在滴定过程中必须充分振摇,以使吸附的 Ag^+ 释放出来。

2. 返滴定法

在待测溶液中,先加入已知过量的 $AgNO_3$ 标准溶液,使卤素离子或硫氰酸根离子定量生成银盐沉淀,然后再以铁铵矾 $NH_4Fe(SO_4)_2 \cdot 12H_2O$ 作指示剂,用 NH_4SCN 标准溶液回滴剩余的 Ag^+（HNO_3 介质）。反应如下：

滴定前　Ag^+（已知量、过量）$+ Cl^- \Longleftrightarrow AgCl\downarrow$（白色）

滴定反应　Ag^+（剩余量）$+ SCN^- \Longleftrightarrow AgSCN\downarrow$（白色）

终点反应　$Fe^{3+} + SCN^- \Longleftrightarrow [FeSCN]^{2+}$（淡棕红色）

用返滴定法测定 Cl^-,滴定到临近终点时,经摇动后形成的淡棕红色会褪去,这是因为 AgSCN 的溶解度小于 AgCl 的溶解度,加入 NH_4SCN 将与 AgCl 发生沉淀转化反应,反应式:

$$AgCl\downarrow + SCN^- \rightleftharpoons AgSCN\downarrow + Cl^-$$

沉淀的转化速率较慢,滴加 NH_4SCN 形成的淡棕红色随溶液的摇动而消失。这种转化作用将继续进行到 Cl^- 与 SCN^- 浓度之间建立一定的平衡关系,才会出现持久的淡棕红色,此时会造成一定的滴定误差。

为避免上述现象的发生,通常采用以下措施:①将生成的 AgCl 沉淀过滤除去,并用稀 HNO_3 洗涤沉淀,然后用 NH_4SCN 标准滴定溶液回滴滤液中的过量 Ag^+。②在滴入 NH_4SCN 标准溶液之前,加入有机溶剂硝基苯或邻苯二甲酸二丁酯,用力摇动后,有机溶剂将 AgCl 沉淀包住,阻止 AgCl 沉淀与 NH_4SCN 发生转化反应。此法方便,但硝基苯有毒。③提高 Fe^{3+} 的浓度以减小终点时 SCN^- 的浓度,从而减小上述误差。(实验证明,一般溶液中 Fe^{3+} 浓度为 0.2mol/L 时,终点误差将小于 0.1% 。)

在测定 Br^-、I^- 和 SCN^- 时,由于 AgBr 和 AgI 的溶解度均比 AgSCN 小,不会发生沉淀转化,因此不必采取上述措施。但是在测定碘化物时,必须加入过量 $AgNO_3$ 溶液之后再加入铁铵矾指示剂,以免 I^- 对 Fe^{3+} 的还原作用而造成误差。($2Fe^{3+} + 2I^- \rightleftharpoons 2Fe^{2+} + I_2$)

(二)滴定条件

1. 溶液酸度

由于指示剂中的 Fe^{3+} 在中性或碱性溶液中将形成 $Fe(OH)^{2+}$ 等深色配合物,碱度再大,还会产生 $Fe(OH)_3$ 沉淀,因此滴定应在酸性溶液中进行,一般用 HNO_3 调节溶液的酸度为 $0.1 \sim 1mol/L$。

2. 溶液温度

滴定不宜在较高温度下进行,否则红色配合物褪色。

3. 其他干扰

强氧化剂和氮的氧化物以及铜盐、汞盐都与 SCN^- 作用,因而干扰测定,必须预先除去。

(三)应用范围

用直接滴定法可测定 Ag^+ 等;采用返滴定法可测定含有或经过处理能够得到 Cl^-、Br^-、I^-、SCN^- 等离子的物质。

铁铵矾指示剂法的最大优点是可在酸性溶液中进行滴定,许多弱酸根离子如 PO_4^{2-}、AsO_3^{2-}、CO_3^{2-}、CrO_4^{2-} 等离子存在都不干扰测定,因此,选择性高,应用范围广。

课堂互动

请讨论:用铁铵矾指示剂法的返滴定法测定 Cl^- 时,若终点推迟导致测定结果是偏高或偏低?为什么?

(四)应用示例

例2 称取 KBr 试样 1.231g 溶解后,转入 100ml 容量瓶中,稀释至标线,吸取此液 10.00ml

于锥形瓶中,加入 0.1045mol/L AgNO$_3$ 标准溶液 20.00ml,新煮沸并已冷却的 6mol/LHNO$_3$ 5ml 以及蒸馏水 20.00ml,铁铵矾指示剂 1ml,用 0.1213mol/L NH$_4$SCN 标准溶液滴定至终点,用去 8.78ml,试计算 KBr% 。

解:Ag$^+$ + Br$^-$ $\Longleftrightarrow$ AgBr↓

Ag$^+$(剩余量) + SCN$^-$ $\Longleftrightarrow$ AgSCN↓

$$KBr\% = \frac{m_{KBr}}{S} \times 100\%$$

$$= \frac{\left(c_{AgNO_3}V_{AgNO_3} - c_{NH_4SCN}V_{NH_4SCN}\right) \times \dfrac{M_{KBr}}{1000}}{\dfrac{1.231}{100} \times 10.00} \times 100\% = 99.08\%$$

三、吸附指示剂法

吸附指示剂法是以吸附指示剂确定滴定终点,以 AgNO$_3$ 标准溶液测定卤化物的银量法。

(一)测定原理

吸附指示剂是一类有机染料,它的阴离子在溶液中易被带正电荷的胶状沉淀吸附,吸附后结构改变,从而引起颜色的变化,指示滴定终点的到达。

现以 AgNO$_3$ 标准溶液滴定 Cl$^-$ 为例,说明指示剂荧光黄的作用原理。

荧光黄是有机弱酸,用 HFI 表示,在水溶液中离解为荧光黄阴离子 FI$^-$,呈黄绿色:

$$HFI \Longleftrightarrow FI^- + H^+$$

在化学计量点前,生成的 AgCl 沉淀在过量的 Cl$^-$ 溶液中,AgCl 沉淀吸附 Cl$^-$ 而带负电荷,形成的(AgCl)·Cl$^-$ 不吸附指示剂阴离子 FI$^-$,溶液呈黄绿色。达化学计量点时,微过量的 AgNO$_3$ 可使 AgCl 沉淀吸附 Ag$^+$ 形成(AgCl)·Ag$^+$ 带正电荷,此带正电荷的(AgCl)·Ag$^+$ 吸附荧光黄阴离子 FI$^-$,结构发生变化呈现粉红色,使整个溶液由黄绿色变成粉红色,指示滴定终点到达。指示剂变色非常敏锐,终点前后变化可用下式表示:

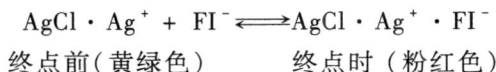

$$AgCl \cdot Ag^+ + FI^- \Longleftrightarrow AgCl \cdot Ag^+ \cdot FI^-$$

$$\text{终点前(黄绿色)} \qquad \text{终点时(粉红色)}$$

(二)滴定条件

1. 保持沉淀呈胶体状态

由于吸附指示剂的颜色变化发生在沉淀微粒表面上,因此,应尽可能使卤化银沉淀呈胶体状态,具有较大的表面积。为此,在滴定前应将溶液稀释,并加糊精或淀粉等高分子化合物作为保护剂,以防止卤化银沉淀凝聚。

2. 控制溶液酸度

常用的吸附指示剂大多是有机弱酸,而起指示剂作用的是它们的阴离子。酸度大时,H$^+$ 与指示剂阴离子结合成不被吸附的指示剂分子,无法指示终点。酸度的大小与指示剂的离解常数有关,离解常数大,酸度可以大些。例如荧光黄其 p$K_a \approx 7$,适用于 pH = 7 ~ 10 的条件下进行滴定,若 pH < 7 荧光黄主要以 HFI 形式存在,不被吸附。

3. 避免强光照射

卤化银沉淀对光敏感,易分解析出银使沉淀变为灰黑色,影响滴定终点的观察,因此在滴定过程中应避免强光照射。

4. 吸附指示剂的选择

沉淀胶体微粒对指示剂离子的吸附能力,应略小于对待测离子的吸附能力,否则指示剂将在化学计量点前变色。但不能太小,否则终点出现过迟。卤化银对卤化物和几种吸附指示剂的吸附能力的次序如下:

$$I^- > 二甲基二碘荧光黄 > SCN^- > Br^- > 曙红 > Cl^- > 荧光黄$$

因此,滴定 Cl^- 不能选曙红,应选荧光黄。表 6-1 列出几种常用吸附指示剂及其应用。

表 6-1 常用吸附指示剂

指示剂	被测离子	滴定剂	滴定条件	终点颜色变化
荧光黄	Cl^-、Br^-、I^-	$AgNO_3$	pH 7~10	黄绿→粉红
二氯荧光黄	Cl^-、Br^-、I^-	$AgNO_3$	pH 4~10	黄绿→红
曙红	Br^-、SCN^-、I^-	$AgNO_3$	pH 2~10	橙黄→红紫
溴酚蓝	生物碱盐类	$AgNO_3$	弱酸性	黄绿→灰紫
甲基紫	Ag^+	NaCl	酸性溶液	黄红→红紫

(三)应用范围

法扬司法可用于测定 Cl^-、Br^-、I^- 和 SCN^- 及生物碱盐类(如盐酸麻黄碱)等。测定 Cl^- 常用荧光黄或二氯荧光黄作指示剂,而测定 Br^-、I^- 和 SCN^- 常用曙红作指示剂。此法终点明显,方法简便,但反应条件要求较严,应注意溶液的酸度,浓度及胶体的保护等。

课堂互动

请解释为什么对于 K_a 值较小(酸性较弱)的吸附指示剂,滴定时要求溶液的酸度要低些;对于 K_a 值较大的吸附指示剂,要求溶液的酸度可适当高一些的理由?

(四)应用示例

例3 岩盐中可溶性氯化物 取岩盐试样 1~1.5g(称准至 0.0001g),用少许水溶解,溶解后转入 250ml 容量瓶中,用水稀释至标线,摇匀,放置使澄清。吸取 25.00ml,加水至 50.00ml。确定溶液为中性或近中性后,加 0.1g 糊精及 7~8 滴二氯荧光黄指示剂,用 $AgNO_3$ 标准溶液滴定至黄色刚转变为桃红色,即为终点。滴定时搅拌溶液,并避免阳光直射。

解: $$NaCl\% = \frac{c_{AgNO_3} V_{AgNO_3} \times \dfrac{M_{NaCl}}{1000}}{S \times \dfrac{25.00}{250}} \times 100\%$$

四、滴定液的配制与标定

银量法中常用的标准溶液为 $AgNO_3$ 和 NH_4SCN(或 $KSCN$)溶液。

（一）AgNO$_3$标准溶液的配制与标定

1. 直接法配制

精密称取一定质量的基准试剂 AgNO$_3$晶体（已经过 110℃ 干燥至恒重），直接配成一定浓度的标准溶液。

2. 间接法配制

称取一定质量的分析纯 AgNO$_3$晶体，先配制成近似浓度的溶液，再用基准试剂 NaCl（已经过 500～600℃ 灼烧至恒重）标定。计算其准确浓度。

（二）NH$_4$SCN 标准溶液的配制与标定

由于 NH$_4$SCN（或 KSCN）易吸湿，且常含有杂质，故 NH$_4$SCN 标准溶液只能用间接配制法。先配制成近似所需浓度的溶液，然后以铁铵矾为指示剂，用基准 AgNO$_3$（110℃ 干燥至恒重）标定，或用 AgNO$_3$标准溶液比较法标定。

知识拓展

佛尔哈德与沉淀滴定法

雅克布·佛尔哈德是 19 至 20 世纪之交知名的德国化学家。他在有机化学、分析化学及教书育人等领域成绩卓著。

他有许多研究成就。最使佛尔哈德名传后世的佛尔哈德银量法，至今为不少国家奉为标准方法。以硫氰酸盐滴定法测银最早是夏本替尔于 1870 年提出的，经佛尔哈德进一步研究应用，并报告了以此方法测定银的具体操作和数据比较，同时指出此法还有用于间接测定能被银定量沉出的氯、溴、碘化物的可能性。今天的佛尔哈德法的应用范围已扩大到间接测定如能被银沉淀的碳酸盐、草酸盐、磷酸盐、砷酸盐和某些高级脂肪酸等。

第三节 应用示例

一、无机卤素化合物和有机氢卤酸盐的测定

许多可溶性的无机卤化物如 NaCl、CaCl$_2$、NH$_4$Cl、KBr、NH$_4$Br、KI、NaI、CaI$_2$等，及某些有机碱的氢卤酸盐如盐酸麻黄碱，均可用银量法测定。

例1 氯化钠含量测定

精密称取氯化钠试样 0.15g，置于 250ml 的锥形瓶中，加纯化水 50ml 振摇使其溶解，再加糊精溶液（1→50）5ml，荧光黄指示剂 5～8 滴，用 AgNO$_3$滴定液（0.1mol/L）滴定至混浊由黄绿色变为微红色，表示到达终点。记录所消耗的 AgNO$_3$滴定液的体积。平行操作 3 次，按下式计算氯化钠的含量。

$$\omega_{NaCl}=\frac{c_{AgNO_3}V_{AgNO_3}M_{NaCl}\times10^{-3}}{m_s}\times100\%$$

例 2 盐酸丙卡巴肼片的含量测定

盐酸丙卡巴肼片的化学名称为:N－(1－甲基乙基)－4－[(2－甲基肼基)甲基]苯甲酰胺盐酸盐。结构式如下:

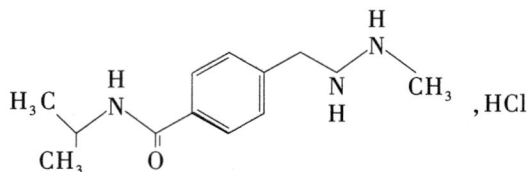

其含量测定可用铁铵矾指示剂法,反应式为:

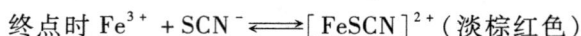

$$终点前 \quad Ag^+(过量) + Cl^- \Longleftrightarrow AgCl\downarrow(白色)$$
$$Ag^+(剩余) + SCN^- \Longleftrightarrow AgSCN\downarrow(白色)$$
$$终点时 \quad Fe^{3+} + SCN^- \Longleftrightarrow [FeSCN]^{2+}(淡棕红色)$$

操作步骤:取本品 25 片(每片 25mg),除去肠溶衣后,精密称量(设其质量为 m_n 克),研细后再精密称取 m_s 克(约相当于盐酸丙卡巴肼片 0.25g)置于 250ml 的锥形瓶中,加纯化水 50ml 溶解后,加稀 HNO_3 3ml,$AgNO_3$ 滴定液(0.1mol/L)25.00ml,再加邻苯二甲酸二甲酯约 3ml,充分振摇后,加铁铵矾指示剂 2ml,然后用 NH_4SCN 滴定液(0.1mol/L)滴定至溶液为淡棕红色即为终点。测定结果可用空白实验校正。

二、有机卤化物的测定

银量法不仅可以测定无机卤化物,也可以测定有机卤化物。但由于有机卤化物中卤素原子与碳原子结合的较牢固,一般不能直接采用银量法进行测定,必须经过适当的处理,使有机卤化物中的卤素原子以卤离子的形式进入溶液后,再用银量法测定。下面介绍常用的氢氧化钠水解法和氧瓶燃烧法。

(一)氢氧化钠水解法

该法是将样品(如脂肪族卤化物或卤素结合在苯环侧链上类似脂肪族卤化物)与氢氧化钠水溶液加热回流煮沸,使有机卤素原子以卤离子的形式进入溶液中,待溶液冷却后,再用稀 HNO_3 酸化,然后用铁铵矾指示剂法测定释放出来的卤离子。水解反应如下:

$$RCH_2—X + NaOH \xrightarrow{加热} RCH_2—OH + NaX$$

例 3 溴米索伐测定

精密称取本品约 0.3g,置 250ml 锥形瓶中,加 1mol/L 的 NaOH 溶液 40ml,沸石 2～3 块,用小火慢慢加热至沸腾维持约 20 分钟。冷却至室温后,加入 6mol/L 的 HNO_3 10ml,$AgNO_3$ 滴定液(0.1mol/L)25.00ml,振摇使 Br^- 反应完全后,加铁铵矾指示剂 2ml,用 NH_4SCN 滴定液(0.1mol/L)滴定至溶液为淡棕红色即为终点。溴米索伐结构式:

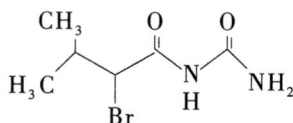

（二）氧瓶燃烧法

本法是分解有机化合物比较通用的方法。其做法是将样品用滤纸包住,放入燃烧瓶中,夹在燃烧瓶的铂金丝下部,瓶内加入适当的吸收液(如 NaOH、H_2O_2 或二者的混合液),然后充入氧气,点燃,待燃烧完全后,充分振摇至燃烧瓶内白色烟雾被吸收为止。然后用银量法测定其含量。

例 4 二氯酚的含量测定

精密称取本品 20mg,用氧瓶燃烧法破坏,用 10ml 0.1mol/L 的 NaOH 溶液与 2ml H_2O_2 组成的混合液作为吸收液,待反应完全后,微微煮沸 10 分钟,除去多余的 H_2O_2,冷却至室温后,再加稀 HNO_3 5ml,$AgNO_3$ 滴定液(0.02mol/L)25.00ml,振摇使 Cl^- 沉淀完全后过滤,用纯化水洗涤沉淀,合并滤液,以铁铵矾为指示剂,用 NH_4SCN 滴定液(0.02mol/L)滴定滤液。每 1 分子二氯酚经氧瓶燃烧法破坏后能产生 2 个 Cl^-,可按此法计算。

三、形成难溶性银盐的有机化合物的测定

银量法可用于测定生成难溶性银盐的有机化合物,如巴比妥类药物的含量。巴比妥类药物为巴比妥酸(丙二酰脲)的衍生物,由于本类药物都具有 1,3 - 二酰亚胺基团(—CO—NH—CO—),能使其分子互相变异形成烯醇式结构,在水溶液中发生二级电离呈弱酸性,所以其能与碳酸钠或氢氧化钠反应形成水溶性钠盐,其钠盐与 $AgNO_3$ 反应,首先生成可溶性的一银盐,当 $AgNO_3$ 溶液稍过量时,便可生成难溶性的二银盐白色沉淀,以此指示滴定终点的到达。下面以苯巴比妥为例说明其测定方法。

例 5 苯巴比妥($C_{12}H_{12}N_2O_3$)的含量测定 精密称取本品约 0.2g,加入甲醇 40ml 使其溶解,再加新配制的 3% 无水碳酸钠溶液 15ml,用 $AgNO_3$ 滴定液(0.1mol/L)滴定,用电位滴定法确定终点,记录消耗的 $AgNO_3$ 滴定液的体积。每 1ml $AgNO_3$ 滴定液(0.1mol/L)相当于 23.22mg 的苯巴比妥。计算公式：

$$\omega_{C_{12}H_{12}N_2O_3} = \frac{c_{AgNO_3}V_{AgNO_3}M_{C_{12}H_{12}N_2O_3} \times 10^{-3}}{m_s} \times 100\%$$

$$或\ \omega_{C_{12}H_{12}N_2O_3} = \frac{T_{AgNO_3/C_{12}H_{12}N_2O_3}V_{AgNO_3}F}{m_s} \times 100\%$$

技 能 实 训

实训 1 硝酸银滴定液的配制与标定

一、实训目的

1. 掌握硝酸银标准滴定溶液的配制、标定和保存方法。
2. 掌握以氯化钠为基准物标定硝酸银的基本原理、反应条件、操作方法和计算。
3. 学会以 K_2CrO_4 为指示剂判断滴定终点的方法。

二、试剂及仪器

1. 试剂

固体 $AgNO_3$(分析纯)、固体 NaCl(基准物质,500～600℃灼烧至恒重)、K_2CrO_4 指示液 5%

分析化学

（g/100ml）（配制方法:称取 5g K_2CrO_4 溶于少量水中,滴加 $AgNO_3$ 溶液至红色不褪,混匀,放置过夜后过滤,将滤液稀释至 100ml）。

2. 仪器

分析天平、称量瓶、锥形瓶、酸式滴定管、洗瓶、量筒、烧杯、试剂瓶等。

三、实训步骤

1. 配制 0.1mol/L $AgNO_3$ 溶液

称取 8.5g $AgNO_3$ 溶于 500ml 不含 Cl^- 的蒸馏水中,贮存于带玻璃塞的棕色试剂瓶中,摇匀,置于暗处,待标定。

2. 标定 $AgNO_3$ 溶液

准确称取基准试剂 NaCl 0.12~0.15g,放于锥形瓶中,加 50ml 不含 Cl^- 的蒸馏水溶解,加 K_2CrO_4 指示液 1ml,在充分摇动下,用配好的 $AgNO_3$ 溶液滴定至溶液呈微红色即为终点。记录消耗 $AgNO_3$ 标准滴定溶液的体积。平行测定 3 次。

四、数据记录与处理

1. 数据记录

测定份数		1	2	3
m_{NaCl}（g）				
V_{AgNO_3}（ml）	初读数			
	终读数			
消耗 $AgNO_3$ 的体积 V（ml）				

2. 结果计算

$$c_{AgNO_3} = \frac{m_{NaCl} \times 10^3}{V_{AgNO_3} M_{NaCl}}$$

3. 数据处理

测定份数	1	2	3
$AgNO_3$ 的浓度 c（mol/L）			
$AgNO_3$ 的平均浓度 c（mol/L）			
相对平均偏差 $R\bar{d}$			

五、注意事项

1. $AgNO_3$ 试剂具有腐蚀性,破坏皮肤组织,注意切勿接触皮肤及衣服。

2. 配制 $AgNO_3$ 标准溶液的蒸馏水应无 Cl^-,否则配成的 $AgNO_3$ 溶液会出现白色混浊,不能使用。

3. 实验完毕后,盛装 AgNO₃ 溶液的滴定管应先用蒸馏水洗涤 2~3 次后,再用自来水洗净,以免 AgCl 沉淀残留于滴定管内壁。

六、问题与讨论

1. 莫尔法标定 AgNO₃ 溶液,用 AgNO₃ 滴定 NaCl 时,滴定过程中为什么要充分摇动溶液?如果不充分摇动溶液,对测定结果有何影响?

2. 莫尔法中,为什么溶液的 pH 需控制在 6.5~10.5?

3. 配制 K_2CrO_4 指示液时,为什么要先加 AgNO₃ 溶液? 为什么放置后要进行过滤? K_2CrO_4 指示液的用量太大或太小对测定结果有何影响?

实训 2　生理盐水中氯化钠含量的测定(银量法)

一、实训目的

1. 掌握吸附指示剂法测定氯化钠含量的原理。
2. 熟悉吸附指示剂法在分析工作中的应用,会利用吸附指示剂确定终点。

二、仪器与试剂

1. 仪器

锥形瓶(250ml)、棕色酸式滴定管(50ml)、移液管(10ml)、量筒(10ml)、洗瓶、洗耳球、烧杯、滤纸。

2. 试剂

AgNO₃ 标准溶液(0.1mol/L)、2% 的糊精溶液、荧光黄指示剂、生理盐水样品。

三、实训步骤

精密移取生理盐水 10.00ml 于洗净的 250ml 锥形瓶中,加纯化水 25ml、糊精 5ml、荧光黄指示剂 5~8 滴,摇匀,用 AgNO₃ 滴定液滴定,至混浊液由黄绿色变为粉红色,即为滴定终点,记录消耗 AgNO₃ 滴定液的体积,平行滴定三次,计算 NaCl 含量。

四、数据记录与处理

1. 数据记录

测定份数		1	2	3
移取 V_{NaCl}(ml)				
AgNO₃ 滴定液的浓度 c_{AgNO_3}(mol/L)				
V_{AgNO_3}(ml)	初读数			
	终读数			
消耗 AgNO₃ 的体积 V(ml)				

分析化学

2. 结果计算

$$NaCl\% = \frac{c_{AgNO_3} V_{AgNO_3} \times M_{NaCl} \times 10^{-3}}{V_{NaCl}} \times 100\%$$

3. 数据处理

测定份数	1	2	3
NaCl%			
平均值 NaCl%			
相对平均偏差 $R\bar{d}$			

五、注意事项

1. 加入糊精可使 AgCl 沉淀保持溶胶状态,增大吸附的表面积,使终点变色敏锐。
2. 实验过程中装过硝酸银的滴定管和锥形瓶,应先用纯化水淌洗,再用自来水清洗干净,若内壁呈黑灰色,应用少量氨水清洗。
3. 滴定过程中要避免强光照射。

六、问题与讨论

1. 为什么本实训要避免强光照射?
2. 滴定氯化钠为什么选择荧光黄指示剂?能否用曙红?为什么?
3. 加入糊精的目的是什么?

考点提示

1. 铬酸钾指示剂法
- 原理
  - 终点前:$Ag^+ + Cl^- \rightleftharpoons AgCl\downarrow$ 白色
  - 终点时:$2Ag^+ + CrO_4^{2-} \rightleftharpoons Ag_2CrO_4\downarrow$ 砖红色
- 滴定液:$AgNO_3$
- 持物测定对象:卤化物、溴化物
- 滴定条件
  - $[CrO_4^{2-}]$ 为 5×10^{-3} mol/L 溶液的酸度 pH 6.5~10.5
  - 不能在氨碱性溶液中进行
  - 除去干扰离子
  - 本法不宜测定 I^-、SCN^-

102

$$
\text{2. 铁铵矾指示剂法} \begin{cases} \text{直接滴定法} \begin{cases} \text{原理} \begin{cases} \text{终点前}:Ag^+ + SCN^- \rightleftharpoons AgSCN\downarrow\text{白色} \\ \text{终点时}:Fe^{3+} + SCN^- \rightleftharpoons [FeSCN]^{2+}\text{淡棕红} \end{cases} \\ \text{滴定液}:NH_4SCN\text{ 或 }KSCN \\ \text{测定对象}:Ag^+ \\ \text{滴定条件}:HNO_3\text{ 调节酸度为 }0.1\sim1mol/L \end{cases} \\ \text{返接滴定法} \begin{cases} \text{原理} \begin{cases} \text{终点前}:Ag^+(\text{过量}) + X^- \rightleftharpoons AgX\downarrow \\ \qquad\qquad Ag^+(\text{剩余}) + SCN^- \rightleftharpoons AgSCN\downarrow \\ \text{终点时}:Fe^{3+} + SCN^- \rightleftharpoons [FeSCN]^{2+}\text{淡棕红} \end{cases} \\ \text{滴定液}:AgNO_3\text{、}NH_4SCN\text{ 或 }KSCN \\ \text{测定对象}:\text{卤化物} \\ \text{滴定条件} \begin{cases} \text{用稀 }HNO_3\text{ 调节酸度} \\ \text{测定 }Cl^-\text{ 时加入硝基苯,防止沉淀转化} \\ \text{测定时先加 }AgNO_3\text{ 后滴加 }NH_4SCN \end{cases} \end{cases} \end{cases}
$$

$$
\text{3. 吸附指示剂法} \begin{cases} \text{原理} \begin{cases} \text{终点前}:AgX\cdot X^- + FI^-\text{黄绿} \\ \text{终点时}:AgX\cdot Ag^+ + FI^- \rightleftharpoons AgX\cdot Ag^+\cdot FI^-\text{微红色} \end{cases} \\ \text{滴定液}:AgNO_3 \\ \text{测定对象}:\text{卤化物} \\ \text{滴定条件} \begin{cases} \text{沉淀呈胶体状态指示} \\ \text{控制适当的酸度} \\ \text{避免在强光照射下滴定} \\ \text{选择吸附力适当的指示剂} \end{cases} \end{cases}
$$

目标检测

一、选择题

（一）单项选择题

1. 铬酸钾指示剂法测定 NaCl 含量时,其滴定终点的现象是

A. 黄色沉淀　　　B. 绿色沉淀　　　C. 淡紫色沉淀　　　D. 浅的砖红色沉淀

2. 用铁铵矾指示剂法测定的条件是

A. 碱性　　　B. 酸性　　　C. 中性　　　D. 不要求

3. $AgNO_3$ 滴定液应贮存于

A. 棕色试剂瓶　　　B. 白色容量瓶　　　C. 白色试剂瓶　　　D. 棕色滴定管

4. 铬酸钾指示剂法测定 Cl^- 含量时,要求介质 pH＝6.5～10.0 范围内,若酸度过低,则会

A. $AgCl$ 沉淀不完全　　　　　　B. 形成 Ag_2O 沉淀

C. $AgCl$ 吸附 Cl^-　　　　　　D. Ag_2CrO_4 沉淀不生成

5. 在法扬司法测 Cl^-,常加入糊精,其作用是

A. 掩蔽干扰离子　　　　　　B. 防止 $AgCl$ 沉淀转化

C. 防止 $AgCl$ 凝聚　　　　　　D. 防止 $AgCl$ 感光

6. 铵矾指示剂法调节溶液的酸度常用下列哪种酸

A. H_3AsO_4 B. HNO_3 C. H_3PO_4 D. H_2CO_3

7. 铵矾指示剂法测定 NaBr 含量时,滴定终点的现象为

A. 砖红色沉淀 B. 黄色沉淀 C. 溶液为淡棕红色 D. 溶液为黄绿色

8. 吸附指示剂法测定 NaBr 含量,选用的最佳指示剂是

A. 曙红 B. 二氯荧光黄

C. 二甲基二碘荧光黄 D. 甲基紫

(二)多项选择题

1. 根据确定终点时所使用的指示剂不同,银量法可分为

A. 铬酸钾指示剂法 B. 铁铵矾指示剂法 C. 吸附指示剂法

D. 直接银量法 E. 返滴定银量法

2. 下列离子中能用铬酸钾指示剂法测定的是

A. Cl^- B. Br^- C. I^- D. SCN^- E. Ag^+

3. 铁铵矾指示剂法测定氯化物含量时,为避免 AgCl 沉淀发生转化,可采取的措施有

A. 将生成的 AgCl 沉淀滤去,再用 NH_4SCN 标准溶液滴定滤液

B. 控制好滴定速度

C. 提高铁铵矾指示剂的浓度

D. 控制好溶液的酸度

E. 在滴加 NH_4SCN 标准溶液之前,向溶液中加入硝基苯保护 AgCl 沉淀

4. 描述吸附指示剂法正确的是

A. 滴定液 $AgNO_3$ B. 指示剂是有机染料 C. 测定卤化物

D. 测定 SCN^- E. 又称法扬司法

二、简答题

1. 什么叫沉淀滴定法? 沉淀滴定法必须符合哪些条件?

2. 用银量法测定试样:①$BaCl_2$;②KCl;③NH_4Cl;④$KSCN$;⑤$NaCO_3 + NaCl$;⑥$NaBr$ 各应选用何种方法确定终点? 为什么?

3. 下列情况下,测定结果是偏高、偏低,还是无影响? 说明其原因。

(1)在 pH = 4 的条件下,用莫尔法测定 Cl^-;

(2)佛尔哈德法测定 Cl^- 既没有将 AgCl 沉淀滤去或加热促其凝聚,又没有加有机溶剂;

(3)同(2)的条件下测定 Br^-;

(4)法扬斯法测定 Cl^-,曙红作指示剂;

(5)法扬斯法测定 I^-,曙红作指示剂。

4. 为了使终点颜色变化明显,使用吸附指示剂应注意哪些问题?

三、实例分析题

1. 用铬酸钾法测定食盐中 NaCl 的含量。精密称取食盐 0.2015g 溶于水后,以铬酸钾为指示剂,用 0.1002mol/L 的 $AgNO_3$ 标准溶液滴定至终点,消耗 24.60ml,计算食盐中 NaCl 的含量为多少。(已知 $M_{NaCl} = 58.44g/mol$)。回答用什么仪器盛 $AgNO_3$ 溶液,仪器应如何处理?

2. 用铁铵矾指示剂测定溴化钾样品的含量。测定精密称取溴化钾样品 0.2106g 溶于水后,加入 2.00ml 稀 HNO_3,0.1002mol/L 的 $AgNO_3$ 标准溶液 25.00ml,振摇后加入铁铵矾指示

剂 2.00ml，用 0.1102mol/L 的 NH_4SCH 标准溶液滴定剩余的 $AgNO_3$，消耗 14.15ml，求样品中 KBr 的百分含量（已知 $M_{KBr} = 119.00g/mol$）。并回答加入稀 HNO_3 2.00ml 和 $AgNO_3$ 标准溶液 25.00ml，应各采用什么量器量取，为什么？加入稀 HNO_3 2.00ml 的作用为何？

3. 用吸附指示剂法标定 $AgNO_3$ 标准溶液的浓度。精密称取 0.1518g 基准 NaCl 溶解后，加入适量的糊精溶液和荧光黄指示剂，用 $AgNO_3$ 溶液滴定至终点，消耗 26.82ml，求 $AgNO_3$ 标准溶液的浓度（已知 $M_{NaCl} = 58.44g/mol$）。并回答加入适量的糊精溶液的作用是什么？本实验能否改用曙红指示剂指示终点，为什么？

（刘晓琴）

第七章　配位滴定法

学习目标

【掌握】EDTA 的性质及 EDTA 与金属离子配位反应的特点,金属指示剂的变色原理及常用金属指示剂,EDTA 滴定液的配制和标定。

【熟悉】配位平衡常数,配位滴定反应条件的选择与控制。

【了解】配位滴定法在药物分析中的应用。

第一节　概　　述

配位滴定法(coordination titration)是以配位反应为基础的滴定分析方法,又称为络合滴定法,常用于金属离子的含量测定。配位反应在分析化学中的应用非常广泛,因此,配位反应的有关理论和实践知识,是分析化学的重要内容之一。能用于配位滴定的反应必须具备以下条件:

(1)配位反应要能进行完全,生成的配合物要稳定。

(2)配位反应要按一定的计量关系进行。

(3)反应必须迅速。

(4)要有适当的方法指示滴定终点。

(5)滴定过程中生成的配合物可溶于水。

配位反应中的配位剂分为无机配位剂和有机配位剂两种,在配位滴定法中所用的配位剂,最早为一些无机物。由于大多数无机配位剂只含有一个配位原子,不能形成环状稳定的配合物,且各级稳定常数又比较接近,不符合配位滴定分析的要求,从而限制了配位滴定的发展。直至 20 世纪 40 年代,许多有机配位剂的发现,特别是氨羧配位剂用于配位滴定后,配位滴定法得到了迅速的发展,现已成为广泛应用的分析方法之一。

知识拓展

氨羧配位剂以氨基二乙酸 $-N(CH_2COOH)_2$ 为基体的一类有机配位剂的总和,其中含有配位能力很强的氨基氮和羧基氧两种配原子,能与多数金属离子形成稳定的可溶性配合物。由于这类有机配位剂的出现,使配位滴定法得到迅速的发展。

一、EDTA 及其配位特性

配位滴定法中常用的配位剂为乙二胺四乙酸,简称为 EDTA,其结构为:

$$HOOC-CH_2$$

(结构式)

$$HOOC-CH_2 \underset{}{\overset{}{\rangle} N-CH_2-CH_2-N \underset{}{\overset{}{\langle}} \overset{CH_2-COOH}{\underset{CH_2-COOH}{}}$$

其简式为 H_4Y。在较低的 pH 值下,它可再结合两个 H^+ 而形成 H_6Y^{2+},这样乙二胺四乙酸就相当于六元酸,并有六级离解平衡。

乙二胺四乙酸为白色粉末状结晶,在水中的溶解度很小(22℃,0.02g/100ml),难溶于酸及一般有机溶剂,易溶于碱而生成相应的盐溶液,所生成的二钠盐可用 $Na_2H_2Y\cdot2H_2O$ 表示,由于它在水中具有较大的溶解度(22℃,11.1g/100ml),且易于精制,可替代乙二胺四乙酸使用,通常也称 EDTA。一般实验中使用的 EDTA 为 $Na_2H_2Y\cdot2H_2O$。

EDTA 与金属离子配位有如下特点:

1. 配位普遍性

EDTA 具有很强的配位能力,几乎能与所有的金属离子配位。

2. 配位比简单

EDTA 有六个配位原子,与金属离子配位大都形成 1:1 配合物,反应如下:

$$M^{2+} + Y^{4-} \Longleftrightarrow MY^{2-}$$
$$M^{3+} + Y^{4-} \Longleftrightarrow MY^{-}$$
$$M^{4+} + Y^{4-} \Longleftrightarrow MY$$

3. 配合物稳定性高

EDTA 与金属离子生成的配合物是含有多个五元环的螯合物,稳定性很高。

4. 配合物的可溶性

配合物大多带电荷,易溶于水,配位反应迅速。

5. 颜色继承性

EDTA 与无色金属离子配位形成的配合物为无色,与有色金属离子形成的配合物颜色加深,如 Cu^{2+} 为浅蓝色,形成的配合物呈深蓝色。

二、配合物的稳定常数

(一) 绝对稳定常数

EDTA 与金属离子生成 1:1 型配合物,其反应式为

$$M + Y \Longleftrightarrow MY$$

当反应达到平衡时,稳定常数 $K_稳(K_{MY})$ 可用下式表示

$$K_稳 = \frac{[MY]}{[M][Y]} \tag{7-1}$$

$K_稳$ 为配合物的稳定常数,也称绝对稳定常数,此值越大配合物越稳定。表 7-1 列出了部分金属离子与 EDTA 形成配合物的稳定常数的对数值。

分析化学

表 7 - 1　常见金属离子 - EDTA 配合物的稳定常数（20℃）

金属离子	配合物	lg$K_稳$	金属离子	配合物	lg$K_稳$
Na^+	NaY^{3-}	1.7	Zn^{2+}	ZnY^{2-}	16.5
Ag^+	AgY^{3-}	7.2	Pb^{2+}	PbY^{2-}	18.0
Ba^{2+}	BaY^{2-}	7.8	Ni^{2+}	NiY^{2-}	18.6
Mg^{2+}	MgY^{2-}	8.7	Cu^{2+}	CuY^{2-}	18.8
Ca^{2+}	CaY^{2-}	10.7	Hg^{2+}	HgY^{2-}	21.8
Mn^{2+}	MnY^{2-}	14.0	Sn^{2+}	SnY^{2-}	22.1
Fe^{2+}	FeY^{2-}	14.3	Cr^{3+}	CrY^-	23.0
Al^{3+}	AlY^-	16.1	Fe^{3+}	FeY^-	25.1
Co^{2+}	CoY^{2-}	16.3	Bi^{3+}	BiY^-	27.9
Cd^{2+}	CdY^{2-}	16.5	Co^{3+}	CoY^-	36.0

从表中可看出，三价、四价等金属离子及大多数二价金属离子与 EDTA 所形成配合物的 lg$K_稳$ > 15，即便是碱土金属，与 EDTA 形成配合物的 lg$K_稳$ 也多在 8 ~ 11。

（二）条件稳定常数

由于配位滴定的条件复杂，存在各种副反应如酸效应、配位效应等，影响了主反应进行的程度。因此，不能用 $K_稳$（K_{MY}）来确定某配位滴定的准确程度，必须用副反应系数将 $K_稳$ 校正到某些条件下的实际稳定常数，此常数称为条件稳定常数，通常也称为表观稳定常数，可用下式表示：

$$K'_{MY} = \frac{[MY']}{[M'][Y']} \tag{7-2}$$

$$即 \lg K'_{(MY)} = \lg K_{MY} - \lg\alpha_{M(L)} - \lg\alpha_{Y(H)} \tag{7-2a}$$

$\alpha_{M(L)}$ 表示金属离子的副反应系数，$\alpha_{Y(H)}$ 表示 EDTA 的酸效应系数，K'_{MY} 值的大小说明了配合物的实际稳定程度，因此，lgK'_{MY} 是判断配合物 MY 稳定性的最重要的数据之一。

在一定条件下，（如溶液 pH 和试剂浓度一定时），α_M、α_Y 均为定值，因此，$K'_{(MY)}$ 在一定条件下是个常数。为强调它是随条件而变的，称之为条件稳定常数。在一般情况下，$K'_{MY} < K_{MY}$，只有当 pH > 12〔$\alpha_{Y(H)}$ = 1〕，溶液中无其他副反应时，$K'_{MY} = K_{MY}$。

当溶液中没有与 M 配位的其他配位剂时，lg$\alpha_{M(L)}$ = 0，而生成物 MY 的 lgα_{MY} 一般又较小，可以忽略，此时

$$\lg K'_{(MY)} = \lg K_{MY} - \lg\alpha_{Y(H)} \tag{7-2b}$$

三、滴定条件的选择

（一）条件稳定常数和金属离子浓度的影响

当被滴定的金属离子 M 和配位剂 EDTA 的浓度一定时，在滴定条件相同情况下，配合物的稳定常数 K_{MY} 值越大，溶液的 pH 值越大〔lg$\alpha_{Y(H)}$ 越小〕，lg$K'_{(MY)}$ 值越大，越容易获得准确滴定的结果。

若条件稳定常数 $K'_{(MY)}$ 值一定,金属离子浓度越小,越容易获得准确滴定的结果。

(二)配位滴定中酸度的控制

对于任何一种金属离子含量的测定,欲求得一个准确的结果,必须保证溶液的酸度在某一pH 值之上;但是,过高的 pH 值又会引起金属离子的水解,生成多羟基配合物,降低金属离子的配位能力,为此,需将溶液控制在一定的酸度范围内。

1. 最高酸度

根据滴定分析的一般要求,滴定误差约为 0.1%。假设金属离子和 EDTA 的原始浓度均为 0.020mol/L,滴至计量点时,溶液的体积增加了一倍,金属离子基本上都被配位成 MY,即 $[MY] \approx 0.010$ mol/L,而此时游离的金属离子浓度 $[M] = [Y] \leqslant 0.1\% \times 0.010$ mol/L $= 10^{-5}$ mol/L,因而

$$K'_{(MY)} = \frac{[MY]}{[M][Y]} = \frac{0.010}{10^{-5} \times 10^{-5}} = 10^8 \qquad (7-3)$$

即 $\lg K'_{(MY)} \geqslant 8$,才能获得准确滴定结果。若除酸效应外,不存在其他副反应,则

$$\lg K'_{(MY)} = \lg K_{MY} - \lg \alpha_{Y(H)} \geqslant 8$$
$$\lg \alpha_{Y(H)} \leqslant \lg K_{MY} - 8 \qquad (7-4)$$

由表 7-1 查得 $\lg K_{MY}$ 值,代入上式即可求得 $\lg \alpha_{Y(H)}$ 值,并由表 7-2 查得所对应的 pH 值,即此时滴定这种金属离子时所允许的最高酸度。

例1　计算用 0.010 00mol/L EDTA 滴定同浓度的 Zn^{2+} 溶液时允许的最高酸度。

解:从表 7-1 查得 $\lg K_{ZnY} = 16.5$,则

$\lg \alpha_{Y(H)} = \lg K_{MY} - 8 = 16.5 - 8 = 8.5$

由表 7-2 查的 $\lg \alpha_{Y(H)} = 8.5$ 时 pH $= 4$,故最高酸度(最低 pH)应控制在 pH $= 4$。

表 7-2　EDTA 在不同 pH 时的酸效应系数 $\lg \alpha_{Y(H)}$

pH	$\lg \alpha_{Y(H)}$	pH	$\lg \alpha_{Y(H)}$	pH	$\lg \alpha_{Y(H)}$
0.0	23.64	3.8	8.85	7.4	2.88
0.4	21.32	4.0	8.44	7.8	2.47
0.8	19.08	4.4	7.64	8.0	2.27
1.0	18.01	4.8	6.84	8.4	1.87
1.4	16.02	5.0	6.45	8.8	1.48
1.8	14.27	5.4	5.69	9.0	1.28
2.0	13.51	5.8	4.98	9.5	0.83
2.4	12.19	6.0	4.65	10.0	0.45

课堂互动

请分别计算 EDTA 标准滴定液(0.010 00mol/L)滴定同浓度的 Ca^{2+}、Mg^{2+} 溶液的最高酸度,并想一想其最高酸度为什么不同。

2. 最低酸度

上题中,pH = 4 时,Zn^{2+} 的水解可忽略,但如果 pH 升高,虽然酸效应减小,但金属离子生成的氢氧化物沉淀会影响滴定进行,为此,滴定必须在低于某一 pH 值下的溶液中进行,称为滴定允许的最低酸度。

最低酸度可以从 $M(OH)_n$ 的溶度积求得,如 $M(OH)_n$ 的溶度积为 K_{sp},为防止沉淀的生成,必须使 $[OH^-] \leqslant \sqrt[n]{\dfrac{K_{SP}}{c_M}}$,再从 pOH + pH = 14 即可求出滴定的最低酸度。

例 2 用 1.00×10^{-2} mol/L EDTA 溶液滴定 1.00×10^{-2} mol/L Fe^{3+} 溶液时,允许的最低酸度是多少?

解:已知 $Fe(OH)_3$ 的 $Ksp = [Fe^{3+}][OH^-]^3 = 4.0 \times 10^{-38} = 10^{-37.4}$

$[Fe^{3+}] = 1.00 \times 10^{-2}$ mol/L

$$\therefore \quad [OH^-] = \sqrt[3]{\frac{10-37.4}{10-2}} = 10^{-11.8} \text{ mol/L}$$

pOH = 11.89

pH = 14.00 − pOH = 14.00 − 11.89 = 2.11

故滴定允许的最低酸度为 pH = 2.11。

滴定某一金属离子的允许最高酸度与允许最低酸度的 pH 范围,就是滴定该金属离子的适宜酸度范围。

在配位滴定中不仅要在滴定前调节好溶液的酸度,而且整个滴定过程中都必须控制在一定的酸度范围内进行。因为在 EDTA 滴定过程中不断有 H^+ 释放出来,使溶液的酸度升高。

例如,用 Na_2H_2Y 的标准溶液滴定 Mg^{2+}。

$$H_2Y^{2-} + Mg^{2+} \Longrightarrow MgY^{2-} + 2H^+$$

反应中释放出来的 H^+,使溶液的酸度升高。滴定 Mg^{2+} 要在 pH > 9.7 的溶液中进行。为消除 H^+ 的影响,在配位滴定中常须加入一定量的缓冲溶液以控制溶液的酸度。

在 pH < 2 或 pH > 12 的溶液中滴定时,可直接用强酸或强碱控制溶液的酸度。在弱酸性溶液中滴定时,可用 HAc − NaAc 缓冲体系(pH = 3.4 ~ 5.5)或六次甲基四胺(pH = 5 ~ 6)缓冲体系控制溶液的酸度。

在弱碱性溶液中滴定时,常用 $NH_3 \cdot H_2O$ − NH_4Cl 缓冲体系(pH = 8 ~ 11)控制溶液的酸度。但须注意的是,由于 NH_3 能与许多金属离子发生配位作用,故对配位滴定有一定的影响。

(三)掩蔽剂的使用

当样品溶液中有其他干扰金属离子 N 时,给 M 离子的滴定带来了误差。可加入一种试剂与干扰离子 N 反应,使溶液中 N 的浓度降低至很小,以致不能与 Y 发生配位反应,从而消除共存离子 N 的干扰,这种方法称为掩蔽,所用试剂称为掩蔽剂。掩蔽方法根据反应类型不同可分为配位掩蔽法、沉淀掩蔽法和氧化还原掩蔽法。

1. 配位掩蔽法

利用配位掩蔽剂是一种实际应用最为广泛的掩蔽法。例如滴定 Mg^{2+} 时,铬黑 T 作指示剂,若溶液中同时存在 Fe^{3+},因其对铬黑 T 的封闭作用而干扰了 Mg^{2+} 的滴定,故可在滴定前先加入少量的三乙醇胺以掩蔽 Fe^{3+}。常见的配位掩蔽剂见表 7 − 3。

表 7 - 3　常见的配位掩蔽剂

掩蔽剂	适用的 pH 范围	被掩蔽的离子
氰化钾	pH > 8	Zn^{2+}、Ag^+、Ni^{2+}、Cu^{2+}、Hg^{2+}、Co^{2+}、Cd^{2+}
三乙醇胺	碱性溶液	Sn^{4+}、Al^{3+}、Fe^{3+}、Ti^{4+}
酒石酸	pH = 6 ~ 7.5	Mg^{2+}、Cu^{2+}、Al^{3+}、Fe^{3+}、Sb^{3+}、Mo^{4+}
草酸	氨性溶液	Mn^{2+}、Zr^{4+}、Al^{3+}、Fe^{3+}
邻二氮菲	pH = 1.5 ~ 2	Sn^{4+}、Sb^{3+}、Mn^{2+}、Fe^{3+}
柠檬酸	中性溶液	Bi^{3+}、Sn^{4+}、Fe^{3+}、Zr^{4+}、Cr^{3+}、Th^{4+}、Ti^{4+}、

2. 沉淀掩蔽法

加入沉淀剂,使干扰离子 N 生成沉淀,从而降低其浓度,在不分离沉淀的情况下,直接进行滴定。例如,在强碱性溶液中用 EDTA 滴定 Ca^{2+},干扰离子 Mg^{2+} 与强碱形成沉淀而不干扰 Ca^{2+} 的滴定,此时的 OH^- 就是 Mg^{2+} 的沉淀掩蔽剂。

沉淀反应往往进行得不够完全,且有共沉淀剂及吸附等现象,影响滴定的准确度;有些沉淀颜色很深或体积大,妨碍终点观察。所以沉淀掩蔽法不是一种理想的掩蔽方法。

3. 氧化还原掩蔽法

加入一种氧化剂或还原剂与干扰离子 N 发生氧化还原反应,改变干扰离子的价态,从而达到消除干扰的目的。

立德树人

马克思辩证唯物主义世界观教育

坚持用对立统一观点观察一切问题,是一切科学认识的基本前提,是唯物辩证法宇宙观的根本要求之一。配位滴定在分析化学中的应用非常广泛,EDTA 具有很强的配位能力,几乎能与所有的金属离子配位,但正是因为它具有的配位普遍性,在滴定反应中干扰离子也会影响测定,所以我们需要通过控制溶液酸度以及合理使用掩蔽剂来消除干扰。

第二节　金属指示剂

配位滴定法判断滴定终点的方法有很多,最常用的是利用一种能与金属离子生成有色配合物的配位剂来指示滴定终点,这种配位剂称为金属离子指示剂,简称金属指示剂。

一、金属指示剂的作用原理

金属指示剂本身是一种有机染料,具有一定的颜色,同时也是一种配位剂,可与金属离子发生配位反应,生成一种与自身颜色有显著差异的配合物,以此来指示终点。反应如下:

滴定前　　　M + In(色 1) ⇌ MIn(色 2)

滴定时　　　　　M + Y ⇌ MY

终点时　　MIn(色 2) + Y ⇌ MY + In(色 1)

分析化学

当溶液变为指示剂本身的颜色时,显示终点到达。

例如,以铬黑 T(EBT)为指示剂,用 EDTA 测定 Mg^{2+},滴定过程中的反应及颜色变化为:

滴定前,溶液中有大量的 Mg^{2+},加入铬黑 T,少量的 Mg^{2+} 与铬黑 T 配位形成酒红色的配合物。反应如下:$Mg^{2+} + EBT(蓝色) \rightleftharpoons Mg-EBT(酒红色)$。滴定时及终点时反应同上。

从以上的原理可以看出,金属指示剂必须具备以下条件:

1. 指示剂与金属离子形成的配合物(MIn)与指示剂本身(In)应有显著的颜色差别。

2. 显色反应灵敏、迅速,有良好的变色可逆性,同时还应有一定的选择性。

3. 指示剂与金属离子的配合物既要有一定的稳定性,但其稳定性又要小于 EDTA 与该金属离子形成的配合物,也就是说,稳定性应适当。一般要求 $K'_{MIn} \geq 10^4$ 且 $K'_{MY} / K'_{MIn} \geq 10^2$,即 MY 的稳定常数至少是 MIn 的稳定常数的 100 倍以上。

知识拓展

在滴定中,到达计量点后,过量的 EDTA 不能夺取显色配合物 MIn 中的金属离子,而释放出指示剂,看不到终点颜色的变化,这种现象称为指示剂的封闭现象。如果被滴定的金属离子封闭指示剂,可采用返滴定法或加入掩蔽剂予以消除。另外,指示剂与金属离子配合物应易溶于水,指示剂应比较稳定,便于贮存和使用。有时金属离子与指示剂生成难溶性显色配合物,在终点时,MIn 与 EDTA 的置换反应缓慢,使终点延长,这种现象称为指示剂的僵化现象。可加入有机溶剂或加热,以增大其溶解度和加快置换速度,使指示剂变色较明显。例如用 PAN 作指示剂时,可加入少量乙醇,并加热。

二、常用的金属指示剂

配位滴定中常用金属指示剂的应用范围,封闭离子和掩蔽剂选择情况见表 7-4。

表 7-4 常用金属指示剂

指示剂	适用 pH 范围	颜色变化		直接测定的离子	封闭离子	掩蔽剂
		In	MIn			
铬黑 T(EBT)	8~10.5	蓝	酒红	Zn^{2+}、Pb^{2+}、Mg^{2+}、Mn^{2+}、Cd^{2+}、稀土元素离子	Al^{3+}、Fe^{3+}、Cu^{2+}、Co^{2+}、Ni^{2+}、Fe^{3+}	三乙醇胺 NH_4F
二甲酚橙(XO)	<1	亮黄	红紫	ZrO^{2+}		
	1~3	亮黄	红紫	Bi^{3+}、Th^{4+}	Fe^{3+}、Al^{3+}、Cu^{2+}、Co^{2+}、Ni^{2+}	NH_4F 返滴法 邻二氮菲
	5~6	亮黄	红紫	Zn^{2+}、Pb^{2+}、Hg^{2+}、Ti^{3+}、Cd^{2+}、稀土元素离子		
钙指示剂(NN)	12~13	蓝	酒红	Ca^{2+}	Fe^{3+}、Al^{3+}、Ti^{4+}、Cu^{2+}、Ni^{2+}、Co^{2+}	三乙醇胺 NH_4F

第三节　滴定液的配制与标定

一、EDTA标准溶液的配制与标定

(一)配制

0.05mol/L EDTA标准溶液的配制:取分析纯 $Na_2H_2Y \cdot 2H_2O$ 19g,溶于约300ml温蒸馏水中,冷却后稀释至1000ml,摇匀即得。必要时可过滤,但不能煮沸,以防分解。贮存于硬质玻璃瓶中以待标定。如需长期放置,则应贮存于聚乙烯瓶中。

(二)标定

标定EDTA溶液的基准物质有金属 Zn、ZnO、$CaCO_3$、$MgSO_4 \cdot 7H_2O$、$ZnSO_4 \cdot 7H_2O$ 等。一般多采用金属 Zn 或 ZnO 为基准物质,用铬黑T或二甲酚橙为指示剂。

精密称取在800℃灼烧至恒重的基准 ZnO 约0.12g,加稀 HCl 3ml 使之溶解,加蒸馏水25ml,甲基红指示剂1滴,滴加氨试液至溶液呈微黄色,再加蒸馏水25ml,$NH_3 \cdot H_2O - NH_4Cl$ 缓冲溶液10ml,以铬黑T为指示剂,用EDTA溶液滴定至溶液由紫红色转为纯蓝色即为终点。

若用二甲酚橙为指示剂,当 ZnO 用 HCl 溶解后,加蒸馏水50ml,0.5%二甲酚橙指示剂2~3滴,然后滴加六次甲基四胺溶液至紫红色,再多加3ml,用EDTA溶液滴定至溶液由紫红色变为亮黄色,即为终点。

二、锌标准溶液(0.05mol/L)的配制与标定

(一)直接配制

可准确称取新制备的纯锌粒直接制备锌标准溶液。

(二)间接配制

可称取一定量的分析纯 $ZnSO_4 \cdot 7H_2O$ 来配制。配制时,取分析纯 $ZnSO_4$ 约15g,加稀盐酸10ml 与适量蒸馏水溶解,稀释至1L,混匀即得 0.05mol/L 锌溶液。用此法配制的锌标准溶液,需用已标定的 EDTA 标准溶液来标定。方法是:精密量取待标定的锌溶液25.00ml,加甲基红指示剂1滴,加氨试液至溶液呈微黄色,再加蒸馏水25ml,$NH_3 \cdot H_2O - NH_4Cl$ 缓冲溶液10ml,铬黑T指示剂3滴,然后用标准 EDTA 溶液滴定至溶液由紫红色变为纯蓝色即为终点。

配制好的 EDTA 溶液应贮存在聚乙烯塑料瓶或硬质玻璃瓶中。

第四节　配位滴定法测定物质含量

一、配位滴定方式

配位滴定方式多样,常用的有直接滴定、间接滴定、返滴定、置换滴定等。采用不同的滴定方式,不仅能扩大配位滴定的应用范围,而且是提高配位滴定选择性的途径之一。

分析化学

(一)直接滴定法

这种方法是将试样处理成溶液后调至所需 pH,再用 EDTA 直接滴定被测离子。直接滴定法简便、快速,一般情况下引入误差较少,故在可能范围内尽量采用直接滴定法,但必须符合配位滴定分析条件。

不符合配位滴定分析条件的应选用其他滴定法。

(二)返滴定法(剩余滴定法)

返滴定法是在在适当的酸度下,试液中先加入定量且过量的 EDTA 标准溶液,使测离子完全配位,然后调节溶液的 pH,加入指示剂,用另一金属离子标准溶液滴定剩余的 EDTA,依据两种标准溶液的浓度和用量即可求得待测物质含量。

返滴定剂(如锌标准溶液)与 EDTA 生成的配合物应有足够的稳定性,但不宜超过待测离子与 EDTA 配合物的稳定性。否则,在滴定过程中返滴定剂会置换出待测离子而引起误差,且终点不敏锐。

返滴定法主要应用于下列情况:

1. 待测离子与 EDTA 的反应速度慢。

2. 待测离子发生水解等副反应而影响滴定。

3. 缺乏符合要求的指示剂,或待测离子对指示剂有封闭作用。

例如,由于 Al^{3+} 与 EDTA 反应速度较慢,易形成一系列多羟基配位化合物,对二甲酚橙指示剂有封闭作用,因此不能用 EDTA 直接滴定而使用返滴定法:在 Al^{3+} 溶液中先加入定量且过量的 EDTA 标准溶液,在 pH≈3.5 时加热至沸后,调节 pH 至 5~6,加入指示剂二甲酚橙适量,再用 Zn^{2+} 标准溶液滴定过量的 EDTA。

(三)置换滴定法

利用置换反应,置换出等物质的量的另一种金属离子或置换出 EDTA,然后滴定。置换滴定法有下列几种情况:

1. 置换出金属离子

若待测离子 M 与 EDTA 反应不完全或形成的配合物不稳定,可利用 M 置换出另一配合物(NL)中等物质的量的 N,用 EDTA 滴定 N 即可求得 M 的含量。

$$M + NL \Longrightarrow ML + N$$

例如,Ag^+ 与 EDTA 的配合物不稳定,不能用 EDTA 直接滴定,但可将 Ag^+ 加入到 $[Ni(CN)_4]^{2-}$ 的溶液中,则

$$2Ag^+ + [Ni(CN)_4]^{2-} \Longrightarrow 2Ag(CN)^{2-} + Ni^{2+}$$

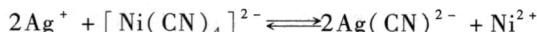

在 pH = 10 的氨性溶液中,以紫尿酸铵作指示剂,用 EDTA 滴定置换出来的 Ni^{2+} 即可求得 Ag^+ 的含量。

2. 置换出 EDTA

将待测定离子 M 与干扰离子全部与 EDTA 发生配位反应,再加入选择性高的配位剂 L 以夺取 M,并释放出等物质的量的 EDTA:

$$MY + L \Longrightarrow ML + Y$$

用另一金属离子标准溶液滴定,最后求出 M 含量。

此外,利用置换滴定的原理,可以改善指示剂指示滴定终点的敏锐性。例如,铬黑 T 与 Mg^{2+} 显色很灵敏,但与 Ca^{2+} 显色的灵敏度较差。为此,在 pH = 10 的溶液中用 EDTA 滴定 Ca^{2+} 时于溶液中先加入少量 MgY,则发生如下置换反应:

$$Ca^{2+} + MgY \Longrightarrow CaY + Mg^{2+}$$

置换出的 Mg^{2+} 与铬黑 T 显深红色。滴定时,EDTA 先与 Ca^{2+} 配位,当到达滴定终点时,EDTA 夺取 Mg⁻铬黑 T 配合物中的 Mg^{2+},形成 MgY,游离出指示剂而显蓝色终点。在此,加入的 MgY 与生成的 MgY 是等化学计量的,故加入的 MgY 不影响滴定结果,铬黑 T 通过 Mg^{2+} 而使终点变得敏锐。

二、应用示例

(一)铝盐的测定

常用铝盐药物有氢氧化铝、复方氢氧化铝片、氢氧化铝凝胶等。这些药物大都采用配位法测定含量。但铝盐不能用 EDTA 直接滴定,通常在铝盐试液先加入过量而又定量的 EDTA,加热煮沸几分钟,待配位反应完全后,再用 Zn^{2+} 标准溶液回滴剩余量的 EDTA。例如氢氧化铝凝胶的含量测定,滴定过程的反应为:

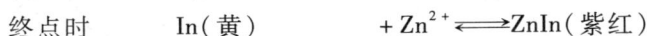

滴定前 $Al^{3+} + H_2Y^{2-}$(过量且定量) $\Longrightarrow AlY^- + 2H^+$

滴定时 H_2Y^{2-}(剩余量) $+ Zn^{2+} \Longrightarrow ZnY^{2-} + 2H^+$

终点时 In(黄) $+ Zn^{2+} \Longrightarrow ZnIn$(紫红)

操作步骤:依据《中国药典》(2015 年版)二部,取氢氧化铝凝胶 8g,精密称定,加 HCl 与蒸馏水各 10ml,煮沸溶解后,放冷,定量转移至 250ml 容量瓶中,用水稀释到刻度,摇匀。精密量取 25ml,加氨试液中和至恰好析出沉淀,再滴加稀 HCl 到沉淀恰溶解为止。加 HAc - NH₄Ac 缓冲溶液(取 NH₄Ac 100g 加水 300ml 使溶解,再加 HAc 6ml 混匀即得)10ml,再精密加 EDTA 标液(0.050 00mol/L)25ml,煮沸 3~5 分钟,放冷至室温,加 0.2% 二甲酚橙指示剂 1ml,用锌液(0.050 00mol/L)滴定至溶液由黄色变为红色,并将滴定的结果用空白试验校正。依下式计算 Al_2O_3 的含量。

$$Al_2O_3\% = \frac{[(CV)_{EDTA} - (CV)_{Zn}] \times \dfrac{101.96}{2000}}{m_s \times \dfrac{25}{250}} \times 100\%$$

(二)钙盐的测定

葡萄糖酸钙含量的测定,$M(C_{12}H_{22}O_{14}Ca \cdot H_2O) = 448.4$

操作步骤:依据《中国药典》(2015 年版)二部,取本品约 0.5g,精密称定,加蒸馏水 10ml,微热使溶解,加氢氧化钠试液 15ml 与钙紫红素指示剂 0.1g,用 EDTA 标准溶液(0.05mol/L)滴定至溶液有紫色转变为纯蓝色。

$$葡萄糖酸钙\% = \frac{(CV)_{EDTA} \times \dfrac{448.4}{1000}}{m_s} \times 100\%$$

铬黑 T 虽然在 pH = 10 时也会与 Ca^{2+} 形成酒红色的配合物($CaIn^-$),但不够稳定。单独使用铬黑 T 会使终点过早到达而使结果偏低,可加 1 滴硫酸镁并使其与 EDTA 定量反应,实则

分析化学

是在测定中加入了 MgY^{2-},这样终点就不会超前。

其反应过程为:

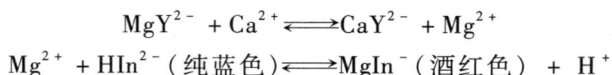

$$MgY^{2-} + Ca^{2+} \Longleftrightarrow CaY^{2-} + Mg^{2+}$$
$$Mg^{2+} + HIn^{2-}(纯蓝色) \Longleftrightarrow MgIn^-(酒红色) + H^+$$

此时,溶液显 $MgIn^-$ 的酒红色。用 EDTA 标准溶液滴定时,EDTA 先与游离的 Ca^{2+} 配合,最后再从 $MgIn^-$ 中置换出铬黑 T,使溶液由酒红色变为纯蓝色。

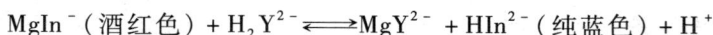

$$MgIn^-(酒红色) + H_2Y^{2-} \Longleftrightarrow MgY^{2-} + HIn^{2-}(纯蓝色) + H^+$$

配位滴定还可用于矿物质、合金、药物的分析,如生物碱类药物吗啡、麻黄碱以及含金属离子的有机药物乳酸钙、水杨酸镁、二羟基甘氨酸铝、硫糖铝、次水杨酸铋、次没食子酸铋等的含量测定;硫酸盐等阴离子通过金属离子的沉淀反应,也可以用 EDTA 法测定其含量。

技能实训

实训 1　EDTA 滴定液的配制与标定

一、实训目的

1. 掌握 EDTA 标准溶液的配制和标定方法
2. 理解配位滴定的原理及其滴定特点
3. 了解铬黑 T 指示剂的变色原理、适用范围、终点颜色的判断。

二、仪器和药品

1. 仪器

分析天平、酸式滴定管(25ml)、量筒(50ml)、烧杯(500ml)、聚乙烯塑料瓶试剂瓶(500ml)。

2. 药品

$Na_2H_2Y \cdot 2H_2O$(A.R)、ZnO(G.R)、6mol/L HCl 溶液、0.025% 甲基红指示剂、2mol/L $Na_2H_2Y \cdot 2H_2O$ 溶液、$NH_3 \cdot H_2O - NH_4Cl$ 缓冲溶液(pH=10)、铬黑 T 指示剂。

三、实训内容

1. EDTA 滴定液的配制(0.05mol/L)

称取 $Na_2H_2Y \cdot 2H_2O$ 约 9.5g,置于 500ml 烧杯中,加蒸馏水约 200ml,搅拌使其溶解后,转入聚乙烯塑料瓶中,加蒸馏水稀释至 500ml,摇匀。

2. EDTA 滴定液的标定

准确称取在 800℃ 灼烧至恒重的基准 ZnO 约 0.12g,置 250ml 锥形瓶中,加 6mol/L HCl 溶液 3ml 使溶解,加蒸馏水 25ml 和 0.025% 甲基红指示液 1 滴,滴加 2mol/L $NH_3 \cdot H_2O$ 溶液至溶液呈微黄色。再加蒸馏水 25ml,$NH_3 \cdot H_2O - NH_4Cl$ 缓冲溶液 10ml 及铬黑 T 指示剂少许,用 EDTA 标准溶液滴定至溶液由紫红色变为纯蓝色即为终点。记录所消耗 EDTA 标准溶液的体积。平行标定三份。

四、数据记录与处理

1. 数据记录

测定份数		1	2	3
取 ZnO 的质量 $m(g)$				
$V_{EDTA}(ml)$	初读数			
	终读数			
消耗 EDTA 的体积 V (ml)				

2. 结果计算

$$c_{EDTA} = \frac{m_{ZnO} \times 1000}{V_{EDTA} \times M_{ZnO}} \qquad M_{ZnO} = 81.38$$

3. 数据处理

测定份数	1	2	3
EDTA 的浓度 $c(mol/L)$			
EDTA 的平均浓度 $c(mol/L)$			
相对平均偏差 $R\bar{d}$			

五、注意事项

1. $Na_2H_2Y \cdot 2H_2O$ 在水中溶解较慢,可加热使溶解或放置过夜。

2. 贮存 EDTA 溶液应选用硬质玻璃瓶,最好是长期贮存 EDTA 溶液的瓶子,以免 EDTA 与玻璃中的金属离子作用。如用聚乙烯瓶贮存则更好。

3. 注意溶液 pH 值对配位滴定的影响 。

4. 加入氨试剂时要慢慢加入,仔细观察白色混浊的出现,不可加过量,否则 pH 值过大终点不明显。

六、问题与讨论

1. 配位滴定法与酸碱滴定法相比,有哪些不同点?滴定操作过程中应注意哪些问题?

2. 滴定为什么需要加 $NH_3 \cdot H_2O - NH_4Cl$ 缓冲溶液?如果没加缓冲溶液将会导致什么现象发生?

实训 2 自来水硬度的测定

一、实训目的

1. 掌握配位滴定法测定水的硬度的原理及方法。
2. 熟悉用 EDTA 测定水的硬度的原理。
3. 了解水的硬度的表示方法。

二、仪器和药品

1. 仪器
酸式定管(25ml)、移液管(50ml)、容量瓶(250ml)、锥形瓶、量筒(50ml)、试剂瓶。

2. 药品
EDTA 标准溶液(0.05mol/L)、$NH_3 \cdot H_2O - NH_4Cl$ 缓冲溶液(pH = 10)、铬黑 T 指示剂、待测水样。

三、实训内容

1. EDTA 标准溶液的配制(0.01mol/L)
精密量取 EDTA 标准溶液(0.05mol/L)50.00ml,置 250ml 容量瓶中,加水稀释至标线,摇匀,即得。

2. 自来水水样的采集
打开水龙头,先放水数分钟,使积存在水管中的杂质及陈旧水排出。用水样润洗取样瓶及塞子 2~3 次。将取样瓶装满水,盖好塞子。

3. 水的硬度测定
精密量取水样 100.00ml,置于 250ml 的锥形瓶中,加 10ml $NH_3 \cdot H_2O - NH_4Cl$ 缓冲溶液及铬黑 T 指示剂少许,用 0.01mol/L EDTA 滴定液滴定至溶液由酒红色变为纯蓝色,即为终点。平行测定三份。

四、数据记录与处理

1. 数据记录

测定份数		1	2	3
量取水的体积 V(ml)				
EDTA 滴定液的浓度 c_{EDTA}(mol/L)				
V_{EDTA}(ml)	初读数			
	终读数			
消耗 V_{EDTA}(ml)				

2. 结果计算

$$硬度(mg/L) = \frac{c_{EDTA} \times V_{EDTA} \times M_{CaCO_3}}{V_{H_2O}} \times 1000 \qquad M_{CaCO_3} = 100.1$$

3. 数据处理

测定份数	1	2	3
水的硬度 $CaCO_3$（mg/L）			
平均值 $CaCO_3$（mg/L）			
相对平均偏差 $R\bar{d}$			

五、注意事项

1. 本实训的取样量仅适用于以 $CaCO_3$ 计算硬度不大于 280mg/L 的水样,若硬度大于 280mg/L,应适当减小取样量。

2. 硬度较大的水样,在加缓冲液后常析出 $CaCO_3$、$MgCO_3$ 微粒,使终点不稳定,常出现"返回"现象,难以确定终点。遇此情况,可在加缓冲液前,在溶液中加入一小块刚果红试纸,滴加稀 HCl 至试纸变蓝色,振摇 2 分钟,然后依法操作。

六、问题与讨论

1. 什么为水的硬度? 常用哪几种方法来表示水的硬度?
2. 若只测定水中的 Ca^{2+},应选择何种指示剂? 在什么条件下测定?

考点提示

1. EDTA 与金属离子形成配合物性质特点 { 配位有普遍性 / 配位比为 1:1 / 配合物稳定性 / 配合物绝大多数可溶于水 / 形成的配合物颜色便于滴定终点观察

2. 配合物的稳定常数 { 绝对稳定常数概念及意义 / 条件稳定常数概念及意义

3. 配位滴定选择性 { 准确滴定条件:$\lg K_{MY}' \geqslant 8$ / 酸度控制需考虑:满足条件稳定常数的最高酸度,金属离子水解最低酸度,指示剂所处的最佳酸度等 / 掩蔽和解蔽 { 掩蔽剂:降低干扰离子的浓度以消除干扰(配位、沉淀、氧化还原) / 解蔽

4. 金属指示剂 { 原理 { 滴定前　M + In（色 1）$\Longleftrightarrow$MIn（色 2） / 滴定时　　M + Y　　$\Longleftrightarrow$MY / 终点时　MIn（色 2）+ Y $\Longleftrightarrow$MY + In（色 1） } 金属指示剂:铬黑 T、二甲酚橙、钙指示剂。

5. 滴定液的配制和标定 $\begin{cases} \text{EDTA 滴定液可用直接或间接法配制} \\ \text{锌滴定液可用直接或间接法配制} \end{cases}$

6. 配位滴定法:直接滴定法、返滴定法、置换滴定法

目标检测

一、选择题

（一）单项选择题

1. 配位滴定法中,不属于 EDTA 和金属离子配位的特点是

A. 形成的配位物稳定　　　　　　　　B. 形成的配位物多溶于水

C. EDTA 和金属离子比多为 1:1　　　　D. 形成的配位物多有色

2. 用配位滴定法测定水的总硬度时,以哪种溶液为指示剂

A. 淀粉　　　　　B. $KMnO_4$　　　　C. 铬黑 T　　　　D. K_2CrO_4

3. 一般情况下,EDTA 与金属离子形成配合物时,按哪一种物质的量比结合

A. 4:1　　　　　B. 3:1　　　　　C. 2:1　　　　　D. 1:1

4. 用 EDTA 直接滴定无色金属离子 M。滴定前,加指示剂 In 后,溶液呈现的颜色是

A. In 的颜色　　　B. MIn 的颜色　　　C. MY 的颜色　　　D. MY 和 In 的混合色

5. 常用哪种方法测定水的硬度

A. 碘量法　　　　B. 配位滴定法　　　C. 高锰酸钾法　　　D. 沉淀滴定法

6. EDTA 配位滴定法测定水的总硬度,应在哪种 pH 值的缓冲溶液中进行

A. 12 ~ 13　　　B. 4 ~ 5　　　　C. 6 ~ 7　　　　D. 8 ~ 10

7. 配位滴定终点所呈现的颜色是

A. 游离金属指示剂的颜色

B. EDTA 与待测金属离子形成配合物的颜色

C. 金属指示剂与待测金属离子形成配合物的颜色

D. 上述 A 与 C 的混合色

8. 关于水的硬度的叙述中错误的是

A. 每升水中含 $CaCO_3$ 毫克数　　　　　　B. 指水中 Ca^{2+}、Mg^{2+} 离子的总量

C. 最通用测定方法 EDTA 滴定法　　　　　D. 测定以钙指示剂指示滴定终点

（二）多项选择题

1. EDTA 不能直接滴定的金属离子是

A. Ag^+　　　　B. Al^{3+}　　　　C. Na^+　　　　D. Mg^{2+}　　　　E. Ca^{2+}

2. 配位滴定中,消除共存离子干扰的方法有

A. 控制溶液酸度　　　　　　B. 使用沉淀剂　　　　　　C. 使用配位掩蔽剂

D. 使用解蔽剂　　　　　　　E. 加纯化水溶解

3. EDTA 滴定 Mg^{2+},以铬黑 T 为指示剂,滴定前后有颜色的物质是

A. HIn^{2-}　　　B. Mg^{2+}　　　C. MgY^{2-}　　　D. $MgIn$　　　E. Ca^{2+}

4. EDTA 与大多数金属离子配位反应的优点是

A. 配位比 1:1　　　　　　B. 配合物稳定性很高　　　　　　C. 选择性差

D. 配合物水溶性好　　　　　　E. 没有颜色

5. 标定 EDTA 可用的基准物是

A. 纯 Na_2CO_3　　　B. 纯 $AgNO_3$　　　C. 纯 ZnO　　　D. 纯 Zn　　　E. HCl

6. EDTA 滴定法常用的金属指示剂有

A. 淀粉　　　　　　　　　B. 铬黑 T　　　　　　　　　C. 钙指示剂

D. 二甲基酚橙　　　　　　E. 酚酞

7. 下列属于配位反应必须具备的条件是

A. 配位反应必须完全,反应按一定的反应式定量地进行

B. 反应速度要快

C. 有适当的方法确定滴定终点

D. 滴定过程中生成的配合物是可溶性的

E. 能发生氧化 – 还有反应

二、简答题

1. 进行配位滴定时,为什么要加入缓冲溶液控制滴定体系保持一定的 pH 值?

2. 能够用于配位滴定的配位反应必须具备的条件是什么?

3. 什么是金属指示剂? 什么是指示剂的封闭现象? 怎样消除封闭?

4. 简述金属指示剂的作用原理。金属指示剂应具备哪些条件?

5. 确定滴定最高酸度和最低酸度的根据是什么?

6. 配位滴定中滴定方式有哪几种? 各举一例说明。

三、应用实例

1. 用配位滴定法测定 $ZnCl_2$ 的含量,称取 0.2500g 试样,溶于水后稀释至 2500ml,吸取 25ml,在 pH = 5 ~ 6 时,用二甲酚橙做指示剂,用 0.010 24mol/L EDTA 标准溶液滴定,用去 17.61ml,试计算试样中 $ZnCl_2$ 的含量。

2. 精密量取水样 50.00ml,以铬黑 T 为指示剂,用 EDTA 滴定液(0.010 28)滴定,终点消耗 5.90ml,计算水的总硬度(以 $CaCO_3$ mg/L 表示)。

3. 医院中化验患者尿液中的 Ca^{2+} 和 Mg^{2+} 的含量,收集 24 小时尿液 2.0L,分别测定:

(1) 吸取 10.00ml 上述尿样,调节 pH = 10,用浓度为 0.005 000mol/L EDTA 标准溶液滴定,用去 EDTA 23.50ml;

(2) 另吸取 10.00ml 尿样,加入草酸沉淀剂,使 Ca^{2+} 生成 CaC_2O_4 沉淀,过滤除去沉淀后,仍用上述 EDTA 标准溶液滴定其中的 Mg^{2+},用去 EDTA 12.00ml。

计算尿液中的 Ca^{2+} 和 Mg^{2+} 的质量浓度(以 mg/L)表示。(已知 Ca 和 Mg 的原子量分别为 40.078 和 24.3050)

4. 在没有其他配位剂存在的情况下,在 pH = 2 和 pH = 3.8 时,能否用 EDTA 准确滴定 Cu^{2+}([Cu^{2+}] = 10^{-2}mol/L)?

(桂劲松)

第八章 氧化还原滴定法

学习目标

【掌握】氧化还原滴定法的基本原理,高锰酸钾法、碘量法有关原理。

【熟悉】影响氧化还原反应速率的各种因素;氧化还原滴定法中,常用指示剂类型;亚硝酸钠法的滴定原理。

【了解】氧化还原反应条件平衡常数的计算方法,高锰酸钾法、碘量法、亚硝酸钠法定量计算及应用。

第一节 概　述

氧化还原滴定法(oxidation – reduction titration)是以氧化还原反应为基础的滴定分析法。是基于氧化剂与还原剂之间电子转移来进行反应的一种分析方法。根据滴定剂的不同,常将氧化还原滴定法分为碘量法、高锰酸钾法、铈量法、亚硝酸钠法、溴酸钾法、重铬酸钾法等。

本项目主要介绍高锰酸钾法、碘量法和亚硝酸钠法。

氧化还原滴定法应用广泛,不仅可直接测定具有氧化性或还原性的物质,还可以测定本身不具有氧化性或还原性的物质;不仅用于测定无机物,也能测定有机物,它是滴定分析中十分重要的分析方法。

物质氧化还原能力的大小,可以用电极电位来衡量。

一、电极电位及标准电极电位

标准电极电位是指标准状况(25℃,氧化态和还原态的活度为 1mol/L,分压等于 100kPa)下的电极电位,标准电极电位为一常数。

条件电极电位是指在一定的介质条件下,氧化态和还原态的总浓度均为 1mol/L 时的电极电位。它在一定条件下为一常数。

任意情况下的电极电位为变量,可通过能斯特方程式求得:

$$Ox(氧化态) + ne \Longleftrightarrow Red(还原态)$$

$$\varphi_{Ox/Red} = \varphi_{Ox/Red}^{\theta} + \frac{0.059}{n}\lg\frac{c_{Ox}}{c_{Red}} \qquad (25℃)$$

条件电极电位反映了离子强度和各种副反应影响的总结果,是氧化还原电对在客观条件下的实际氧化还原能力的真实反映。在进行氧化还原平衡计算时,应采用与给定介质条件相同的条件电极电位. 对于没有相应条件电极电位的氧化还原电对,则采用标准电极电位。

物质的氧化还原能力可以用有关电对的电极电位来表征。电对的电极电位越高,其氧化型的氧化能力越强;电对的电极电位越低,其还原型的还原能力越强。故可根据有关电对的电极电位判断氧化还原反应进行的方向、次序和程度。

知识拓展

条件电位与标准电位不同,它随介质的种类和浓度的变化而变化。例如,Fe^{3+}/Fe^{2+}电对的标准电位$\varphi^{\theta}=0.77V$,而其在盐酸液中(0.5mol/L)中,$\varphi'=0.71V$;在盐酸液中(5mol/L)中,$\varphi'=0.64V$;在磷酸液(2mol/L)$\varphi'=0.46V$。显然根据条件电位判断电对的实际氧化还原能力,处理问题比较简单,也更符合实际情况,所以条件电位在分析化学中更有实际意义。若没有相同条件下的条件电位值时,可借用该电对在相同介质、相近浓度下的条件电位值,对尚无条件电位值的电对,只好采用它的标准电位值和副反应系数进行估算。书后附表列出了常用氧化还原电对的标准电位及部分条件电位。

二、氧化还原反应进行的程度

氧化还原滴定要求氧化还原反应进行得越完全越好,反应进行得完全程度常用反应平衡常数(K)的大小来衡量。平衡常数越大,表示反应进行得越完全。

(一)氧化还原反应的条件平衡常数

平衡常数可根据能斯特方程式,从有关电对的标准电极电位或条件电极电位求出。

对于任意氧化还原反应:

$$a\mathrm{Ox}_1 + b\mathrm{Red}_2 \rightleftharpoons c\mathrm{Red}_1 + d\mathrm{Ox}_2$$

$$\lg K' = \frac{n(\varphi_{\mathrm{Ox}}^{\theta'} - \varphi_{\mathrm{Red}}^{\theta'})}{0.059}$$

n指的是氧化还原反应的电子转移总数。

两电对的条件电位相差越大,氧化还原反应的条件平衡常数K'就越大,反应进行也越完全。一般认为两电对的条件电位差$\Delta\varphi \geqslant 0.35V$时,反应就能进行地完全,从而达到定量分析的要求。

(二)氧化还原反应完全的条件

两电对的条件电位差$\Delta\varphi'$是影响氧化还原滴定电位突跃范围的主要因素。$\Delta\varphi'$越大,滴定突跃范围越大,可选择的指示剂的品种越多,变色越敏锐,越易准确滴定。实践证明,$\Delta\varphi' \geqslant 0.35V$,一般认为反应能进行完全。

知识拓展

某些氧化还原反应,虽然$\Delta\varphi' > 0.35V$,符合反应完全的要求,但发生了副反应,这样的氧化还原反应不能用于滴定分析。例如,$K_2Cr_2O_7$与NaS_2O_3的反应,从$\Delta\varphi$来看,反应能进行完全,但$K_2Cr_2O_7$除可将NaS_2O_3氧化成$S_4O_6^{2-}$外,还可能有部分氧化成SO_4^{2-}等,而使它们之间的化学计量关系不能确定。因此,实际工作中,以$K_2Cr_2O_7$作基准物质标定硫代硫酸钠溶液时,不能应用它们之间的直接反应,而采用间接法标定。

三、影响氧化还原反应的速率的因素

在氧化还原反应中,平衡常数的大小只能表示反应进行的程度,并不能说明反应的速率。有许多氧化还原反应从反应完全程度上看是可进行的,而实际上往往由于反应速度太慢而不能用于滴定分析。因此,不仅要从平衡观点来考虑反应的可能性,还应从其反应速度来考虑反应的现实性。由于氧化还原反应是基于电子的转移,且氧化还原反应往往不是一步而是分步完成的,需要一定时间才能完成,所以反应速率是一个复杂的问题。它除了决定于氧化剂和还原剂本身的性质外,还与以下因素有关。

1. 反应物的浓度

一般来说,增加反应物的浓度能加快反应速度。

2. 溶液的温度

对于大多数反应,提高溶液的温度可以加快反应速度。通常溶液温度每增高 10℃,反应速度可增大 2 ~ 3 倍。

3. 催化剂的作用

催化剂的使用是提高反应速度的有效方法。

知识拓展

自动催化反应

开始时由于没有催化剂存在,反应速率较慢;随着反应的进行,作为催化剂的生成物从无到有,浓度逐渐增大,反应速率也逐渐加快。例如,MnO_4^- 与 CrO_4^{2-} 的反应速度较慢,若加入 Mn^{2+} 作催化剂,便能加速反应进行。但由于反应生成物中有 Mn^{2+},因此也能加速反应的进行。

第二节　氧化还原滴定法的指示剂

在氧化还原滴定法中,常用指示剂有三类:

一、自身指示剂

有些滴定剂本身有很深的颜色,而滴定产物为无色或颜色很浅,在这种情况下,滴定时可不必另加指示剂,它们本身的颜色变化就起着指示剂的作用,这些滴定剂又被称为自身指示剂。例如 $KMnO_4$ 本身显紫红色,用它来滴定 Fe^{2+}、CrO_4^{2-} 溶液时,反应产物 Mn^{2+}、Fe^{3+} 等颜色很浅或是无色,滴定到化学计量点后,只要 $KMnO_4$ 稍微过量半滴就能使溶液呈现淡红色,指示滴定终点的到达。$KMnO_4$ 就是一种自身指示剂。

二、特殊指示剂

特殊指示剂本身并不具有氧化还原性,但能与滴定剂或被测定物质发生显色反应,而且显色反应是可逆的,因而可以指示滴定终点。这类指示剂最常用的是淀粉,如可溶性淀粉与碘溶

液反应生成深蓝色的化合物,当 I_2 被还原为 I^- 时,蓝色就突然褪去。因此,在碘量法中,多用淀粉溶液作指示液。用淀粉指示液可以检出约 10^{-5} mol/L 的碘溶液,但淀粉指示液与 I_2 的显色灵敏度与淀粉的性质和加入时间、温度及反应介质等条件有关。

三、氧化还原指示剂

氧化还原指示剂本身是氧化剂或还原剂,其氧化态和还原态具有不同的颜色。在滴定过程中,指示剂由氧化态转为还原态,或由还原态转为氧化态时,溶液颜色随之发生变化,从而指示滴定终点。例如用 $K_2Cr_2O_7$ 滴定 Fe^{2+} 时,常用二苯胺磺酸钠为指示剂。二苯胺磺酸钠的还原态无色,当滴定至化学计量点时,稍过量的 $K_2Cr_2O_7$ 使二苯胺磺酸钠由还原态转变为氧化态,溶液显紫红色,从而指示出滴定终点的到达。表 8-1 列出了部分常用的氧化还原指示剂。

表 8-1　常用的氧化还原指示剂及其颜色

指示剂	$\varphi^{\theta'}/V$	颜色变化	
	$c(H^+) = 1$ mol /L	氧化态	还原态
次甲基蓝	0.36	蓝	无色
二苯胺	0.76	紫	无色
二苯胺磺酸钠	0.84	红紫	无色
邻苯胺基苯甲酸	0.89	红紫	无色
邻二氮杂菲 - 亚铁	1.06	浅蓝	红
硝基邻二氮杂菲 - 亚铁	1.25	浅蓝	紫红

氧化还原指示剂不仅对某种离子有特效,而且对氧化还原反应普遍适用,因而是一种通用指示剂,应用范围比较广泛。选择这类指示剂的原则是指示剂变色点的电位应当处在滴定体系的电位突跃范围内。

四、外指示剂

指示剂不加入滴定体系内,而是在接近化学计量点时,随时取出一滴滴定液在点滴盘或反应纸上与滴加的指示剂反应,观察其显色现象,判断是否达到终点。

五、不可逆指示剂

不可逆指示剂氧化还原滴定法中使用的一种指示剂,主要是有机染料。

化学计量时稍过量的氧化剂氧化了指示剂,使之褪色。溴酸钾滴定法中,可选用甲基橙指示剂,以甲基橙的褪色指示终点。甲基橙是此滴定反应的不可逆指示剂。

知识拓展

滴定前的预处理

滴定前使被测组分转变为一定价态的步骤称为滴定前的预处理。

在氧化还原滴定之前,常需进行一些预先处理,使被测组分能与滴定剂迅速、完全,并按照一定化学计量关系进行反应。预处理所选用的预氧化剂或预还原剂必须符合以下条件:

1. 必须将预测组分定量地氧化或还原;
2. 反应速度快;
3. 反应应具有一定的选择性;
4. 过量的氧化剂或还原剂要易于除去。

预处理常用的氧化剂有$(NH_4)_2S_2O_8$、$KMnO_4$、H_2O_2、KIO_4、$HClO_4$等,还原剂有$SnCl_2$、SO_2、$TiCl_3$、金属还原剂(锌、铝、铁等)。

第三节 高锰酸钾法

一、基本原理

高锰酸钾是一种强氧化剂,氧化能力与溶液的酸度有关。

在强酸性介质中,$KMnO_4$与还原剂作用被还原成Mn^{2+}

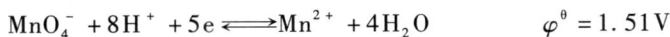

$$MnO_4^- + 8H^+ + 5e \Longleftrightarrow Mn^{2+} + 4H_2O \qquad \varphi^\theta = 1.51V$$

在微酸性、中性或碱性介质中,$KMnO_4$被还原成MnO_2

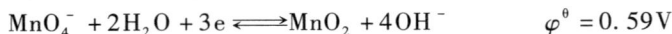

$$MnO_4^- + 2H_2O + 3e \Longleftrightarrow MnO_2 + 4OH^- \qquad \varphi^\theta = 0.59V$$

在强碱性溶液中,$KMnO_4$被还原成MnO_4^{2-}

$$MnO_4^- + e \Longleftrightarrow MnO_4^{2-} \qquad \varphi^\theta = 0.56V$$

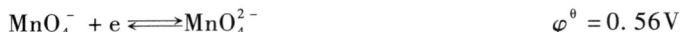

高锰酸钾在强酸性溶液中的氧化能力最强,故高锰酸钾法常在强酸性溶液中进行。一般用硫酸调节其酸度,不用盐酸和硝酸。

在强酸性溶液中,以高锰酸钾作为滴定液,直接或者间接测定还原性或氧化性物质含量的方法称为氧化还原滴定。

高锰酸钾法特点氧化能力强,能与许多物质起反应,应用范围广滴定不需要外加指示剂;高锰酸钾与还原性物质的反应历程比较复杂,易发生副反应,其标准溶液不能直接配制,而且不稳定,标准溶液需经常标定。

二、$KMnO_4$标准溶液的配制和标定

高锰酸钾溶液不能用直接法配制,因为高锰酸钾常含有少量MnO_2等杂质,纯化水也常有微量杂质。因此高锰酸钾溶液不能用直接法配制,首先先配制成近似所需的浓度,放置,再标定。

(一)配制

称取多于理论用量的固体高锰酸钾,用新煮沸并冷却的纯化水溶解,放置两天以上或加热至微沸,使各种还原性物质完全氧化,过滤,除去MnO_2等沉淀,摇匀,储存于棕色瓶中,暗处密闭保存。

(二)标定

标定高锰酸钾标准溶液以基准物$Na_2C_2O_4$最常用,其易提纯,较稳定,纯品于105℃烘2h,

即可使用。标定高锰酸钾标准溶液常用基准物还有:$Na_2C_2O_4$、$(NH_4)_2C_2O_4$、$FeSO_4 \cdot 7H_2O$ 等。

在硫酸$(0.5 \sim 1mol/L)$溶液中,加热至 $75 \sim 85℃$ 时反应如下:

$$2MnO_4^- + 5C_2O_4^{2-} + 16H^+ \Longleftrightarrow 2Mn^{2+} + 10CO_2 \uparrow + 8H_2O$$

按以下公式计算

$$c_{KMnO_4} = \frac{2 \times m_{Na_2C_2O_4} \times 10^3}{5 \times M_{Na_2C_2O_4} \times V_{KMnO_4}}$$

三、高锰酸钾法的应用

(一)直接滴定法

用 $KMnO_4$ 为滴定剂,在酸性溶液中可直接测定许多还原性物质,如过氧化物、草酸盐、亚铁盐、亚砷酸盐等。

以过氧化氢(H_2O_2)为例,在酸性溶液中与 $KMnO_4$ 反应如下:

$$5H_2O_2 + 2MnO_4^- + 6H^+ \Longleftrightarrow 2Mn^{2+} + 8H_2O + 5O_2$$

用 $KMnO_4$ 滴定 H_2O_2,开始时滴入的 $KMnO_4$ 溶液褪色缓慢,待 Mn^{2+} 生成后,由于 Mn^{2+} 催化作用加快反应速度。在生物化学中,常利用该法测定过氧化氢酶的活性。

(二)间接滴定法

用 $KMnO_4$ 作滴定剂,也能间接测定一些非还原性物质,如 Ca^{2+}、Ba^{2+}、Zn^{2+} 等。

(三)返滴定法

应用 $KMnO_4$ 作滴定剂,与 $Na_2C_2O_4$ 或 $(NH_4)_2Fe(SO_4)_2$ 标准溶液配合,可以测定氧化性物质,如 MnO_2、PbO_2、CrO_4^{2-}、ClO_4^- 等。

(四)测定有机物

如甲醇、甲醛、甲酸、葡萄糖及酒石酸的含量等。

第四节 碘量法

碘量法是以碘为氧化剂,或以碘化钾为还原剂,进行氧化还原滴定分析的一种方法。其半反应式为:

$$I_2 + 2e \Longleftrightarrow 2I^- \qquad \varphi_{I_2/I^-}^{\theta} = 0.5345V$$

I_2 在水中的溶解度很小$(25℃$ 为 $0.0018mol/L)$,为增大其溶解度,通常将 I_2 溶解在 KI 溶液中,使 I_2 以 I_3^- 配离子形式存在,其半反应式为:

$$I_3^- + 2e \Longleftrightarrow 3I^- \qquad \varphi_{I_3^-/I^-}^{\theta} = 0.5355V$$

由于两者标准电位相差很小,为了简便,习惯上仍以前者表示。

从 I_2/I^- 电对的标准电位可以看出,I_2 是较弱的氧化剂,I^- 是中等强度还原剂。因此,用碘量法测定物质含量时,应根据待测组分的氧化性或还原性的强弱,选择不同的方法进行滴定。常用的有直接碘量法、间接碘量法(剩余碘量法和置换碘量法)两种滴定方式。

分析化学

一、直接碘量法

凡是标准电极电位或条件电位比 $\varphi^{\theta}_{I_2/I^-}$ 低的还原性物质,都可以直接用碘标准溶液滴定。直接碘量法应在弱酸性、中性或弱碱性溶液中进行。如果溶液的 pH > 9,则会发生副反应。

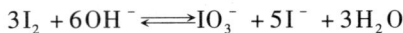

$$3I_2 + 6OH^- \Longleftrightarrow IO_3^- + 5I^- + 3H_2O$$

可用碘标准溶液直接滴定的物质有:S^{2-}、$S_2O_3^{2-}$、As_2O_3、Vc 等。

二、间接碘量法(滴定碘法)

间接碘量法主要用来测定具有氧化性的物质,比如 Cu^{2+}、$Cr_2O_7^{2-}$、IO_3^-、BrO_3^-、H_2O_2、MnO_4^- 和 Fe^{3+} 等。

间接碘量法是以碘和 $Na_2S_2O_3$ 发生如下反应为基础的氧化还原滴定分析方法。

$$I_2 + 2S_2O_3^{2-} \Longleftrightarrow 2I^- + S_4O_6^{2-}$$

凡是标准电极电位高于 $\varphi^{\theta}_{I_2/I^-}$ 的电对,其氧化型可将加入的 I^- 氧化成 I_2,再用 $Na_2S_2O_3$ 标准溶液滴定生成的 I_2。这种滴定方法称为置换滴定法。

凡是标准电极电位低于 $\varphi^{\theta}_{I_2/I^-}$ 的电对,其还原型可与过量的 I_2 标准溶液作用,待反应完全后,再用 $Na_2S_2O_3$ 标准溶液滴定剩余的 I_2。这种滴定方法称剩余滴定法或返滴定法。置换滴定法与剩余滴定法两种滴定方式统称间接碘量法或滴定碘法。

间接碘量法必须在中性或弱酸性溶液中进行。若在碱性溶液中,除发生上述反应外,还发生如下的副反应:

$$S_2O_3^{2-} + 4I_2 + 10OH^- \Longleftrightarrow 2SO_4^{2-} + 8I^- + 5H_2O$$

若在强酸溶液中,$S_2O_3^{2-}$ 易分解,I^- 也易被空气中的氧缓慢氧化。

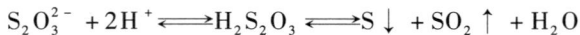

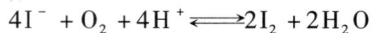

$$S_2O_3^{2-} + 2H^+ \Longleftrightarrow H_2S_2O_3 \Longleftrightarrow S\downarrow + SO_2\uparrow + H_2O$$

$$4I^- + O_2 + 4H^+ \Longleftrightarrow 2I_2 + 2H_2O$$

间接碘量法误差主要来源是 I_2 的挥发和 I^- 被空气中的 O_2 氧化。采取以下措施予以减免:

(一)防止 I_2 挥发

1. 加入比理论量大 2~3 倍的 KI,使之与 I_2 形成溶解度较大的 I_3^- 离子,同时过量的 I^- 还可提高淀粉指示剂的灵敏度。

2. 避免加热,使反应在室温下进行。

3. 最好在带塞的碘量瓶中进行,滴定时勿剧烈摇动,快滴慢摇,以减少碘的挥发。

(二)防止 I^- 被氧化

1. 滴定在室温下进行,避免阳光直接照射,除去 Cu^{2+}、NO_2^- 等催化剂,避免 I^- 加速氧化。

2. 降低酸度,酸度增高也能加速 I^- 的氧化。如反应需在较高的酸度下进行,则在滴定前应稀释溶液,以降低酸度。

3. 当析出 I^- 的反应完成后,立即用 $Na_2S_2O_3$ 滴定,快滴慢摇,以减少 I^- 与空气的接触。

三、碘量法的指示剂

碘量法常用淀粉作指示剂,根据蓝色的出现或消失指示滴定终点。直接碘量法根据蓝色的出现确定滴定终点,间接碘量法则根据蓝色的消失确定终点。

使用淀粉指示剂需注意加入的时机。直接碘量法,在酸度不高的情况下,可在滴定前加入。间接碘量法则需在临近终点时加入,否则,溶液中大量的碘单质被淀粉表面牢牢吸附,使滴定终点延迟。

课堂互动

请比较直接碘量法和间接碘量法的异同。

四、滴定液的配制与标定

(一)碘标准溶液

1. 碘标准溶液的配制

虽然可用升华法制得纯碘,但碘具有挥发性和腐蚀性,不宜在分析天平上称量,故仍用间接法配制。

由于碘易挥发且在水中难溶,因此,常将 I_2 溶于 KI 溶液中,不仅可以增加 I_2 的溶解度,还能降低 I_2 的挥发性。配制碘液时应加入少量的盐酸,可防止碘在碱性溶液中发生自身氧化还原反应、中和硫代硫酸钠溶液中作稳定剂的碳酸钠和去掉碘中微量 KIO_3 杂质。另外,为了防止少量未溶解的碘影响浓度,配制后还需用垂熔玻璃滤器过滤后再标定。

2. 碘标准溶液的标定

碘液的准确浓度可与硫代硫酸钠标准溶液比较求得,也常用基准三氧化二砷标定。三氧化二砷难溶于水,可加 NaOH 溶液使生成亚砷酸钠而溶解。如欲使 I_2 氧化 AsO_3^{3-} 的反应定量进行,通常加入 $NaHCO_3$ 使溶液呈弱碱性($pH \approx 8$),其反应如下:

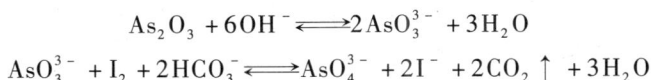

$$As_2O_3 + 6OH^- \rightleftharpoons 2AsO_3^{3-} + 3H_2O$$

$$AsO_3^{3-} + I_2 + 2HCO_3^- \rightleftharpoons AsO_4^{3-} + 2I^- + 2CO_2\uparrow + 3H_2O$$

碘液有腐蚀性,应避免与橡皮塞、软木塞等有机物接触;见光、受热时易氧化,故应置玻璃塞的棕色玻璃瓶中,密闭,在凉处保存。

立德树人

马克思辩证唯物主义世界观教育

I_2 能定量氧化 AsO_3^{3-},溶液呈弱碱性($pH \approx 8$)时,此反应才能进行,当强酸性时,由于条件电位的改变 I^- 反而被砷酸氧化。具体问题具体分析是马克思主义的一条基本原则。

(二) $Na_2S_2O_3$ 标准溶液的配制和标定

硫代硫酸钠结晶易风化或溶解,且含有少量杂质,故不易用直接法配制。硫代硫酸钠溶液不稳定,易于空气中的 O_2、水中的 CO_2 反应以及易被嗜硫细菌分解,反应如下:

溶解在水中的 CO_2 的作用　　　$Na_2S_2O_3 + CO_2 + H_2O \rightleftharpoons NaHSO_4 + NaHCO_3 + S\downarrow$

空气中的作用　　　　　　　　　$2Na_2S_2O_3 + O_2 \rightleftharpoons 2Na_2SO_4 + 2S\downarrow$

嗜硫细菌的作用　　　　　　　　$Na_2S_2O_3 \xrightarrow{\text{微生物}} Na_2SO_3 + S\downarrow$

因此 $Na_2S_2O_3$ 标准溶液采用间接法配制。

1. $Na_2S_2O_3$ 标准溶液的配制

配制 $Na_2S_2O_3$ 标准溶液通常采用下述步骤:称取比计算用量稍多的 $Na_2S_2O_3 \cdot 5H_2O$ 试剂,溶于新煮沸(除去水中的 CO_2 和 O_2,并灭菌)并已冷却的蒸馏水中,加入少量 Na_2CO_3 保持弱碱性以抑制微生物的生长,于棕色瓶中放置 7 ~ 10 天后,滤除 S 沉淀,再标定其浓度,这样配制的溶液比较稳定。如果发现溶液变质则应过滤后再标定其浓度,严重时应弃去重配。

2. $Na_2S_2O_3$ 标准溶液的标定

标定硫代硫酸钠的基准物质很多,如重铬酸钾、亚铁氰化钾、碘酸钾、溴酸钾及铜盐等,其中重铬酸钾最常用,其标定反应如下。

$$Cr_2O_7^{2-} + 6I^- + 14H^+ \rightleftharpoons 2Cr^{3+} + 3I_2 + 7H_2O$$

$$I_2 + 2S_2O_3^{2-} \rightleftharpoons 2I^- + S_4O_6^{2-}$$

可得关系式　　　　　　　$Cr_2O_7^{2-} \sim 6I^- \sim 3I_2 \sim 6S_2O_3^{2-}$

根据反应方程式,求出 $Na_2S_2O_3$ 的浓度为:

$$c_{Na_2S_2O_3} = \frac{6 \times m_{K_2Cr_2O_7} \times 10^3}{M_{K_2Cr_2O_7} \times V_{Na_2S_2O_3}}$$

特别提示

1. $Cr_2O_7^{2-}$ 与 I^- 反应较慢。为加速反应,须加入过量 KI,并适当提高溶液的酸度,酸度过高也会加速空气氧化 I^-。酸度一般为 $0.2 \sim 0.4 mol/L$。需将其置于碘瓶中,水封,暗处放置 10 分钟后,再用待标定的 $Na_2S_2O_3$ 液滴定。

2. 滴定前需将溶液稀释。可降低溶液酸度,减慢 I^- 被空气中 O_2 氧化的速度,又可减弱 $Na_2S_2O_3$ 的分解,还可降低 Cr^{3+} 的浓度,使其亮绿色变浅,便于终点观察。

3. 间接碘量法需在临近终点时加入。滴定至近终点、溶液呈浅黄绿色时,再加入淀粉指示剂。

4. 若滴定至终点后,溶液迅速回蓝,表明 $Cr_2O_7^{2-}$ 与 I^- 反应不完全,可能是酸度不足或稀释过早所引起,应重新标定;如果滴定至终点 5 分钟后返蓝,这是由于空气氧化 I^- 所引起,不影响实验结果。

五、碘量法测定物质含量

例1　维生素 C(片)的测定

维生素 C 又称为抗坏血酸,分子式为 $C_6H_8O_6$,相对分子质量 176.12。由于维生素 C 分子中的烯二醇基具有较强的还原性,它能被 I_2 定量地氧化成二酮基,其反应为:

$$\begin{array}{c} \text{O} \text{---} \quad \text{H} \quad \text{OH} \\ | \quad\quad\quad\quad\quad\quad | \quad\quad | \\ \text{C---C=C---C---CH} + I_2 \Longleftrightarrow \\ || \quad\quad || \quad | || \quad | \\ \text{O} \quad \text{OH OH H} \quad \text{OH H} \end{array} \begin{array}{c} \text{O} \text{---} \quad \text{H} \quad \text{OH} \\ | \quad\quad\quad\quad\quad | \quad | \\ \text{C---C---C---C---CH} + 2HI \\ || \quad || \quad || \quad | || \quad | \\ \text{O} \quad \text{O} \quad \text{O} \quad \text{H} \quad \text{OH H} \end{array}$$

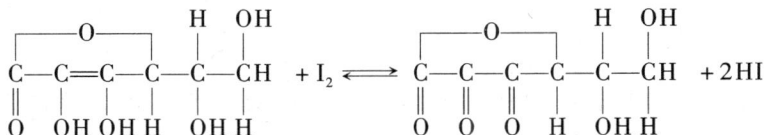

含量测定方法:准确称取维生素 C(片)试样,溶解在新煮沸而冷却的蒸馏水中,以醋酸酸化,加入淀粉指示剂,迅速用 I_2 标准溶液滴定至终点(呈现稳定的蓝色)。

操作时应注意,由于维生素 C 的还原性很强,在空气中易被氧化,特别是在碱性介质中被氧化更为容易。所以在 HAc 酸化后立即进行滴定,这样既减少维生素 C 被空气氧化,又减少维生素 C 发生副反应。由于蒸馏水中含有溶解氧,必须事先煮沸,否则会使测定结果偏低。如果有能被 I_2 直接氧化的物质存在,则对本测定方法有干扰。

例 2 焦亚硫酸钠的含量测定

焦亚硫酸钠具有较强的还原性,常作药品制剂的抗氧剂,可用剩余滴定方式测量其含量。即可先加入定量过量的碘液,然后再加入硫代硫酸钠溶液回滴剩余的 I_2,最后进行空白滴定,这样既可免除一些仪器误差,又可从空白滴定与回滴定的差数求出焦亚硫酸钠的含量,且无须知道碘液的浓度。其反应式和结果计算公式如下:

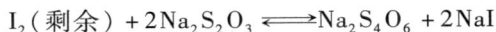

$$Na_2S_2O_5 + 2I_2(定量、过量) + 3H_2O \Longleftrightarrow Na_2SO_4 + H_2SO_4 + 4HI$$

$$I_2(剩余) + 2Na_2S_2O_3 \Longleftrightarrow Na_2S_4O_6 + 2NaI$$

$$焦亚硫酸钠\% = \frac{1}{4} \times \frac{c_{Na_2S_2O_3}\left[V_{Na_2S_2O_3}(空白) - V_{Na_2S_2O_3}回滴\right]M_{Na_2S_2O_3}}{1000S} \times 100\%$$

第五节 亚硝酸钠法

一、基本原理

亚硝酸钠法是以亚硝酸钠为标准溶液的氧化还原滴定法。其中,应用亚硝酸钠标准溶液滴定芳伯胺类化合物的方法称为重氮化滴定法,反应式如下:

$$NaNO_2 + 2HCl + ArNH_2 \Longleftrightarrow [Ar^+N{\equiv}N]Cl^- + NaCl + 2H_2O$$

应用亚硝酸钠标准溶液滴定芳仲胺类化合物的方法称为亚硝基化滴定法,反应式如下:

$$Ar{-}NHR + NO_2^- + H^+ \Longleftrightarrow Ar{-}N(R){-}NO + H_2O$$

亚硝酸钠法在滴定时应注意以下方面:

(一)酸的种类和浓度

亚硝酸钠法的反应速度与酸的种类有关。在 HBr 中最快,HCl 中次之,H_2SO_4 或 HNO_3 最慢。因 HBr 较贵,芳伯胺盐酸较硫酸盐溶解度大,故常用盐酸。适宜酸度不仅可以加快反应速度,还可以提高重氮盐的稳定性。一般控制酸度在 1mol/L 为宜。酸度过高会阻碍芳伯胺的游离,影响重氮化反应的速度;酸度过低,生成的重氮盐可与尚未被重氮化的芳伯胺偶合生成重氮氨基化合物,使测定结果偏低。

(二)滴定速度与温度

反应速度随温度的升高而加快,温度升高又会促使亚硝酸的逸失和分解。一般规定在

15℃以下进行。

$$3HNO_2 \Longleftrightarrow HNO_3 + H_2O + 2NO\uparrow$$

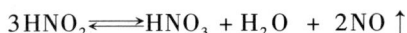

《中国药典》(2015年版)通则规定,在10～30℃,将滴定管尖插入液面下约2/3处,随滴随搅拌,迅速滴定,至近终点时,将管尖端提出液面,继续缓缓滴至终点。这样开始生成的HNO₂在剧烈搅拌下向四方扩散并立即与芳伯胺反应,来不及逸失和分解,即可作用完全,此亦称"快速滴定法"。它即可缩短滴定时间,又可得到满意结果。

(三)苯环上取代基团的影响

苯胺环上,特别是在胺的对位上,有其他取代基团存在时,能影响重氮化反应的速度。吸电子基团使反应加速,斥电子基团使反应减慢。对于反应较慢的通常加入适量KBr加以催化,以提高反应速度。

二、指示终点的方法

(一)外指示剂法

亚硝酸钠法的外用指示剂多用含锌碘化钾 – 淀粉指示液。当滴定达到化学计量点后,微过量的亚硝酸钠在酸性环境中与碘化钾反应,生成的I₂遇淀粉即显蓝色。

$$4H^+ + 2NO_2^- + 2I^- \Longleftrightarrow I_2 + 2NO\uparrow + 2H_2O$$

这种指示剂不能直接加到被滴定的溶液中,因为滴入的亚硝酸钠液在与芳伯胺作用前优先与KI作用,使终点无法观察,故只能在化学计量点附近用玻璃棒蘸取少许溶液在外面与指示剂接触来判断终点。此外指示剂可制成糊状,也可制成试纸使用。其中氧化锌作防腐剂。

使用外用指示剂时需多次取溶液确定终点,不仅操作麻烦,样品溶液损耗,使结果不甚准确,而且终点前溶液中强酸亦促使KI被空气氧化成I₂而使指示剂变色,使其终点难以掌握。

(二)内指示剂法

由于外指示剂有上述缺点,也有人选用内指示剂来指示终点,其中以橙黄Ⅳ、中性红、二苯胺和亮甲酚蓝应用最多。使用内指示剂虽然操作简单,但有时变色不够敏锐,尤其是重氮盐有色时更难判断终点,而各种芳伯胺类化合物的重氮化反应速度慢且各不相同,使终点更难以掌握。

(三)永停滴定法

由于内外指示剂有许多缺点,现逐渐采用永停滴定法确定终点。此法将在后面章节部分介绍。

三、滴定液的配制与标定

(一)亚硝酸钠标准溶液的配制

亚硝酸钠标准溶液常用间接法配制。由于亚硝酸钠溶液不稳定,久置时浓度显著下降,若溶液呈微碱性(pH≈10),三个月内浓度无甚变化,故在配制时需加入少许碳酸钠作稳定剂。

(二)亚硝酸钠标准溶液的标定

标定亚硝酸钠溶液常用对氨基苯磺酸为基准物质。对氨基苯磺酸为内盐,在水中溶解缓慢,故需加入氨试液使生成铵盐溶于水,再加盐酸,使其成为对氨基苯磺酸盐酸盐,用本液滴定,反应生成重氮盐。

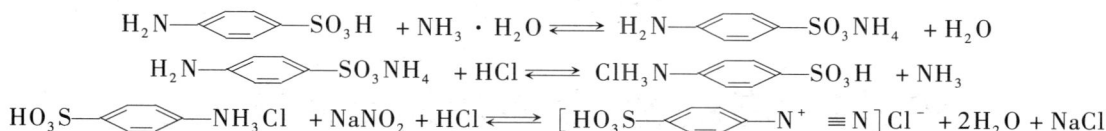

$$H_2N-\langle\!\!\!\!\!\!-\!\!\!\!\!\!\rangle\!\!\!-SO_3H + NH_3 \cdot H_2O \rightleftharpoons H_2N-\langle\!\!\!\!\!\!-\!\!\!\!\!\!\rangle\!\!\!-SO_3NH_4 + H_2O$$

$$H_2N-\langle\!\!\!\!\!\!-\!\!\!\!\!\!\rangle\!\!\!-SO_3NH_4 + HCl \rightleftharpoons ClH_3N-\langle\!\!\!\!\!\!-\!\!\!\!\!\!\rangle\!\!\!-SO_3H + NH_3$$

$$HO_3S-\langle\!\!\!\!\!\!-\!\!\!\!\!\!\rangle\!\!\!-NH_3Cl + NaNO_2 + HCl \rightleftharpoons [HO_3S-\langle\!\!\!\!\!\!-\!\!\!\!\!\!\rangle\!\!\!-N^+\equiv N]Cl^- + 2H_2O + NaCl$$

亚硝酸钠溶液遇光易分解,应贮于带玻璃塞的棕色玻璃瓶中,密闭保存。

重氮化法主要用于测定芳伯胺类化合物,如盐酸普鲁卡因、胺、氨苯砜和磺胺类药物等,还可测定水解后具有芳伯胺类的药物,如酞磺胺噻唑等。亚硝基化法可用于测定芳仲胺类药物,如磷酸伯胺喹等。

四、亚硝酸钠法测定物质的含量

(一)磺胺嘧啶的含量测定

芳香族伯胺和仲胺类化合物都可以用亚硝酸钠法直接测定其含量。

磺胺嘧啶属于芳香族伯氨药物,在酸性条件下可以与亚硝酸钠发生重氮化反应而生成重氮盐。其反应如下:

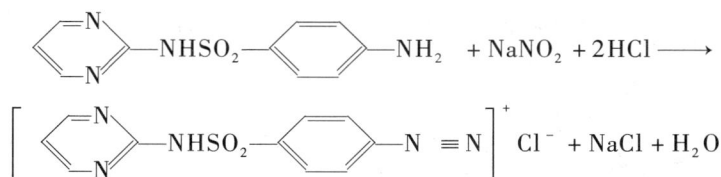

$$\langle\!\!\!\!\!\!-\!\!\!\!\!\!\rangle\!\!\!-NHSO_2-\langle\!\!\!\!\!\!-\!\!\!\!\!\!\rangle\!\!\!-NH_2 + NaNO_2 + 2HCl \longrightarrow$$

$$[\langle\!\!\!\!\!\!-\!\!\!\!\!\!\rangle\!\!\!-NHSO_2-\langle\!\!\!\!\!\!-\!\!\!\!\!\!\rangle\!\!\!-N\equiv N]^+Cl^- + NaCl + H_2O$$

磺胺嘧啶的含量测定具体操作如下:取磺胺嘧啶约 0.5g,精密称定,采用永停滴定法指示终点,用亚硝酸钠滴定液(0.1mol/L)滴定。每 1ml 亚硝酸钠滴定液(0.1mol/L)相当于 25.03mg 的磺胺嘧啶。

磺胺嘧啶的含量计算公式如下:

$$磺胺嘧啶含量\% = \frac{c_{NaNO_2} \times V_{NaNO_2} \times M_{C_{10}H_{10}N_4O_2S} \times 10^{-3}}{m_S}100\%$$

(二)盐酸普鲁卡因的含量测定

盐酸普鲁卡因属于芳伯胺基药物,为酯类局麻药,能暂时阻断神经纤维的传导而具有麻醉作用。盐酸普鲁卡因分子结构中具有芳伯胺基,在酸性条件下可与亚硝酸钠定量反应生成重氮化合物,可采用永停法指示终点。具体操作如下:取盐酸普鲁卡因约 0.6g,精密称定,照永停滴定法,在 15 ~ 25℃,用亚硝酸钠滴定液(0.1mol/L)滴定。每 1ml 亚硝酸钠滴定液(0.1mol/L)相当于 27.28mg 的盐酸普鲁卡因。

$$盐酸普鲁卡因\% = \frac{TVF}{m_S} \times 100\%$$

技能实训

实训1　高锰酸钾滴定液的配制与标定

一、实训目的

1. 掌握高锰酸钾滴定液的配制与标定方法。
2. 学会使用自身指示剂指示终点的方法。

二、仪器与试剂

1. 仪器

电子天平（0.1mg）、台秤（0.1g）、酸式滴定管（50ml）、锥形瓶（250ml）、棕色试剂瓶（500ml）、烧杯（500ml）、量筒（50ml）、表面皿、垂熔玻璃漏斗、玻璃棒。

2. 试剂

$KMnO_4$（A.R）、$Na_2C_2O_4$（基准物质）、H_2SO_4（AR）、盐酸（AR）。

三、实训内容

1. 配制$KMnO_4$滴定液（0.02mol/L）

称取$KMnO_4$ 1.6g溶于500ml新煮沸并冷却的纯化水中，混匀，放冷，置棕色试剂瓶中，暗处放置7～14天，用垂熔玻璃漏斗过滤。

2. 标定

精密称取105℃干燥至恒重基准物质$Na_2C_2O_4$约0.17g 3份（准确至0.1mg），置3个锥形瓶中，各加100ml新煮沸并已冷却纯化水中使之溶解，再加硫酸15ml摇匀。然后迅速滴已配制的$KMnO_4$溶液，并加热至65℃，继续滴定$KMnO_4$至溶液显微红并保持30秒不褪色即为终点。记录消耗高锰酸钾滴定液的体积。平行测定3次。

3. 读数

高锰酸钾溶液颜色较深，读数时应该注意溶液的水平面与标线相切。

四、数据记录与处理

1. 数据记录

测定份数		1	2	3
取$Na_2C_2O_4$的质量m(g)				
V_{KMnO_4}(ml)	初读数			
	终读数			
消耗$KMnO_4$的体积V(ml)				

2. 结果计算

$$c_{KMnO_4} = \frac{2 \times m_{KMnO_4} \times 10^3}{5 \times M_{Na_2C_2O_4} \times V_{KMnO_4}}$$

3. 数据处理

测定份数	1	2	3
KMnO$_4$的浓度 c(mol/L)			
KMnO$_4$的平均浓度 c(mol/L)			
相对平均偏差 $R\bar{d}$			

五、注意事项

1. 滴定液应贮存于玻璃塞棕色玻瓶中,避光,并避免与橡皮塞或橡皮管等接触。

2. 标定中用"新沸过的冷水"溶解基准物质草酸钠。为除去水中溶入的氧,开始滴定时,高锰酸钾和草酸反应较慢,故一次迅速加入滴定液,以免副反应发生,并保证反应完全,待褪色(生成 Mn^{2+} 有催化作用,能使溶液较快褪色)后,加热至 70℃(促使反应加速,但温度不能过高,以免引起部分草酸分解)。

六、问题与讨论

1. 请问高锰酸钾标准溶液稳定吗? 存放时能长期不标定吗?

2. 请问用高锰酸钾测定试样含量时,能否用 HNO$_3$ 或 HCl 来控制酸度? 为什么?

实训2　硫代硫酸钠滴定液的配制与标定

一、实训目的

1. 掌握硫代硫酸钠标准溶液的配制与标定方法。

2. 掌握碘量法的原理及测定条件。

二、仪器和药品

1. 仪器

分析天平、碱式滴定管、量筒(10ml)、碘量瓶(250ml×3)、小烧杯、大烧杯、棕色试剂瓶。

2. 试剂

Na$_2$S$_2$O$_3$ · 5H$_2$O(固体)、Na$_2$CO$_3$(固体)、K$_2$Cr$_2$O$_7$(G. R 或 A. R)、20% KI 溶液、6mol/L HCl 溶液、0.2% 淀粉指示剂。

三、实训内容

1. Na$_2$S$_2$O$_3$溶液的配制

将 12.5g Na$_2$S$_2$O$_3$ · 5H$_2$O 与 0.1g Na$_2$CO$_3$放入小烧杯中,加入煮沸并已冷却的蒸馏水使溶

分析化学

解,稀释至500ml,贮于棕色瓶中,在阴处放置8～14天后在标定。

2. 标定

精确称取在120℃干燥至恒重的基准重铬酸钾0.15g,置碘量瓶中。加纯化水50ml使溶解,加碘化钾2.0g,轻轻振摇使溶解,加稀盐酸5ml,摇匀,密塞;在暗处放置10分钟后,再加纯化水50ml稀释,用$Na_2S_2O_3$滴定液滴定至近终点时,加淀粉指示液3ml,继续滴定至蓝色消失,溶液显亮绿色,且5分钟不返蓝,即为终点。记录消耗的硫代硫酸钠滴定液的体积,平行操作三份。

四、数据记录与处理

1. 数据记录

测定份数		1	2	3
取 $K_2Cr_2O_7$ 的质量 m(g)				
$V_{Na_2S_2O_3}$(ml)	末读数			
	初读数			
消耗 $Na_2S_2O_3$ 的体积 V(ml)				

2. 结果计算

$$c_{Na_2S_2O_3} = \frac{6}{1} \times \frac{1000 m_{K_2Cr_2O_7}}{V_{Na_2S_2O_3} M_{K_2Cr_2O_7}}$$

3. 数据处理

测定份数	1	2	3
$Na_2S_2O_3$ 的浓度 $c/$(mol/L)			
$Na_2S_2O_3$ 的平均浓度 $c/$(mol/L)			
相对平均偏差 $R\bar{d}$			

五、注意事项

1. $K_2Cr_2O_7$与KI反应不是立刻完成的,在稀溶液中反应更慢,因此等反应完成后再加水稀释。上述条件下,大约经5分钟反应即可完成。

2. 因生成的Cr^{3+}浓度较大时为暗绿色,妨碍终点观察,故应稀释后再滴定。开始滴定时溶液中碘浓度较大,不要摇动太厉害,以免I_2挥发。

六、问题与讨论

1. 为什么要在近终点时加入淀粉指示剂?过早加入会出现什么现象?

2. $Na_2S_2O_3$溶液的配制为什么提前两周配?为什么加入煮沸并已冷却的蒸馏水?Na_2CO_3的加入作用是什么?

实训 3 维生素 C 的含量测定

一、实训目的

1. 熟悉维生素 C 的测定原理。
2. 熟练掌握直接碘量法的操作步骤。
3. 了解淀粉指示剂确定滴定终点的原理,掌握淀粉指示剂的使用方法。

二、仪器和药品

1. 仪器

酸式滴定管、量筒(10ml)、锥形瓶(250ml×3)。

2. 试剂

碘溶液(0.1mol/L)、维生素 C、碘化钾、淀粉溶液(5% 水溶液)。

三、实训内容

精密称取约 0.2g 维生素 C,置 250ml 锥形瓶中,加新煮沸过的冷纯化水 100ml、稀醋酸 10ml 使之溶解,加淀粉指示剂 1ml,立即用碘标准溶液滴定至溶液显蓝色,且 30 秒不褪色,即为终点,记录消耗的碘标准溶液的体积,平均操作三次。

四、数据记录与处理

1. 数据记录

测定份数		1	2	3
取维生素 C 的质量 $m(g)$				
$V_{I_2}(ml)$	初读数			
	终读数			
消耗碘滴定液的体积 $V(ml)$				

2. 结果计算

$$V_c\% = \frac{C_{I_2} \times \frac{M}{1000}}{m_s} \times 100\% \qquad M = 176.12(g/mol)$$

3. 数据处理

测定份数	1	2	3
$V_c\%$			
平均值 $V_c\%$			
相对平均偏差 $R\bar{d}$			

五、注意事项

1. 维生素 C 在酸性溶液中较稳定,但溶解后仍须立刻滴定。
2. 量取稀醋酸和淀粉的量筒不得混用。

六、问题与讨论

1. 为什么能用碘量法测定维生素 C 含量?
2. 如有必要,怎样干燥维生素 C?
3. 为什么必须使用冷的新制备的蒸馏水溶解维生素 C 样品?
4. 维生素 C 是酸,为什么测定时还要加醋酸?

考点提示

本项目主要介绍了氧化还原滴定法的基本理论,主要讲解了高锰酸钾法、碘量法及亚硝酸钠法。

主要内容如下:

1. **氧化还原滴定法**

定义:以氧化还原反应为基础的滴定法

实质:电子转移

分类:高锰酸钾法、碘量法、亚硝酸钠法、硫酸铈法等

指示剂:自身指示剂、特殊指示剂、氧化还原指示剂、外指示剂、不可逆指示剂

2. **高锰酸钾法**

定义:在强酸性溶液中,以高锰酸钾作为滴定液,直接或者间接测定还原性或氧化性物质含量的方法称为氧化还原滴定

指示剂:高锰酸钾

滴定反应:$MnO_4^- + 8H^+ + 5e \Longleftrightarrow Mn^{2+} + 4H_2O$

3. **碘量法**

定义:利用 I_2 的氧化性和 I^- 的还原性来进行滴定的滴定法

分类

直接碘量法:半反应式 $I_2 + 2e \Longleftrightarrow 2I^-$

间接碘量法

半反应式 $2I^- - 2e \Longleftrightarrow I_2$

滴定反应 $I_2 + 2S_2O_3^{2-} \Longleftrightarrow 2I^- + S_4O_6^{2-}$

4. **亚硝酸钠法**

定义:以亚硝酸钠为滴定液,测定芳香族伯胺和仲胺类化合物的滴定法

分类

重氮化滴定法:$NaNO_2 + 2HCl + ArNH_2 \Longleftrightarrow [Ar^+ N \equiv N]Cl^- + NaCl + 2H_2O$

亚硝基化滴定法:$Ar-NHR + NO_2^- + H^+ \Longleftrightarrow Ar-N(R)-NO + H_2O$

目标检测

一、选择题

（一）单项选择题

1. 条件电位是

A. 任意浓度下的电极电位

B. 标准电极电位

C. 电对的氧化态和还原态的浓度都等于 1mol/L 时的电极电位

D. 在特定条件下，氧化态和还原态的总浓度均为 1mol/L 时，校正了各种外界因素（酸度、配位等）影响后的实际电极电位

2. 提高氧化还原反应的速度可采取措施

A. 增加温度　　　　B. 加入配合剂　　　　C. 加入指示剂　　　　D. 减少反应物浓度

3. 用 $K_2Cr_2O_7$ 为基准物质标定 $Na_2S_2O_3$ 溶液的浓度，放置 10 分钟后，加大量纯水稀释，目的是

A. 避免 I_2 的挥发　　　　　　　　B. 减慢反应速度

C. 降低酸度和减小 $[Cr^{3+}]$　　　　D. 降低溶液的温度

4. 间接碘量法中，滴定至终点的溶液放置后（5 分钟）又变为蓝色的原因是

A. 空气中氧的作用　　　　　　　　B. 待测物与 KI 反应不完全

C. 溶液中淀粉过多　　　　　　　　D. 反应速度太慢

5. 不属于氧化还原滴定法的是

A. 铬酸钾法　　　B. 高锰酸钾法　　　C. 碘量法　　　D. 亚硝酸钠法

6. 氧化还原滴定法的分类依据是

A. 滴定方式不同　　　　　　　　　B. 滴定液所用氧化剂不同

C. 指示剂的选择不同　　　　　　　D. 测定对象不同

7. 间接碘量法中加入淀粉指示剂的适宜时间是

A. 滴定开始时　　　　　　　　　　B. 滴定至近终点时

C. 滴定至 I_3^- 红棕色褪尽，溶液呈无色时　　D. 在标准溶液滴定至近 50% 时

8. 标定 $KMnO_4$ 溶液常选用的基准物质是

A. 重铬酸钾　　　B. 三氧化二砷　　　C. 草酸钠　　　D. 硫代硫酸钠

（二）多项选择题

1. 不能用于直接碘量法进行测定的条件是

A. 加热　　　B. 弱碱性　　　C. 强碱性　　　D. 中性　　　E. 酸性

2. 碘量法中为了防止 I_2 的挥发，应采取的措施是

A. 室温下进行滴定　　　　B. 使用碘量瓶　　　　C. 加入过量 KI

D. 降低溶液酸度　　　　　E. 滴定时加热

3. 下面关于 $Na_2S_2O_3$ 滴定液的配制方法中哪些叙述是正确的

A. $Na_2S_2O_3$ 滴定液可采用直接法配制

B. 配制时应加入少许 Na_2CO_3

C. 配制时应用新沸的冷纯化水溶解和稀释

D. 应用棕色瓶保存 $Na_2S_2O_3$ 溶液,因为日光能促使 $Na_2S_2O_3$ 分解

E. 指示剂滴定开始时加入

4. 下面指示剂中,氧化还原滴定法所采用的指示剂有

A. 铬黑 T   B. 高锰酸钾   C. 酚酞   D. 二苯磺胺酸钠   E. 甲基橙

5. $K_2Cr_2O_7$ 用标定 $Na_2S_2O_3$ 溶液时,滴定前加水稀释的目的是

A. 便于滴定操作   B. 保持溶液的微酸性

C. 减少 Cr^{3+} 的绿色对终点的影响   D. 防止淀粉凝聚

E. 降低溶液黏度

6. 氧化还原法中常用的滴定液有

A. 碘滴定液   B. 硝酸银滴定液   C. 亚硝酸钠滴定液

D. 高锰酸钾滴定液   E. 高氯酸滴定液

二、简答题

1. 条件电位和标准电位有什么不同? 影响电位的外界因素有哪些?

2. 什么是自身指示剂?

3. 请解释直接碘量法、间接碘量法概念。碘量法的主要误差来源是什么? 为什么碘量法不适宜在高酸度或高碱度介质中进行?

4. 常用氧化还原滴定法有哪几类? 这些方法的基本反应是什么?

三、实例分析题

1. 试估计滴定 10.00ml 的 1% 盐酸普鲁卡因溶液终点时,消耗亚硝酸钠液多少毫升? 已知每 1ml 的亚硝酸钠液(0.1mol/L)相当于 27.28mg $C_{13}H_2N_2O_2 \cdot HCl$(化学式量 272.77)。

2. 将 0.1963g 分析纯 $K_2Cr_2O_7$ 试剂溶于水,酸化后加入过量 KI,析出的 I_2 需用 33.61ml $Na_2S_2O_3$ 溶液滴定。计算 $Na_2S_2O_3$ 溶液的浓度。

(朱开梅)

下　篇

第九章 电化学分析法

学习目标

【掌握】指示电极、参比电极的概念,直接电位法测定溶液 pH 的原理和方法;电位滴定法的原理。

【熟悉】永停滴定法的原理。

【了解】电位滴定法及永停滴定法的应用。

第一节 概 述

电化学是研究电能和化学能相互转化规律的科学。应用电化学的基本原理和实验技术,依据物质的电化学性质来测定物质组成和含量的分析方法称为电化学分析法(electrochemical analysis)。电化学分析法具有灵敏高、检出限低、选择性好、测量浓度范围宽、仪器设备简单、易于实现自动化等特点,是一种直接的分析方法,在卫生检验、医药分析、环境监测等领域得到了广泛应用,并在自动监测、在线分析和体内分析中发挥着重要作用。

电化学分析法是最早应用的仪器分析方法,按分析过程中所测量的电化学参数的类型,电化学分析法可分为电位分析法、电导分析法、库仑分析法和伏安分析法等。本章将重点介绍电位分析法与永停滴定法。

电位分析法(potentiometry)是通过在零电流条件下测定两电极间的电位差(即所构成原电池的电动势)进行分析测定。它包括直接电位法和电位滴定法两种方法。直接电位法主要应用于各种试样中无机离子、有机电活性物质及溶液 pH 的测定。电位滴定法适用于各种滴定分析法,比一般滴定分析法更为准确。它还适用于没有合适指示剂、深色溶液或混浊溶液等难于用指示剂来判断滴定终点的滴定分析法。

电位分析法使用的电极有两类:一类是参比电极,另一类是指示电极。

一、参比电极

在恒温恒压下,电极电位不随溶液中被测离子活度(浓度)的变化而变化,具有基本恒定的电位数值的电极称为参比电极(reference electrode)。

参比电极应符合以下基本要求:①电位稳定,可逆性好,在测量电池电动势的过程中有微弱电流通过时电位能保持不变;②重现性好;③简单耐用。

标准氢电极(standard hydrogen electrode,SHE)是作为确定其他电极的电极电位的基准电

分析化学

极,国际纯粹与应用化学联合会(IUPAC)规定其电位在标准状态下为零,通常电极的电极电位都是以标准氢电极为参比的相对值。但由于标准氢电极使用麻烦且易损坏,目前用得较少。在实际测量中常用以下几种参比电极。

(一)饱和甘汞电极

甘汞电极(calomel electrode)的结构如图 9 - 1,它是由金属汞、甘汞(Hg_2Cl_2)和 KCl 溶液组成。可表示为:$Hg, Hg_2Cl_2(s) | KCl(\alpha)$。

电极反应式为:

$$Hg_2Cl_2 + 2e \Longrightarrow 2Hg + 2Cl^-$$

25℃时电极电位为:

$$\varphi = \varphi^{\theta}_{Hg_2Cl_2/Hg} - 0.059 \lg \alpha_{Cl^-} = \varphi^{\theta'}_{Hg_2Cl_2/Hg} - 0.059 \lg c_{Cl^-} \tag{9-1}$$

式 9 - 1 表明,当温度一定时,甘汞电极的电极电位随电极内参比溶液中氯离子浓度的变化而变化。当氯离子浓度一定时,则甘汞电极的电位就为一定值。在不同浓度的 KCl 溶液中,电极电位的数值见表 9 - 1。

表 9 - 1　甘汞电极的电极电位(25℃)

甘汞电极	KCl 溶液浓度(mol/L)	电极电位[16][8](V)
0.1mol/L 甘汞电极	0.1	0.3337
1mol/L 甘汞电极	1	0.2801
饱和甘汞电极	饱和溶液	0.2412

如果甘汞电极使用饱和 KCl 溶液作为内参比溶液,此电极称为饱和甘汞电极(saturated calomel electrode,SCE),由于电位稳定,构造简单,使用方便,在电位分析法中最为常用。

(二)银 - 氯化银电极

银 - 氯化银电极(silver - silver chloride electrode,SSE)在原理上与甘汞电极相似,但其最大的优点是受温度变化的影响非常小,可在温度高于 80℃ 的体系中使用,目前是重现性和稳定性最好的参比电极。

银 - 氯化银电极是由涂镀一层氯化银的银丝插入到一定浓度的 KCl 溶液中所构成,如图 9 - 2。可表示为:$Ag, AgCl | Cl^-(\alpha)$。

电极反应为:

$$AgCl + e \Longrightarrow Ag + Cl^-$$

25℃时电极电位为:

$$\varphi = \varphi^{\theta}_{AgCl/Ag} - 0.059 \lg \alpha_{Cl^-} = \varphi^{\theta'}_{AgCl/Ag} - 0.059 \lg \alpha_{Cl^-} \tag{9-2}$$

由式 9 - 2 可知,当 Cl^- 活度和温度一定时,银 - 氯化银电极的电极电位为恒定值。当 KCl 溶液的浓度分别为 0.1mol/L、1mol/L 及为饱和溶液时,银 - 氯化银电极在 25℃时的电极电位分别是 0.2882V、0.2223V、0.2000V。最常用的是饱和银 - 氯化银电极。

银 - 氯化银电极结构简单,可以制成很小的体积,使用方便,性能可靠,因此常作为离子选择电极的内参比电极。

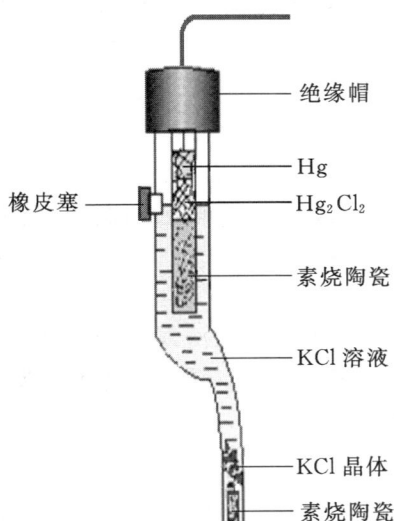

图 9-1　饱和甘汞电极示意图　　　　图 9-2　银-氯化银电极示意图

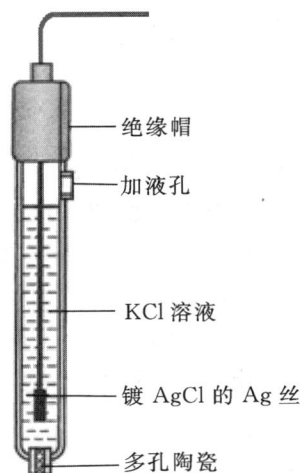

二、指示电极

电极电位值随溶液中待测离子的活度（浓度）变化而变化的电极称为指示电极（indicator electrode）。

一般而言，指示电极应符合以下条件：①电极电位与待测离子活（浓）度间的关系符合能斯特方程式；②对所测组分响应快，重现性好；③简单耐用。

指示电极种类很多，主要包括金属基电极和膜电极两大类。

（一）金属基电极

金属基电极（metallic electrode）是一种基于电子交换反应，即氧化还原反应的电极。金属基电极主要包括零类电极（惰性金属电极）、第一类电极（金属-金属离子电极）、第二类电极（金属-金属难溶盐电极）等类型。

1. 零类电极（惰性金属电极）

由惰性金属（铂或金）插入含有某氧化态和还原态电对的溶液中构成。其中惰性金属不参与电极反应，仅在电极反应过程中起一种传递电子的作用。其电极电位决定于溶液中氧化态和还原态物质活度（浓度）的比值，可作为测定溶液中氧化态和还原态物质活度（浓度）比值的指示电极。如将 Pt 插入含有 Fe^{3+}、Fe^{2+} 的溶液中，Pt 不参与反应，仅作为 Fe^{2+}、Fe^{3+} 发生转化时电子转移的场所，可表示为：Pt| Fe^{3+}，Fe^{2+}。

其电极反应和电极电位（25℃）分别为：

$$Fe^{3+} + e \Longrightarrow Fe^{2+}$$

$$\varphi = \varphi^{\theta}_{Fe^{3+}/Fe^{2+}} + 0.0591\lg\frac{\alpha_{Fe^{3+}}}{\alpha_{Fe^{2+}}} \tag{9-3}$$

2. 第一类电极（金属-金属离子电极）

由金属插入含有该金属离子的溶液中组成，简称金属电极。其电极电位取决于溶液中金属离子的浓度,可作为测定金属离子浓度的指示电极。如银丝插入含 Ag^+ 离子的溶液中组成的银电极,可表示为: $Ag \mid Ag^+(\alpha)$。

电极反应和电极电位(25℃)分别为:

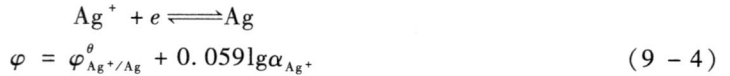

$$Ag^+ + e \Longrightarrow Ag$$

$$\varphi = \varphi_{Ag^+/Ag}^{\theta} + 0.059 \lg \alpha_{Ag^+} \qquad (9-4)$$

这类电极还有 $Cu-Cu^{2+}$、$Zn-Zn^{2+}$、$Ni-Ni^{2+}$ 等,该类电极的电极电位仅与金属离子的活度有关,故可用于测定溶液中相同金属离子的活度或浓度。

3. 第二类电极(金属-金属难溶盐电极)

在金属表面涂一层该金属的难溶盐,插入该难溶盐的阴离子溶液中,就构成了第二类电极。该类电极的电极电位能反映难溶盐的阴离子活(浓)度。如银-氯化银电极、甘汞电极等,常用作参比电极(参见参比电极)。

(二)膜电极

膜电极(membrane electrode)是目前应用广泛、发展迅速的一类电极。其特点是仅对溶液中特定离子有选择性响应,所以又称为离子选择性电极(ion selective electrode, ISE)。与金属基电极不同,在膜电极上无半电池反应,无电子的交换,电极电位的形成是基于离子在膜上的扩散和交换等作用的结果。膜电极具有敏感膜并能产生膜电位,是电位分析法中最常使用的指示电极。

pH 玻璃电极就是具有氢离子专属性的典型离子选择性电极。目前国内外已有几十种离子选择电极,例如对 Na^+ 离子有选择性的钠离子玻璃电极,以 LaF_3 单晶为电极膜的氟离子选择电极,以卤化银或硫化银(或它们的混合物)等难溶盐沉淀为电极膜的各种卤素离子、硫离子选择性电极,等。

1. 膜电极的结构

膜电极由敏感膜、电极管、内参比溶液和内参比电极等部分组成,如图 9-3 所示。

敏感膜是指一个能分开两种电解质溶液并对某类物质有选择性响应的连续层,它是离子选择电极最重要的组成部分,起到将溶液中待测离子的活度转变为电信号的作用。膜电极的选择性随敏感膜特性而异。内参比电极多为银-氯化银电极。内参比溶液由电极种类决定,一般至少含有两种成分:一种是电极膜敏感离子即待测离子,另一种是内参比电极需要的 Cl^-。

2. 膜的电极电位

膜电极的电极电位主要由两部分组成,即内参比电极电位 $\varphi_{内参}$ 和膜电位 $\varphi_{膜}$。

$$\varphi_{ISE} = \varphi_{内参} + \varphi_{膜}$$

当电极内参比溶液固定时,内参比电极的电极电位随之而定,离子选择电极的电极电位的变化就取决于膜电位的变化。

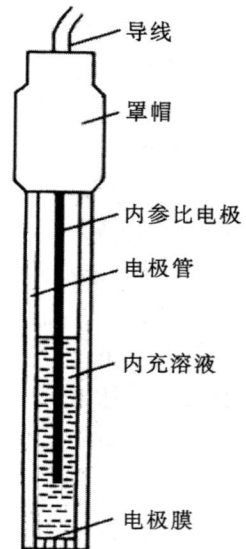

图 9-3　离子选择电极结构示意图

导线
罩帽
内参比电极
电极管
内充溶液
电极膜

当把电极浸入试液时,膜内外有选择性响应的离子通过离子交换或扩散作用在膜两侧建立电位差,平衡后形成膜电位,此电位与溶液中响应离子的活(浓)度有关,并符合 Nernst 方程式:

$$\varphi = K \pm \frac{2.303RT}{nF}\lg\alpha = K' \pm \frac{2.303RT}{nF}\lg c \qquad (9-5)$$

25℃ 时:

$$\varphi = K \pm \frac{0.059}{n}\lg\alpha = K' \pm \frac{0.059}{n}\lg c \qquad (9-6)$$

当待测离子为阳离子时,式中为"+";当待测离子为阴离子时,式中为"-"。这样建立起来的膜电位与溶液中响应离子的浓度的关系正是离子选择电极法测量溶液中离子活(浓)度的基础。

3. 膜电极的分类

膜电极根据敏感膜不同可分为晶体膜电极、非晶体膜电极和敏化电极等。

(1)晶体膜电极　以离子导电的固体膜为敏感膜,它可分为均相膜电极和非均相膜电极。均相膜电极的敏感膜是由单晶或由一种化合物和几种化合物均匀混合的多晶压片制成。例如,氟离子选择电极即为单晶膜电极,其电极膜由 LaF_3 单晶片切制而成。非均相膜电极的敏感膜是由难溶盐均匀分布在憎水惰性材料中制成。例如,铜电极的电极膜由 Ag_2S-CuS 掺入到聚氯乙烯中混合而成。

(2)非晶体膜电极　电极膜由电活性物质均匀分布在惰性支持物中。其中,电极膜由玻璃吹制而成的为刚性基质电极(玻璃电极),例如,钠电极的玻璃膜由 11% 的 Na_2O、18% Al_2O_3 和 71% SiO_2 组成。电极膜(液膜)由惰性微孔支持体浸有液体离子交换剂或者中性配位剂的有机溶剂的载体制成的为液膜电极。例如,钾电极的液膜为电中性的缬氨霉素的硝基苯溶液。

(3)敏化电极　是通过化学反应或生物化学反应使离子选择电极的响应得到敏化,间接测定有关离子浓度的离子选择电极,包括气敏电极和酶电极等。

气敏电极是对某些气体敏感的电极,它是将离子选择电极与参比电极组装在一起的复合电极,离子选择电极顶端处覆盖一层透气膜,可使气体通过并进入离子选择电极敏感膜与透气膜之间的极薄的液层内,使液层内敏感离子的活度发生变化,导致膜电位改变,测定气体的含量。

酶电极是基于界面酶催化化学反应的敏化电极。与气敏电极相似,酶电极是在离子选择电极的表面覆盖一层酶活性物质,这层酶活性物质与被测底物反应,形成一种能被敏感膜响应的物质来测定底物含量。

离子选择性电极是一类选择性好,灵敏度高,发展较快和应用较广的指示电极。离子选择性电极测定离子所需设备简单,便于现场自动连续监测和野外分析。能用于有色溶液和混浊溶液,一般不需进行化学分离,操作简便迅速。可以分辨不同离子的存在形态,在阴离子分析方面有明显的优点。目前已广泛应用于各种工业分析、临床化验、药品分析、环境监测等各领域。

4. pH 玻璃电极

(1)结构　pH 玻璃电极的结构如图 9-4 所示。它的主要部分是在玻璃管下端接一个厚度为 0.05~0.1mm 的球形玻璃敏感膜,这种特殊的膜是在 SiO_2 基质中加入 Na_2O 及少量 CaO

分析化学

烧制而成。球内通常充 0.1mol/L 的 HCl 作为内参比溶液,其中插入一根镀有 AgCl 的 Ag 丝,与内参比溶液构成 Ag – AgCl 内参比电极。由于 pH 玻璃电极的内阻很高,因此导线和电极的引出端都需要高度绝缘,并装有屏障隔离罩以防漏电和静电干扰。

(2)响应机制 pH 玻璃电极在使用前必须在水中浸泡一定时间,这一过程称为水化。玻璃敏感膜水化时一般能吸收水分,在玻璃膜表面形成一层很薄的水化凝胶层,其厚度为 $10^{-5} \sim 10^{-4}$mm。该层表面上 Na^+ 点位几乎全被 H^+ 所替换。当浸泡好的玻璃电极插到溶液中时,水化凝胶层与溶液接触,由于凝胶层表面上的 H^+ 浓度与溶液中的 H^+ 浓度不相等,便从浓度高的一侧向浓度低的一侧迁移,当达到平衡时在溶液与膜相接触的两相界面之间形成双电层,产生电位差,即产生了一定的内外膜相界电位。由于膜外侧溶液的 H^+ 浓度与膜内溶液的 H^+ 浓度不同,则内外膜相界电位也不相等,这样跨越玻璃膜产生的电位差,则称为玻璃电极的膜电位 $\varphi_{膜}$($\varphi_{膜} = \varphi_{外} - \varphi_{内}$),如图 9 – 5 所示。

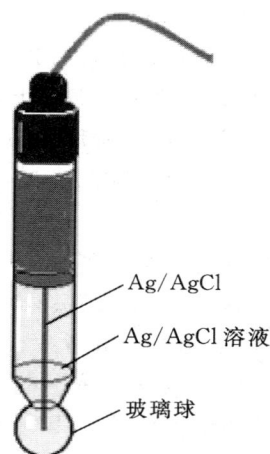

图 9 – 4 玻璃电极示意图

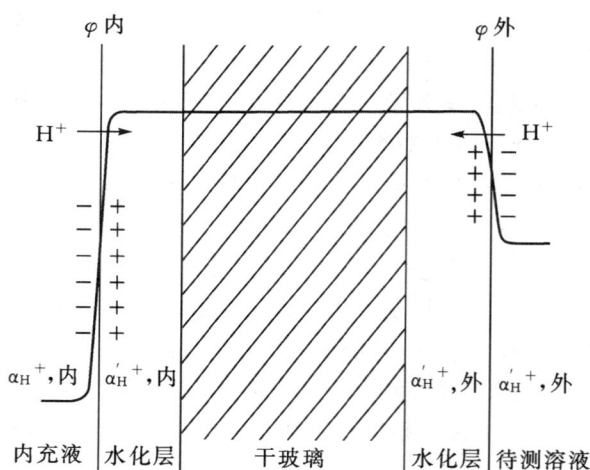

图 9 – 5 膜电位产生示意图

由于内参比溶液的 H^+ 浓度是一定的,因此 $\varphi_{膜}$ 的大小主要是由待测溶液的 H^+ 浓度决定,所以 25℃ 时膜电位可表示为:

$$\varphi_{膜} = K + 0.059\lg[H^+]_{外} \qquad (9-7)$$

其中 K 为膜电位的性质常数,与膜的物理性能和内参比溶液的 H^+ 浓度有关。

pH 玻璃电极的电位由膜电位与内参比电极的电位决定,在一定条件下内参比电极的电位是定值,因此在 25℃ 时玻璃电极的电位可表示为:

$$\varphi_{玻璃} = K' + 0.059\lg[H^+]_{外} = K' - 0.059pH_{外} \qquad (9-8)$$

式中 K' 表示 pH 玻璃电极的性质常数,其值与膜电位的性质和内参比电极的电位有关。此式说明在一定温度下 pH 玻璃电极的膜电位与溶液的 pH 呈线性关系。

(3)性能

① 电极斜率:由式 9 – 8 可知,当温度为 25℃,溶液中的 pH 改变一个单位时,引起 pH 玻璃电极电位的变化为 0.059V(即 59mV),此值称为电极斜率,用 S 表示。即:

$$S = \frac{\Delta\varphi}{\Delta pH} \qquad (9-9)$$

由于 pH 玻璃电极长期使用会老化,因此 pH 玻璃电极的实际斜率都略小于其理论值。在 25℃时,实际斜率若低于 52mV/pH 时就不宜使用。

②不对称电位:当玻璃膜内、外两侧的 H^+ 活度相等时,理论上 pH 玻璃电极膜电位 $\varphi_{膜}$ = 0。但实际上并不为零,仍有 1～30mV 的电位差存在,此电位差称为不对称电位。它主要是由于玻璃膜内、外表面含钠量、表面张力以及机械和化学损伤的细微差异可能造成 $\varphi_{膜} \neq 0$。而每一支玻璃电极的不对称电位也不完全相同,但同一支 pH 玻璃电极,在一定条件下的不对称电位却是一个常数。因此,在使用前将 pH 玻璃电极放入水中充分浸泡(一般浸泡 24 小时左右),可以使不对称电位值降至最低,并趋于恒定,同时也使玻璃膜表面充分活化,有利于对 H^+ 产生响应。实际测量时,可采用已知 pH 的标准缓冲溶液进行校准,即通过电极电位值 (pH)进行定位的方法加以消除。

③碱差和酸差:pH 玻璃电极适用于 pH = 1～9 的溶液的测定。当测定溶液的酸性太强 (pH <1)时,电位值偏离线性关系,pH 值偏高,是由于在强酸溶液使水化层中 H^+ 不完全游离的缘故,由此产生的测量误差称为酸差。在 pH >9 或 Na^+ 较高的溶液中测定时,对 Na^+ 也有响应,pH 读数低于真实值,这种误差称为碱差或钠差。

④电极内阻:pH 玻璃电极内阻很高,一般在数十到数百兆欧。内阻的大小与玻璃膜成分、膜厚度及温度有关。所以要注意使用的温度范围(一般在 0～50℃内),如果温度过低,玻璃电极的内阻增大;温度过高,电极的寿命下降。并且在测定标准溶液和待测溶液的 pH 时,温度必须相同,因为温度会影响直线的斜率和截距,从而影响测定的准确度。

三、复合电极

复合电极是一种将指示电极和参比电极组合在一起的电极。测定溶液 pH 时,广泛使用复合 pH 电极,即将 pH 玻璃电极(指示电极)和 Ag – AgCl 电极(参比电极)组合在一起,结构简单,使用更方便,如图 9 – 6 所示。

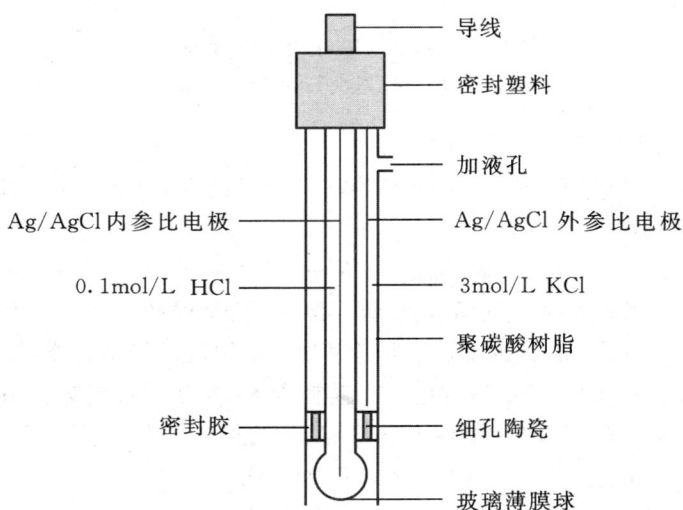

图 9 – 6 复合 pH 电极示意图

第二节 直接电位法

直接电位法(direct potentiometry)是利用电池电动势与待测组分浓度之间的函数关系,通过测定电池电动势而直接求得样品溶液中待测组分的浓度的电位法。该法通常用于测定溶液的 pH 和其他离子的浓度。

一、直接电位法测定溶液的 pH 值

直接电位法测定溶液 pH,仪器装置如图 9 - 7 所示。用玻璃电极作为溶液中 H^+ 浓度的指示电极,饱和甘汞电极为参比电极,将两支电极插入待测溶液中组成原电池,通过测定电池的电动势从而计算出待测溶液的 pH。

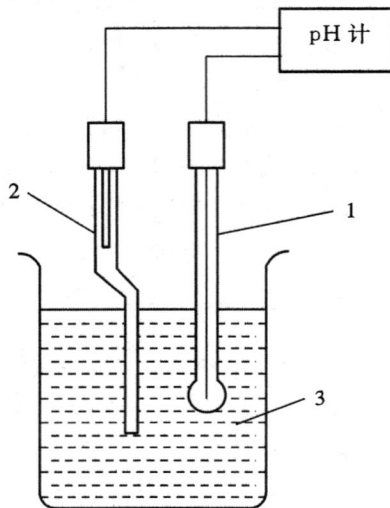

图 9 - 7　溶液 pH 的测定装置示意图
1. 玻璃电极;2. 饱和甘汞电极;3. 试液

原电池符号表示为:

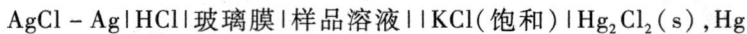

$$AgCl - Ag|HCl|玻璃膜|样品溶液||KCl(饱和)|Hg_2Cl_2(s),Hg$$

25℃时,该电池的电动势 E 为:

$$E = \varphi_{某汞} - \varphi_{玻璃} = \varphi_{Hg_2Cl_2/Hg} - (K' - 0.059pH) = K'' + 0.059pH \quad (9-10)$$

式中 K'' 为常数。该式表明,电池的电动势与溶液 pH 呈线性关系。由于每支 pH 玻璃电极的 K'' 和不对称电位互不相同,因此,在具体测定时常采用两次测量法消除 K'' 的影响,其方法为:先测量已知 pH(pHs)的标准溶液的电池电动势为 Es,然后再测量未知 pH(pHx)的待测溶液的电池电动势为 E_x。在 25℃时,电池电动势与 pH 之间的关系满足下式:

$$E_x = K'' + 0.059pHx \quad (9-11)$$

$$E_s = K'' + 0.059pHs \quad (9-12)$$

将式(9-12)与(9-11)相减,得:

$$pH_x = pH_s - \frac{Es - Ex}{0.059} \tag{9-13}$$

两次测量法可以消除玻璃电极的不对称电位和公式中"常数"的不确定因素所带来的误差。

在两次测量法中由于饱和甘汞电极在标准缓冲溶液和待测溶液中产生的液接电位不相同,由此会引起测定误差。若两者的 pH 极为接近($\Delta pH < 3$),则液接电位不同而引起的测定误差可忽略。因此,测量时选用的标准缓冲溶液与样品的 pH 应尽量接近。

例1　在"pH 玻璃电极‖H^+ α_s或α_x‖SCE"电池中,当溶液 pH = 9.18 时,测得电池电动势为 0.418V,若换一未知试液,测得电池电动势为 0.312V。问该未知试液的 pH 为多少?

解:根据式题意得:

$$pH_x = pH_s - \frac{E_s - E_x}{0.059}$$

解得:

$$pH_x = 9.18 - \frac{0.418 - 0.312}{0.059} = 7.38$$

在实际工作中,pH 计可直接显示出溶液的 pH。用直接电位法测定溶液的 pH 不受氧化剂、还原剂或其他活性物质存在的影响,可用于有色物质,胶体溶液或混浊溶液的 pH 测定。并且测定前无须对待测液作预处理,测定后不破坏、沾污溶液,因此应用极为广泛。在药物分析中常应用于注射剂、大输液、滴眼液等制剂及原料的酸碱度的检查。

课堂互动

想一想,我们学到过哪些测定溶液 pH 的方法? 这些方法与本章介绍的方法有哪些异同?

二、pH 计

pH 计也称酸度计,它是用直接电位法测定溶液 pH 的一种电子仪器。它能准确测量各种溶液的 pH 值,也能测量电池电动势。

pH 计是利用指示电极、参比电极在不同 pH 值的溶液中产生不同的电池电动势这一原理设计的。指示电极一般用 pH 玻璃电极,参比电极一般用饱和甘汞电极或银－氯化银电极。由于复合 pH 电极具有体积小、使用方便等优点,而且测定值也比较稳定,目前已逐渐取代常规的 pH 玻璃电极,广泛用于 pH 的测定。pH 计内部安装有电子线路,可将电池输出的电动势直接转换成 pH 读数而直接显示。

pH 计的品种和型号有很多,按其精度的不同可分为 0.1pH、0.2pH、0.01pH、0.02pH 等不同的等级。《中国药典》(2015 年版)规定要使用 0.02 级(精度为 0.02pH)的酸度计测定溶液 pH。

知识拓展

pH 计在药物分析中的应用

用直接电位法测定 pH,广泛应用于药物注射液、大输液、眼药水等制剂中 pH 的检查和原料药酸碱度的检查。如:普鲁卡因注射液是一种局部麻醉药,药典规定,pH 因为 3.5～6.0。若 pH 过低,其麻醉能力降低,稳定性差;pH 过高则易分解。因此,常加稀盐酸调节其 pH 为3.5～

分析化学

5.0,来抑制分解,保持稳定。检查其 pH 时可用邻苯二甲酸氢钾标准缓冲溶液来定位。荧光素钠滴眼液是用于眼角膜损失和角膜溃疡的诊断药,常加入碳酸氢钠作稳定剂,来调节 pH 为 8.0~8.5。药典规定 pH 应为 8.0~9.8,测定其 pH 时可用混合磷酸盐标准缓冲溶液定位。

三、直接电位法测定其他离子的浓度

测定溶液中其他阴、阳离子与测定溶液 pH 值的原理和方法相似,选择一支对待测离子有 Nernst 响应的指示电极,与合适的参比电极构成电池,通过对电池电动势的测定,即可求得待测物质的含量。

(一)测定条件

1. 离子强度

Nernst 方程式表示的是电极电位与待测离子活度之间的关系,所以测得的是离子的活度。又因为 $\alpha = \gamma \cdot c$,而活度系数 γ 与离子强度有关,因此在实际测量中常用"总离子强度调节缓冲液(total ionic strength adjustment buffer,TISAB)"来保证活度系数不变。

TISAB 是将惰性电解质、pH 缓冲剂、掩蔽剂混合在一起配成的混合溶液。对于组成TISAB的溶液的基本要求是不能含有对离子选择电极产生相应的离子,同时其浓度要远远超过试液的浓度,通常大于 0.5mol/L。TISAB 的主要作用有:①维持样品和标准溶液恒定的离子强度;②保持试液在离子选择电极适合的 pH 范围内,避免 H^+ 或 OH^- 的干扰;③使被测离子释放成为可检测的游离离子。

2. 溶液酸度

溶液的 pH 值可能影响被测离子的存在形式,并且离子选择电极的使用存在有效 pH 范围,因此定量分析中常要控制溶液的 pH。根据

$$\varphi_{ISE} = K \pm \frac{2.303RT}{nF}\lg\alpha \qquad (9-14)$$

得

$$\varphi_{ISE} = K' \pm S\lg c \qquad (9-15)$$

设 SCE 为正极,测定阳离子时,电池电动势为

$$E = \varphi_{SCE} - \varphi_{ISE} = \varphi_{SCE} - (K' + S\lg c) = K'' - S\lg c \qquad (9-16)$$

式中 K'' 是常数,具有不确定性。在直接电位法测定中必须通过一定的办法使试液和标准溶液的 K'' 相等。例如,用氟离子选择电极测定天然水中 F^- 浓度时,可用氯化钠 - 柠檬酸钠 - 醋酸 - 醋酸钠作为 TISAB,其中 NaCl 用以保持溶液的离子强度恒定;柠檬酸钠掩蔽 Fe^{3+}、Al^{3+} 等干扰离子;HAc - NaAc 缓冲溶液使试液 pH 控制在 5.5 ~ 6.5。

(二)离子选择性电极的性能

1. 选择性系数 K_{ij}

理想的离子选择性电极是只对一种特定的离子产生响应。事实上,与被测离子共存的某些离子也能影响膜电位。若测定离子为 i,核电荷数为 z_i,干扰离子为 j,核电荷数为 z_j。考虑到共存离子的影响,则膜电位的通式可写为

$$\varphi_{膜} = K \pm \frac{2.303RT}{nF}\lg[\alpha_i + K_{i,j}(\alpha_j)^{z_i/z_j}] \qquad (9-17)$$

式中 $K_{i,j}$ 称为电极的选择性系数,该值越小,电极对被测离子响应的选择性越高,而干扰

离子的影响越小。

2. Nernst 响应范围、电极斜率及检测下限

Nernst 响应范围是指电极对待测离子的响应符合 Nernst 方程的线性区域,此范围越宽越好,一般在 4 ~ 7 个数量级。Nernst 响应范围线性区域的斜率,称为电极斜率,其理论值为 $2.303RT/nF$,在一定温度下为常数。在实际测量中,电极斜率与理论值有一定的偏差,只有实际值达到理论值的 95% 以上的电极才可以进行准确的测定。检测下限是指能够检测被检离子的最低浓度,一般在 $10^{-7} \sim 10^{-5}\,\mathrm{mol/L}$。

3. 响应时间

响应时间是指离子选择性电极和参比电极一起接触试液开始,到电池电动势达到稳定值(波动在 1mV 以内)所需的时间,离子选择性电极的响应时间愈短愈好。影响电极响应时间的长短的因素有很多,一般可以通过搅拌溶液来缩短响应时间。

(三)测定方法

与 pH 玻璃电极类似,各种离子选择电极的膜电位在一定条件下遵守 Nernst 方程

$$\varphi_{膜} = K + \frac{0.059}{n}\lg a \tag{9-18}$$

式中 K 为电极常数,阳离子取"+",阴离子取"−";n 为待测离子电荷数;α 为待测离子的活度。在一定条件下膜电位与溶液中待测离子的活度的对数成直线关系,这是离子选择性电极法测定离子活度的基础。由于液接电位、不对称电位的存在,以及活度因子难于计算,故在直接电位法中一般不采用 Nernst 方程式直接计算待测离子浓度,而采用以下几种方法。

1. 标准曲线法

将离子选择性电极与参比电极插入一系列活(浓)度已知的标准溶液(5 ~ 7 个不同浓度),在相同条件下测出相应的电动势。然后以测得的电位 E(纵坐标)对浓度 c(横坐标)作图,如图 9-8 所示。然后在相同条件下测量待测样品溶液的 E_x 值,即可从标准曲线上查出对应待测样品溶液的离子活(浓)度。这种方法称为标准曲线法。

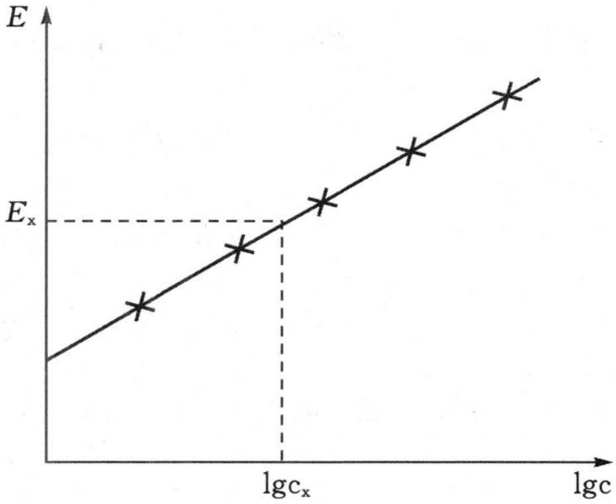

图 9-8　标准曲线

标准曲线法适用于大批量试样的分析。测量时需要在标准系列溶液和试液中加入总离子强度调节缓冲液(TISAB)或离子强度调节液(ISA),它们有三个方面的作用:① 保持试液与标准溶液有相同的总离子强度及活度系数;② 缓冲剂可以控制溶液的 pH;③ 含有配位剂,可以掩蔽干扰离子。

2. 两次测定法

此法与用 pH 玻璃电极测量溶液的 pH 相似。在测量离子的活度时,通常用 SCE 与离子选择电极组成原电池,测定标准溶液(S)和试液(X)的电池电动势。若测定阳离子时,以 SCE 作正极;测定阴离子时,以 SCE 作负极。

$$E_S = K + \frac{0.059}{n}\lg c_S$$

$$E_x = K + \frac{0.059}{n}\lg c_x$$

两式相减得
$$\lg c_x = \lg c_S \pm \frac{n(E_S - E_x)}{0.059} \qquad (9-19)$$

把 c_S 数值代入上式(阴离子取"-"号,阳离子取"+"号),便可求出 c_x 值。

3. 标准加入法

标准加入法又称为添加法或增量法。将小体积的标准溶液(一般为试液的 1/100 ~ 1/50)加入到试样溶液中,通过测量加入前后的电池电动势,得到待测离子浓度,该法称为标准加入法。由于加入前后试液的性质(组成、活度系数、pH、干扰离子、温度等)基本不变,所以准确度较高,适于组成较复杂试样的个别成分的测定。标准加入法可分为一次标准加入法和连续标准加入法。

(1)一次标准加入法　设某试液体积为 V_x,其待测离子的浓度为 c_x,测定电池电动势为 E_1,则
$$E_1 = K + \frac{0.059}{n}\lg c_x \qquad (9-20)$$

式中 K 为常数,c_x 是待测离子的总浓度。

然后向体积为 V_x 的试液中,准确加入一小体积 V_s(约为 V_0 的 1/100)的用待测离子的纯物质配成的标准溶液,浓度为 c_s,则加入标准溶液后溶液浓度增量为:
$$\Delta c = \frac{c_s V_s}{V_x + V_s}$$

因为 $V_0 \gg V_s$,可将上式简化为 $\Delta c \approx \frac{c_s V_s}{V_x}$。测定加入标准溶液后电池电动势 E_2 为:
$$E_2 = K + \frac{0.059}{n}\lg(c_x + \Delta c) \qquad (9-21)$$

$$\Delta E = |E_2 - E_1| = \frac{0.059}{n}\lg\left(1 + \frac{\Delta c}{c_x}\right) \qquad (9-22)$$

$$令 S = \frac{0.059}{n}, 则 \Delta E = S \cdot \lg\left(1 + \frac{\Delta c}{c_x}\right) \qquad (9-23)$$

此公式对阴阳离子都适用。只要测出 ΔE、S,就可计算出 c_x:
$$c_x = \frac{c_S V_S}{V_x}(10^{\Delta E/S} - 1)^{-1} \qquad (9-24)$$

(2)连续标准加入法　在测量过程中连续多次加入标准溶液,多次测定 E 值,如果测量阴离子,每次 E 值为:
$$E = K + S\lg\frac{c_x V_x + c_s V_s}{V_x + V_s} \qquad (9-25)$$

变换后得:
$$(V_x + V_S)10^{E/S} = (c_S V_S + c_x V_x)10^{k/S} \qquad (9-26)$$

从式中可以看出 $(V_x + V_S)10^{E/S}$ 与 V_S 呈线性关系。

每加一次待测离子标准溶液 V_S 就测量一次电池电动势 E,并计算出相应的 $(V_x + V_S)10^{E/S}$,然后以此值为纵坐标,以加入的标准溶液体积 V_S 为横坐标作图,得到一标准曲线,如图 9-9 所示。将直线外推,在横轴相交于 $V_s{}'$。此时:

$$(V_x + V_s)10^{E/S} = 0$$
$$c_x V_x + c_s V_s' = 0$$
$$c_x = -\frac{c_s V_s'}{V_x} \tag{9-27}$$

对于阳离子,式中指数为负值,其余不变。

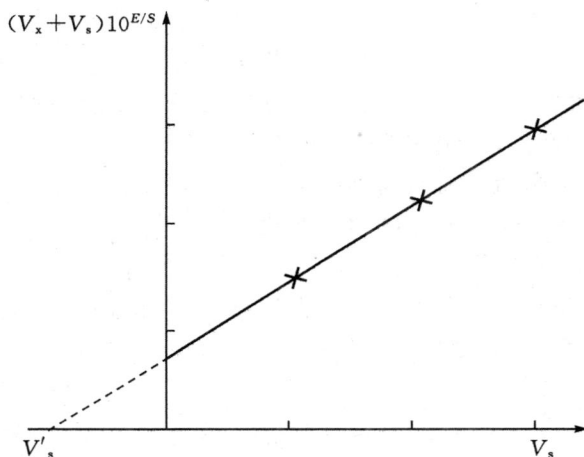

图9-9 连续标准加入法曲线

立德树人

　　饮水和含氟牙膏中的氟含量可以用氟离子选择性电极直接电位法测定。氟是人体必需的微量元素之一,适量的氟能维持机体正常的钙、磷代谢,促进生长发育,预防龋齿。但是,摄入过量的氟对人体是有害的,会引起急性或慢性氟中毒,破坏钙、磷的正常代谢,造成氟斑牙,严重时出现氟骨症。所以任何事物都是一分为二的,在生活中,我们要学会辩证地看待广告宣传,合理地选择使用含氟牙膏,防止含氟产品滥用。

第三节 电位滴定法

　　电位滴定法(potentiometric titration)是根据滴定过程中电位的变化来确定滴定终点的滴定分析法。

一、基本原理及特点

　　进行电位滴定时,在待测溶液中插入一支指示电极和一支参比电极组成原电池,如图9-10所示。随着滴定液的加入,滴定液与待测溶液发生化学反应,使待测离子的浓度不断地降低,因而指示电极的电位也相应发生变化。在化学计量点附近,溶液中待测离子活度(浓度)发生急剧变化,引起指示电极的电位也响应发生变化。在化学计量点处,电位变化率也最大,因此电位变化率最大点即为滴定终点,这是电位滴定法确定滴定终点的基本原理。

电位滴定法具有客观可靠,准确度高,易于自动化,不受溶液有色,混浊的限制等优点。尤其对于没有合适指示剂确定滴定终点的滴定反应,电位滴定法就更为有利,只要能为待测物找到合适的指示电极,就可用于相应类型的滴定。

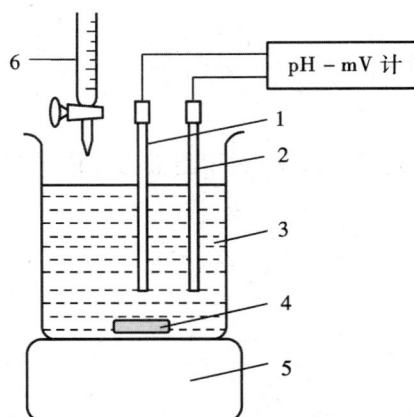

图 9 – 10　电位滴定装置示意图
1. 指示电极;2. 参比电极;3. 待测溶液;
4. 搅拌子;5. 电磁搅拌器;6. 滴定管

二、确定终点的方法

进行电位滴定时,在滴定过程中,每加一次滴定剂,测量一次电池电动势,直到超过化学计量点为止。这样就得到一系列的滴定剂用量(V)和相应的电池电动势(E)数据。一般滴定中只需准确测量和记录化学计量点前后 1 ~ 2ml 的电池电动势变化即可。应该注意,在化学计量点附近,减少滴定剂的加入量,每加入 0.05 ~ 0.1ml,记录一次数据,并保持每次加入滴定剂的数量相等,以使数据处理方便、准确。现利用表 9 – 2 的数据具体讨论三种常用的确定终点的方法。

表 9 – 2　以 0.1mol/L AgNO₃ 滴定 NaCl 溶液

滴定液体积 (V/ml)	电位计读数 (E/mV)	ΔE	V	$\Delta E/\Delta V$ (mV/ml)	平均体积 $\bar{V}$(ml)	$\Delta(\Delta E/\Delta V)$	$\Delta^2 E/\Delta V^2$
23.80	161						
24.00	174	13	0.20	65	23.90		
24.10	183	9	0.10	90	24.05		
24.20	194	11	0.10	110	24.15		
		39	0.10	390	24.25	280	2800
24.30	233					440	4400
		83	0.10	830	24.35		
24.40	316					-590	-5900
		24	0.10	240	24.45		
24.50	340					-130	-1300
		11	0.10	110	24.55		
24.60	351						
		7	0.10	70	24.65		
24.70	358	15	0.30	50	24.85		
25.00	373						

（一）绘 $E – V$ 曲线法

以表 9 – 2 中滴定剂体积 V 为横坐标,电位计读数值(电池电动势)为纵坐标作图,得到一条 $E – V$ 曲线,如图 9 – 11(a)所示。此曲线的转折点(拐点)所对应的体积即为化学计量点的体积。此法应用方便,适用于滴定突跃内电动势变化明显的滴定曲线。

（二）绘 $\Delta E/\Delta V – \bar{V}$ 曲线法

$\Delta E/\Delta V – \bar{V}$ 曲线又称一次微商曲线。$\Delta E/\Delta V$ 为 E 的变化值与相对应的加入滴定剂体积的增量的比,用表 9 – 2 中 $\Delta E/\Delta V$ 值对 $\bar{V}$(计算 ΔE 值时前后两体积的平均值)作图可得到一条峰状曲线,如图9-11(b)尖峰所对应的 V 值即为滴定终点。

(三)绘 $\Delta^2 E/\Delta V^2 - V$ 曲线法

$\Delta^2 E/\Delta V^2 - V$ 曲线又称二次微商曲线或二阶导数曲线,用表9-2中的 $\Delta^2 E/\Delta V^2$ 对滴定剂体积 V 作图,得到一条具有两个极值的曲线,如图9-11(c)所示。曲线上 $\Delta^2 E/\Delta V^2$ 为零时所对应的体积,即为化学计量点的体积。

在实际的电位滴定中传统的操作方法正逐渐被自动电位滴定所取代,自动电位滴定能判断滴定终点,并自动绘制出 $E - V$ 曲线或 $\Delta E/\Delta V - \overline{V}$ 曲线,在很大程度上提高了测定的灵敏度和准确度。

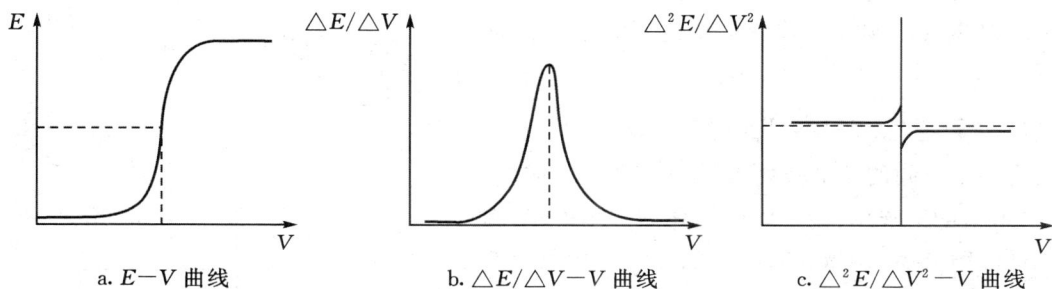

a. $E-V$ 曲线　　　b. $\triangle E/\triangle V - V$ 曲线　　　c. $\triangle^2 E/\triangle V^2 - V$ 曲线

图9-11　确定终点的方法

在电位滴定过程中,要随时测量电池电动势,然后绘制滴定曲线,求出滴定终点。该工作费时费力,随着电子技术的发展和微机的应用,目前已有微机控制的自动电位滴定仪问世并得到应用。自动电位滴定仪由容量滴定装置、控制装置和测量装置三部分组成,仪器有预滴定、预设终点滴定、空白滴定及手动滴定等功能,可自行生成专用滴定模式,实现了滴定操作连续自动化,而且提高了分析的准确度。

课堂互动

想一想,电位滴定法与我们在化学分析中学过的滴定分析方法有什么区别?

知识拓展

电位滴定法测定甲苯咪唑的含量

取甲苯咪唑片10片称重求平均片重($\overline{m}_\text{片}$),再研磨成粉末状,精密称定0.25g(m_s),加甲酸8ml溶解后,加冰乙酸40ml与醋酐5ml,按照电位滴定法,用高氯酸滴定液(0.1mol/L)滴定,并将滴定结果用空白试验校正。每1ml高氯酸滴定液(0.1mol/L)相当于29.58mg的甲苯咪唑($C_{16}H_{13}N_3O_3$)。

根据滴定结果,可按下式计算标示量%:

$$标示量\% = \frac{V \times T \times F \times \overline{m}_\text{片}}{m_s \times 标示量} \times 100\%$$

其中:V 为消耗滴定液的体积;T 为滴定度;F 为校正因子。

第四节 永停滴定法

一、基本原理

永停滴定法（dead – stop titration）又称安培滴定法或电流滴定法。测量时，将两个相同的铂电极插入待滴定溶液中，在两个电极之间外加一小电压（约 50mV），然后进行滴定，仪器装置如图 9 – 12 所示，通过观察滴定过程中两个电极间的电流变化来确定滴定终点。该方法装置简单，操作简便，准确度高。

（一）可逆电对和不可逆电对

将两个相同的铂电极插入含 Fe^{3+}/Fe^{2+}（或 I_2/I^- 等）电对的溶液中，两个电极间外加一小电压，则接正极的铂电极（阳极）将发生氧化反应，接负极的铂电极（阴极）将发生还原反应，即：

$$阳极 \quad Fe^{2+} \Longrightarrow Fe^{3+} + e$$
$$阴极 \quad Fe^{3+} + e \Longrightarrow Fe^{2+}$$

电路中有电流通过。像这样的电对称为可逆电对。在滴定过程中，当可逆电对氧化态（如 Fe^{3+}）和还原态（如 Fe^{2+}）的浓度相等时，电流最大；当两者浓度不等时，电流的大小由浓度小的决定。

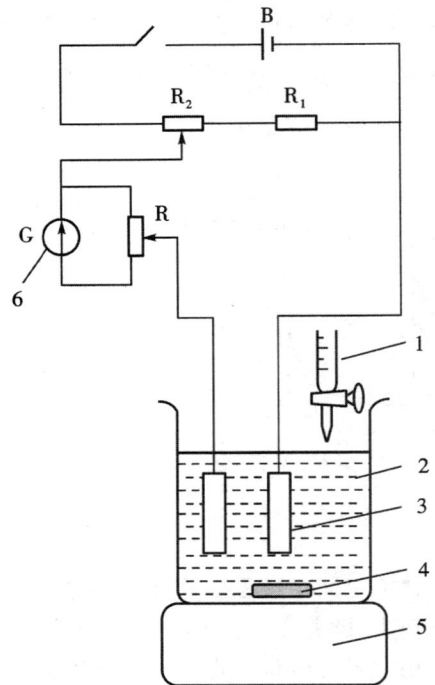

图 9 – 12 永停滴定装置示意图
1. 滴定管；2. 待测溶液；3. 铂电极；4. 搅拌子；
5. 电磁搅拌器；6. 电流计

将两个相同的铂电极插入含 $S_4O_6^{2-}/S_2O_3^{2-}$ 电对的溶液中，两个电极间外加一小电压，阳极上发生氧化反应，即 $2S_2O_3^{2-} \Longrightarrow S_4O_6^{2-} + 2e$，但阴极上不能同时发生 $S_4O_6^{2-}$ 被还原的反应，电路中没有电流通过，这样的电对称为不可逆电对。

永停滴定法便是根据滴定过程中两个铂电极间的电流变化来确定滴定终点的。

（二）滴定电对体系

在滴定过程中，根据滴定剂和被测物质所属电对类型的不同，永停滴定电对体系可分为以下三种类型。

1. 可逆电对滴定不可逆电对体系

用 I_2 滴定 $Na_2S_2O_3$，滴定反应为：

$$I_2 + 2S_2O_3^{2-} = S_4O_6^{2-} + 2I^-$$

在计量点前，溶液中只有 I^- 和不可逆电对 $S_4O_6^{2-}/S_2O_3^{2-}$，因此无电流通过；计量点后，稍过量的 I_2 液加入后，溶液中就有 I_2/I^- 可逆电对存在，电极间有电流通过且电流强度随 I_2 浓度的增加而增加，电流计指针突然从零发生偏转并不再返回，从而指示终点到达。滴定过程中的电流变化曲线如图 9 - 13a 表示。

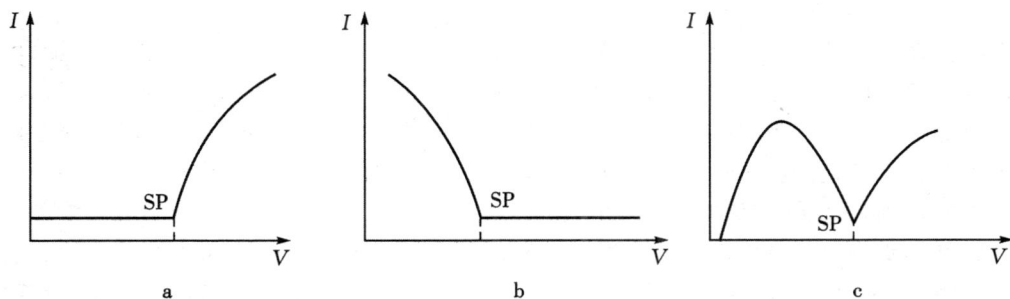

图 9 - 13　永停滴定过程中电流变化曲线

2. 不可逆电对滴定可逆电对体系

用 $Na_2S_2O_3$ 滴定 I_2，滴定反应为：

$$2S_2O_3^{2-} + I_2 = S_4O_6^{2-} + 2I^-$$

在计量点前，溶液存在 I_2/I^- 可逆电对和 $S_4O_6^{2-}$，有电流通过；随着滴定的进行 I_2 浓度减少，电流逐渐降低，计量点时 I_2 与 $Na_2S_2O_3$ 完全反应，溶液中只有 $S_4O_6^{2-}$ 和 I^-，无可逆电对，电解反应停止，此时电流计的指针将停留在零电流附近并保持不动，从而指示终点到达。滴定过程中的电流变化曲线如图 9 - 13b 表示。

3. 可逆电对滴定可逆电对体系

用 Ce^{4+} 滴定 Fe^{2+}，滴定反应为：

$$Ce^{4+} + Fe^{2+} = Ce^{3+} + Fe^{3+}$$

滴定前，溶液中只有 Fe^{2+}，无 Fe^{3+}，无电解反应，两电极间无电流通过。滴定开始后，随着 Ce^{4+} 不断加入，Fe^{3+} 不断增多，溶液中有 Fe^{3+}/Fe^{2+} 可逆电对生成，电流也随 Fe^{3+} 浓度的增加而增大，当 $[Fe^{3+}] = [Fe^{2+}]$ 时，电流达最大值；继续滴入 Ce^{4+}，Fe^{2+} 浓度逐渐下降，电流也逐渐降低，到达计量点时电流降至最低点。计量点后，Ce^{4+} 过量，溶液中有了 Ce^{4+}/Ce^{3+} 可逆电对，电流随着 Ce^{4+} 浓度的增加逐渐变大。滴定过程中的电流变化曲线如图 9 - 13c 表示。

课堂互动

想一想，永停滴定法与电位滴定法的区别在哪里？

二、应用与示例

永停滴定法在药物分析中有着重要应用。《中国药典》(2015 年版)已将其作为重氮化(亚硝酸钠)滴定和卡氏水分测定确定终点的法定方法，主要应用于大多数抗生素及其制剂的水分限量检查和磺胺类药物的含量测定。

(一)重氮化滴定法

在《中国药典》(2015 年版)中运用重氮化滴定法测定芳伯胺药物(如磺胺药)含量。在滴定过程中，亚硝酸钠滴定液是可以同时发生氧化还原反应的可逆电对，芳伯胺药物溶液只能发

生重氮化的氧化反应,而不能发生相反方向的还原反应,是不可逆电对。滴定反应为

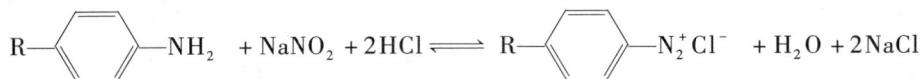

$$R \!\!-\!\!\bigcirc\!\!-\!\! NH_2 + NaNO_2 + 2HCl \rightleftharpoons R \!\!-\!\!\bigcirc\!\!-\!\! N_2^+Cl^- + H_2O + 2NaCl$$

在酸性介质磺胺药物溶液中插入两个铂电极,外加约 50mV 电压,串联一灵敏电流计测电流。滴定初期,电极间无电流或很小电流通过,电流计指针恒定不动;随着亚硝酸钠滴定液的滴入,在计量点前,两电极间电流维持恒定;计量点时,稍加过量的亚硝酸钠滴定液,溶液中产生可逆电对,电极间有电流通过,电流计指针偏转不在回到原来位置,滴定终点到达。

例如,永停滴定法测定磺胺甲噁唑的含量

精密称取磺胺甲噁唑 0.5070g,加稀盐酸和蒸馏水各 25ml 溶解,按照永停滴定法,用亚硝酸钠滴定液(0.1001mol/L)滴定至终点,消耗滴定液体积 19.80ml。每 1ml 亚硝酸钠滴定液(0.1mol/L)相当于 25.33mg 的磺胺甲噁唑($C_{10}H_{11}N_3O_3S$)。

磺胺甲噁唑的含量可按下式计算:

$$w(C_{10}H_{11}N_3O_3S) = \frac{V_{SP}T}{m_s} \times 100\% = \frac{19.80 \times 25.33 \times \frac{0.1001}{0.1}}{0.5060 \times 1000} = 99.2\%$$

(二)卡尔 - 费休水分测定法

卡尔 - 费休水分测定法分为容量法和库仑法两种,许多国家都将此方法作为法定的水分测定的标准分析方法。《中国药典》(2015 年版)中抗生素及其制剂水分的测定大多数也采用此方法。

容量法的测定原理是利用碘氧化二氧化硫时,需要一定量的水参加反应。依据碘的消耗量可计算出水的含量。其基本反应为

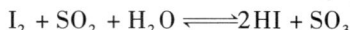

$$I_2 + SO_2 + H_2O \rightleftharpoons 2HI + SO_3$$

上述反应是可逆反应,为了使反应向右进行完全,选用碱性试剂(如无水吡啶)定量吸收 HI 和 SO_3,加入无水甲醇,生成更稳定的甲基硫酸氢吡啶。其滴定的总反应(卡尔 - 费休反应)为

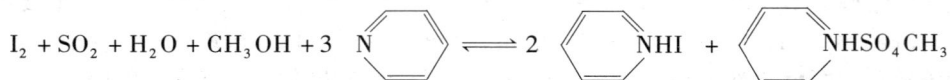

$$I_2 + SO_2 + H_2O + CH_3OH + 3\bigcirc\!\!\!N \rightleftharpoons 2\bigcirc\!\!\!NHI + \bigcirc\!\!\!NHSO_4CH_3$$

在计量点前,溶液中有 SO_3/SO_2 不可逆电对,电极间无电流通过。电流计指针停止不动;到计量点后,稍加过量的碘滴定液,溶液中即有可逆电对 I_2/I^-,两电极间有电流通过,电流计指针明显偏转不再回起点,指示终点到达。常用的滴定液是碘、二氧化硫、吡啶和无水甲醇按一定比例组成的溶液,称为卡尔 - 费休试剂。被测样品应用无水甲醇溶解。

✎ 知识拓展

永停滴定法测定青霉素钠中水分含量

精密称取 0.5520g 青霉素钠置于干燥的具塞锥形瓶中,加无水乙醇 3ml 振摇溶解,按照永停滴定法,用卡尔 - 费休试剂滴定至终点,消耗滴定液体积 1.62ml,空白试验消耗滴定液 0.18ml。每 1ml 卡尔 - 费休试剂相当于 3.48mg 的水。

青霉素钠中水分含量可按下式计算:

$$w(H_2O) = \frac{(V_{SP} - V_0)T}{m_s} \times 100\% = \frac{(1.62 - 0.18) \times 3.48}{0.5520 \times 1000} = 0.91\%$$

技能实训

实训 1　溶液 pH 值的测定

一、实训目的

1. 掌握 pH 计的使用方法。
2. 熟悉直接电位法测定溶液 pH 值的原理。
3. 了解直接电位法的应用。

二、仪器与试剂

1. 仪器

酸度计(雷磁 pHS - 3C 型)(图 9 - 14)、玻璃电极和饱和甘汞电极或复合电极。

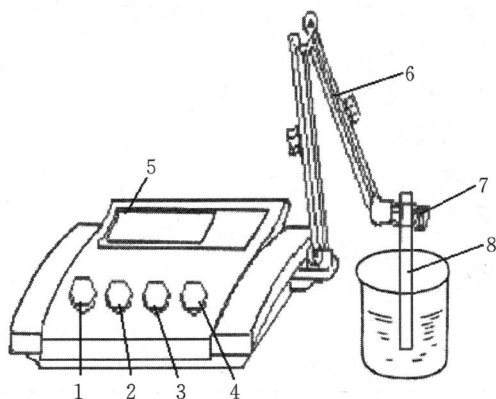

图 9 - 14　pHS - 3B 型酸度计

1. 选择开关旋钮;2. 温度补偿调节旋钮;3. 斜率补偿调节旋钮;4. 定位调节旋钮;
5. 显示屏;6. 电极杆;7. 电极夹;8. pH 复合电极

2. 试剂

磷酸盐标准缓冲液(pH = 6.86)、邻苯二甲酸氢钾标准缓冲液(pH = 4.00)、四硼酸钠标准缓冲液(pH = 9.18)、葡萄糖氯化钠注射液、碳酸氢钠注射液、注射用水、自来水。

三、实训原理

酸度计也称 pH 计,它是用直接电位法测定溶液 pH 值的一种电子仪器。它能准确测量各种溶液的 pH 值,也能测量电池电动势。

酸度计是利用指示电极、参比电极在不同 pH 值的溶液中产生不同的电池电动势这一原理设计的。指示电极一般用玻璃电极,参比电极一般用饱和甘汞电极或银 - 氯化银电极。将指示电极和参比电极组装在一起就构成复合电极,测定 pH 值使用的复合电极通常由玻璃电极与银－氯化银组合而成。复合电极的优点在于使用方便,并且测定值稳定。

四、实训内容

1. 酸度计的准备
(1)pH 复合电极使用前在 3mol/L 的 KCl 溶液中浸泡 24 小时以上。
(2)安装电极,接通酸度计电源,按下开关,仪器预热 30 分钟。
(3)选择仪器测量方式为"pH"方式。
(4)调节"温度"调节钮。使仪器显示的温度与测量溶液的温度一致。

2. 酸度计的校准
仪器在使用之前,即测定未知溶液 pH 值之前,先要校准。
(1)将复合电极用蒸馏水清洗,滤纸吸干后浸入到第 1 种缓冲溶液(pH = 6.86)中,调节"定位"调节钮,使仪器显示读数与第 1 种缓冲溶液 pH 值相同。
(2)取出电极,用蒸馏水清洗复合电极,滤纸吸干后浸入到第 2 种缓冲溶液(pH = 4.01 或 pH = 9.18)中,再调节"斜率"调节钮,使仪器显示读数与第 2 种标准缓冲溶液 pH 值相同。

3. 测定
将用蒸馏水清洗吸干后的复合电极插入下列四种试液中,待读数稳定后,读取待测溶液的 pH 值。取三次测定的平均值作为结果。
(1)葡萄糖氯化钠注射液 pH 值的测定。
(2)碳酸氢钠注射液 pH 值的测定。
(3)注射用水 pH 值的测定。
(4)自来水 pH 值的测定。

五、数据记录与处理

溶液 pH 测定结果

项目	葡萄糖氯化钠注射液	碳酸氢钠注射液	注射用水	自来水
pH_1				
pH_2				
pH_3				
待测溶液 pH				

说明:1. 葡萄糖氯化钠注射液 pH 规定值为 3.5~5.5
2. 碳酸氢钠注射液 pH 规定值为 7.5~8.5
3. 注射用水 pH 规定值为 5.0~7.0

六、注意事项

1. 校准酸度计选用的 pH 标准缓冲溶液应同被测溶液的 pH 值接近,这样能减少测量误差。经过校准的酸度计在连续使用时,"定位"调节钮和"斜率"调节钮不应再有任何变动。
2. pH 复合电极中玻璃电极的玻璃球膜极薄,安装与操作时切记勿与硬物接触,防止碰破玻璃球。

3. 每次换液,需要将复合电极用蒸馏水清洗,并用滤纸吸干。

4. 测定时如使用 pH 玻璃电极和饱和甘汞电极,pH 玻璃电极在使用前需活化,在纯化水中浸泡 24 小时以上。

七、问题与讨论

1. 酸度计使用前为什么要校准?

2. pH 玻璃电极在使用前为什么要浸泡 24 小时以上?

实训 2　测定磺胺类药物(永停滴定法)

一、实训目的

1. 掌握永停滴定法的原理和操作方法。
2. 掌握磺胺类药物重氮化滴定的原理。

二、实训原理

磺胺类药物大多是具有芳伯胺基的药物,它们在酸性溶液中可与亚硝酸钠定量地完成重氮化反应而生成重氮盐。

若把两个相同的电极插入滴定溶液中,在两个电极间外加一个小电压,用亚硝酸钠标准溶液滴定,化学计量点前溶液中不存在可逆电对,电流计指针停止在零位。当到达化学计量点时稍有过量的亚硝酸钠便有 HNO_2 及其分解产物 NO,并组成可逆电对,在两个电极上发生的电解反应如下:

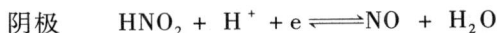

$$阴极　　HNO_2 + H^+ + e \Longrightarrow NO + H_2O$$
$$阳极　　NO + H_2O - e \Longrightarrow HNO_2 + H^+$$

电路中有电流通过,电流计指针将发生偏转不再回复,从而指示滴定终点的到达。

三、仪器与试剂

1. 仪器

永停滴定仪、电磁搅拌器、铂电极、酸式滴定管(50ml)、烧杯(100ml)、量筒(50ml)、搅拌棒、镊子、塑料洗瓶、滤纸、玻璃棒、台秤(0.1g)。

2. 试剂

KBr(A.R)、磺胺嘧啶样品、0.1mol/L $NaNO_2$ 滴定液、HCl 溶液(6mol/L)。

四、实训内容

1. 永停滴定仪的准备

(1)铂电极使用前在含有少量 $FeCl_3$ 的浓 HNO_3 中浸泡 30 分钟活化,使用时用纯化水清洗干净。

(2)连接仪器各部件,开启仪器电源。

(3)将 NaNO₂滴定液装入滴定管,检查滴定液的流量是否合适。

(4)除去滴定管及电磁阀下端硅胶管中的气泡,调节滴定液的起始位置。

(5)调永停滴定仪的外加电压为 50mV。

(6)调永停滴定仪的终点电流在 50×10^{-8}A。

(7)调滴定仪的检流计指针向零刻度。

2. 磺胺嘧啶的含量测定

(1)精密称取磺胺嘧啶($C_{10}H_{10}N_4O_2S$)样品约 0.5g(准确至 0.1mg,平行称三份),分别置于 100ml 烧杯中,加 HCl 溶液 10 ml,搅拌使其溶解后,加纯化水 50 ml,再加 KBr 1g。

(2)将烧杯放在搅拌器上,放入干燥、洁净的搅拌棒,打开电磁搅拌器,调节合适转速。

(3)将铂电极和滴定管插入溶液中,使滴定管尖深入液面下 2/3 处,选择"手动"滴定方式,按住"滴定开始"按钮,将大部分 NaNO₂滴定液一次快速加入溶液中。

(4)近终点时,松开"滴定开始"按钮,将滴定管尖提出液面,用少量纯化水冲洗管尖,冲洗液并入溶液中。

(5)快速、间断按"滴定开始"按钮,缓慢加入 NaNO₂滴定液,直至检流计指针发生明显偏转,不再回复,即达终点,记录消耗 NaNO₂滴定液的体积。

五、数据记录与处理

1. 数据记录

测定份数		1	2	3
取磺胺嘧啶的质量 m(g)				
V_{NaNO_2}(ml)	初读数			
	终读数			
消耗 NaNO₂的体积 V(ml)				

2. 结果计算

$$磺胺嘧啶含量\% = \frac{c_{NaNO_2} \times V_{NaNO_2} \times M_{C_{10}H_{10}N_4O_2S} \times 10^{-3}}{m_s} \times 100\%$$

3. 数据处理

测定份数	1	2	3
磺胺嘧啶含量%			
磺胺嘧啶含量平均值%			
相对平均偏差 $R\bar{d}$			

六、注意事项

1. 温度不宜超过 30℃,滴定速度稍快。

2. 滴定时溶液酸度控制在 1 ~ 2mol/L 为宜。

3. 电极在使用前应事先放入含有氯化铁(0.5mol/L)数滴的浓硝酸中浸泡 30 分钟,临用时用水冲洗,以除去表面的杂质。

4. 外加电压应控制在 80 ~90mV 为宜,实验前事先测定。

七、问题与讨论

1. 本实训加溴化钾的目的是什么?
2. 为什么要将滴定管插入液面以下?

考点提示

本章重点介绍了电化学分析法的基本原理,包括参比电极、指示电极和膜电极等基本概念,电位分析法的测定原理等基本理论;详细介绍了直接电位法测定溶液 pH 值和其他离子浓度的原理和方法、电位滴定法的原理及确定终点的方法;简要介绍了永停滴定法的原理及 I－V 滴定曲线。

1. 概述
   - 电化学分析法
   - 电位分析法
   - 参比电极
   - 指示电极
   - 膜电极

2. 直接电位法
   - 直接电位法测定溶液的 pH 值
   - 直接电位法测定其他离子的浓度

3. 电位滴定法
   - 基本原理
   - 确定终点的方法

4. 永停滴定法
   - 基本原理
   - $I－V$ 滴定曲线

目标检测

一、选择题

(一)单项选择题

1. 电位分析法属于

A. 光谱分析法　　　　　　　　B. 电化学分析法

C. 色谱分析法　　　　　　　　D. 波谱分析法

2. 电位滴定法指示终点的方法是

A. 内指示剂　　　　　　　　　B. 外指示剂

C. 内－外指示剂　　　　　　　D. 电位的变化

3. 玻璃电极的内参比电极是

A. 银电极　　　　　　　　　　B. 银－氯化银电极

C. 甘汞电极　　　　　　　　　D. 标准氢电极

4. 在以下电极中,电位分析法中常用的参比电极是

A. 玻璃电极　　　　　　　　　B. 氟离子选择电极

分析化学

C. 饱和甘汞电极   D. 铂电极

5. 决定离子选择性电极的选择性主要是

A. 干扰离子   B. 温度

C. 敏感膜性质   D. 溶液 pH

6. 在电位滴定中,以 $\Delta E/\Delta V \sim V$(E 为电位,V 为滴定剂体积)作图绘制滴定曲线,滴定终点为

A. 曲线的最大斜率(最正值)点   B. 曲线的最小斜率(最负值)点

C. 曲线的斜率为零时的点   D. $\Delta E /\Delta V$ 为零时的点

7. 在电位法中指示电极的电位应与待测离子的活度

A. 成正比   B. 符合扩散电流公式的关系

C. 的对数成正比   D. 符合 Nernst 方程式的关系

8. 用离子选择性电极以标准曲线法测定待测离子的浓度时,应要求

A. 试样溶液与标准溶液的离子强度相一致

B. 试样溶液与标准溶液的离子强度大于 1

C. 试样溶液与标准溶液中待测离子活度相同

D. 试样溶液与标准溶液的待测离子浓度相同

9. 测定水中微量 F^-,应选用的分析方法是

A. 重量分析法   B. 滴定分析法

C. 电位分析法   D. 原子吸收光谱分析法

10. 永停滴定法是确定终点的依据是

A. 电极电位的变化   B. 电流的变化

C. 溶液 pH 值的变化   D. 原电池的电动势的变化

(二)多项选择题

1. 下列电极属于参比电极的有

A. 饱和甘汞电极   B. 氟离子选择电极   C. 银 – 氯化银电极

D. 玻璃电极   E. 氯离子选择电极

2. 下列电极的电极电位与[Cl^-]相关的是

A. 甘汞电极   B. 氯离子选择电极   C. 银 – 氯化银电极

D. 玻璃电极   E. 钠离子选择电极

3. 电位滴定法的优点有

A. 不受溶液颜色的影响   B. 不受溶液的混浊程度的影响

C. 滴定突跃不明显的时候可以使用   D. 无适当的指示剂可使用

E. 是一种高效分离技术

4. 电位滴定法在酸碱滴定中的应用时

A. 通常选用 pH 玻璃电极作为指示电极

B. 选用饱和甘汞电极作为参比电极

C. 滴定突跃不明显的时候可以使用

D. 无适当的指示剂可使用

E. 需加入总离子强度调节缓冲液

5. 下列属于电化学分析法的是

A. 电位分析法　　　　B. 永停滴定法　　　　C. 色谱分析法

D. 紫外分析法　　　　E. 荧光分析法

6. 用"两次测量法"测定溶液 pH 值的目的

A. 消除玻璃电极的酸差　　　　　　B. 消除玻璃电极的碱差

C. 消除玻璃电极的不对称电位　　　D. 消除公式中的常数 K

E. 保持恒定的离子强度

7. 对于永停滴定法的叙述,下列正确的是

A. 根据两电极间电流变化确定终点

B. 滴定装置使用双铂电极系统

C. 滴定过程中存在可逆电对产生的电解电流的变化

D. 永停滴定法组成的是电解池

E. 用饱和甘汞电极作为参比电极

8. 用 pH 玻璃电极测量 pH >9 的溶液时

A. 会产生碱差　　　　B. 会产生酸差　　　　C. 测定的 pH 偏低

D. 测定的 pH 值偏高　E. 没有测定误差

9. 组成离子选择电极主要由

A. 敏感膜　　　　　　B. 电极管　　　　　　C. 内参比电极

D. 内参比溶液　　　　E. 待测溶液

10. 电位滴定法用于确定终点的方法有

A. $E-V$ 曲线的拐点

B. $\Delta E/\Delta V - \bar{V}$ 曲线的峰尖

C. $\Delta^2 E/\Delta V^2 - \bar{V}$ 曲线上 $\Delta^2 E/\Delta V^2$ 为零的点

D. $I-V$ 曲线的拐点

E. 指示剂的变色点

二、名词解释

1. 电位分析法　　2. 参比电极　　3. 指示电极　　4. 电位滴定法

三、简答题

1. 简述指示电极和参比电极的概念,列举常见的指示电极和参比电极(每种列举两个)。

2. 在直接电位法中,总离子强度调节缓冲溶液(TISAB)的作用是什么?

3. 直接电分析法的测定依据是什么?

四、实例分析题

1. 用下面电池测量溶液 pH 值

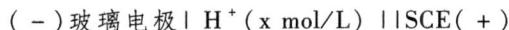

$$(-)玻璃电极 | H^+(x\ mol/L)\ ||SCE(+)$$

在 25℃ 时,测得 pH =4.00 的标准缓冲溶液的电池电动势为 0.209V。测得待测溶液的电池电动势为 0.132 V。计算待测溶液的 pH。

2. 精密称取头孢氨苄 0.1325g,按卡尔－费休水分测定法用永停滴定法确定终点,消耗费休试剂 2.80ml(每 1ml 费休试剂相当于 4.0mg 的水);空白试验消耗费休试剂 0.20ml。求头孢氨苄中水分的含量。

（张学东）

第十章 紫外－可见分光光度法

学习目标

【掌握】朗伯－比尔定律,紫外－可见分光光度计的操作方法,单组分溶液的定量方法。

【熟悉】物质对光的选择性吸收,吸收光谱,吸光系数的意义,紫外－可见分光光度计的基本结构。

【了解】紫外－可见分光光度计的类型,偏离朗伯－比尔定律的主要因素及测量条件的选择,紫外－可见分光光度法在定性分析和结构分析中的应用。

在紫外光区(200～400nm)和可见光区(400～760nm),根据待测物质对不同波长电磁辐射的吸收程度不同而建立起来的定性、定量和结构分析方法,称为紫外－可见分光光度法(ultraviolet-visible spectroscopy,UV-vis),又称紫外－可见分子吸收光谱法(ultraviolet-visible molecular absorption spectrometry)。该方法随着相关学科的发展而迅速发展,仪器设备不断更新换代,功能日益完善,操作易于掌握和普及,拓宽了紫外可见分光光度法的应用领域。

紫外－可见分光光度法的特点:

1. 灵敏度高

测定物质的浓度下限一般可达 10^{-7} ～ 10^{-4} g/ml,非常适用于微量或痕量组分的分析。

2. 准确度高

相对误差一般为1%～5%。

3. 选择性好

多组分共存,无需分离直接对某一组分进行分析测定。

4. 操作简便、测定快速

分光光度计仪器设备简单,使用方便,分析速度快。

5. 应用范围广泛

无论是无机离子或有机化合物,只要在紫外、可见光区内有吸收,都可以直接或间接地应用紫外－可见分光光度法进行测定。因此,紫外－可见分光光度法已经成为人们从事生产和科研的重要测试手段,广泛用于临床生化检验、卫生理化检测、药品分析、食品分析、环境监测、科学研究和工农业生产等领域。

第一节 基本原理

一、光的本质与电磁波

光的本质是电磁辐射，又称电磁波，具有波动性和粒子性，即波粒二象性。所有电磁辐射在真空中的传播速度 c 均约为 $2.9979 \times 10^{10} \, cm/s$。不同电磁辐射之间的差别仅在于波长 λ、频率 ν 不同，$c = \lambda \nu$。电磁波在传播过程中，能够发生反射、折射、衍射、干涉和偏振等现象，表现出波动性。电磁辐射与物质发生作用后，能够产生吸收、发射和光电效应等现象，表现出粒子性。电磁辐射的波粒二象性可由普朗克方程式表示：

$$E = h\nu = \nu = h\frac{c}{\lambda} = h\sigma c \qquad (10-1)$$

式中，E 是电磁辐射的能量，h 是普朗克常数，ν 是电磁辐射的频率，c 是光在真空中传播速度，λ 是电磁辐射的波长（nm），σ 是电磁辐射的波数。

若把电磁辐射按照波长大小顺序排列起来，就称为电磁波谱，各种电磁波的波长范围如表 10-1 所示。

表 10-1 电磁波的波长范围分区表

电磁辐射区段	波长范围	电磁辐射区段	波长范围
γ 射线	$0.001 \sim 0.1 \, nm$	近红外辐射	$0.76 \sim 2.5 \, \mu m$
X 射线	$0.1 \sim 10 \, nm$	中红外辐射	$2.5 \sim 50 \, \mu m$
远紫外辐射	$10 \sim 200 \, nm$	远红外辐射	$50 \sim 1000 \, \mu m$
紫外辐射	$200 \sim 400 \, nm$	微波区	$1 \sim 1 \, m$
可见光区	$400 \sim 760 \, nm$	无线电波区	$1 \sim 1000 \, m$

电磁辐射的波长越长，频率越低，能量越小；反之，波长越短，频率越高，能量越大。物质的结构不同，与电磁辐射发生相互作用所需要的能量也不同。只有当电磁辐射的能量与物质结构发生改变所需要的能量相等时，电磁辐射与物质之间才能发生相互作用而被吸收。也就是说，物质对光具有选择性吸收。

二、物质对光的选择性吸收

可见光是人眼睛能够感觉到的电磁波，其波长为 $400 \sim 760 \, nm$。在可见光区，波长不同，光的颜色就不相同。具有单一波长的光称为单色光。但波长相近的光其颜色并没有明显的差别，不同颜色之间是逐渐过渡的，各种颜色光的近似波长范围，如表 10-2 所示。

由不同波长的光混合而成的光称为复合光。例如，白光（日光、白炽灯光等）就是由各种不同颜色的光按照一定比例混合而成的。将两种适当颜色的单色光按一定强度比例混合就可以得到白光，这两种单色光互称补色光，如图 10-1 所示，圆的直径两端所对应的光按一定强度比例混合可得到白光，这两种颜色的光互称补色光。例如，紫色光和绿色光互称补色光，蓝色光和黄色光互称补色光，等。

表 10 - 2　各种颜色光的近似波长范围

光的颜色	波长范围(nm)	光的颜色	波长范围(nm)
红色	760 ~ 650	青色	500 ~ 480
橙色	650 ~ 610	蓝色	480 ~ 450
黄色	610 ~ 560	紫色	450 ~ 400
绿色	560 ~ 500	近紫外	400 ~ 200

溶液呈现不同的颜色,是由于溶液中的质点(分子或离子)选择性地吸收了白光中某种颜色的光而引起的。当一束白光通过某溶液时,如果该溶液对任何颜色的光都不吸收,则溶液无色透明;如果该溶液对任何颜色的光的吸收程度相同,则溶液灰暗透明;如果溶液吸收了其中某一颜色的光,则溶液呈现透过光的颜色,即呈现溶液所吸收色光的补色光的颜色。例如,高锰酸钾溶液能够吸收白光中的青绿色光而呈现紫红色。再如,硫酸铜溶液能够吸收白光中的黄色光而呈现蓝色。

图 10 - 1　日光的补色光示意图

物质是否吸收可见光,以及吸收程度的大小,可以通过眼睛来判断,也可以用仪器测量,后者比前者的准确度高。可见光区以外的电磁辐射,人的眼睛察觉不到,近紫外光是波长在 200 ~ 400nm 的光,物质吸收近紫外光不会呈现颜色。所以物质是否吸收紫外光,吸收的程度如何都必须借助仪器。

当物质的分子或离子对紫外 - 可见光区(200 ~ 760nm 波长范围内)的电磁辐射发生选择性吸收时,产生紫外 - 可见吸收光谱。根据物质的紫外 - 可见吸收光谱,可以对物质进行定性、定量和结构分析。

三、光的吸收定律

(一)透光率与吸光度

当一束平行的单色光照射溶液时,吸收光强度、透射光强度、反射光强度和散射光的强度四项之和,应该与入射光强度相等。通过控制实验条件,使反射光强度和散射光的强度都很小,可以忽略不计,所以,入射光强度等于吸收光强度与透射光强度之和,如图 10 - 2 所示。

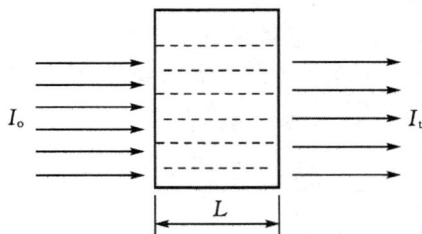

图 10 - 2　光束照射溶液示意图

若入射光强度为 I_0,吸收光强度为 I_a,透射光强度为 I_t,则:

$$I_0 = I_a + I_t \tag{10 - 2}$$

透射光强度 I_t 与入射光强度 I_0 的比值称为透光率或透光度,常用 T 表示,即

$$T = \frac{I_t}{I_0} \times 100\% \tag{10 - 3}$$

透光率越大,表示溶液对光的吸收程度越小;透光率越小,表示溶液对光的吸收程度越大。在实际应用时,对透光率的倒数取对数,称为吸光度,常用 A 表示。透光率 T 和和吸光度 A 之间的关系为:

$$A = \lg \frac{1}{T} = \lg \frac{I_0}{I_t} = -\lg T \tag{10-4}$$

$$T = 10^{-A} \tag{10-5}$$

(二)光的吸收定律

朗伯(Lambert)和比尔(Beer)分别在 18 世纪和 19 世纪研究了有色溶液的液层厚度 L 和溶液浓度 c 与吸光度 A 之间的定量关系,共同奠定了分光光度法的理论基础,被称为光的吸收定律或朗伯－比尔定律,可以表述为:当一束平行的单色光通过均匀、无散射的含有吸光性物质的溶液时,在入射光的波长、强度及溶液的温度等条件不变的情况下,溶液的吸光度 A 与溶液的浓度 c 及液层厚度 L 的乘积成正比,即:

$$A = KcL \tag{10-6}$$

式(10-6)中的比例常数 K 称为吸光系数,在一定条件下为常数。

实验证明,光的吸收定律不仅适用于可见光,而且也适用于紫外光和红外光;不仅适用于均匀、无散射的溶液,而且也适用于均匀、无散射的固体和气体等,它是各类分光光度法进行定量分析的理论依据。

溶液对光的吸光度具有加和性。如果溶液中同时存在两种或两种以上的吸光性物质,则测得的该溶液的吸光度等于溶液中各吸光性物质吸光度的总和,即

$$A_{(a+b+c)} = A_a + A_b + A_c \tag{10-7}$$

式(10-7)是分光光度法对多组分溶液进行定量分析的理论基础。

四、吸光系数

吸光系数的物理意义:吸光物质在单位浓度及单位液层厚度时的吸光度。吸光系数随待测溶液的浓度单位不同而不同,常用以下两种表示方式。

(一)摩尔吸光系数

在入射光波长一定时,溶液浓度为 1mol/L,液层厚度为 1cm 时所测得的吸光度称为摩尔吸光系数,常用 ε 表示,其单位为 L/(mol·cm)。通常将 $\varepsilon \geq 10^4$ 时称为强吸收,$\varepsilon < 10^2$ 时称为弱吸收,$10^2 \leq \varepsilon < 10^4$ 时称为中等强度吸收。

(二)百分吸光系数

在入射光波长一定时,溶液浓度为 1%(g/100ml)、液层厚度为 1cm 时所测得的吸光度称为百分吸光系数(或称比吸收系数),常用 $E_{1cm}^{1\%}$ 表示,其单位为 100ml/(g·cm)。

知识拓展

光吸收系数

在入射光波长一定时,溶液浓度为 1g/L,液层厚度为 1cm 时的吸光度,称为光吸收系数,常用 α 表示,其单位为 L/(g·cm)。

分析化学

ε 和 $E_{1cm}^{1\%}$ 通常不能直接测定,而是通过测定已知准确浓度的稀溶液的吸光度,根据光的吸收定律数学表达式计算求得。

根据上述定义,摩尔吸光系数和百分吸光系数之间的换算关系是:

$$\varepsilon = E_{1cm}^{1\%} \times \frac{M}{10} \qquad (10-8)$$

式(10-8)中的 M 是吸光性物质的摩尔质量。当入射光的波长、溶剂的种类、溶液的温度和仪器的性能等因素确定时,ε、$E_{1cm}^{1\%}$ 只与吸光性物质的性质有关,是物质的特征常数之一,可以表示该物质对某一特定波长光的吸收能力。ε 或 $E_{1cm}^{1\%}$ 越大,表明相同浓度的溶液对某一波长的入射光吸收越容易,测定的灵敏度越高。同一物质对不同波长的单色光可以有不同的吸光系数;不同物质对同一波长的单色光也会有不同的吸光系数。一般用物质的最大吸收波长 $\lambda_{\max}$ 处的吸光系数,作为一定条件下衡量灵敏度的特征常数。

$\varepsilon \geqslant 10^3$ 时,通常可以用分光光度法进行定量测定。

例1 某化合物溶液遵守朗伯-比尔定律,当浓度为 c_1 时,透光率为 T_1,试计算:当浓度为 $0.5\,c_1$、$2\,c_1$ 时,在测定条件不变的情况下,相应的透光率分别为多少?何者最大?

解:根据朗伯-比耳定律: $A = KcL$

当浓度为 c_1 时: $-\lg T_1 = Kc_1 L$

当浓度为 $0.5\,c_1$ 时: $-\lg T_2 = Kc_2 L = K(0.5\,c_1)L = 0.5(-\lg T_1)$

$\therefore -\lg T_2 = -\lg (T_1)^{1/2}$

$T_2 = T_{11/2}$

当浓度为 $2\,c_1$ 时: $-\lg T_3 = K c_3 L = 2 \times (k c_1) = 2 \times (-\lg T_1)$

$\therefore T_3 = T_{12}$

$\because 0 < T < 1$

$\therefore T_2$ 为最大

答:当浓度为 $0.5\,c_1$ 时,透光率最大。

例2 某化合物,其相对分子质量 $Mr = 125\text{g/mol}$,摩尔吸光系数 $\varepsilon = 2.5 \times 10^5 \text{L/(mol·cm)}$,欲准确配制该化合物溶液1L,使其在稀释200倍后,于 1.00cm 吸收池中测得的吸光度 $A = 0.600$,问应称取该化合物多少克?

解:已知 $Mr = 125\text{g/mol}$,$\varepsilon = 2.5 \times 10^5 \text{L/(mol·cm)}$,$L = 1.00\text{cm}$,$A = 0.600$。

求应称取多少克该化合物制成溶液后,其浓度满足题设条件。

设应称取该化合物 x 克,

$\because A = \varepsilon \cdot c \cdot L$

$$\therefore 0.600 = 2.50 \times 10^5 \times \frac{\dfrac{x}{125}}{1.00 \times 200} \times 1.00$$

解得 $x = 0.0600(\text{g})$

答:应称取该化合物 0.0600g。

例3 用氯霉素(分子量为323.15)纯品配制100ml含2.00mg的溶液,以 1.00cm 厚的吸收池在 278cm 波长处测得其吸光度为24.3%,试计算氯霉素在 278cm 波长处的摩尔吸光系数和百分吸光系数。

解:已知 $M = 323.15 \text{g/mol}$, $\rho = 2.00 \times 10^{-3}\%$, $T = 24.3\%$。

求氯霉素在278cm波长处的摩尔吸光系数 ε 和百分吸光系数 $E_{1cm}^{1\%}$。

$$\because A = -\lg T = E_{1cm}^{1\%} \cdot \rho \cdot L$$

$$\therefore E_{1cm}^{1\%} = \frac{-\lg T}{\rho \cdot L} = \frac{-\lg - .243}{2.00 \times 10^{-3}} = \frac{0.614}{2.00 \times 10^{-3}} = 307$$

$$\varepsilon = E_{1cm}^{1\%} \cdot \frac{M}{10} = 307 \times \frac{323.15}{10} = 9920 \text{L/(mol} \cdot \text{cm)}$$

答:氯霉素在278cm波长处的摩尔吸光系数和百分比吸光系数分别为9920L/(mol·cm)和307。

知识拓展

ε 值取决于入射光的波长和吸光物质的吸光特性,亦受溶剂和温度影响。在讲到吸光系数时,一般指最大吸收波长对应的吸光系数,必要时应注明溶剂和温度。

五、吸收光谱

在溶液浓度和液层厚度一定的条件下,分别测定溶液对不同波长的入射光的吸光度,以波长 λ 为横坐标,以对应的吸光度 A 为纵坐标描绘曲线,这条曲线称为吸收光谱曲线,简称吸收光谱,也称为 $A - \lambda$ 曲线或吸收曲线。吸收光谱上的凸起部分称为吸收峰,其中,比左右相邻都高之处所对应的波长称为最大吸收波长,常用 $\lambda_{\max}$ 表示。在吸收峰上出现的不成峰形的小曲折,形状类似人的肩膀,称为肩峰。吸收光谱上两个吸收峰之间的凹下部分称为谷,比左右相邻都低

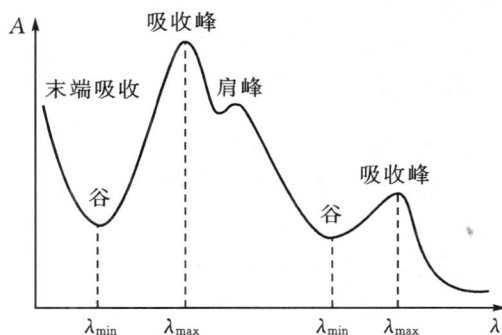

图 10 - 3　吸收光谱示意图

之处所对应的波长称为最小吸收波长,常用 $\lambda_{\min}$ 表示。在吸收光谱短波长端所呈现的强吸收而不呈峰形的部分叫末端吸收,如图 10 - 3 所示。

通过测定物质的吸收光谱,可以从中找到最大吸收波长 $\lambda_{\max}$,以此作为定量分析的最佳测定波长。物质在一定条件下的吸收光谱是一定的,因此,吸收光谱是紫外 - 可见分光光度法定性分析和结构分析的依据。

第二节　紫外 - 可见分光光度计

紫外 - 可见分光光度计是在紫外光区和可见光区用于测定溶液吸光度的仪器。在国内外的药典中,要求用紫外可见分光光度计进行分析的药品很多,如维生素、抗生素、解热药、去痛药、降血压药等。因此,紫外 - 可见分光光度计是制药行业和药检行业必备的分析仪器。

一、紫外 – 可见分光光度计的基本结构

不同厂家生产的紫外 – 可见分光光度计,型号不同,外形和功能各异,但它们都由光源、单色器、吸收池、检测器和讯号处理及显示器等五个基本部件所构成,即:

$$\boxed{光源}—\boxed{单色器}—\boxed{吸收池}—\boxed{检测器}—\boxed{讯号处理及显示器}$$

(一)光源

光源是能够发射出强度足够且稳定的连续光谱的部件,常用的光源有两类。

1. 钨灯或卤钨灯

这类光源可以发射 350 ~ 1000nm 的连续光谱,用于可见光区的测定。钨灯又称白炽灯,其发光强度与灯的工作电压的 3 ~ 4 次方成正比,工作电压的微小波动就会引起发光强度的很大变化,故要用稳压器,保证光源的发光强度稳定。卤钨灯是在钨灯灯泡内填充碘或溴的低压蒸气,由于灯内卤元素的存在,减少了灯丝的蒸发,所以能够延长的使用寿命,且发光效率比较高。

2. 氢灯或氘灯或氙灯

这类光源都是气体放电发光体,可以发射 150 ~ 400nm 的连续光谱,用于紫外光区的测定。为了避免玻璃对紫外光的吸收,其灯泡用石英窗或用石英灯管制成。氘灯或氙灯的价格比氢灯高,但氘灯或氙的发光强度和使用寿命比氢灯提高 2 ~ 3 倍,目前的仪器大多用氘灯,并配置专用的电源装置,确保稳定的工作电流。

(二)单色器

单色器是将光源发射的连续光谱(复合光)转变成单一波长的光(单色光)并可从中选出所需波长单色光的光学系统。单色器性能的好坏直接影响测定的灵敏度、准确度、选择性及标准曲线的线性关系等,是紫外 – 可见分光光度计的关键部件。单色器由进光狭缝、准直镜、聚焦透镜、色散元件和出光狭缝组成,其光路原理如图 10 – 4 所示。

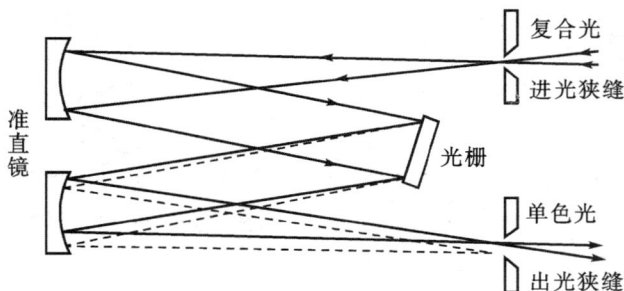

图 10 – 4 单色器光路示意图

光源发射的复合光,经聚光后进入进光狭缝,经准直镜变成平行光,投射于色散元件,经色散后变成连续光谱,再经准直镜和聚焦透镜变成平行光,通过转动色散元件(仪器上的波长调节钮),可使所需波长的平行单色光射出出光狭缝。

1. 色散元件

色散元件是单色器的关键元件,使复合光发生色散。常用的色散元件有棱镜和光栅两种。

棱镜用玻璃或石英材料制成。玻璃棱镜对可见光的色散比较好,但会吸收紫外光,只能用于可见光区;石英棱镜对紫外光的色散好,且对紫外光不吸收,宜用于紫外光区,也可用于可见光区。因棱镜对不同波长光的色散率不同,故色散光谱疏密不均,短波长区域疏,长波长区域密。

在高度抛光的玻璃或合金表面上刻有许多等宽、等距的平行条痕,即为光栅。光栅上的条痕密度为 1200 个/毫米,复合光经过光栅反射后,由于衍射和干涉作用使光发生色散。光栅的色散率几乎不随波长而改变,分辨率比棱镜高,可用于紫外光、可见光、红外光等光谱区域。

2. 准直镜

准直镜是以狭缝为焦点的凹球面镜,由凹面反射镜和凸透镜组成,能将进、出单色器狭缝的非平行光调节成平行光。

3. 狭缝

狭缝是光的进、出口,分别由具有很锐刀口的两个金属片精密加工而成,两个刀口之间必须严格平行,并且处在相同的平面上。进光狭缝的作用是限制杂散光进入单色器,出光狭缝的作用是允许所需要的单色光射出单色器。狭缝是单色器的重要组成部分,关系到单色器的分光质量。狭缝越宽,光通量越大,但获得的光的单色性越差,影响吸光度的测定;狭缝越窄,光通量和光强度越小,但获得的光的单色性越好,同样影响吸光度的测定。因此,测定时要调节适当的狭缝宽度。

(三) 吸收池

吸收池也叫比色皿或比色杯,用来盛放试样溶液和确定液层厚度的容器。在可见光区测定时,使用光学玻璃或石英材料制成的吸收池;在紫外光区测定时,必须使用石英材料制成的吸收池。测量时,盛放参比溶液和样品溶液的一组吸收池必须相互匹配,即有相同的厚度和透光性。

🖊 **知识拓展**

用于盛放参比溶液和试样溶液的吸收池应该相互匹配,即测定条件不变,盛放同一溶液测定透光率,其相对误差应小于 0.5%。吸收池有两个透光面,其内壁和外壁都要特别注意保护,避免摩擦、留下指纹或污物。如果外壁沾有残液,用滤纸或绢布吸干,用后应及时洗净。

(四) 检测器

检测器是将通过吸收池的光信号转换成电信号的光电元件,常用的有光电管和光电倍增管。光电管是由一个丝状阳极和一个光敏阴极组成的真空(或充少量惰性气体)二极管。光敏阴极的凹面镀一层碱金属或碱金属氧化物等光敏材料,受光照射时能够发射电子,流向阳极而形成电流,称为光电流。光电流的大小与照射光的强度有关。光电流被放大、检测后,以此反映照射光强度的变化。光电管的结构如图 10 - 5 所示。

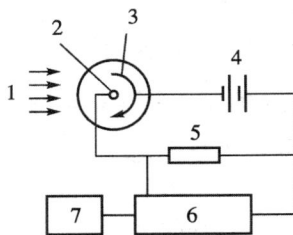

图 10 - 5　光电管结构示意图

1. 照射光;2. 阳极;3. 光敏阴极;4.90V 直流电源;5. 电阻;6. 直流放大器;7. 指示器

175

光电倍增管的工作原理与光电管相似,不同的是在光敏阴极和阳极之间加了几个倍增级(一般是九个),各倍增级之间的电压依次增高90V。

光敏阴极被光照射后发射电子,电子被第一倍增级的高电压加速并撞击第二倍增级的表面,能够发射出更多的电子。如此经过多个倍增级后,发射的电子大大增加,被阳极收集后,能够产生较强的光电流。此电流还可以进一步被放大,从而增加检测的灵敏度。

特别提示

常用的光电管有两种,一是紫敏光电管,用于检测波长为 200 ~ 625nm 的光;二是红敏光电管,用于检测波长为 625 ~ 1000nm 的光。光电管易疲劳,不宜长时间连续使用。光电倍增管的灵敏度很高,常用于检测弱光,一般不能用于检测强光。

(五)讯号处理与显示器

光电流经过放大后,以某种方式将测量结果显示出来。常用的显示方式有电表指示、数字显示、荧光屏显示等。显示的测定数据结果有透光率、吸光度、曲线描绘、浓度、吸光系数等。现代的紫外 – 可见分光光度计常与计算机连接,可以直接处理并显示、打印所需要的结果。

二、紫外 – 可见分光光度计的基本类型

(一)可见分光光度计

可见分光光度计的构造简单,单色性和精密度较差,一般用于可见光区的定量测定。常用的是国产 72 系列的分光光度计,用钨灯作光源;用光栅作单色器的色散原件;每台仪器配有一套厚度分别为 0.5cm、1.0cm、2.0cm、3.0cm、5.0cm 等规格的玻璃吸收池供选用;用光电管作检测器;721 型分光光度计用微安电表指针作显示器,其标尺上有透光率和吸光度两种刻度,透光率的刻度从左到右为 0 ~ 100 等分刻线,吸光度的刻度从左到右为 ∞ ~ 0 不等距刻线。722 型分光光度计用屏幕显示的方式显示测定结果,如吸光度、透光率或浓度等。例如,国产 722 型分光光度计的外形如图 10 – 6 所示。

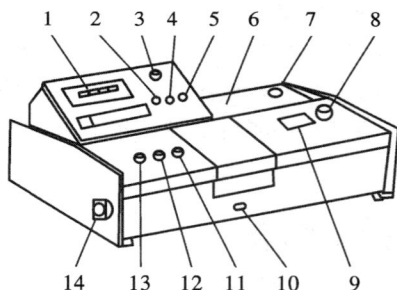

图 10 – 6　722 型分光光度计外形图

1. 数字显示器;2. 吸光度调零钮;3. 功能选择钮;
4. 吸光度斜率钮;5. 浓度旋钮;6. 光源室;7. 电源开关;
8. 波长调节钮;9. 波长读数窗;10. 吸收池架拉手;
11. 100% T 旋钮;12. 0% T 旋钮;13. 灵敏度调节钮;
14. 干燥室

(二)紫外 – 可见分光光度计

紫外 – 可见分光光度计是用于紫外光区和可见光区分析测定的仪器,单色性和精密度相对较高,既可用于定量分析,也可用于定性鉴别或结构分析。仪器配有卤钨灯和氘灯两种光源,卤钨灯的使用波长为 350 ~ 1000nm,氘灯的使用波长为 190 ~ 330nm,卤钨灯和氘灯的转换用手柄控制;单色光器的色散元件是平面光栅;吸收池由石英制成;检测器是 PD 硅光电池或光电倍增管;终端输出用荧光屏显示浓度 c、吸光度 A 和透光率 T,有的还能够显示吸收曲线和标准曲线。仪器一般可以与计算机连接,能够打印测量结果。

根据光路原理的不同,紫外－可见分光光度计分为单波长分光光度计和双波长分光光度计两大类;单波长分光光度计又可分为单光束分光光度计和双光束分光光度计两类。它们的光路原理如如图 10－7 所示。

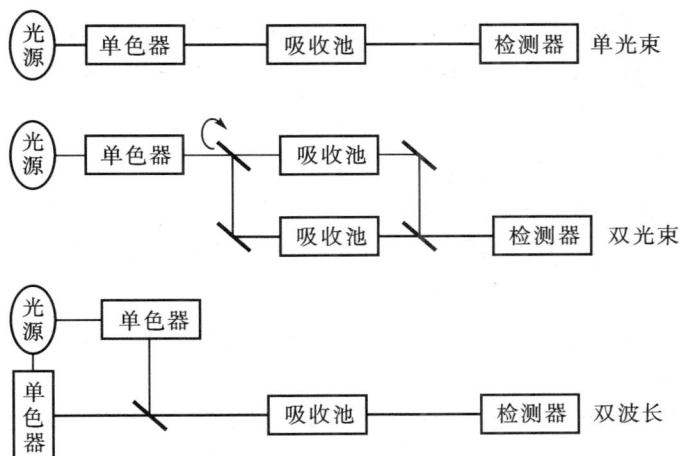

图 10－7 紫外－可见分光光度计光路原理示意图

1. 单光束分光光度计

这类仪器的特点是:从光源到检测器只有一束单色光。常用的仪器如国产 UV755B 型、国产 7530 型和 TU－1810 型,日产岛津 QR－50 型等。例如,UV 755B 型分光光度计的外形如图 10－8 所示。

2. 双光束分光光度计

这类分光光度计的特点是:单色器发射一束单色光,经过一个斩光器将它分成波长相同的两束单色光,交替通过参比溶液和试样溶液后,再用一个同步旋转的扇面镜将两束透过光交替地照射到光电倍增管上,使光电倍增管产生一个交变的脉冲信号,经过比较放大后,由显示器显示出透光率、吸光度和浓度等。常见的仪器如国产 740 型和 TU－1901 型等,国外产品如英产 UnicamSP700 型、美产 UV－6100 型、日产岛津 UV－200 型和 UV－240 型等。

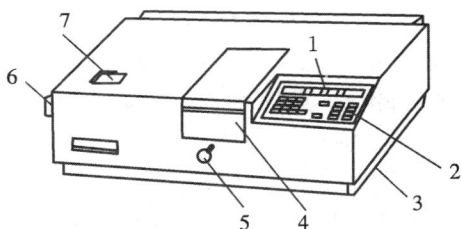

图 10－8 UV755B 型分光光度计外形图
1. 数字显示屏;2. 功能键盘;3. 打印机接口;
4. 吸收池暗盒盖;5. 吸收池架拉杆;
6. 波长旋钮;7. 波长读数窗

3. 双波长分光光度计

这类分光光度计的特点是:仪器采用两个并列的单色光器,能够产生两束不同波长的单色光,交替照射同一试样溶液,得到同一试样溶液对不同波长单色光的吸光度差值。其优点有两个:一是测定时不需要参比池,可以避免吸收池不匹配、参比溶液与试样溶液的折射率和散射作用不同而产生的误差,特别适于有背景吸收或有干扰情况下的定量测定。二是可以用双波长的方式工作,也可以用单波长双光束的方式工作。此类仪器如国产国产 2850 型和 WFZ800－S型、日产岛津 UV－300 型等。

三、紫外－可见分光光度计的使用方法

针对不同型号的紫外－可见分光光度计,用前必须认真阅读仪器配备的使用手册或说明书,严格按照操作规程使用仪器,并进行必要的养护和维修,既能够顺利完成工作任务,又能延长仪器的使用寿命。尽管紫外－可见分光光度计的型号多、外形和功能差别大,但各类仪器的基本操作却有很多共同之处,下面分别以典型的可见分光光度计和紫外－可见分光光度计为例说明之。

(一)722型可见分光光度计的使用方法

1. 接通电源,依次打开试样室盖和仪器开关,将功能选择开关置于"T"位(透过率),波长旋钮调整至测定所需波长值、灵敏度旋钮至低位,预热30分钟。

2. 依次在仪器的试样架上放好空白溶液、标准溶液、待测溶液。

3. 使空白溶液处于光路位置,调节"0"旋钮,使读数显示为"0.00",盖上试样室盖子,调节"100.0%"旋钮,使读数显示"100.0"。

4. 反复调节"0"和"100%"旋钮,即打开试样室盖,用"0"旋钮使读数显示为"0.00",关闭试样室盖,调节"100.0%"旋钮使读数显示"100",直至稳定不变。

5. 依次拉出吸收池架推拉杆,将标准溶液、待测溶液置入光路,分别记录透光率读数。

6. 若测定吸光度A,将功能选择开关置于"A"位,调节"消光零"旋钮,使显示数字为".000",然后将标准溶液、待测溶液移入光路,显示值即为对应的吸光度值。

7. 若测量浓度c,将功能选择开关置于"c"位,将标准溶液置于光路,调节"浓度"旋钮,使数字显示为标定值,将被测样品置于光路,显示值即为即可待测溶液的浓度值。

8. 每次变换测量波长,都应该重复2~4操作步骤后,再进行测定。

9. 测定完毕,关闭仪器开关,切断电源,复原仪器,将比色皿清洗干净(最好用乙醇清洗),置于滤纸上晾干后装入比色皿盒,罩好仪器,登记使用情况。

10. 注意事项:①测试过程中,读数完毕,应随手开启试样室盖子(包括预热阶段),使光路闸门在未读数时处于自动关闭状态,以防止光电倍增管长期处于光照状态而加速疲劳老化。开关试样室盖时,动作要轻缓。②避免在仪器上方倾倒测试样品,以免样品污染仪器表面,损坏仪器;吸收池的石英玻璃面如果有残液,应用镜头纸吸干。③在测试时,如果需改变波长,应在改变波长后适当增加仪器的稳定时间,再从调节"0"和"100%"旋钮开始对仪器进行校准,其他位置,如"A"位、灵敏度等的改变,均应在仪器稳定后,从此步骤对仪器进行校准。

(二)UV755B型紫外－可见分光光度计的操作方法

1. 开机

接通电源,打开试样室盖和仪器开关,仪器显示"F755B",按"MODE"键,仪器显示T"＊.＊"。检查仪器后面反射镜位置是否是你需要的灯源位置,200~330nm波长范围内用氘灯,330~1000nm波长范围内用钨灯。仪器初始化结束,预热30分钟。

2. 透光率T或吸光度A值的测定

(1)调节"λ"键,选定入射波长。

(2)取二只相互匹配的比色皿,其中一只放入参比溶液,另一只放入待测溶液,将比色皿放入样品室内的比色皿架上,夹紧夹子,将参比溶液推入光路。

（3）盖上试样室盖，按"MODE"键，便显示 T 状态或 A 状态。按"100% τ"键，显示"T100.0"或"A0.000"。

（4）打开样品池盖，按"0%"键，显示"T0.0"或"AE1"。盖上样品池盖，按"100%"键，显示"T100.0"。

（5）将待测溶液推入光路，显示试样的 T 值或 A 值。

（6）如果要将测定结果记录下来，只要按"PRINT"键即可。

（7）每次变换测量波长，都应该重复上述（5）、（6）操作步骤后，再测定待测溶液的透光率 T 值或吸光度 A 值。

3. **浓度 c 的测定**

浓度曲线方程 $A = Mc + N$，是一个线性回归方程，一旦仪器内建立了这个方程，操作者就可以直接测得待测溶液的浓度 c 值。建立浓度曲线方程的方法有下列两种。

（1）M、N 系数直接输入　浓度曲线方程 $A = Mc + N$，其中 A 为吸光度，c 为浓度，M 为斜率，N 为截距，若知系数 M、N，则可直接将 M、N 输入仪器建立曲线方程，如已知 $M = 2.123 \times 10^{-3}$，$N = 1.025 \times 10^{-3}$，则只要将 $M = 2.123$、$N = 1.025$ 输入即可，即按2.123，再按"M/N"输入 M，按1.025，再按"M/N"输入 N，在 c 模式下显示实际数字，则说明浓度曲线方程已建立，若需打印出方程，则按"PRINT"键。

注意事项：

① 必须先输入 M，再输入 N。

② 系数 M 的范围是 $0.001 \times 10^{-3} \sim 9999 \times 10^{-3}$。

③ 系数 N 的范围是 $0.001 \times 10^{-3} \sim 9999 \times 10^{-3}$。

④ 输入时，若输入0.001在仪器内转换成 0.001×10^{-3}。同理，其他任何数值的输入，在仪器内均乘以 10^{-3}。

⑤ 相关系数 R 反映浓度 c 和吸光度 A 之间的线性关系，R 越接近于1，浓度 c 和吸光度 A 之间的线性关系越好，反之越差。

（2）建立试样的标准曲线　将浓度分别为100、300、500（单位）的某标准样品输入仪器建立标准曲线，步骤如下：

①将参比溶液和100、300、500（单位）三个标准溶液分别盛于四只相互匹配的比色皿，置于试样室的比色皿架上，夹紧夹子。

②调整波长旋钮至所需之处。

③按"CLEAR"键清除原有方程，在 c 模式下显示"CEO"。

④将参比试样推入光路，按"100%"键，置满度，打开样品池盖，按"0%"键，使之显示"0"。

⑤将100（单位）标准试样推入光路，按"100C"键，显示"C01"，则一点已输入。

⑥将300（单位）标准试样推入光路，按"300C"键，显示"C02"，则二点已输入。

⑦将500（单位）标准试样推入光路，按"500C"键，显示"C03"，则三点已输入。

以上三点（三个浓度值）标准溶液输入微机后，即建立了标准曲线。将未知试样推入光路，在 C 模式下显示的值即为被测试样的浓度值，若需打印，按"PRINT"键，便可打印出该试样溶液的 T、A、C 相应数值。

4. **打印测定数据**

打印测定数据的方式分为实时打印和定时打印两种。①实时打印：仪器无论在 T、A、C 任何一种模式下按"PRINT"键便可打印出现状态 T、A、C 相应数值,若没有建立标准曲线,则 C(浓度)一栏打印"NO"。②定时打印:本仪器提供了定时打印功能,能够提供定时测量打印,以秒为单位,操作方式如下:如需对数据进行定时采样,采样次数为 20 次,间隔为 5 秒,则按键"5"、"PRINT",再按键"20"、"PRINT",仪器便进入定时打印状态,若想终止定时打印状态,按"CE"键可退出。

5. 关机

测量完毕后,关闭仪器开关,拔下电源,复原仪器,登记使用情况。

知识拓展

使用该仪器的注意事项,与使用 722 型仪器相同。测定数据的注意事项是:测定透光率 T 或吸光度 A 值,是该仪器的基本使用方法。如果需要得到浓度 c 值,则要建立浓度曲线方程或标准曲线。

第三节　定性和定量方法

一、定性方法

1. 比较光谱的一致性

在相同条件下,分别测定未知物和对照品的吸收光谱,对比二者是否一致。当没有对照品时,可以将未知物的吸收光谱与《中国药典》(2015 年版)或其他标准中收录的该物质的标准谱图进行严格的对照比较。

如果未知物的吸收光谱与对照品的吸收光谱完全一致,诸如吸收光谱的形状、肩峰、吸收峰的数目、峰位和强度(吸光系数)等完全相同,则可以初步认为二者是同一化合物。值得注意的是,只有在用其他分析方法进一步证实后,才能得出较为肯定的定性结论。因为主要官能团相同的物质,可能会产生非常相似、甚至雷同的紫外 - 可见吸收光谱。所以,吸收光谱相同,却不一定是同一种化合物。如果未知物的吸收光谱与对照品的吸收光谱有差异,则可以肯定二者不是同一种化合物。例如,醋酸泼尼松、醋酸可的松和醋酸氢化可的松三种药品的吸收光谱曲线仅有微小差别,尽管它们的最大吸收波长、摩尔吸光系数和百分吸光系数几乎完全相同,但却不是同一种物质。

2. 比较吸收光谱的特征数据

最大吸收波长 λ_{max} 和吸光系数〔《中国药典》(2015 年版)采用 $E_{1cm}^{1\%}$〕,是用于定性鉴别的主要光谱特征数据。在不同化合物的吸收光谱中,最大吸收波长 λ_{max} 可以相同,但因分子量不同,其百分吸光系数 $E_{1cm}^{1\%}$ 数值会有差别。有些化合物的吸收峰较多,而各吸收峰对应的吸光度或百分吸光系数的比值〔《中国药典》(2015 年版)采用吸光度的比值〕是一定的,所以,可以通过比较吸光度或百分吸光系数的比值的一致性,作为定性鉴别的依据。

例如,《中国药典》(2015 年版)规定:贝诺酯加无水乙醇制成浓度为 7.5μg/ml 的溶液,在 240nm 处有最大吸收,相应的百分吸光系数($E_{1cm}^{1\%}$)应为 730～760;硝西泮的吸收光谱有三个吸收峰,分别在 220nm、260nm、310nm 波长处,260nm 与 310nm 波长处的吸光度的比值应为

$1.45 \sim 1.65$；维生素 B_{12} 也有三个吸收峰，分别在 278nm、361nm、550nm 波长处，它们的吸光度比值应为：A361nm/A278nm 为 $1.70 \sim 1.88$，A361nm/A550nm 为 $3.15 \sim 3.45$。

例如，葡萄糖注射液是临床上最常用的药品之一。制剂时需要高温灭菌，葡萄糖会转化为 5－羟甲基糠醛而引入杂质。《中国药典》（2015 年版）规定：葡萄糖注射液在 284nm 波长处的吸收度不得超过 0.32。因为葡萄糖在 284nm 波长处无吸收，而杂质 5－羟甲基糠醛在此波长处有最大吸收，所以，可以通过控制供试品溶液在 284nm 波长处的吸收度来控制杂质 5－羟甲基糠醛的含量。

知识拓展

紫外－可见分光光度法在药品杂质检查方面也有较为广泛的应用。进行杂质检查时，将待检药品的吸收光谱与药品的标准吸收光谱相对照，如果杂质在药品无吸收的光区有吸收，或待检药品吸收峰在药品标准吸收光谱杂质吸收峰处有变化，则可判定待检药品有杂质。还可以利用杂质的特征吸收，很灵敏地检测出微量杂质（10^{-5}g）的存在（杂质检查）或控制主成分的纯度（杂质限量检查）。

二、定量方法

根据光的吸收定律，在一定条件下，试样溶液的吸光度与其浓度呈线性关系。因此，可以选择适当的入射波长进行定量分析。

（一）单组分溶液的定量方法

1. 吸光系数法

吸光系数法又称绝对法，是直接利用光的吸收定律的数学表达式 $A = KcL$ 进行计算的定量方法。首先从手册中查出待测物质在最大吸收波长 λ_{max} 处的吸光系数 ε 或 $E_{1cm}^{1\%}$，然后在相同条件下测量试样溶液的吸光度 A，则其浓度为：

$$c = \frac{A}{\varepsilon L} \quad \text{或} \quad \rho = \frac{A}{E_{1cm}^{1\%} L} \qquad (10-9)$$

有时也可以将待测试样溶液的吸光度换算成试样组分的吸光系数，计算与标准品的吸光系数的比值，求出试样中待测组分的质量分数。

$$\omega = \frac{\varepsilon_{样}}{\varepsilon_{标}} \quad \text{或} \quad \omega = \frac{E_{1cm样}^{1\%}}{E_{1cm标}^{1\%}} \qquad (10-10)$$

例 4　维生素 B_{12} 水溶液在 $\lambda_{max} = 361nm$ 处的百分吸光系数 $E_{1cm}^{1\%} = 207$。取维生素 B_{12} 试样 30.0mg，加纯化水溶解，用 1L 的容量瓶定容。将溶液盛于 1cm 的吸收池，测得 361nm 波长处的吸光度 $A = 0.600$，试求试样中维生素 B_{12} 的质量分数。

解：已知标准品 $E_{1cm}^{1\%} = 207$，试样 $\rho = \frac{30.0 \times 10^{-3}}{1000} \times 100\% = 0.003\,00\%$，$A = 0.600$

求 ω_0。

根据光的吸收定律，换算得试样的百分吸光系数为：

$$E_{1cm样}^{1\%} = \frac{A}{\rho L} = \frac{0.600}{0.00300 \times 1.00} = 200$$

$$\omega = \frac{E_{1cm样}^{1\%}}{E_{1cm标}^{1\%}} = \frac{200}{207} = 0.966$$

答：试样中维生素 B_{12} 的质量分数为 0.966。

2. 标准曲线法

标准曲线法是紫外 – 可见分光光度法中最经典的定量方法,特别适合于大批量试样的定量测定。具体的测定步骤如下:

(1)用标准物质(高纯度的待测组分)配制一系列不同浓度的标准溶液,选择适当的参比溶液,选择最大吸收波长 λ_{max} 作为入射光,分别测定各标准溶液对应的吸光度。

(2)根据测定结果,以标准系列浓度 c 为横坐标,以各浓度对应的吸光度 A 为纵坐标,绘制的曲线叫标准曲线,也叫工作曲线或 A – c 曲线,如图10 – 9所示。

(3)按照相同的实验条件和操作程序,用待测溶液配制试样溶液并测定其吸光度 $A_样$,在标准曲线上找到与之对应的浓度 $c_样$,即为试样溶液的浓度,如图10 – 9所示。

根据对待测溶液的稀释情况,可计算出待测溶液的浓度 $c_{原样}$ 为

图 10 – 9　标准曲线

$$c_{原样} = c_样 \times 稀释倍数 \tag{10 – 11}$$

如果需要测定其他同种试样时,则只重复最后一步操作即能完成工作任务。

3. 标准对比法

配制浓度为 c_s 的标准溶液和浓度为 c_x 的试样溶液,以最大吸收波长 λ_{max} 为入射光,在相同的条件下分别测定二者的吸光度 A_s 和 A_x,依据光的吸收定律得

$$A_s = \varepsilon c_s L \tag{10 – 12}$$

$$A_x = \varepsilon c_x L \tag{10 – 13}$$

由于标准溶液与试样溶液中的吸光性物质是同一化合物,且测定条件相同,故摩尔吸光系数 ε 和液层厚度 L 的数值相等,由式(10 – 12)和式(10 – 13)得:

$$\frac{A_s}{A_x} = \frac{c_s}{c_x}$$

$$\therefore c_x = \frac{A_x c_x}{A_s} \tag{10 – 14}$$

根据式(10 – 11)可以计算出待测试样溶液的浓度 $c_{原样}$。

若测定待测试样中某组分的质量分数,可同时配制相同浓度的待测试样溶液 $\rho_样$ 和标准品溶液 $\rho_标$,即 $\rho_样 = \rho_标$,以最大吸收波长 λ_{max} 为入射光,分别测定二者的吸光度 $A_样$ 和 $A_标$,设 $\rho_纯$ 为待测试样溶液中某组分的浓度,则

$$\rho_纯 = \frac{A_样}{A_标} \times \rho_标 \tag{10 – 15}$$

所以,待测试样中待测组分的质量分数 ω 为

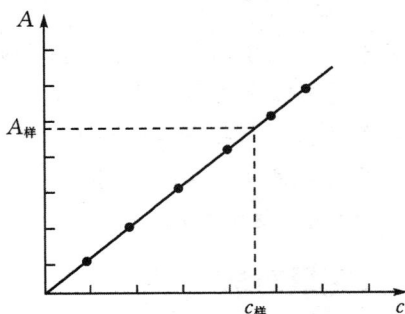

$$\omega = \frac{\rho_{\text{纯}}}{\rho_{\text{样}}} = \frac{\rho_{\text{标}}\dfrac{A_{\text{样}}}{A_{\text{标}}}}{\rho_{\text{标}}} = \frac{A_{\text{样}}}{A_{\text{标}}} \qquad (10-16)$$

例5　分别取 $KMnO_4$ 试样与标准品 $KMnO_4$ 各 0.1000g,分别用1000ml 容量瓶定容。各取 10.0ml 稀释至50.00ml,选定 $\lambda_{\max} = 525$nm,以纯化水作参比溶液,测得 $A_{\text{样}} = 0.220$、$A_{\text{标}} = 0.260$,试求 $KMnO_4$ 试样中纯 $KMnO_4$ 的质量分数。

解:已知 $\rho_{\text{样}} = \rho_{\text{标}} = 0.1000 \times \dfrac{10.00}{50.00} = 0.020\ 00\,(\text{g/L})$

$A_{\text{样}} = 0.220, A_{\text{标}} = 0.260$

求 ω。

根据式(10-10)得

$$\omega = \frac{A_{\text{样}}}{A_{\text{标}}} = \frac{0.220}{0.260} = 0.8462$$

答: $KMnO_4$ 试样中纯 $KMnO_4$ 的质量分数为 0.8462。

(二)二元组分溶液的定量方法

1. 解联立方程组法

如果试样溶液中各待测组分相互干扰不太严重时,可根据吸光度具有加和性的特点,在同一试样溶液中同时测定两个或两个以上的待测组分。假设要测定试样中有两个待测组分 a 和 b,则可以分别绘制 a、b 两个纯物质的吸收光谱,则有三种情况,如图 10-10 所示。

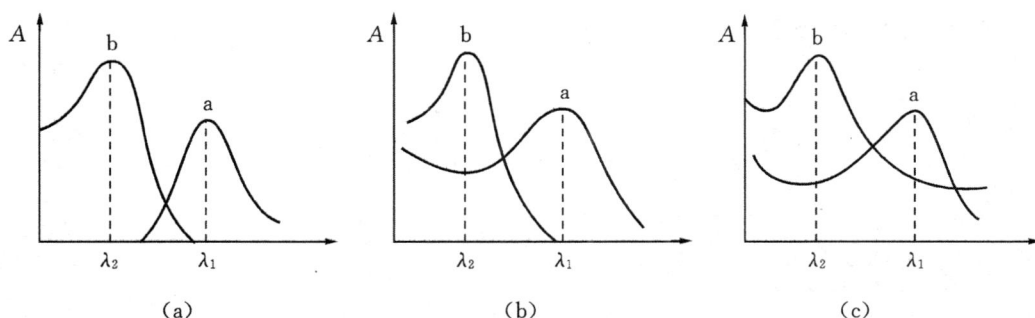

图 10-10　二元组分溶液的吸收光谱示意图

图 10-10(a)表明,在两个待测组分各自的最大吸收波长处,另一组分没有吸收,这种情况可以用测定单组分溶液的方法,在 λ_1 波长处测定组分 a,在 λ_2 波长处测定组分 b,测定时互不干扰。

图 10-10(b)表明,在待测组分 a 的最大吸收波长 λ_1 处,待测组分 b 无吸收,即组分 b 对组分 a 的测定无干扰,而在待测组分 b 的最大吸收波长 λ_2 处,组分 a 有吸收,即组分 a 对组分 b 的测定有干扰。

这种情况下,首先在波长 λ_1 处用测定单组分溶液的方法,单独测量组分 a;然后在波长 λ_2 处测量溶液的总吸光度 A_2^{a+b} 及 a、b 纯物质的 ε_2^a 和 ε_2^b 值,根据吸光度的加和性,即得:

$$A_2^{a+b} = A_2^a + A_2^b = \varepsilon_2^a L c_a + \varepsilon_2^b L c_b \qquad (10-17)$$

测定时用1cm 的比色皿,即 $L = 1$,c_a 已经测定,据式(10-15)可以求出 c_b。

分析化学

图10-10(c)表明，两个待测组分彼此相互干扰，这种情况下，在波长 λ_1 和 λ_2 处分别测定试样溶液的总吸光度 A_1^{a+b} 及 A_2^{a+b}，同时测定 a、b 纯物质的 ε_1^a、ε_1^b 及 ε_2^a、ε_2^b，根据吸光度的加和性，可以列出下列联立方程组

$$A_1^{a+b} = \varepsilon_1^a L c_a + \varepsilon_1^b L c_b \tag{10-18}$$

$$A_2^{a+b} = \varepsilon_2^a L c_a + \varepsilon_2^b L c_b \tag{10-19}$$

测定时用 1cm 的比色皿，即 $L=1$，联立式（10-18）和式（10-19），从而可以求得 c_a、c_b。

知识拓展

根据上述原理可知，从理论上讲，如果试样溶液含有 n 个待测组分，且互相干扰，就必须在 n 个波长处分别测定试样溶液吸光度的加和值，以及各波长处 n 个纯物质的摩尔吸光系数，然后解 n 元一次方程组，进而求出各组分的浓度。但在实际测定时，试样中的组分越多，测定结果的误差就越大。

2. 等吸收波长消去法

等吸收波长消去法也称为双波长分光光度法。试样溶液中含有两个待测组分 a 和 b，且相互干扰比较严重时，用解联立方程组的方法进行定量分析会产生较大的误差，这时可以用等吸收波长消去法进行测定。

若要测定组分 b，另一个待测组分 a 有严重干扰，应设法消除组分 a 的吸收干扰。首先选择待测组分 b 的最大吸收波长 λ_2 作为测量波长，然后用作图的方法选择参比波长 λ_1，使待测组分 a 在 λ_2 和 λ_1 两个波长处的吸光度相等，即 $A_1^a = A_2^a$，且使待测组分 b 在这两个波长处的吸光度有尽可能大的差别，如图 10-11(a) 所示。

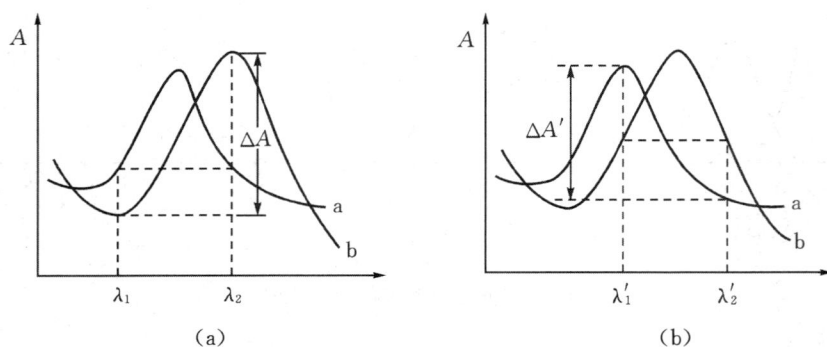

图 10-11　等吸收波长消去法示意图

根据吸光度的加和性，试样溶液在 λ_2 和 λ_1 波长处的吸光度分别为：

$$A_2^{a+b} = A_2^a + A_2^b \tag{10-20}$$

$$A_1^{a+b} = A_1^a + A_1^b \tag{10-21}$$

由于组分 a 在 λ_2 和 λ_1 两个波长处的吸光度相等，故根据光的吸收定律可得：

$$\Delta A = A_2^{a+b} - A_1^{a+b} = (\varepsilon_2^b - \varepsilon_1^b) L c_b \tag{10-22}$$

式（10-22）表明，试样溶液在 λ_2 和 λ_1 两个波长处的吸光度之差，若固定吸收池厚度 L，则

吸光度之差只与待测组分 b 的浓度成正比,而与待测组分 a 的浓度无关。

双波长分光光度计的输出信号是 ΔA,只与待测组分 b 的浓度呈正比,而与干扰组分 a 无关,即消除了待测组分 a 的干扰,根据式(10 - 22)可以求得待测组分 b 的浓度。

若要测定待测组分 a,而待测组分 b 有严重干扰时,如图10 - 11(b)所示,可用上述类似的方法,选择待测组分 a 的最大吸收波长 λ_1 作为测量波长,用作图的方法选择参比波长 λ_2,使待测组分 b 在这两个波长处的吸光度相等,用双波长分光光度计测定试样溶液在 λ_1 和 λ_2 波长处的吸光度之差,从而求得待测组分 a 的浓度。

3. 差示分光光度法

当待测组分浓度过高时,吸光度超出了准确测量的读数范围,会造成较大的误差,可以采用差示分光光度法克服这一缺点。差示分光光度法是用一个比试样溶液浓度稍低的标准溶液作参比溶液,将分光光度计调零(透光率100%),测得的吸光度就是待测溶液与参比溶液的吸光度差值(相对吸光度)。根据光的吸收定律得:

$$\Delta A = A_x - A_s = \varepsilon L(c_x - c_s) \tag{10 - 23}$$

式(10 - 23)表明,固定吸收池厚度 L 时,待测溶液与参比溶液的吸光度差值与两溶液的浓度之差成正比,从而求得待测溶液的浓度,这就是差示分光光度法的基本原理。

第四节　分析条件的选择

对于分析工作来说,要想获得正确的检测结果,除了选择适当的分析方法、使用精密的仪器设备、认真进行实验之外,还必须注意选择适宜的分析条件,如显色反应条件、仪器测定条件、仪器读数范围和参比溶液等,同时还要注意测定误差有哪些来源,以便消除或控制在允许的范围之内,否则,不能得到正确的分析结果。

一、仪器测量条件的选择

(一)检测波长的选择

因为物质对光的吸收具有选择性,所以,测定时要根据吸收光谱来选择待测物质的最大吸收波长 λ_{max},以此作为测量波长,这样不仅保证测定的灵敏度高,而且此处吸收光谱较为平坦,吸光系数变化较小。

(二)读数范围的选择

光的吸收定律仅适于稀溶液,读数范围应控制在吸光度为 0.2 ~ 0.7、透光率为 65% ~ 20% 。为此,可以通过控制溶液浓度或吸收池厚度来实现控制读数范围的目的。

课堂互动

如果待测溶液浓度过高,则应使用移液管及容量瓶将其进行适当稀释,然后测定吸光度,再求算出待测溶液浓度。为什么?

如果待测溶液浓度过低,则可以使用厚度较大吸收池,也可以在光路上添加一个具有适当吸光度的吸光片,从测定的吸光度读数中扣除吸光片的吸光度,即为待测溶液的吸光度。为什么?

二、显色反应条件的选择

在实际工作中,需要用紫外－可见分光光度法测定某些物质,而这些物质本身对紫外－可见光不吸收或吸收很弱,这就需要向待测溶液中加入适当的试剂,将待测组分转变成为在紫外－可见光区有较强吸收的物质,通过测定吸收性物质的浓度,求得待测组分的浓度。这种能与待测组分定量发生化学反应、生成对紫外－可见光有较强吸收的物质的试剂,称为**显色剂**。显色剂与待测组分发生的化学反应称为**显色反应**。

(一)对显色剂及显色反应的要求

1. 显色剂在入射光波长处应无明显吸收

显色剂与待测组分测量形式的最大吸收波长之差应大于 60nm。

2. 显色剂对待测组分应有很好的选择性

显色剂尽量不与组分发生反应。

3. 显色反应必须定量完成

待测组分能够全部转变成为足够稳定的吸光性物质。

4. 显色反应灵敏度高

所生成的吸光性物质的摩尔吸光系数 ε 值应大于 $10^4 L/(mol \cdot cm)$。

(二)控制合适的显色反应条件

要使显色反应达到上述要求,就必须控制显色反应条件,以保证待测组分有效地转变成为适宜于测定的化合物。

1. 显色剂的用量

通常应加入过量的显色剂,应通过实验从 $A-c$ 曲线的变化来确定合适的用量,确保待测组分反应完全。

2. 溶液的酸度

显色剂多为有机弱酸碱,酸度不同,显色剂的平衡浓度也不同,从而影响显色反应进行的程度。应通过实验从 $A-pH$ 曲线的变化来确定合适的酸度。

3. 显色时间和温度

有些显色反应速度较慢,需要经过一段时间后,待测溶液对特定波长的光的吸收才能达到稳定;有些化合物放置一段时间后,因空气的氧化、光的照射、试剂的挥发或分解等,使待测溶液的吸光性发生改变;有些显色反应需要在一定温度下才能顺利进行。所以,应分别通过实验从 $A-t$(时间)曲线和 $A-T$(温度)曲线的变化来确定显色反应最适宜的时间和温度。

4. 共存离子的干扰及消除

为消除共存离子的干扰,常常通过控制显色反应的酸度,或加入掩蔽剂,或预先通过离子交换等方法 对干扰离子予以掩蔽或分离。

三、参比溶液的选择

在测定溶液的吸光度时,为了消除溶液中其他共存成分的干扰,首先要根据待测溶液的组成和性质,确定合适的参比溶液(空白溶液),调节参比溶液的透光率为 100%,然后测定待测溶液的吸光度。

一般情况下,溶液中只有待测组分有吸收,其他成分如溶剂、试剂和显色剂等几乎不吸收测定波长的光,可采用纯溶剂作参比溶液,也称为空白参比溶液。必要时采用试样参比溶液、试剂参比溶液或平行操作参比溶液。

1. 试样参比溶液

当溶液中存在其他吸光组分,该组分不与显色剂反应时,可用不加显色剂的试样溶液作参比溶液。

2. 试剂参比溶液

当显色剂和其他试剂在测定波长处吸光时,可按照处理试样的相同条件,用显色剂和其他试剂混匀后作为参比溶液。

3. 平行操作参比溶液

当待测试样的组成复杂时,可用不含待测组分的试样,与待测试样进行同样处理之后作参比溶液。如进行某种治疗药物监测时,分别取正常人和受试人的血样,在完全相同的条件下进行同样处理,用前者作参比溶液即为平行操作参比溶液。

此外,还有一些不可忽视测定条件,如待测溶液的浓度必须控制在标准曲线的线性范围内,选择不影响待测物质吸光性质的溶剂,避免采用尖锐的吸收峰进行定量分析等。

知识拓展

紫外－可见吸收光谱常常应用于有机化合物的结构分析。紫外－可见吸收光谱是由有机化合物的官能团选择性吸收电磁辐射、引起价电子能级跃迁而产生的,属于电子光谱。电子能级跃迁所需要的能量比较高,主要发生在紫外光区。具有简单官能团的化合物,在近紫外－可见光区仅有微弱的吸收或无吸收,而切主要官能团相同的化合物,往往会产生非常相似、甚至雷同的光谱。因此,紫外－可见吸收光谱的谱图比较简单,特征性不强。在有机化合物的定性鉴定及结构分析中,紫外－可见吸收光谱仅用于初步判断化合物的结构,只有与红外光谱、核磁共振谱和质谱等相互印证后,才能得出正确结论。

技能实训

实训 1　吸收光谱曲线的绘制

一、实训目的

1. 掌握绘制吸收曲线的一般方法。
2. 能够在吸收曲线上找到最大吸收波长。
3. 了解分光光度计的基本构造,学会使用紫外－可见分光光度计。

二、实训原理

有色溶液对不同波长的光具有选择性吸收,即同一种溶液对不同波长的光的吸收程度不同。有色溶液因吸收了白光中某一波长范围的单色光而呈现其互补色光的颜色。通过测量一定浓度的溶液对不同波长单色光的吸收程度,以入射光波长 λ 为横坐标,以波长对应的光的吸光度 A 作纵坐标,在 $A-\lambda$ 坐标系中找出对应的点描绘曲线,即为吸收光谱曲线,也叫吸收曲线或 $A-\lambda$ 曲线。在吸收曲线中,吸光度最大值对应的波长称为最大吸收波长,用 λ_{max} 表示。

三、仪器与试剂

1. 仪器

722 型分光光度计、电子天平、比色皿、容量瓶、移液管、洗耳球、镜头纸。

2. 试剂

$KMnO_4$ 标准溶液,浓度为 0.0125g/L。

四、实训内容

1. 绘制吸收曲线

(1)精密吸取 $KMnO_4$ 标准溶液 20.00ml,置于洁净的 50ml 容量瓶中,加蒸馏水至刻线处,摇匀备用。

(2)将上述稀释后的 $KMnO_4$ 溶液和参比溶液(蒸馏水)分别置于 1cm 厚的比色杯中,并放入 722 型分光光度计的吸收池架上,夹紧夹子,按照 722 型分光光度计的操作规程,分别以波长为 420nm、450nm、470nm、490nm、510nm、515nm、520nm、523nm、525nm、527nm、530nm、535nm、560nm、580nm、600nm、620nm、640 nm、610nm 的光作为入射光,测定其吸光度。

(3)根据测定结果,选择适当的坐标比例,以入射光波长和对应的吸光度作为点的坐标,在 $A-\lambda$ 纵坐系中找到所有的点,将各点连成平滑的曲线,即得吸收光谱曲线。

2. 找出最大吸收波长

在吸收光谱曲线中,吸光度最大值所对应的波长,即是 $KMnO_4$ 溶液的最大吸收波长。

五、数据记录与处理

1. 绘制吸收曲线

(1)测量的数据

λ (nm)	420	450	470	490	510	515	520	523	525
A									
λ (nm)	527	530	535	560	580	600	620	640	610
A									

(2)绘制吸收光谱曲线

2. 找出最大吸收波长

$KMnO_4$ 溶液的最大吸收波长 $\lambda_{max} = $ _____

六、注意事项

1. 仪器灵敏度档的选用原则是使参比溶液的透光率能顺利地调到"100%"。在此前提下，尽可能选用较低档。
2. 每次读数后应随手打开暗箱盖，光闸自动关闭，以保护光电管。
3. 比色皿使用前，用被测溶液淋洗 3 次，以免影响被测物浓度。
4. 试液应装至比色皿高度的 4/5 处，装液时要避免溢出，池壁上的液滴应用镜头纸或绢布吸干，不能用手拿透光玻璃面。
5. 仪器室内照明不宜太强，避免电扇或空调直接吹向仪器，以免灯丝发光不稳。
6. 要经常检查仪器各个部位放置的干燥剂，发现硅胶变色，应立即更换。

七、问题与讨论

1. 在测定吸光度之前，为什么将 722 型分光光度计接通电源预热 20 分钟？
2. 单色光不纯对吸收曲线有何影响？
3. 用不同浓度的 $KMnO_4$ 溶液绘制吸收光谱曲线，找到的 λ_{max} 是否相同？为什么？
4. 实训中待测 $KMnO_4$ 溶液浓度为 5mg/ml，是否需要准确配制？为什么选定这个浓度？

实训2　微量铁的含量测定

一、实训目的

1. 掌握绘制标准曲线的一般方法。
2. 掌握标准曲线法和标准对比法。

二、实训原理

邻二氮菲(1,10－邻二氮杂菲)是一种有机配位剂，可与 Fe^{2+} 形成红色配位离子，反应式为：

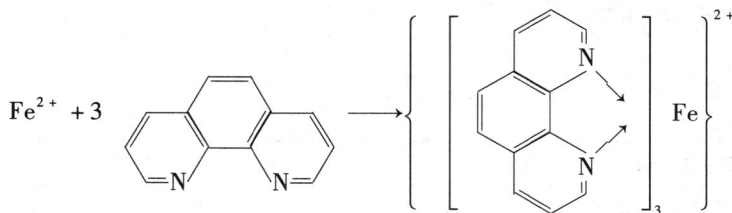

在 $pH = 2 \sim 9$ 范围内，反应十分灵敏，配位离子的 $\lg K_{稳} = 21.3$，最大吸收波长为 510nm，摩尔吸收系数为 $1.1 \times 10^4 L/(mol \cdot cm)$。溶液含铁量在 $0.5 \sim 8mg/L$ 范围内，Fe^{2+} 浓度与吸光度的关系符合光吸收定律。相当于铁含量 40 倍的 Sn^{2+}、Al^{3+}、Ca^{2+}、Mg^{2+}、Zn^{2+}、SiO_3^{2-}，或 20 倍的 Cr^{3+}、Mn^{2+}、PO_4^{3-}，或 5 倍的 Co^{2+}、Cu^{2+}，均不产生干扰。

本实训采用 $pH = 4.5 \sim 5$ 的缓冲溶液调节标准系列溶液及试样溶液的酸度；采用盐酸羟胺还原标准储备液及试样溶液中的 Fe^{3+}，并防止 Fe^{2+} 被空气氧化。

三、仪器与试剂

1. 仪器

分光光度计（型号、厂家）、1cm 玻璃（或石英）比色杯（2 个）、移液管（1ml、5ml、10ml）、100ml 容量瓶（1 个）、50ml 容量瓶（11 个）、10ml 量筒（3 个）。

2. 试剂

100μg/ml 铁标准溶液、0.15% 邻二氮菲水溶液（新配）、10% 盐酸羟胺溶液（新配）、HAc - NaAc 缓冲溶液（pH = 4.6）、工业盐酸试样（HCl 约 6mol/L）、纯化水。

四、实训内容

1. 绘制标准曲线

用移液管吸取 100μg/ml 铁标准溶液 10ml 于 100ml 容量瓶中，加入 2ml 6mol/L 的 HCl，用纯化水稀释至刻度，摇匀，此铁标准溶液浓度为 10μg/ml。

取 6 个 50ml 容量瓶，用移液管分别加入 0.00ml、2.00ml、4.00ml、6.00ml、8.00ml、10.00ml 10μg/ml 铁标准溶液，分别加入 1ml 盐酸羟胺溶液，2ml 邻二氮菲溶液，5ml HAc - NaAc 缓冲溶液，每加一种试剂后摇匀。加纯化水至刻度，摇匀后放置 10 分钟，即制备标准系列。

用 1cm 比色皿，以未加铁标准溶液的容量瓶中的溶液作参比，在最大吸收波长（510nm）处，测量标准系列各溶液的吸光度。以含铁量为横坐标，吸光度 A 为纵坐标，绘制标准曲线。

2. 标准曲线法测定工业盐酸试样的微量铁

准确吸取适量工业盐酸试样溶液 3 份，分别置于 3 个 50ml 容量瓶中，按制作标准曲线相同步骤和测量条件，加入各种试剂，测量吸光度，取其平均值，在标准曲线上查出对应的含铁量，计算试液中铁的含量（μg/ml）。

3. 标准对比法测定工业盐酸试样的微量铁

取 2 个 50ml 容量瓶，分别加入 6.00ml 10μg/ml 铁标准溶液和 5.00ml 工业盐酸试样，加入各种试剂，按制作标准曲线相同步骤和测量条件，分别测量铁标准溶液和工业盐酸试样的吸光度。

五、数据记录与处理

1. 绘制标准曲线

10μg/ml 铁标液体积（ml）	0.00	2.00	4.00	6.00	8.00	10.00
标准系列铁的浓度 c（μg/ml）						
对应的吸光度 A						

根据上表数据绘制 Fe^{2+} - 邻二氮菲的标准曲线。

2. 工作曲线法测定工业盐酸试样的微量铁

工业盐酸试样的吸光度	A_1	A_2	A_3
吸光度平均值			

根据试样溶液吸光度的平均值，在上述标准曲线上查出待测工业盐酸试样的浓度：$c_x =$ _____

则 $c_{原样} = c_x \times$ 稀释倍数 $=$ _____

3. 标准对比法测定工业盐酸试样的微量铁

$c_s =$ _____　　$A_s =$ _____

$A_x =$ _____　　$c_x = \dfrac{A_x c_s}{A_s} =$ _____

则 $c_{原样} = c_x \times$ 稀释倍数 $=$ _____

六、注意事项

1. 配制标准系列和试样的容量瓶应及时贴上标有顺序的标签，以防混淆。显色时，加入各种试剂的顺序不能颠倒。

2. 测定标准系列的吸光度时，应按浓度由稀到浓的顺序依次测定。比色皿装溶液时，要先用待测溶液洗涤 2~3 次。

3. 及时记录测定的数据，根据实验数据在坐标纸上绘制出标准曲线。

4. 有关仪器使用的注意事项同本项目技能实训一的对应部分。

七、问题与讨论

1. 用邻二氮菲法测定铁时，为什么在加显色剂前需加入盐酸羟胺？

2. 本技能实训量取溶液时，哪些可用量筒？哪些必须用移液管？

3. 标准曲线法和标准对比法的优缺点各是什么？

4. 采用标准对比法时，根据待测溶液浓度，选择标准溶液时应注意什么？

实训3　维生素 B_{12} 注射液的含量测定

一、实训目的

1. 掌握用吸光系数法定量测定维生素 B_{12} 注射液含量的方法。

2. 掌握紫外－可见分光光度计的使用方法。

二、实训原理

维生素 B_{12} 注射液的标示含量有每毫升含维生素 B_{12} 50μg、100μg 或 500μg 等规格,临床上常用于治疗贫血症。

维生素 B_{12} 的吸收光谱上有 3 个吸收峰,其对应的最大吸收波长分别为 278nm、361nm 和 550nm。在 361nm 波长处的吸收峰干扰因素少,吸收最强,《中国药典》(2015 年版)规定:此吸光系数 $E_{1cm}^{1\%}$ 值(207)可以作为测定注射液实际含量的依据。维生素 B_{12} 注射液的标示量为 90.0% ~110.0%。根据光的吸收定律和比吸光系数 $E_{1cm}^{1\%}$ 的定义,以及维生素 B_{12} 在 361nm 波长处的比吸光系数的数值,用 1cm 比色杯测定时,可以推导得出如下计算公式:

$$\rho_{B_{12}} = A_{样} \times \frac{1}{207}(\text{g}/100\text{ml}) = A_{样} \times 48.31(\mu\text{g}/\text{ml})$$

三、仪器与试剂

1. 仪器

分光光度计(型号、厂家)、1cm 石英比色杯(2 个)、容量瓶、移液管。

2. 试剂

维生素 B_{12} 注射液、纯化水。

四、实训内容

1. 测定维生素 B_{12} 的吸光度

精密吸取一定量的维生素 B_{12} 注射液,按照标示含量,用纯化水准确稀释 n 倍,使稀释后试样溶液的浓度为 25μg/ml。

将稀释后的试样溶液和参比溶液(以纯化水代替)分别盛于 1cm 比色杯中,在 361nm 波长处测定其吸光度 A_{361}。

2. 计算维生素 B_{12} 注射液含量

将 361nm 波长处的吸光度 A_{361} 代入计算公式,计算维生素 B_{12} 稀释溶液的浓度

$$c_{B_{12}} = A_{361} \times 48.31(\mu\text{g}/\text{ml})$$

则维生素 B_{12} 注射液的浓度

$$c_{注} = c_{B_{12}} \times n \ (\mu\text{g}/\text{ml})$$

式中 n 为维生素 B_{12} 注射液的稀释倍数。

维生素 B_{12} 注射液的浓度除以供试品的标示含量就是其标示量。

五、数据记录与处理

1. 测定维生素 B_{12} 的吸光度

维生素 B_{12} 在 361nm 波长处的吸光度 A_{361}

2. 计算维生素 B_{12} 稀释溶液的浓度

$$c_{B_{12}} = A_{361} \times 48.31(\mu\text{g}/\text{ml})$$

计算维生素 B_{12} 注射液的浓度

$$c_{注} = c_{B_{12}} \times n \ (\mu g/ml)$$

式中 n 为维生素 B_{12} 注射液的稀释倍数。

计算维生素 B_{12} 注射液试样的标示量

$$标示量 = \frac{测定浓度}{标示含量} \times 100\% = \frac{c_{注}}{c_{标}} \times 100\%$$

3. 结论

计算维生素 B_{12} 注射液的标示含量,并与《中国药典》(2015 年版)规定值比较,判定供试品含量是否符合要求。

六、注意事项

1. 测试过程中,读数完毕,应随手开启试样室盖子(包括预热阶段),自动关闭光路闸门,保护光电倍增管。开、关试样室盖时,动作要轻缓。

2. 不能用手捏比色皿的透光面,比色皿盛放溶液前,应用待测溶液洗 3 次。

3. 避免在仪器上方倾倒试样溶液,以免污损仪器表面,损坏仪器。

4. 试液应装至比色皿高度的 2/3 至 4/5 处,装液时要尽量避免溢出,如果比色皿外壁有液滴,应用滤纸或绢布吸干。

5. 维生素 B_{12} 注射液有不同的规格,稀释倍数根据实际含量来确定。

6. 药物制剂的含量测定后,计算得到的标示含量应符合药典要求。

七、问题与讨论

1. 根据测定时所用光的波长,应选择何种光源? 为什么?

2. 什么是吸光系数? 比吸光系数与摩尔吸光系数的意义有何不同? 如何进行换算?

3. 用吸收系数法进行定量分析的优缺点是什么?

实训4　紫外－可见分光光度法测定二元混合物

一、实训目的

1. 熟悉定量测定多组分混合物的常用方法。

2. 熟悉用解联立方程组的方法定量测定二元混合物含量的基本原理和实验技术。

二、仪器与试剂

1. 仪器

紫外－可见分光光度计(型号、厂家)、1cm 石英比色杯(2 个)、10ml 移液管(1 支)、500ml 容量瓶(2 个)、洗耳球(1 个)、镜头纸若干。

2. 试剂

0.020mol/L $K_2Cr_2O_7$ 溶液(含 0.05mol/L H_2SO_4 和 2g/L KIO_4)、0.020mol/L $KMnO_4$ 溶液(含 0.05mol/L H_2SO_4 和 2g/L KIO_4)、纯化水。

三、实训原理

若试样中有两种不同的吸光性物质共存,且相互干扰,但一种物质的存在不影响另一共存物的吸收光性质时,则可以利用朗伯 – 比尔定律及吸光度的加合性,通过解联立方程组的方法测定其含量。基本原理如下图所示。

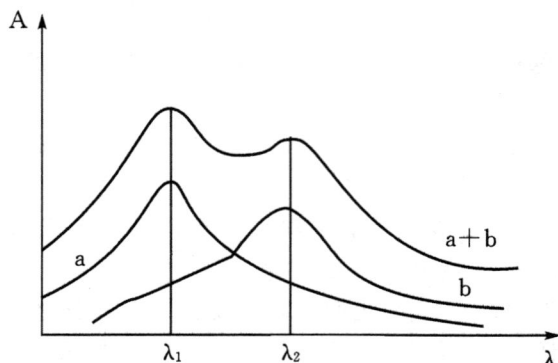

图 10 – 12 曲线 a、b 分别是 a、b 纯物质的吸收曲线

曲线 a + b 是 a、b 混合溶液的吸收曲线

a、b 两个待测组分彼此相互干扰,此时,在波长 λ_1 和 λ_2 处分别测定 a、b 纯物质的 ε_1^a、ε_1^b 及 ε_2^a、ε_2^b,以及混合试样溶液的总吸光度 A_1^{a+b} 及 A_2^{a+b},根据吸光度的加和性,则有下列出联立方程组:

$$A_1^{a+b} = \varepsilon_1^a L c_a + \varepsilon_1^b L c_b \qquad (\text{I})$$

$$A_2^{a+b} = \varepsilon_2^a L c_a + \varepsilon_2^b L c_b \qquad (\text{II})$$

测定时,用 1cm 的比色皿,即 $L = 1$;ε_1^a、ε_1^b 及 ε_2^a、ε_2^b 可以由实验测得,联立上述两个方程,代入实验数据,从而可以解得 c_a、c_b。

四、实训内容

1. 绘制 $K_2Cr_2O_7$、$KMnO_4$ 纯物质标准溶液的吸收曲线,测定摩尔吸收系数

(1)用移液管准确吸取 0.020mol/L $K_2Cr_2O_7$ 溶液 10.00ml,置于 500ml 容量瓶中,加纯化水至刻线,摇匀备用。此时,$c_a = 4.0 \times 10^{-4}$ mol/L。

取 2 只 1cm 的石英比色皿,一只装上述稀释液,另一只装去离子水作参比溶液,用 UV755B 型紫外 – 可见分光光度计,分别测定不同波长处的吸光度,绘制 $K_2Cr_2O_7$ 纯物质的吸收曲线。

(2)根据 $K_2Cr_2O_7$ 纯物质的吸收曲线,找出 $K_2Cr_2O_7$ 的最大吸收波长 λ_1 及对应波长处的吸光度,根据 $A_a = \varepsilon_1^a L c_a$,计算 $K_2Cr_2O_7$ 在 λ_1 处的摩尔吸光系数 ε_1^a。再根据 $KMnO_4$ 的最大吸收波长 λ_2(见后)及 $K_2Cr_2O_7$ 在 λ_2 波长处的吸光度,求得 $K_2Cr_2O_7$ 在 λ_2 处的摩尔吸光系数 ε_2^a。

(3)用移液管准确吸取 0.020mol/L $KMnO_4$ 溶液 10.00ml,置于 500ml 容量瓶中,加纯化水至刻线,摇匀备用。此时,$c_b = 4.0 \times 10^{-4}$ mol/L。

按照绘制 $K_2Cr_2O_7$ 纯物质的吸收曲线相同的实验方法,分别测定不同波长处的吸光度,绘

制 $KMnO_4$ 纯物质的吸收曲线。

（4）根据 $KMnO_4$ 纯物质的吸收曲线，找出 $KMnO_4$ 的最大吸收波长 λ_2 及对应波长处的吸光度，根据 $A_b = \varepsilon_2^b L c_b$ ，计算 $KMnO_4$ 在 λ_2 处的摩尔吸光系数 ε_2^b 。再根据 $K_2Cr_2O_7$ 的最大吸收波长 λ_1（见前）及 $KMnO_4$ 在 λ_1 波长处的吸光度，求得 $KMnO_4$ 在 λ_1 波长处的摩尔吸收系数 ε_1^b 。

2. 测定二元混合溶液的吸光度

分别取上述 $K_2Cr_2O_7$ 和 $KMnO_4$ 稀释液等体积混合均匀，静置 5 分钟，制备二元混合溶液；用 UV755B 型紫外－可见分光光度计分别在 λ_1、λ_2 波长处测定二元混合溶液的吸光度 A_1^{a+b} 及 A_2^{a+b} 。

3. 列出联立方程组，求得混合溶液中 $KMnO_4$ 和 $K_2Cr_2O_7$ 的浓度

根据实验测定数据和有关的计算结果，代入式（Ⅰ）和式（Ⅱ），列出联立方程组，求得混合溶液中 $KMnO_4$、$K_2Cr_2O_7$ 的浓度 c_a 和 c_b 。

五、数据记录与处理

1. 绘制 $K_2Cr_2O_7$、$KMnO_4$ 纯物质标准溶液的吸收曲线，测定摩尔吸收系数

（1）测定 $K_2Cr_2O_7$、$KMnO_4$ 纯物质标准溶液的最大吸收波长分别为：

$\lambda_1 = \qquad , \lambda_2 = $

（2）分别在 λ_1、λ_2 波长处测定 $K_2Cr_2O_7$ 溶液的吸光度，计算对应是摩尔吸光系数

$A_1 = \qquad , \varepsilon_1^a = \qquad ; A_1 = \qquad , \varepsilon_2^a = $

（3）分别在 λ_1、λ_2 波长处测定 $KMnO_4$ 溶液的吸光度，计算对应是摩尔吸光系数

$A_1 = \qquad , \varepsilon_1^b = \qquad ; A_1 = \qquad , \varepsilon_2^b = $

2. 分别在 λ_1、λ_2 波长处测定二元混合溶液的吸光度 A_1^{a+b} 及 A_2^{a+b}

$A_1^{a+b} = \qquad , A_2^{a+b} = $

3. 列出联立方程组，求得混合溶液中 $KMnO_4$ 和 $K_2Cr_2O_7$ 的浓度

$c_a = \qquad , c_b = $

六、注意事项

1. 用紫外光测定吸光度时，应选用石英比色皿；用可见光测定吸光度时，可选用石英或玻璃比色皿。

2. 应安装抗干扰净化稳压电源，以保证仪器稳定工作。

3. 测量完成后，应根据需要及时保存或打印测量数据，否则，退出紫外程序后数据将被全部清除。

七、问题与讨论

1. 试对比 $KMnO_4$ 和 $K_2Cr_2O_7$ 混合溶液的浓度测量值与计算值是否一致。

2. 用解方程组法能否测定多元混合物？如果可行，其不足之处是什么？

考点提示

本章重点介绍了紫外－可见分光光度法的基本原理，包括透光率、吸光度和吸收光谱等基

分析化学

本概念,光的吸收定律和常用的定性定量方法等基本理论;详细介绍了紫外－可见分光光度计的基本类型、主要结构和使用方法;简要介绍了有关的分析条件及其选择,分析了造成测量误差的因素。

物质对光的选择性吸收

1. 紫外－可见分光光度法的基本原理
   - 物质对光的选择性吸收
   - 朗伯－比尔定律
   - 吸收光谱
   - 偏离朗伯－比尔定律的因素

2. 紫外－可见分光光度计
   - 紫外－可见分光光度计的基本类型
   - 紫外－可见分光光度计的基本结构
   - 紫外－可见分光光度计的使用方法

3. 定性和定量方法
   - 定性方法
   - 单组分溶液的定量方法

4. 分析条件的选择
   - 显色反应条件的选择定性定量方法
   - 仪器测定条件的选择
   - 参比溶液的选择
   - 测定完成的来源

目标检测

一、选择题

（一）单项选择题

1. 紫外－可见光的波长范围是

A. 200～400nm

B. 400～760nm

C. 200～760nm

D. 360～800nm

2. 下列叙述错误的是

A. 光的能量与其波长成反比

B. 有色溶液越浓,对光的吸收也越强烈

C. 物质对光的吸收有选择性

D. 光的能量与其频率成反比

3. 下列说法正确的是

A. 吸收曲线与物质的性质无关

B. 吸收曲线的基本形状与溶液浓度无关

C. 浓度越大,吸光系数越大

D. 吸收曲线是一条通过原点的直线

4. 紫外－可见分光光度计的基本结构不包括

A. 光源

B. 单色器

C. 计算器

D. 讯号处理与显示器

5. 722 型分光光度计的比色皿的材料为

A. 石英

B. 卤族元素

C. 硬质塑料

D. 光学玻璃

6. 分光光度计的光电转换元件（检测器）是

A. 棱镜

B. 光电管

C. 钨灯

D. 显示器

7. 双光束分光光度计与单光束分光光度计的主要区别是

A. 同时使用两个吸收池　　　　　　　B. 使用两个单色器

C. 用两个光源获得两束光　　　　　　D. 使用两个检测器

8. 紫外－可见分光光度法是基于被测物质对

A. 光的发射　　　　　　　　　　　　B. 光的散射

C. 光的衍射　　　　　　　　　　　　D. 光的选择性吸收

9. 某有色溶液的物质的量浓度为 c，在一定条件下用 1cm 比色皿测得吸光度为 A，则摩尔吸光系数为

A. cA　　　　B. cM　　　　C. $\dfrac{A}{c}$　　　　D. $\dfrac{c}{A}$

10. 某吸光物质的摩尔质量为 M，其摩尔吸收系数 ε 与比吸收系数 $E_{1cm}^{1\%}$ 的换算关系是

A. $\varepsilon = E_{1cm}^{1\%} \cdot M$　　　　　　　　B. $\varepsilon = E_{1cm}^{1\%}/M$

C. $\varepsilon = E_{1cm}^{1\%} \cdot M/10$　　　　　　D. $\varepsilon = E_{1cm}^{1\%}/M \times 10$

11. 某吸光物质的吸光系数很大，则表明

A. 该物质溶液的浓度很大　　　　　　B. 测定该物质的灵敏度高

C. 入射光的波长很大　　　　　　　　D. 该物质的分子量很大

12. 相同条件下，测定甲、乙两份同一有色物质溶液的吸光度。若甲溶液 1cm 吸收池，乙溶液 2cm 吸收池进行测定，结果吸光度相同，甲、乙两溶液浓度的关系

A. $c_甲 = c_乙$　　　　　　　　　　B. $c_乙 = 4c_甲$

C. $c_甲 = 2c_乙$　　　　　　　　　　D. $c_乙 = 2c_甲$

13. 在符合光的吸收定律的条件下，有色物质的浓度、最大吸收波长、吸光度三者的关系是

A. 增加、增加、增加　　　　　　　　B. 增加、减小、不变

C. 减小、增加、减小　　　　　　　　D. 减小、不变、减小

14. 吸收光谱是在一定条件下以入射光波长为横坐标、吸光度为纵坐标所描绘的曲线，又称为

A. 工作曲线　　　　　　　　　　　　B. $A-\lambda$ 曲线

C. $A-c$ 曲线　　　　　　　　　　　D. 滴定曲线

15. 标准曲线是在一定条件下以吸光度为横坐标、浓度为纵坐标所描绘的曲线，也可称为

A. $A-\lambda$ 曲线　　　　　　　　　B. $A-c$ 曲线

C. 滴定曲线　　　　　　　　　　　　D. $E-V$ 曲线

16. 紫外－可见分光光度法定量分析的理论依据是

A. 光的吸收定律　　　　　　　　　　B. 吸光系数

C. 物质对光的吸收　　　　　　　　　D. 能斯特方程

17. 下列说法正确的是

A. 吸收曲线与物质的性质无关　　　　B. 吸收曲线的基本形状与溶液浓度无关

C. 浓度越大，吸光系数越大　　　　　D. 吸收曲线是一条通过原点的直线

18. 适用于二元组分溶液定量测定的方法是

A. 标准曲线法　　　　　　　　　　　B. 标准对比法

C. 解联立方程组法   D. 差视分光光度法

19. 关于显色剂的正确叙述是

A. 本身必须是无色试剂并且不与待测物质发生反应

B. 本身必须是有颜色的物质并且能吸收测定波长的辐射

C. 能够与待测物质发生氧化还原反应并生成盐

D. 在一定条件下能与待测物质发生反应并生成稳定的吸收性物质

20. 紫外－可见分光光度法常用的参比溶液有

A. 标准参比溶液   B. 试剂参比溶液

C. 试样参比溶液   D. 溶剂参比溶液

（二）多项选择题

1. 紫外－可见分光光度计常用的色散元件是

A. 钨丝灯   B. 棱镜   C. 光电管

D. 光栅   E. 饱和甘汞电极

2. 紫外－可见分光光度计的基本结构包括

A. 光源   B. 单色器   C. 检测器

D. 吸收池   E. 讯号处理与显示器

3. 紫外－可见可见分光光度计的类型有

A. 单光束分光光度计   B. 双光束分光光度计   C. 单波长分光光度计

D. 双波长分光光度计   E. 以上都正确

4. 在紫外－可见可见分光光度法中，影响吸光系数的因素是

A. 溶剂的种类和性质   B. 溶液的质量浓度   C. 物质的本性和光的波长

D. 吸收池大小   E. 物质的分子结构

5. 朗伯－比尔定律通常适用于

A. 散射光   B. 单色光   C. 平行光

D. 折射光   E. 稀溶液

6. 光的吸收定律的数学表达式为

A. $A = KcL$ B. $A = \varepsilon cL$ C. $A = \alpha \rho L$

D. 以上都正确   E. 以上都错误

7. 紫外－可见分光光度法常用的定量分析方法有

A. 差视分光光度法   B. 标准对比法   C. 标准曲线法

D. 等吸收波长消去法   E. 吸光系数法

8. 为了提高分析方法的灵敏度和准确度，选择合适的测量条件是指

A. 选择最大吸收波长作为入射光   B. 选择复合光作为入射光

C. 选择合适的参比溶液   D. 在高温下测定吸光度

E. 控制吸光度读数在 0.2～0.7 范围之内

9. 偏离朗伯－比尔定律的化学因素主要指

A. 吸光性物质溶液的浓度   B. 吸光性物质的化学变化

C. 溶剂的影响   D. 非单色光和非平行光

E. 反射现象和散射现象

10. 下列叙述正确的是

A. 用不同浓度的同一物质溶液绘制吸收光谱曲线,其形状相似,最大吸收波长相同

B. 吸收光谱曲线是紫外－可见分光光度法定量分析的理论依据

C. 在一定条件下,标准曲线是一条通过 $A-c$ 坐标原点的一条直线

D. 标准曲线是紫外－可见分光光度法定性分析的理论依据

E. 朗伯－比尔定律是紫外－可见分光光度法定量分析的理论依据

二、名词解释

1. 单色光　　　　2. 紫外－可见分光光度法　　　　3. 摩尔吸光系数

4. 吸收曲线　　　　5. 标准曲线

三、简答题

1. 朗伯－比尔定律的内容是什么?

2. 紫外－可见分光光度法对显色剂及显色反应有哪些基本要求?

3. 试述紫外可见分光光度计的基本类型、主要部件及其作用。

4. 请说出几种常用的空白溶液。

5. 测定试样溶液时,吸光度的读数不在 $0.2 \sim 0.7$ 范围内怎么办?

6. 紫外－可见分光光度法有哪些定量分析方法?

四、实例分析题

1. 将已知浓度为 $2.00mg/L$ 的蛋白质标准溶液用碱性硫酸铜溶液显色后,在 540nm 波长下测得其吸光度为 0.300。另取蛋白质试样溶液同样处理后,在同样条件下测得其吸光度为 0.699,求试样中蛋白质浓度。测定吸光度时应选用何种光源?

2. 将含有 $0.100mg$ Fe^{3+} 离子的酸性溶液用 KSCN 显色后稀释至 500ml,在波长为 480nm 处用 1cm 比色皿测得吸光度为 0.240,计算摩尔吸收系数及光吸收系数(Fe 的原子量为 56.85)。

3. 将精制的纯品氯霉素(相对分子质量为 323.15)配成 $0.0200g/L$ 的溶液,用 1cm 的吸收池,在 λ_{max} 为 278nm 下测得溶液的透光度为 24.3%,试求氯霉素的摩尔吸光系数 ε。

4. 维生素 D_2 的摩尔吸收系数 $\varepsilon_{264nm} = 18\,200$,如果要控制吸光度 A 在 $0.187 \sim 0.699$ 范围内,应使维生素 D_2 溶液的浓度在什么范围内?(用 2.0cm 比色皿测定)。

5. 利用分光光度法测定血清中镁的含量。取浓度为 $10.0mmol/L$ 的镁标准溶液 $10.0\mu l$ 置于容量瓶中,加 3.00ml 显色剂进行显色后,稀释至刻线,摇匀,测得吸光度为 0.32;另取待测血清 $50.0\mu l$ 置于另一相同规格的容量瓶中,加 3.00ml 显色剂进行显色后,稀释至刻线,摇匀,测得吸光度为 0.47,试计算血清中镁的含量。

(闫冬良)

第十一章 经典液相色谱法

学习目标

【掌握】色谱法的基本概念,各种色谱法的分离机制、固定相与流动相的选择方法。

【熟悉】色谱法的分类,纸色谱和薄层色谱法的基本操作技术。

【了解】色谱法的发展概况,薄层扫描法。

第一节 概 述

色谱法(chromatography)是一种依据物质的物理化学性质(如溶解性、极性、离子交换能力、分子大小等)不同而对混合物进行分离分析的方法。

一、色谱法的产生及发展

色谱法由俄国植物学家茨维特(Tswett)于 1906 年创立。他在研究植物叶子的组成时,将植物叶子的石油醚提取液加在一根填充碳酸钙颗粒的竖立玻璃管顶端,用石油醚自上而下不断冲洗,随着冲洗的进行,植物色素在碳酸钙柱子里缓缓向下移动,由于各种色素的理化性质不同,向下迁移的速度也不同,最后不同色素在柱中得到分离而形成一个个不同颜色的色带,色谱法也由此得名。管内填充物(碳酸钙)称为固定相,冲洗剂(石油醚)称为流动相。

柱色谱发展之后,20 世纪 30—40 年代又相继出现了薄层色谱法与纸色谱法等方法,这些方法均以液体作为流动相,被称为经典液相色谱法。50 年代初,采用气体为流动相的气相色谱法的建立以及色谱理论与技术的发展成熟,进入了现代色谱法的新阶段。70 年代高效液相色谱法问世,弥补了气相色谱法不能用于难挥发、对热不稳定及高分子试样分析的不足,扩大了色谱法的应用范围。80 年代至今发展了超临界流体色谱法、毛细管电泳法(capillary electrophoresis,CE)、电色谱法等。随着多谱联用、多维色谱、智能色谱等应用领域的不断拓宽,色谱法已成为现代分析化学中发展最快、应用最广的一种方法。

立德树人

职业道德

色谱法广泛应用于药物质量检测的定性和定量分析,要树立较强的质量观念和意识,掌握色谱法的基本原理、方法和实操技能,能独立完成样品的质量分析。

二、色谱法的分类

色谱法在发展过程中不断完善,分类方法有很多,各类方法还在不断扩展,主要分类方法如下：

（一）按两相所处状态不同分类

流动相的状态有液体和气体，固定相的状态可以是固体也可以是液体（固定液）。按两相所处的状态不同色谱法分为以下几类：

1. **液相色谱法**（liquid chromatography，LC）

流动相为液体的色谱法称为液相色谱法。按固定相的状态不同，又分为液 – 固色谱法（LSC）与液 – 液色谱法（LLC）。

2. **气相色谱法**（gas chromatography，GC）

流动相为气体的色谱法称为气相色谱法。按固定相的状态不同，又分为气 – 固色谱法（GSC）与气 – 液色谱法（GLC）。

3. **超临界流体色谱法**（supercritical fluid chromatography，SFC）

超临界流体既具有气态流动相传质快、黏度小的性能，又具有液态流动相溶剂化效应强的特点，该法兼有气相色谱与高效液相色谱的某些优点。

（二）按色谱过程中的分离原理不同分类

1. **吸附色谱法**（adsorption chromatography，AC）

吸附色谱法是指用吸附剂作固定相，利用吸附剂表面对不同组分吸附能力的差异来进行的分离分析方法。

2. **分配色谱法**（distribution chromatography，DC）

分配色谱法是指用液体作固定相，利用不同组分在互不相溶的两相溶剂中的分配系数（或溶解度）的差异进行的分离分析的方法。

3. **离子交换色谱法**（ion exchange chromatography，IEC）

离子交换色谱法是指用离子交换剂作固定相，利用离子交换剂对不同离子的交换能力的差异进行的分离分析方法。

4. **分子排阻色谱法**（molecular exclusion chromatography，MEC）

分子排阻色谱法是指用凝胶（或分子筛）作固定相，利用凝胶对分子大小不同的组分有不同的阻滞作用（或渗透作用）来进行的分离分析方法。

（三）按操作形式不同进行分类

1. **柱色谱法**（column chromatography，CC）

将固定相装于柱管（如玻璃柱或不锈钢柱）内，构成色谱柱，利用色谱柱分离混合组分的方法称为柱色谱法。

2. **薄层色谱法**（thin layer chromatography，TLC）

将固定相涂铺在平板（如玻璃板）上，制成薄层板，点样后用展开剂（流动相）将其展开，然后将薄层板斑点定位后进行定性和定量的分析方法称为薄层色谱法。

3. **纸色谱法**（paper chromatogarphy，PC）

以滤纸作为载体，一般以滤纸上面吸附的水作为固定相，然后以薄层色谱法相同的操作形式进行分离分析的方法称为纸色谱法。

薄层色谱法与纸色谱法也统称为平面色谱法。

分析化学

三、色谱过程

色谱过程是物质分子在相对运动的两相之间进行差速迁移的过程。

以吸附柱色谱为例,把含有 A、B 两种组分的试样加到色谱柱的顶端(图 11-1),随着流动相的不断加入,被吸附到固定相上的 A、B 两组分在两相间不断被吸附、解吸附、再被吸附、再解吸附……由于 A、B 两组分理化性质存在差异,吸附剂对他们的吸附能力不同,在柱中随流动相移行的速度也不同,经过一段时间后,两组分就可以彼此分离,依次流出色谱柱。

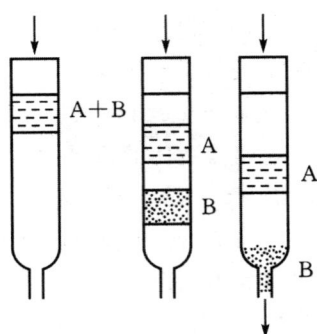

图 11-1 柱色谱色谱分离过程

🔲 **课堂互动**

由图 11-1 的分离情况看,吸附剂对哪种组分的吸附力更强?哪种组分的极性更大?

第二节 基本概念

一、色谱流出曲线

流出色谱柱的各组分经检测后得到的信号随时间变化的曲线称为色谱流出曲线,亦称色谱图,如图 11-2 所示。

(一)基线

基线指在操作条件下无组分通过检测器时所产生的信号曲线,稳定的基线应为一条平行于横坐标的直线。基线反映了仪器的噪声随时间的变化情况。

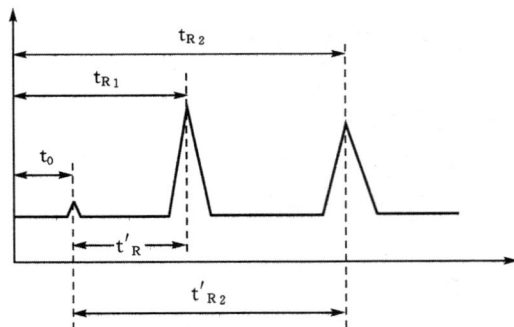

图 11-2 色谱流出曲线

📝 **知识拓展**

基线漂移与噪声

由于操作条件如温度、流动相移动的速度等不稳定,或由于检测器及附属电子组件工作状态的变更,使基线朝一定方向缓慢变化,称基线漂移,漂移用单位时间基线水平的变化来测量。由于各种偶然因素如固定液挥发、外界电信号干扰等引起基线起伏的现象称为噪声,过大的噪声会干扰痕量组分的检测,甚至掩盖痕量组分色谱峰。

(二)色谱峰

色谱流出曲线的基线上凸起部分称色谱峰。色谱峰可以用峰高、区域宽度和峰面积等参数来表征。

1. 峰高（h）

从色谱峰的峰顶到基线的垂直距离。

2. 区域宽度

用三种方法表示（图11-3）。

（1）标准偏差 当色谱峰呈正态分布时，峰两侧拐点之间的距离的一半，亦即峰高0.607倍处峰宽的一半，称为标准偏差，以符号 σ 表示。

（2）半峰宽 色谱峰峰高一半处所对应的色谱峰宽度称为半峰宽，以符号 $W_{1/2}$ 表示。

（3）峰宽 亦称基线宽度，是从色谱峰两侧拐点所作的切线与基线的两个交点之间的距离，以符号 W 表示。峰宽与标准偏差 σ 的关系

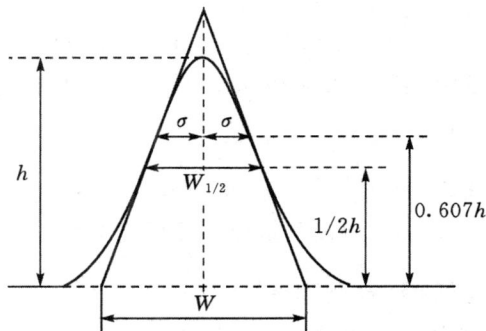

图11-3 色谱峰区域宽度

$$W = 4\sigma = 1.699\, W_{1/2} \tag{11-1}$$

标准偏差、半峰宽和峰宽这三个参数常用于衡量色谱柱效率及反映色谱操作条件的动力学因素。

3. 峰面积

色谱峰与基线围成的面积称为峰面积，以符号 A 表示。一定条件下峰面积的大小与组分的含量或浓度成正比。

（三）对称因子

正常色谱峰为对称的正态分布曲线，前沿陡峭后沿拖尾的不对称色谱峰称为拖尾峰（tailing peak）；前沿平缓后沿陡峭的不对称色谱峰称为前延峰（leading peak）。色谱峰的对称性用对称因子（也称拖尾因子）来衡量，以符号 f_s 表示，其求算方法如图11-4及公式11-2所示。

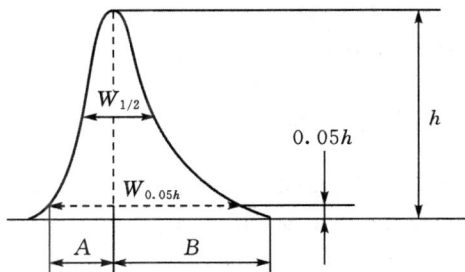

图11-4 对称因子的求算

$$f_s = W_{0.05h}/2A = (A+B)/2A \tag{11-2}$$

对称因子结果在0.95~1.05色谱峰称对称峰，小于0.95称前延峰，大于1.05称为拖尾峰。

二、保留值

描述组分在色谱柱中停留的数值，在一定的条件下具有特征性，是色谱定性分析的基本依据。保留值常用时间 t 或消耗流动相的体积 V 来表示，分别称为保留时间和保留体积。组分在柱中停留的时间越长，消耗的流动相的体积就越大。

（一）保留时间（retention time）

保留时间指被测组分从进样开始到该组分色谱峰顶所对应的时间，以符号 t_R 表示。

203

（二）死时间（dead time）

死时间指不被固定相保留的组分从进样开始到其峰顶所对应的时间，以符号 t_0 或 t_M 表示。

（三）调整保留时间（adjusted retention time）

调整保留时间指扣除死时间后的保留时间，以符号 t_R' 表示。

$$t'_R = t_R - t_M \tag{11 - 3}$$

（四）保留体积（retention volume）

保留体积指被测组分从柱后流出至浓度极大点时所需的流动相体积，以符号 V_R 表示。

（五）死体积（dead volume）

死体积指由进样器至检测器的流路中未被固定相所填充的空间，以符号 V_M 或 V_0 表示。

（六）调整保留体积（adjusted retention volume）

调整保留体积指扣除死体积后的保留体积，以符号 V_R' 表示。

$$V'_R = V_R - V_M \tag{11 - 4}$$

（七）相对保留值

相对保留值表示某组分(i)与标准物(s)的调整保留值比值，以符号 r_{is} 表示。

$$r_{is} = \frac{t'_{Ri}}{t'_{Rs}} = \frac{V'_{Ri}}{V'_{Rs}} = \frac{k_i}{k_s} \tag{11 - 5}$$

相对保留值只与色谱柱的柱温及固定相的性质有关，因此在色谱法中，特别是在气相色谱法中，被广泛用作定性的依据，也可用于衡量色谱柱的选择性。

知识拓展

保留指数(I)又称 Kovats 指数，是把物质的保留行为用两个紧靠近它的标准物（一般是两个正构烷烃）来标定，并以均一标度来表示。某物质的保留指数可由下式计算。

$$I_x = 100\left[z + n\, \frac{\lg t'_{R(x)} - \lg t'_{R(z)}}{\lg t'_{R(z+n)} - \lg t'_{R(n)}} \right] \tag{11 - 6}$$

x 为被测物质，z 和 $z + n$ 分别为具有 z 个和 $z + n$ 个碳原子数的正构烷烃。n 为两个正构烷烃的碳原子数之差，通常 $n = 1$，被测物质的保留值应在这两个正构烷烃的保留值之间。正构烷烃的保留指数为碳数乘以 100，如正戊烷、正己烷、正庚烷的保留指数分别为 500、600、700。求某物质的保留指数时，将该物质与相邻的正构烷烃混合在一起，在给定条件下进行色谱实验，再按式(11 - 6)计算其保留指数。

三、分配系数与容量因子

分配系数与容量因子用于说明组分在固定相与流动相中的分配情况。

（一）分配系数

在一定温度和压力下，某组分在固定相与流动相间达到分配平衡时的浓度(c)之比称为该组分的分配系数,以符号 K 表示。

$$K = \frac{c_s}{c_m} \tag{11-7}$$

式(11-7)中 c_m 为组分在流动相中的浓度,c_s 为组分在固定相中的浓度。K 与压力、温度、组分的性质、固定相的性质和流动相的性质等有关,是组分的特征常数。K 值大表明组分在固定相中的浓度大,在固定相中停留的时间长,移动速度慢。

色谱机制不同,K 的含义也不相同。吸附色谱中,K 为吸附平衡常数;凝胶色谱中,K 为渗透系数;离子交换色谱中,K 为交换系数。

课堂互动

已知 P 和 Q 两物质在某给定柱上的分配系数分别为 490 和 460,试分析在色谱分离中哪种物质先被洗脱出柱?

(二)容量因子

在一定温度和压力下,某组分在固定相与流动相间达到分配平衡时的质量(m)之比称为该组分的容量因子,以符号 k 表示。

$$k = \frac{m_s}{m_m} \tag{11-8}$$

式(11-8)中 m_m 为组分流动在相中的质量,m_s 为组分在固定相中的质量。k 是色谱柱对被测组分保留能力的主要参数,可以由实验求出。k 值大表明组分在固定相中的量越多,柱对该组分的容量越大。

(三)分配系数与容量因子的关系

$$k = \frac{m_s}{m_m} = \frac{c_s V_s}{c_m V_m} = K\frac{V_S}{V_m} \tag{11-9}$$

分配系数或容量因子越大,组分在固定相中停留时间越长,迁移速度越慢;反之亦然。混合物中各组分的 K(或 k)差异越大,各组分越容易被分离,所以 K(或 k)不等是色谱分离的前提。

第三节 基本色谱法的分离机制

一、吸附色谱法的分离机制

吸附色谱法是以固体吸附剂作固定相,以液体(或气体)为流动相,利用吸附剂对不同组分的吸附力差异进行分离的色谱法,包括气–固吸附色谱法和液–固吸附色谱法。

(一)吸附作用与吸附平衡

1. 吸附作用

固体吸附剂是一些多孔性物质,表面上有许多吸附点位或称为吸附中心。如硅胶表面上的硅醇基可与极性组分形成氢键而起到吸附作用。吸附剂的吸附能力的大小取决于吸附剂表面吸附中心的多少与吸附力的强弱。

2. 吸附平衡

吸附过程就是样品中的溶质分子与流动性分子竞争性占据吸附剂表面活性中心的过程,即竞争吸附的过程。当这种竞争吸附达到平衡时,可用吸附平衡常数 K 表示:

$$K = \frac{\text{组分 A 在固定相中的浓度}(c_s)}{\text{组分 A 在流动相中的浓度}(c_m)} \qquad (11-10)$$

吸附平衡常数 K 与温度、吸附剂的活性(吸附能力)、组分的性质及流动相的性质有关。组分的吸附平衡常数 K 越大,表示越容易被吸附,保留时间越长,流出色谱柱也就越慢。

(二)吸附剂及其选择

1. 对吸附剂的基本要求

(1)具有较大的吸附表面和一定的吸附能力,能使样品各组分达到预期的分离。

(2)与流动相及样品中各组分不起化学反应,在流动相中不溶解。

(3)吸附剂的颗粒应有一定的细度,并且粒度要均匀。

2. 吸附剂的分类

常用的吸附剂有硅胶、氧化铝、聚酰胺、活性炭、大孔吸附树脂等。下面主要介绍硅胶和氧化铝。

(1)硅胶 色谱法用的硅胶呈酸性,适用于酸性和中性物质(有机酸、氨基酸、萜类、甾体等样品)的分离,使用最为广泛。硅胶具有多孔性的硅氧交联结构,其骨架表面有许多硅醇基($\rightarrow$Si—OH)。硅醇基能与极性化合物或不饱和化合物形成氢键,使得硅胶具有吸附能力。硅胶能吸附大量的水,这些水能与硅胶表面的羟基结合成水合硅醇基,而使硅胶失去活性,无吸附能力,此过程称为脱活化;由于硅胶表面吸附的水为"自由水",在 100℃ 左右加热能被可逆性地除去,此过程称为活化。当硅胶被加热至 500℃ 时,"结构水"不可逆失去,硅醇结构转变为硅氧烷结构,硅胶的吸附性能显著下降。

(2)氧化铝 氧化铝的吸附能力稍高于硅胶。色谱用的氧化铝按制备方法的不同可分为碱性(pH = 9～10),中性(pH ≈ 7.5)和酸性(pH = 4～5)三种,其中以中性氧化铝使用最多。

碱性氧化铝适用于分离碱性和中性物质,如生物碱。

中性氧化铝适用于分离酸性、中性和碱性物质,如生物碱、挥发油、萜类、甾体以及在酸碱中不稳定的苷类,酯类等化合物。

酸性氧化铝适用于分离酸性和中性物质,如氨基酸、酸性色素等。

3. 吸附剂的含水量与活性的关系

硅胶与氧化铝的吸附活性与含水量密切相关,根据含水量的大小将硅胶与氧化铝分为 5 个级别,如表 11 - 1 所示。

表 11 - 1 硅胶、氧化铝的含水量与活性级别

硅胶含水量(%)	活性级别	氧化铝含水量(%)
0	I	0
5	II	3
15	III	6
25	IV	10
38	V	15

由上表可知,含水量增加,吸附剂活性级别增大,吸附性能减弱。

常用的硅胶和氧化铝的活度为Ⅱ～Ⅲ级。如果氧化铝和硅胶的活度太大,可在干粉中加入4%～6%的水充分混匀,可使活度降低一级。

4. 吸附剂的选择

(1)被分离物质的结构、极性与被吸附力的关系　常见官能团的极性由小到大的顺序是:烷烃＜烯烃＜醚类＜硝基化合物＜酯类＜酮类＜醛类＜硫醇＜胺类＜醇类＜酚类＜羧酸类。被分离的物质结构不同,其极性也不同,被吸附力也不同,具体规律如下:①烷烃系非极性化合物,一般不被吸附或吸附的不牢固。②不饱和烃分子中双键越多或共轭双键链越长,其极性越强,被吸附力亦越强。③基本母核相同的化合物,其分子中的官能团极性越大或极性官能团越多,则整个分子的极性越大,被吸附能力越强。④分子中取代基的空间排列对被吸附性也有影响:当形成分子内氢键时,被吸附力减弱。⑤在同系物中:分子量越大,极性越小,被吸附力越弱。

(2)吸附剂的选择方法　吸附剂的选择应根据被分离物质的结构或性质,通常极性越大的组分越容易被吸附。当分离极性小的组分时,一般选择吸附性能大的吸附剂,以免组分流出太快,难以分离。反之,当分离极性大的组分,宜选用吸附性能小的吸附剂,以免吸附过牢,不易洗脱。

最常用的吸附剂为不同活性的硅胶。

知识拓展

吸附剂的活度测定

硅胶和氧化铝的活度测定方法可以用柱色谱法或薄层色谱法测定。现以柱色谱法测定氧化铝的活度为例。其方法是:取以下六种染料,依极性由小到大编号为:①偶氮苯;②对甲氧基偶氮苯;③苏丹黄;④苏丹红;⑤对氨基偶氮苯;⑥对羟基偶氮苯。将上述染料用无水的石油醚－苯(4:1)为溶剂,分别配成0.04%的溶液。取上述六种染料的溶液各10ml,分别通过6支内径为1.5cm,长15cm,内装待测活性氧化铝高度为5cm的吸附柱,带溶液全部渗入后,以石油醚－苯(4:1)混合液洗脱,控制流速每分钟20～30滴,根据图11-5中的染料在吸附柱上的位置,判断其活性级别。本法同样适用于硅胶的活度测定。

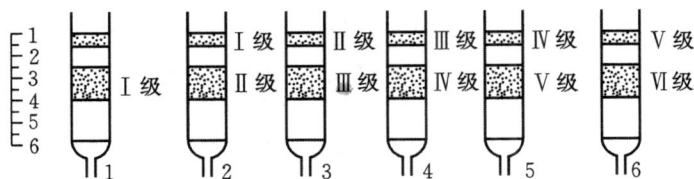

图11-5　吸附剂的活度示意图

(三)流动相的选择

常用溶剂的极性由弱到强的顺序为:石油醚＜环己烷＜四氯化碳＜苯＜甲苯＜乙醚＜氯仿＜乙酸乙酯＜正丁醇＜丙酮＜乙醇＜甲醇＜水

在液－固吸附色谱中,流动相的选择对样品的洗脱具有极其重要的作用。因为流动相的洗脱作用,实质上是流动相分子与被分离的组分分子竞争占据吸附剂表面活性中心的过程。极性强的流动相分子,占据极性吸附中心的能力就越强,因而具有强的洗脱作用。极性弱的流动相分子占据活动中心的能力弱,洗脱作用就弱。在通常情况下,被分离试样的性质和吸附剂的活性均已固定,样品能否分离,关键就是如何选择流动相。

流动相的选择遵循"相似相溶"原则,即分离极性较大的组分时,选择极性较大的溶剂作流动相,反之,分离极性较小的组分时,选择极性较小的溶剂作流动相。

综上所述,在选择吸附色谱的分离条件时,须从被分离组分的极性、吸附剂的活性以及洗脱剂的极性等方面综合考虑。其一般原则是:被分离组分的极性较小,选用吸附活性较大的吸附剂和极性较小的流动相;反之,被分离组分的极性较大,选用吸附活性较小的吸附剂和极性较大的流动相。

二、分配色谱法的分离机制

在实际操作中,极强性的化合物(如脂肪酸或多元醇类化合物)能被吸附剂强烈吸附,使用洗脱能力很强的流动相也很难使其洗脱,此时就难以用吸附色谱法进行分离,采用液-液分配柱色谱法可获得良好的分离效果。

(一)分离原理

液-液分配色谱法的流动相是液体,固定相也是液体(固定液),利用混合物中不同组分在固定相与流动相中溶解性不同而分离。当流动相携带样品流经固定相时,各组分在两相间不断进行溶解、萃取,再溶解、再萃取(称连续萃取),经过无数次分配之后,分配系数有差异的组分得到分离。

(二)载体

载体又称担体(也称填充料),它是一种惰性物质,对分离组分不具吸附作用。在分配色谱中,载体起着负载或支持固定液的作用,固定液通过涂布或键合在载体表面得以固定。载体本身必须纯净,颗粒大小适宜,有较大的表面积和较好的机械强度。常用的载体有吸水硅胶、多孔硅藻土、纤维素粉、滤纸、烷基化硅胶(如 ODS 等)。

(三)流动相与固定相

分配色谱中的流动相与固定相应"互不相溶"以避免洗脱时固定相的流失,即要求固定相与流动相的极性相反。经典柱色谱实验前可将固定相与流动相一定量置于分液漏斗中,振摇、分层后再分别取出应用。

根据固定相和流动相的相对强弱,分配色谱分为正相色谱和反相色谱两种类型。流动相的极性比固定相的极性弱时,称为正相分配色谱,其常用的固定相为水、稀酸、甲醇、甲酰胺等强极性溶剂,常用的流动相有石油醚、醇类、酮类、酯类、卤代烷等。反之,当流动相的极性强于固定相的极性时,称为反相分配色谱。其常用固定相为烷烃、石蜡油等非极性或弱极性液体,常用的流动相有水和醇等。

三、离子交换色谱法的分离机制

离子交换色谱法的固定相是离子交换树脂,流动相常用的是水、酸或碱溶液。分离对象为离子型化合物或在一定条件下能产生离子的化合物,利用不同组分在离子交换树脂上的竞争交换能力不同而加以分离。交换能力弱的离子,移动速度快,保留时间短,先流出色谱柱,交换能力强的离子则后流出色谱柱。

(一)离子交换树脂的种类

离子交换树脂是一类有网状结构的高分子聚合物,性质稳定,与酸、碱、某些有机溶剂及一般弱氧化剂都不起作用,对热也比较稳定。离子交换树脂的种类很多,最常用的是聚苯乙烯型离子交换树脂,它是以苯乙烯为单位,二乙烯苯为交联剂聚合而成,其网状骨架上引入可以被交换的活性基团而使树脂具有交换能力。根据引入的活性基团不同,离子交换树脂分为两大类:

1. 阳离子交换树脂

树脂骨架上引入的是酸性基因,如磺酸基($-SO_3H$)、羧基($-COOH$)和酚羟基($-OH$)等。这些酸性基团上的 H^+ 可以和溶液中的阳离子发生交换,故称为阳离子交换树脂。阳离子的交换反应为:

$$R-SO_3^-H^+ + M^+Cl^- \rightleftharpoons -SO_3^-HM^+ + H^+Cl^- \qquad (11-11)$$

反应式中 M^+ 为金属离子,当样品溶液加入色谱柱中,试样中阳离子便和树脂上的氢离子发生交换,阳离子被树脂吸附,氢离子进入溶液。

以上交换反应是可逆的,已经交换过的树脂用适当浓度的酸溶液进行处理,反应将逆向进行,即树脂上的阳离子可被洗脱下来,树脂又恢复原状,这一过程称为树脂的"再生",再生后树脂可继续使用。

2. 阴离子交换树脂

树脂骨架上引入的是季胺基、伯胺基、仲胺基等碱性基团,这些碱性基团上的 OH^- 可以和溶液中的阴离子发生交换反应,故称为阴离子交换树脂。阴离子的交换反应为:

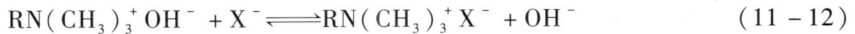

$$RN(CH_3)_3^+OH^- + X^- \rightleftharpoons RN(CH_3)_3^+X^- + OH^- \qquad (11-12)$$

(二)离子交换树脂的性能

离子交换树脂的性能可用交联度与交换容量来衡量。

1. 交联度

交联度是指离子交换树脂中交联剂的含量,常以重量百分比表示。树脂的孔隙大小与交联度有关。交联度越大,形成的网状结构紧密,网眼较小,因而选择性就好。但交联度不宜过大,过大导致交换速度变慢和交换容量下降。阳离子交换树脂交联度通常为 8% 左右,而阴离子交换树脂交联度以 4% 左右为宜。

2. 交换容量

交换容量是指在实验条件下,每克干树脂真正参加交换的活性基团数,其大小反映了树脂的交换能力,有理论交换容量与实际交换容量之分。实际交换容量与流动相 pH 值、树脂的交联度等因素相关。交换容量的大小可用酸碱滴定法测定,其单位以 mmol/g 表示。树脂交换容量一般为 1~10mmol/g。

四、分子排阻色谱法的分离机制

分子排阻色谱法又称为凝胶色谱法,是 20 世纪 60 年代发展起来的一种分离分析技术,分子排阻色谱法以多孔性凝胶填料为固定相,利用凝胶对不同大小的分子的阻滞能力的不同进行分离,主要用于大分子物质如多糖、蛋白质及各种生化样品等的分离分析,是天然药物化学和生物化学研究中常规的分离方法。

凝胶色谱的分离取决于凝胶孔径的大小与被分离物质分子的大小。洗脱过程中,小分子可以完全进入凝胶内部孔穴中而被滞留,中等分子可以部分的进入较大的孔穴中,而大分子则完全不能进入孔穴中,而只能沿凝胶颗粒之间的空隙随流动相向下流动。于是样品中各组分即按大分子在前,中等分子在中,小分子在后的顺序依次从色谱柱中流出而得以分离。

其分离原理如图 11-6 所示。

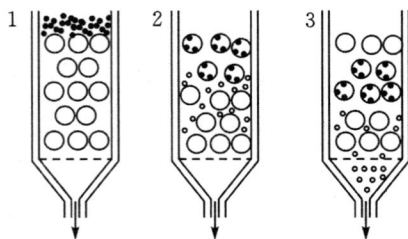

图 11-6　凝胶色谱原理示意图
○代表凝胶颗粒;○代表大分子组分;●代表小分子组分

第四节　经典液相色谱法

经典液相色谱法按操作形式不同分为柱色谱法、薄层色谱法和纸色谱法。

一、柱色谱法

柱色谱法是各种色谱法中建立最早的方法,气相色谱法与高效液相色谱法也属柱色谱范畴。此处的柱色谱指的是以内径较大的玻璃柱进行分离分析的方法。

(一)操作方法

1. 装柱

装柱是将固定相填充到玻璃柱中的操作。色谱柱要求装填均匀,松紧一致,不得有气泡、小沟或裂缝,固定相上下表面平整,以获得好的分离效果。采用玻璃色谱柱的内径与长度比一般为 1:(10~20)。

装柱的方法为:将色谱柱垂直固定于支架上,下端的管口垫以少许脱脂棉或玻璃棉,下端活塞打开。将固定相慢慢连续不断地加入柱内,边装边轻轻敲打色谱柱,使填充均匀。装完之后在固定相上表面加少许脱脂棉压紧,从顶端再加入一定量洗脱剂使其保持一定液面。

2. 加样

除另有规定外,将供试品溶于开始洗脱时使用的洗脱剂中,沿色谱管壁缓缓加入,注意勿破坏固定相上表面的平整性。吸附色谱可将供试品溶于适当的溶剂中,与少量吸附剂混匀,挥去溶剂使呈松散状,加在已制备好的色谱柱上面。

3. 洗脱

可用一种溶剂或按一定比例把几种溶剂混合,组成混合溶剂作为洗脱剂。在洗脱过程中应不断加入洗脱剂,并应保持一定高度的液面(不能使色谱柱表面的洗脱剂流干),控制洗脱剂的流速。流速过快,组分在柱中不易达到平衡,影响分离效果;流速过慢,洗脱时间太长。洗脱液分段定量收集可进行定性分析,将同一组分的洗脱液合并可进行定量分析。

（二）柱色谱法的应用

柱色谱法仪器简单,操作方便,柱容量大,适合于较小量成分的分离和纯化。在天然药物有效成分的提取中,往往会有结构类似,理化性质相似的各种成分的混合物,采用一般的化学方法很难分离,但使用柱色谱法分离精制,则可获得纯品。柱色谱法已成为天然药物化学、药物分析、生物化学等领域里必备的分离手段之一。

例:葛根粉中异黄酮的提取、分离

操作步骤:取葛根粗粉,用乙醇冷浸 2 次,醇浸出液合并,减压浓缩至糖浆状,于 70℃ 烘干。干浸膏研细后用苯浸泡脱脂,脱脂后的浸膏以水饱和的正丁醇溶解,加在氧化铝色谱柱上,以水饱和的正丁醇洗脱,分步收集,相同部分合并。回收溶剂,可得葛根素和大豆黄素,分别再以甲醇－水和甲醇－醋酸重结晶即得。

二、薄层色谱法

将固定相(如吸附剂、凝胶等)均匀的涂铺在光洁表面的玻璃、塑料或金属板上形成薄层,所得的板称为薄层板或薄板;在此薄板上进行样品的分离与分析的方法称为薄层色谱法。薄层色谱法按原理不同可分为吸附、分配、离子交换和凝胶色谱法等,其中应用最多的是吸附薄层色谱法。薄层色谱法具有以下特点:

1. 快速

展开以只需几分钟到十几分钟。

2. 灵敏

只需几微克到十几微克的物质就能检出。

3. 高选择性

能分离结构相似的同系物、异构体,且斑点集中。

4. 简便

所用仪器简单,操作方便,一般实验室均能展开工作。

5. 显色方便

展开时可直接喷洒具有腐蚀性的显色剂。

（一）基本原理

薄层色谱法按原理不同可分为吸附、分配、离子交换和凝胶色谱法等。故有人把它称为敞开的柱色谱法。但应用最多的还是吸附色谱,故在本节作重点介绍。

1. 分离原理

固定相为吸附剂的薄层色谱法称为吸附薄层色谱法。其原理可简述如下:如将含有 A、B 两组分的试样溶液点在薄板的一端,然后在密封的容器中(色谱槽或色谱缸)用适当的展开剂(流动相)展开。由于 A、B 两组分的极性不同,即吸附剂对 A、B 两组分的吸附能力就有所差别,同时展开剂对两组分解吸附能力也不同。当展开剂携带样品通过吸附剂时,两组分就在吸附剂和展开剂之间不断发生吸附、解吸附、再吸附、再解吸附。达到平衡时,由于 A、B 两组分

的 K_A、K_B 值不等,因此,产生差速迁移,则 K 值越大的组分随展开剂移动速度慢;K 值越小的组分随展开剂移动速度快,过一段时间后,A、B 两组分的差距逐渐拉开,而被完全分离,即在薄板上形成两个斑点。

2. 比移值与相对比移值

(1)比移值(R_f) 样品展开后,组分斑点在薄板上的位置可用比移值 R_f 表示:

$$R_f = \frac{原点到斑点中心的距离}{原点到溶剂前沿的距离} \tag{11-11}$$

若含有 A、B 两组分的试样溶液经展开后,如图 11-7 所示。

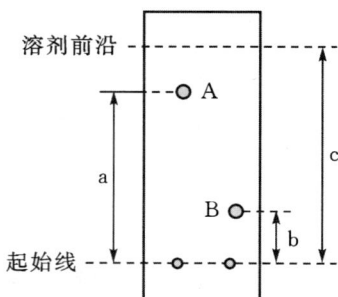

图 11-7 R_f 的测量示意图

则 A、B 两组分的 R_f 值分别为:

$$R_{f_A} = \frac{a}{c} \qquad R_{f_B} = \frac{b}{c}$$

比移值 R_f 是薄层色谱法的基本定性参数。当色谱条件一定时,组分的比移值是一个常数,其值在 0 ~ 1,可用范围是 0.2 ~ 0.8。最佳范围 0.3 ~ 0.5。物质不同,结构和极性各不相同,其比移值也不同。因此,利用比移值可对物质进行定性鉴别。

(2)相对比移值(R_s) 在薄层色谱中,由于影响比移值的因素很多,很难得到重复的比移值,如果采用相对比移值代替比移值则可以消除一些实验过程中的系统误差,使定性结果更可靠。相对比移值是指试样中某组分的移动距离与参考物移动距离之比,其关系式可以写成:

$$R_s = \frac{原点到样品组分斑点中心的距离}{原点到对照品斑点中心的距离} \tag{11-12}$$

用相对比移值定性时,必须有参照物作对照。参考物是可以另外加入的对照品,也可以直接以试样混合物中的某一组分来对照。比移值与相对比移值的取值范围不同,$R_f < 1$;而 R_s 值可以大于 1,也可以小于 1。R_s 值可消除一些实验过程中的系统误差,使定性结果更为可靠。

(二)吸附剂的选择

薄层色谱法所用的吸附剂和柱色谱法所用的吸附剂基本相似,其主要区别在于薄层色谱法所用的吸附剂的颗粒更细些。普通薄层色谱用的吸附剂,如硅胶,其粒度范围常在 10 ~ 40μm。由于薄层色谱法所用的颗粒细,所以其分离效率比柱色谱柱要高得多。

（三）展开剂的选择

展开剂的选择的正确与否对薄层色谱来说是分离成败的关键。在吸附薄层色谱中,选择展开剂的一般原则和吸附柱色谱中选择流动相原则相似。即极性大的组分需用极性大的展开剂,极性小的组分需用极性小的展开剂。

在薄层色谱中,展开剂的选择一般是选择常用的溶剂进行展开实验,根据被分离组分在薄层板上分离的效果,进一步考虑改变展开剂的极性或采用混合溶剂进行展开,直到分离效果符合要求为止。例如,某物质用单一溶剂苯展开时,R_f值太小,甚至停留在远点未动,此时可在展开剂中加入适量极性大的溶剂,如苯 – 乙酸乙酯(9:1),(8:2),(7:3)……一直到获得满意的R_f值(0.2 ~ 0.8)为止。如果用单一溶剂苯展开时,比移值太大,斑点出现在前沿附近,则可在展开剂中加入适当极性小的溶剂,如石油醚,环己烷等以降低展开剂的极性,使R_f值符合要求。

对于物质极性相近或结构差异不大难分离组分。例如,石油醚 – 丙酮 – 二乙胺 – 水(10:5:1:4)这个展开系统,水是极性大的溶剂,石油醚是极性小的溶剂,加入石油醚可以降低展开剂的极性,使物质的R_f值变小。丙酮则起着混匀整个溶剂系统及降低展开剂黏度的作用。而其中少量的二乙胺则起着控制展开剂 pH 的作用,使分离后的斑点不出现拖尾现象,斑点清晰集中。

薄层色谱法中常用的溶剂,按极性由弱到强的顺序是:

石油醚 < 环己烷 < 二硫化碳 < 四氯化碳 < 三氯乙烷 < 苯 < 甲苯 < 二氯甲烷 < 氯仿 < 乙醚 < 乙酸乙酯 < 丙酮 < 乙醇 < 甲醇 < 吡啶 < 水

（四）操作方法

薄层色谱法的一般操作程序可分为薄层板的准备、点样、展开、斑点定位等步骤。

1. 薄层板的准备

（1）自制薄层板　制备薄层板的常用黏合剂为 0.2% ~ 0.5% 羧甲基纤维素钠（CMC – Na）水溶液。除另有规定外,将 1 份固定相和 3 份黏合剂溶液在研钵中向一个方向研磨混合,去除表面的气泡外,倒入调节好的涂布器中(涂布器的厚度为 0.2 ~ 0.3mm),在玻璃板上平稳地移动涂布器进行铺板,铺好后将其置水平台上于室温下晾干,然后在 110℃ 活化 30 分钟,活化后保存于干燥器中备用。

（2）市售薄层板　临用前一般应在 110℃ 活化 30 分钟,活化后保存于干燥器中备用。聚酰胺薄层板不需活化。

2. 点样

（1）样品溶液　溶解样品溶液,对点样非常重要。一般多用甲醇、乙醇、丙酮、氯仿等挥发性有机溶剂,最好用与展开剂极性相似的溶剂。尽量避免使用水为溶剂,因为水溶液点样时,水不易挥发,易使斑点扩散。若样品为水溶液,且受热不易破坏,可以边点样边用电热吹风促其迅速干燥。

（2）点样量器　点样量器多采用平口微量注射器和管口平整的玻璃毛细管。如果进行薄层定量分析时,做好用微升毛细管点样,该量器的特点是使用方便,准确度高。此外,还有各种自动点样装置。

（3）点样量　点样量的多少与薄层的性能及显色剂的灵敏度有关。一般分析型的分离,点样量为几至几十微克,而制备型的分离可以点到数毫克。点样量的多少对分离效果有很大影响。点样量太少,展开后斑点模糊,甚至看不出斑点。点样量太多,则展开后往往出现斑点过大或拖尾等现象,甚至不能实现完全分离。

(4)点样方法 点样时必须小心操作。当用点样量器吸取一定量的样液后,应轻轻接触薄层的起始线上,起始线距薄层底边 1.5 ~ 2cm,点间距离为 0.8 ~ 1.5cm(常用铅笔事先作好记号)。如果样品溶液较稀,可分次点完,每点一次,应待溶剂挥干后再点。如连续点样,会使原点扩散。点样后所形成的原点面积越小越好,一般原点直径以不超过 2 ~ 3mm 为宜。

3. 展开

(1)展开装置 展开的过程就是混合物分离的过程,它必须在密闭的展开槽内进行。薄层色谱所用的展开槽多数是长方形展开槽,直立型的单槽层析缸或双槽层析缸。

(2)展开方式 展开的过程就是混合物分离的过程,它必须在密闭的展开槽或直立型的单槽色谱缸或双槽色谱缸中进行,如图 11 - 8 所示。

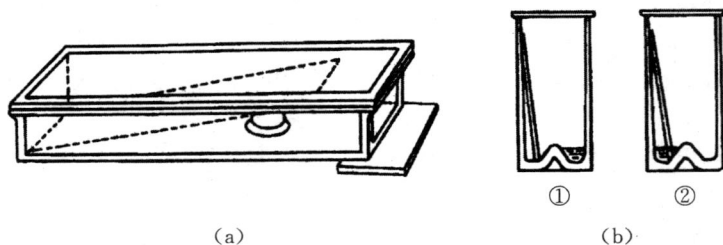

(a)   (b)

(a)色谱槽 近水平展开   (b)双底色谱缸 上行展开
①展开剂蒸汽预饱和过程   ②展开过程
图 11 - 8 色谱槽与展开方式

①近水平展开:进水平展开应在长方形展开槽中进行。将点好样的薄板下端浸入展开剂约 0.5cm(注意:样品原点绝不能浸入展开剂中),把薄板上端垫高,使薄板与水平角度适当,为 15° ~ 30°。展开剂借助毛细管作用自下而上进行。该方式展开速度快,适合于不含黏合剂的软板的展开。

②上行展开:将点好样的薄板放入已盛有展开剂的直立型层析槽中,斜靠于层析槽的一边壁上。展开剂沿薄层下端借助毛细管作用缓慢上升。待展开距离达 10 ~ 20cm 时,取出薄板,在前沿做上记号,待溶剂挥干后显色。这种展开方式适合于含黏合剂的硬板的展开,是目前薄层色谱法中最常用的一种展开方式。

③多次展开:取经展开一次后的薄板让溶剂挥干,再用同一种展开剂或者改用一种新的展开剂按同样的方法进行第二次、第三次……展开,已达到增加分离度的目的。

④双向展开:即经第一次展开后,取出,挥去溶剂,将薄板转 90° 后,再改用另一种展开剂展开。双向展开所用的薄板规格一般为 20cm × 20cm。这种方法常用于成分较多,性质比较接近的难分离物质的分离。

4. 斑点定位

对于有色物质斑点的定位可在日光下直接观察确定。而对于无色物质斑点,则采用物理检出法或化学检出法。

（1）物理检出法　物理检出法属于非破坏性检出法。应用最广的是在紫外灯下观察薄板上有无荧光斑点或者暗斑。紫外灯波长一般有两种，短波 254nm，长波 365nm。根据待测组分的化学性质进行选择。

（2）化学检出法　化学检出法是利用化学试剂（显色剂）与被测物质反应，使斑点产生颜色而定位。显色剂可分为通用型显色剂和专属型显色剂两种。

显色剂的显色方式，通常可采用直接喷雾法或浸渍显色法。如硬板可将显色剂直接喷洒在薄板上，喷洒的雾点必须微小、致密和均匀。此法应用最广、浸渍显色是将薄板的一端浸入显色剂中，待显色剂扩散到整个薄层后，取出，晾干，即可呈现斑点的颜色。

在实际工作中，应根据被分离物质的性质及薄板的状况来选择合适的显色剂及显色方法。各类化合物所用的显色剂可从手册或色谱法专著中查阅。

（五）定性分析

薄板上斑点位置确定之后，便可计算出 R_f 值。然后，将该 R_f 值与文献记载的 R_f 值相比较来鉴定各组分。但由于影响 R_f 值的外因很多，如吸附剂的种类和活度、表面积、颗粒大小及水分的多少，展开剂的极性、蒸气的饱和程度，展开时的温度，展开方式、展开距离等因素都会给比移值带来不同程度的影响。因此要测定的条件与文献规定的条件完全一致比较困难。通常的方法使用对照法，即在同一块薄板上分别点上试样和对照品进行展开、定位。如果试样的 R_f 值与对照品的 R_f 值相同，即 R_s 值等于 1，则可认为该组分与对照品为同一物质。有时为了可靠起见，还应采用多种不同的展开系统进行展开。如果，所得到的 R_f 值与对照品均一致，才可基本认定是同一物质。

（六）定量分析

薄层色谱法的定量分析采用仪器直接测定较为方便、准确。也有采用薄层分离后再洗脱，得到洗脱液用紫外分光光度法或其他仪器分析法进行定量。也还有其他一些简易定量或半定量的方法。

1. 目视比较法

将对照品配成浓度已知的系列标准溶液，同样品溶液一起分别点在同一薄板上展开，显色后，目视比较样品色斑的颜色深度和面积大小与对照品中哪一个最为接近，即可求出样品含量的近似值。本法的精度为 ±10%，适合于半定量分析或药物中杂质的限度检查。

2. 斑点洗脱法

将样品液以线状点在薄板的起始线上，展开后，用一块稍窄一点的玻璃板盖着薄板的中间，用以上定位方法定位出薄板两边斑点。拿开玻璃板将待测组分斑点中间条状部分的吸附剂定量取下（如采用刀片刮下或补集器收集），用合适的溶剂将待测组分定量洗脱，然后按照比色法或分光光度法测定其含量，如图 11－9 所示。

3. 薄层扫描法

近年来，由于分析仪器的不断发展和完善，用薄层扫描仪直接测定斑点的含量已成为薄层色谱定量的主要方法。薄层扫描仪是为适应薄层色谱的要求而专门对斑点进行扫描的一种分光光度计。该仪器种类很多，双波长薄层扫描仪（dual－wavelength TLC scanner）是目前较为常用的一种。例如，我国目前广为应用的日本岛津生产的 CS－910 和 CS－930 双波长薄层扫描仪便是其种类之一。

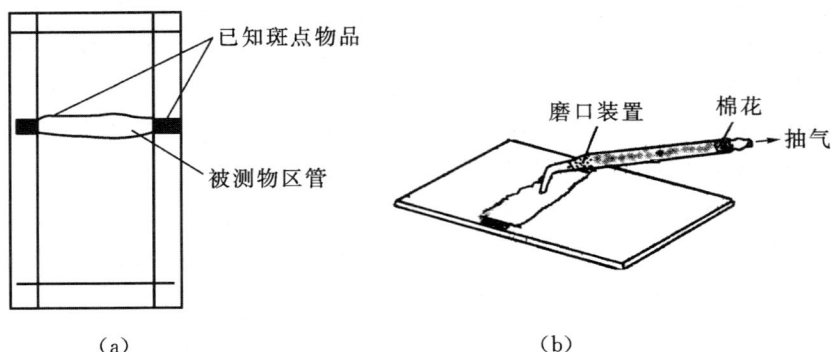

图 11-9　薄层色谱试样斑点定位法及斑点的捕集方式
a:试样斑点定位;b:斑点的捕集方式

(七)应用与示例

薄层色谱法广泛应用于各种天然和合成有机物的分离与鉴定,有时也用于少量物质的提纯与精制。在药品质量控制中,可用于药物的纯度检查。在药品生产过程中,可用来判断合成反应进行的程度,监控反应历程。在中草药有效成分的分析中,可用来分离和测定有效成分的含量。

例:盐酸氯丙嗪中有关物质的检查

盐酸氯丙嗪在生产过程中容易产生有关吩噻嗪的其他取代物。为了保证原料药的纯度,《中国药典》(2015 年版)规定了用薄层色谱法检查其中"有关物质"的项目,并以高低浓度对比法来控制有关物质的含量不得超过盐酸氯丙嗪的 1%。

色谱条件:硅胶 GF_{254} 薄板,展开剂为环己烷 – 丙酮 – 二乙胺(8:1:1),置紫外灯下 254nm 检视。

操作方法:取盐酸氯丙嗪,加甲醇制成每 1ml 中含 10mg 的溶液,作为供试品溶液。精密量取适量,加甲醇稀释成每 1ml 中含 0.1mg 的溶液,作为对照液。吸取上述两种溶液各 10μl,分别点于同一硅胶 GF_{254} 薄板上。将薄板浸入盛有展开剂的色谱槽中展开,展开后,取出晾干,置紫外灯下检视,供试品如显杂质斑点,则与对照溶液所显的主斑点进行比较,不得更深。经上述试验,如显杂质斑点颜色符合规定,则说明盐酸氯丙嗪的纯度检查符合要求。

三、纸色谱法

(一)纸色谱法的原理及操作方法

纸色谱法是以滤纸作为载体的色谱法。分离原理属于分配色谱的范畴。固定相一般为纸纤维上吸附的水,流动相与水不相混溶的有机溶剂。但在应用中,也常用与水相混溶的溶剂作为流动相。因为纸纤维所吸附的水分中约有 6% 能通过氢键与纤维上的羟基结合成复合物。所以这一部分水与水相混溶的溶剂如丙酮、乙醇、丙醇等仍能形成类似不相混溶的两相。纸除了吸附水以外,也可吸附其他极性物质,如甲酰胺、缓冲溶液等也可作为固定相。

(二)影响 R_f 值的因素

平面色谱(薄层色谱和纸色谱)上的 R_f 值如同柱色谱法的保留时间 t_R 一样,在一定条件下为一定值,可以作为鉴定物质的参数。物质 R_f 值的大小,主要由物质本身的结构和色谱的外因条件所决定。故影响 R_f 值的因素很多。

1. R_f 值与物质化学结构的关系

不同物质因为分子结构不同,一般说来,物质的极性大或者亲水性强,在水中的分配量就多,则在以水为固定相的纸色谱中 R_f 就小。相反,如果物质的极性小或者亲脂性强,则 R_f 值就大。例如,葡萄糖、鼠李糖、洋地黄毒糖、葡萄糖醛酸都属于六碳糖类,但由于分子中所含极性官能团数目不同,极性也就不同,因而 R_f 值也不同。它们的化学结构如下:

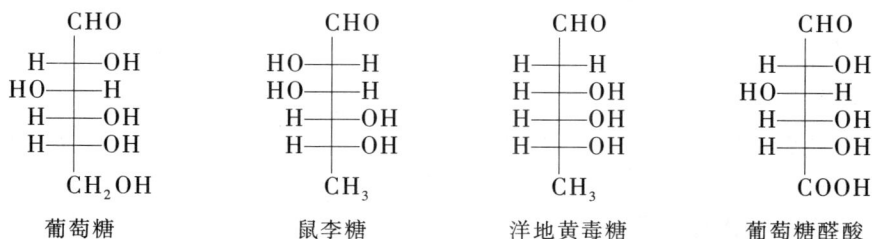

$$
\begin{array}{cccc}
\text{CHO} & \text{CHO} & \text{CHO} & \text{CHO} \\
\text{H}-\text{OH} & \text{HO}-\text{H} & \text{H}-\text{H} & \text{H}-\text{OH} \\
\text{HO}-\text{H} & \text{HO}-\text{H} & \text{H}-\text{OH} & \text{HO}-\text{H} \\
\text{H}-\text{OH} & \text{H}-\text{OH} & \text{H}-\text{OH} & \text{H}-\text{OH} \\
\text{H}-\text{OH} & \text{H}-\text{OH} & \text{H}-\text{OH} & \text{H}-\text{OH} \\
\text{CH}_2\text{OH} & \text{CH}_3 & \text{CH}_3 & \text{COOH} \\
\text{葡萄糖} & \text{鼠李糖} & \text{洋地黄毒糖} & \text{葡萄糖醛酸}
\end{array}
$$

它们的 R_f 值与结构的关系见表 11 – 2。

表 11 – 2　物质的结构与 R_f 值的关系

	葡萄糖	鼠李糖	洋地黄毒糖	葡萄糖醛酸
分子中羟基数	5	4	3	4
分子中羧基数	0	0	0	1
亲脂性基团	无	CH_3	CH_2、CH_3	无
分子极性	大	小	最小	最大
R_f 值	小	大	最大	最小

从上表中可以看出,只要知道物质的化学结构就可以判断其极性大小,根据极性大小,便可推测 R_f 值大小顺序。

2. 色谱条件对 R_f 值的影响

正如在薄层色谱法中叙述的那样,在纸色谱过程中,必须对诸因素加以注意,尽可能保持恒定的色谱条件,以获得重现性好的 R_f 值。

(三)实验方法

纸色谱和薄层色谱都属于平面色谱,其操作方法基本相似。取色谱滤纸一条,按薄层色谱法点样方法将样品液点在滤纸条上,然后将滤纸条悬挂在装有展开剂的密闭色谱缸内,使滤纸被展开剂蒸气饱和后,再将滤纸点有样品的底端浸入展开剂中(勿将原点浸入展开剂中),展开剂借助纸纤维毛细管作用缓缓流向另一端。在展开过程中,样品中各组分随流动相向前移动,即在两相间连续进行分配萃取。由于各组分在两相间的分配系数不同,经过一段时间后,各组分便被分开。取出滤纸条,画出溶剂前沿线,晾干,依照薄层斑点的检出方法进行定位后,便可进行定性、定量分析。

1. 色谱滤纸的选择

对色谱滤纸的要求是:

(1)纯度　纸质要纯、杂质含量要少,无明显的荧光斑点。

(2)强度　滤纸应质地均匀,平整无折痕,边缘整齐,有一定的机械强度。

（3）纸纤维应松紧适宜　过于疏松易使斑点扩散，过于紧密则展开速度太慢。

（4）型号选择　对滤纸型号的选择应结合分离对象、分离目的、展开剂的性质来考虑。例如分离 R_f 相差很小的混合物，宜选用慢速滤纸；如果是定性鉴别，宜选用薄型滤纸。

2. 点样方法

点样方法基本上与薄层色谱相似。点样量取决于纸的厚薄程度及显色剂的灵敏度。一般是几微克到几十微克。

3. 展开剂的选择

纸色谱所用的展开剂与吸附薄层色谱有很大不同。主要根据待测组分在两相中的溶解度和展开剂的极性来考虑。多数情况下采用含水的有机溶剂。最常用的展开剂是用水饱和的正丁醇、正戊醇、酚等。常用的 BAW 展开系统为正丁醇 – 醋酸 – 水（4∶1∶5 或者 4∶1∶1）。必须注意的是，展开剂应预先用水饱和，否则，展开过程中，会把固定相中的水夺去，使分配过程难以进行。

4. 展开方式

应根据色谱纸的形状、大小、选用合适的色谱缸。先用展开剂蒸气饱和密闭缸，或用预先浸有展开剂的滤纸贴在缸的内壁，下端浸入展开剂中，使缸内更快地为展开剂蒸气所饱和。然后，将点样后的滤纸展开。

纸色谱法通常采用上行法展开，让展开剂借助纸纤维毛细管效应向上扩散。该法应用广泛，但展开速度慢，一般要用几个小时。纸色谱法还可采用下行法展开、多次展开、径向展开等多种方式。但应注意的是，即使是同一物质，如果展开方式不同，其 R_f 值也会不一同。

5. 斑点检出方法

纸色谱的斑点检出方法基本上和薄层色谱法相似。但纸色谱不能使用腐蚀性显色剂，也不能在高温下显色。

6. 定性、定量方法

纸色谱的定性方法与薄层色谱完全相同，都是依据 R_f 值来鉴定物质。而定量方法则有所不同。纸色谱法定量早期多采用剪洗法，与薄层色谱法的斑点洗脱法相似。先将定位后的斑点部分剪下，经溶剂洗脱，然后用比色法或分光光接进行扫描，根据扫描的积分值，计算出样品样品中某一组分的含量。度法定量。近年来，由于分析仪器技术的发展，也可将滤纸上的样品斑点置于薄层色谱仪上。

（四）应用与示例

纸色谱法比柱色谱法、薄层色谱法操作简便。目前，其应用范围虽然不及薄层色谱法广泛，但在生化、医药等方面仍不失为一个有用的方法。例如在分析氨基酸类、水溶性成分糖类、无机离子等物质方面，其分离效果优于薄层色谱法。

例：磺胺类药物的分离

色谱条件：色谱滤纸，新华中速层析纸；展开剂，1% 的氨水溶液；显色剂，对二甲胺苯甲醛。

操作方法：取新华中速层析纸（28cm × 4cm）一条，在一端 3cm 处用铅笔画一起始线。用微量注射器吸取样品溶液（含磺胺噻唑和磺胺嘧啶各约 1% 的溶液）及标准品溶液各 $2\mu l$，分别点在滤纸的起始线上。待干后，将滤纸悬挂于盛有展开剂的色谱缸内，饱和半小时，将滤纸条浸入到展开剂中，待溶剂上升至约 20cm 处，取出、画出前沿线，晾干。然后，均匀喷洒显色剂，待干后，用铅笔描出斑点位置，求出样品及标准品中磺胺噻唑和磺胺嘧啶的 R_f 值。

技能实训

实训 1　几种氨基酸的分离（纸色谱法）

一、实训目的

1. 掌握纸色谱法的基本操作。
2. 熟悉纸色谱法分离氨基酸的原理。

二、仪器与试剂

1. 仪器

色谱缸、色谱滤纸、毛细管、显色用喷雾器。

2. 试剂

标准液（1%亮氨酸/乙醇溶液、1%赖氨酸/乙醇溶液），样品混合液（含亮氨酸、赖氨酸的乙醇溶液），0.2%的茚三酮醋酸丙酮溶液（0.2g 茚三酮、40ml 冰醋酸、60ml 丙酮）、正丁醇：醋酸：水（4:1:1）。

三、实训原理

纸色谱是以滤纸为载体的分配色谱法，固定相为滤纸纤维上吸附的水，流动相（展开剂）为与水不想混溶的有机溶剂。

由于各种氨基酸在结构上存在差异，导致极性各不相同。因此，它们在水相和有机相中的溶解性也各不相同，极性大的氨基酸在固定相中的溶解度大，在有机相中的溶解度小，则分配系数大，极性小的氨基酸则相反。各种氨基酸在两相溶剂中不断进行分配，分配系数大的氨基酸移动的慢，R_f 值小；而分配系数小的氨基酸移动的快，R_f 值大。混合氨基酸分离后，用茚三酮显色，在 80～100℃下烘烤 5～10 分钟，就出现紫色斑点，再将混合溶液中各氨基酸的 R_f 值与对照品的 R_f 值进行比较，从而达到分离鉴定的目的。

四、实训内容

1. 滤纸准备

取长 20～25cm，宽 5～6cm 的滤纸条，距一端 2cm 处用铅笔画一条起始线，在起始线上均匀的画出四个点样记号"×"作为点样用的原点。

2. 点样

用毛细管吸取各氨基酸溶液在点样记号处点样，如果样品浓度较稀时，干后再点两次，待干后，将滤纸条悬挂在盛有展开剂的展开缸中饱和半小时。

3. 展开

将点有样品的一端浸入展开剂约 1cm（不能将样品原点浸入展开剂中）进行展开，当展开剂扩散上升到距滤纸顶端 2～3cm 时，取出滤纸条，马上用铅笔在展开剂前沿处画一条溶剂前沿线,然后放在空气中晾干。

4. 显色

用喷雾器将 0.2% 的茚三酮醋酸丙酮溶液均匀地喷到滤纸条上,置烘箱 80～100℃下烘烤 5～10 分钟取出即可看到氨基酸斑点。

5. 定性

用铅笔将各斑点框出,并找出斑点中心,用小尺量出各斑点中心到原点的距离和斑点中心到起始线的距离,然后计算各氨基酸的 R_f 值进行定性分析。

五、数据记录与处理

	对照品溶液		混合样	
	亮氨酸	赖氨酸	斑点 A	斑点 B
原点至斑点中心的距离				
原点至溶剂前沿的距离				
R_f 值				
结果判断	—	—		

六、注意事项

1. 多次点样时,一定要吹干后再点第二、三次,以防止原点直径变大,一般圆点直径不要超过 2～3mm,点样的毛细管不能混用。

2. 展开剂要事先倒入展开缸预饱和。

3. 茚三酮显色剂应临用前新配。

七、问题与讨论

1. 在纸色谱定性实验中,为什么要用对照品?

2. 影响实验结果的因素有哪些?

实训 2　几种偶氮染料的分离鉴定(薄层色谱法)

一、实训目的

1. 了解吸附薄层色谱法的基本原理和应用。

2. 掌握吸附薄层色谱法的操作方法。

二、仪器与试剂

1. 仪器

色谱缸、玻片(5cm×10cm)、毛细管、乳钵、玻棒。

2. 试剂

薄层色谱用硅胶 H 或硅胶 G、1% CMC – Na 水溶液、四氯化碳∶氯仿(3∶2)、1% 偶氮苯的四氯化碳溶液、0.01% 对二甲基偶氮苯的四氯化碳溶液、1% 偶氮苯的四氯化碳溶液和 0.01% 对二甲基偶氮苯的混合四氯化碳溶液。

三、实训原理

该实验是利用吸附薄层色谱原理进行分离鉴定。由于不用染料的结构不同,极性也不同,极性大的组分在极性吸附剂中被吸附的牢固,不易被展开,R_f 值就小;而极性小的组分在极性吸附剂中被吸附的不牢固,易被展开,R_f 值就大,从而可将混合染料中不同的染料进行分离。通过斑点定位后即可用于定性分析。

四、实训内容

1. 薄层板的制备

取 5g 硅胶 H 置于乳钵中,加 1% CMC – Na 水溶液约 15ml 研成糊状,置于三块洁净的玻片上,先用玻棒将糊状物涂遍整个玻片,再在实验台上轻轻振动玻片,使糊状物平铺于玻片上成一均匀薄层,置于水平台上自然晾干后,置烘箱中 110℃ 活化 1~2 小时,取出后置于干燥器中备用。

2. 点样

取活化后的薄层板距一端 1.5~2cm 处用铅笔轻轻画一起始线,并在点样处用铅笔做一记号为原点。取毛细管分别吸取各染料溶液点于各原点记号上。

3. 展开

将已点样后的薄板放入被展开剂饱和的密闭色谱缸内,等展开到距薄板顶端 2~3cm 时取出马上用铅笔在展开剂前沿处画一条溶剂前沿线,然后放在空气中晾干。

4. 定性

用铅笔将各斑点框出,并找出斑点中心,用小尺量出各斑点中心到原点的距离和斑点中心到起始线的距离,然后计算各染料的 R_f 值进行定性分析。

五、数据记录与处理

1. 数据记录

	对照品溶液		样品溶液		
	偶氮苯	对氨基偶氮苯	斑点 A	斑点 B	斑点 C
原点至斑点中心的距离					
原点至溶剂前沿的距离					
R_f					
R_r					
结果判定	—	—			

2. 画出薄板的展开效果图

六、注意事项

1. 要得到黏结较牢的薄层板,玻片一定要洗干净,一般先用肥皂洗净,自来水、蒸馏水冲洗,必要时用酒精擦洗,洗净后只拿切面。

2. 硅胶置于乳钵中研磨时,应朝着同一方向研磨,且充分研磨均匀,待除去气泡后方可铺板。

3. 展开剂要事先倒入展开缸预饱和。

4. 展开时不能将样品原点浸入展开剂中。

5. 本实训所用样品本身有色,故无需显色。

七、问题与讨论

1. 点样时如斑点过大有何影响?

2. 如果色谱结果出现斑点不集中,有拖尾现象可能是什么原因造成的?

考点提示

1. 色谱法分类
- 两相状态
  - 液相色谱法(LC)
  - 气相色谱法(GC)
  - 超临界流体色谱法(SFC)
- 分离机制
  - 吸附色谱法(AC)
  - 分配色谱法(DC)
  - 离子交换色谱法(IEC)
  - 分子排阻色谱法(GPC)
- 操作形式
  - 柱色谱法(CC)
  - 薄层色谱法(TLC)
  - 纸色谱法(PC)

2. 色谱过程:色谱过程是物质分子在相对运动的两相之间进行差速迁移的过程

3. 色谱法基本概念
- 色谱图:流出色谱柱的各组分经检测后得到的信号随时间变化的曲线称为色谱流出曲线
- 基线:在操作条件下无组分通过检测器时所产生的信号曲线,稳定的基线应为一条平行于横坐标的直线
- 色谱峰:色谱流出曲线的基线上凸起的部分称为色谱峰。根据色谱峰的个数,判断试样中所含组分的最少个数
- 对称因子 f_s:评价色谱峰的对称性。定量分析 f_s 应为 0.95 ~ 1.05
- 保留值:组分在色谱柱中停留的数值,是色谱定性分析的基本依据
- 分配系数和容量因子:混合物中各组分的 K(或 k)差异越大,各组分越容易被分离,K(或 k)不等是色谱分离的前提

4. 平面色谱法(薄层色谱法、纸色谱法):

比移值、相对比移值:平面色谱法中对物质进行定性的常用参数

5. 经典液相色谱法实验比较

经典液相色谱法比较

	柱色谱法(CC)	薄层色谱法(TLC)	纸色谱法(PC)
操作方法	装柱	铺板与活化	色谱滤纸的选择
	加样	点样	点样
	洗脱	展开	展开
	—	斑点定位	斑点定位
	—	定性与定量	定性与定量
特点	适用于混合组分的 分离与提纯	快速、灵敏、简便,常用 于定性与定量分析	适用于极性大的组分的 定性与定量分析

目标检测

一、选择题

(一)单项选择题

1. 色谱法按操作形式不同可分为

A. 气-液色谱、气-固色谱、液-液色谱、液-固色谱

B. 吸附色谱、分配色谱、离子交换色谱、凝胶色谱

C. 柱色谱、薄层色谱、纸色谱

D. 气相色谱、高效液相色谱、超临界流体色谱、毛细管电泳色谱

2. 在分配色谱中,分配系数 K 值大的组分

A. 被吸附的牢固   B. 在流动相中浓度高

C. 移动速度慢   D. 移动速度快

3. 分配系数 K 是指在一定温度和压力下,某一组分在两相间的分配达到平衡时的浓度比值,色谱机制机制不同,K 的含义不同,在吸附色谱中,K 称为

A. 吸附平衡常数   B. 交换系数

C. 渗透系数   D. 分配系数

4. 吸附色谱法是依据物质的哪种性质而进行的分离分析方法

A. 极性   B. 溶解性

C. 离子交换能力   D. 分子大小

5. 设某组分在薄层色谱中展开后,斑点中心到原点的距离为 x,起始线到溶剂前沿的距离为 y,则该斑点的 R_f 值为

A. $\dfrac{x}{y}$ B. $\dfrac{y}{x}$ C. $\dfrac{x}{x+y}$ D. $\dfrac{y}{x+y}$

6. 在下列判断物质极性大小的方法中,错误的是

A. 根据官能团判断,官能团极性越大,该物质极性越大

B. 在同系物中,分子量越大,极性越大

分析化学

C. 分子中双键越多或共轭链越长,极性越大

D. 形成分子内氢键后,极性减弱

7. 下列各溶剂极性从小到大排列顺序正确的是

A. 石油醚<氯仿<苯<正丁醇<乙酸乙酯

B. 甲醇>水>正丁醇>醋酸>碱水

C. CCl_4<苯<$CHCl_3$<丙酮<乙醇

D. 丙酮>乙酸乙酯>$CHCl_3$>乙醚>苯

8. 在吸附薄层色谱中,当降低展开剂的极性时,则

A. 组分的 R_f 值增大   B. 组分的 R_f 值减小

C. 展开速度加快   D. 分离效果越好

9. 分配柱色谱的分离原理是

A. 吸附与解吸附原理   B. 两相溶剂萃取原理

C. 离子交换原理   D. 分子排阻原理

10. 在同一色谱系统中,对 a、b、c 三组分的混合物进行分离,它们的 K 值分别是 0.5、1.2、1.3,当用相同的洗脱剂洗脱时,先被洗脱出柱的是

A. a   B. b   C. c   D. b、c

(二)多项选择题

1. 色谱法的主要作用是

A. 用于生产监控   B. 用于产品质量检查

C. 用于物质的结构分析   D. 分离提纯化合物

E. 用于物质的定性定量分析

2. 分配系数 K 在不同的色谱方法中,其含义不同,正确的说法是

A. 在分子排阻色谱中为渗透系数   B. 在化学反应中为化学平衡常数

C. 在吸附色谱中为吸附平衡常数   D. 在离子交换色谱中为交换系数

E. 在分配色谱中为分配系数

3. 在经典柱色谱中常用的非极性吸附剂有

A. 硅胶   B. 氧化铝   C. 活性炭

D. 聚酰胺   E. 大孔吸附树脂

4. 中性氧化铝适合用于分离

A. 碱性成分   B. 酸性成分   C. 中性成分

D. 极性大的成分   E. 极性小的成分

5. 分配色谱中的载体可以为

A. 纤维素   B. 硅藻土   C. 无水硅胶

D. 烷基化硅胶   E. 滤纸条

6. 薄层色谱法的特点是

A. 柱色谱中要用薄层色谱法进行定性分析

B. 薄层色谱法属于平面色谱

C. 以吸附薄层色谱法最常用

D. 快速、灵敏

E. 所用仪器简单、操作方便

7. 液相色谱法中不可能作为流动相的是

A. 展开剂   B. 洗脱剂   C. 气体

D. 液体   E. 吸附剂

8. 薄层板的展开方式有

A. 多次展开   B. 双向展开   C. 近水平展开

D. 上行展开   E. 下行展开

9. 影响 R_f 值的因素有哪些

A. 色谱缸中蒸汽的饱和程度   B. 吸附剂的吸附性能

C. 展开剂的极性   D. 薄层板中吸附剂的厚度

E. 展开的时间、温度

10. 下列溶剂极性排列次序不正确的是

A. 乙酸乙酯＞丙酮＞乙醇＞甲醇＞水

B. 乙醇＜丙酮＜乙酸乙酯＜氯仿＜苯

C. 石油醚＜四氯化碳＜苯＜氯仿＜正丁醇

D. 丙酮＜乙酸乙酯＜乙醚＜四氯化碳＜环己烷

E. 水＜甲醇＜乙醇＜丙酮＜正丁醇

二、名词解释

1. 色谱法   2. 分配系数   3. 保留时间   4. 比移值

三、简答题

1. 简述色谱法的分类方法及其特点。

2. 以液－固吸附柱色谱法为例,简述色谱法的分离过程。

3. 简述分配系数与保留时间的关系。

4. 常用的吸附剂有哪些? 其吸附性能如何? 各适合于分离哪些类型的物质?

5. 已知某混合物中 A、B、C 三组分的分配系数分别为 44.0、18.0 及 32.0,问三组分在吸附薄层上的 R_f 值顺序如何?

四、实例分析题

化合物 A 在薄层板上从原点到斑点中心距离是 7.3cm,而该薄层板的起始线到溶剂前沿的距离为 14.1cm。化合物 A 的 R_f 值为多少? 如果该薄层起始线到溶剂前沿的距离有 13.0cm,则化合物 A 的斑点在此薄层板上大约在何处?

(纪从兰)

第十二章　气相色谱法

学习目标

【掌握】气相色谱实验条件的选择及定性定量分析方法。

【熟悉】气相色谱仪的基本操作方法,常用检测器的适用范围。

【了解】气相色谱法的特点分类、基本组成及工作流程、固定相与流动相、检测器的性能指标。

第一节　概　述

气相色谱法(gas chromatography,GC)是以气体作为流动相的一种色谱法。气体(通常称为载气)携带着汽化后的样品流经装有填充剂的色谱柱,经色谱柱分离后样品中的各组分先后进入检测器产生信号,根据数据处理系统记录的色谱信号即可进行分析。

一、气相色谱法的特点

1. 高灵敏度

气相色谱仪连接的检测器均具有很高的灵敏度,检测限可达 10^{-12}(ppt)至 10^{-9}(ppb)级。

2. 高选择性

许多性质相似的物质,如同系物、同分异构体、同位素等,在适当的色谱条件下,在气相色谱仪上均可达到良好分离。

3. 高效能

气相色谱柱具有很高的柱效,填充柱的理论板数达几千,毛细管柱的理论板数可达数万。在适当的色谱条件下,气相色谱可使复杂样品中的几十甚至上百种组分得以分离检测。举例

4. 分析速度快

由于载气流动的速度快,组分流出色谱柱的时间也短。组分的保留时间几秒至几十分钟不等,一般的分析,只需几分钟或十几分钟即可完成。

5. 样品用量少

气体进样量通常在 0.5~10ml,液体样品的进样量在从零点几微升至几微升。

6. 应用广泛

分析对象不仅为气体,也可以是液体或固体,只要在操作温度下可气化的样品均可分析。据统计约20%的有机物可用气相色谱法分析。气相色谱法在石油化工、医药卫生、环境监测、食品分析、生物化学等领域均有广泛的应用。在药物分析中,气相色谱法是药物的含量测定、

杂质检查的重要方法。

二、气相色谱法的分类

1. 按色谱柱的粗细分类

气相色谱法属于柱色谱法,可分为填充柱色谱与毛细管柱色谱两种类型。

2. 按分离机制分类

气相色谱法按分离机制可分为吸附气相色谱法和分配气相色谱法两种类型。当色谱柱内填充的是具有吸附性能的吸附剂、高分子多孔微球等固定相时,其分离机制属于吸附色谱;当固定相为涂布或键合在载体表面的高沸点液体时,属于分配色谱机制。

3. 按固定相的物态分类

气相色谱法按固定相的物态可分为气－固色谱法和气－液色谱法两种类型。如果填充的是吸附剂、高分子多孔微球等固体,称为气－固色谱法,如果填充的是涂布或键合在载体表面的高沸点液体,称为气－液色谱法。

第二节　气相色谱仪

一、气相色谱仪的基本组成及工作流程

气相色谱法所用的仪器称为气相色谱仪。

(一)气相色谱仪的基本组成

气相色谱仪的基本组成包括气路系统、进样系统、分离系统、检测系统、数据处理与记录系统等五个部分。

课堂互动

请熟记气相色谱仪基本组成示意图(图 12－1)中的各部分分别代表色谱仪上的哪些部件。

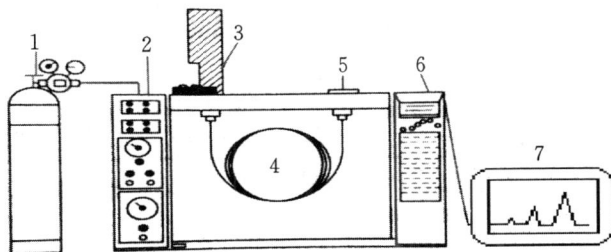

图 12－1　气相色谱仪基本组成示意图
1. 气源;2. 气体压力控制系统;3. 进样器;4. 色谱柱;5. 检测器;6. 温度控制系统;7. 记录系统

1. 气路系统

气路系统包括载气源、减压装置、气体净化装置、气路连接装置、气流调节与指示装置等。

气相色谱的载气源通常用氮气、氢气、氦气及氩气等几种。氮气从安全性及价格等方面而言最优,是最常用的载气。载气可装在高压钢瓶中或由气体发生器产生,载气需经减压阀及气流调节装置调至一定速度后再进行分析。有的仪器上装有气体净化装置,净化管中装有分子筛和硅胶,可除去气体中的有机杂质和水蒸气,保证气体有足够高的纯度,延长检测器的寿命及减小噪声。气路系统必须有足够的气密性,以保证分析的安全性与数据的稳定性。

2. 进样系统

进样系统包括进样器、进样口(气化室)、温度控制装置等,试样在这一部分变为气体随着载气进入色谱柱。气相色谱仪的进样器有多种,进样方式不同进样器也不同。溶液直接进样采用微量注射器或微量进样阀,自动进样则采用专门的自动进样装置,由计算机程序指示进样针吸取样品进样。进样口(气化室)是样品进入载气的场所,有不同的类型。进样口需有足够高的温度来保证液体样品在瞬间达到气化,其温度由温度控制装置精密控制。进样口有毛细管柱进样口与填充柱进样口两种,毛细管柱的样品负载量小,因而毛细管柱进样口的下端通常配备有分流装置。

3. 分离系统

分离系统包括色谱柱、柱箱及温度控制装置。

色谱柱是气相色谱仪的核心部分,按柱的粗细分为填充柱和毛细管柱两种。填充柱的柱内径一般为 $2 \sim 4mm$,柱长为 $2 \sim 6m$,柱内填装有色谱填充剂,材质通常为不锈钢。毛细管柱的内径通常为 $0.1 \sim 0.6mm$,柱长一般为 $5 \sim 60m$,材质为玻璃或石英。柱管空心,固定相涂覆或键合在毛细管柱的内壁上,称为开管型毛细管柱;为适应一些特殊分析要求,毛细管柱也可填充填充剂,称为填充型毛细管柱。

色谱柱置于柱箱中,柱箱可容纳各种规格长短的色谱柱,其温度控制装置包括了升温与恒温等温度控制系统,可精确、稳定地控制色谱柱的工作温度,保证分析样品结果的准确性和重复性。

4. 检测系统

检测系统包括各类检测器及温度控制装置。

检测器的作用是将样品的浓度或质量信号转化为易于记录及放大的电信号,检测器的性能直接决定了组分检测的灵敏度。气相色谱仪检测器的种类达数十种之多,原理与特点各异,很多具有很高的灵敏度,可以对一些痕量的物质进行定性与定量分析。检测器可集成于同一台气相色谱仪上,以适应不同的分析需要。药学上常用的检测器有氢火焰离子化检测器、电子捕获检测器、氮磷检测器、质谱检测器、热导池检测器等。不同的检测器使用时的温度要求不尽相同,检测时须由温度控制装置控制一定的温度。

5. 数据处理与记录系统

数据处理与记录系统包括信号放大器、色谱工作站、计算机等。通常仪器生产厂家会在计算机上装上专门的分析软件,用于控制色谱仪的操作以及数据的分析与处理。

(二)气相色谱仪的工作流程

高压钢瓶或高纯度气体发生器供给载气,载气经减压阀减压后,经气流调节装置调节至适当的流量后流经气化室,携带着气化室中已气化的样品进入色谱柱,在色谱柱中分离后,样品中的各组分依次流出色谱柱进入检测器,经检测后随载气排出仪器之外。检测器将样品的浓度或质量的信号转化为易于记录的电信号并放大,信号经色谱工作站采集处理,传输到计算机上。根据计算机上显示的色谱图,可对组分进行定性和定量分析。

二、气相色谱仪基本操作

（一）气相色谱仪的基本操作流程

以氢火焰离子化检测器为例。

（1）检查仪器上的电源开关,均应处于关的位置;安装合适的色谱柱。

（2）开启载气钢瓶上的总阀门,调节减压阀至规定压力。用检漏液检查柱气路系统各连接处是否有漏气,若漏气须加紧固定螺母或更换柱两端的密封圈。

（3）开启稳压电源、色谱仪主机、计算机、色谱工作站。调节载气及尾吹流量至规定值。设定进样口(气化室)、色谱柱、检测器等各部分温度等参数,启动温控系统,预热 20～30 分钟。

（4）待各部分参数恒定后,开启氢气和空气钢瓶总阀或相应气体发生器开关,调节压力与流量至规定值。点燃氢火焰,检视是否点火成功。

（5）在计算机上设置分析方法、分析时间等各项参数,以及色谱图文件名及存储位置等,待基线稳定后进样分析。测试完毕,利用仪器的数据分析软件对相应的色谱图及数据进行分析和处理。

（6）测试实验完毕,先关闭氢气和空气,再进行降温操作。设定进样口(气化室)、色谱柱、检测器等各部分的温度约为 40℃,待各组件的温度下降到 40℃ 以下时,关闭气相色谱仪和载气源阀门。

（二）气相色谱仪的一些重要操作

1. 气密性检查操作

气密性检查操作通常也称为检漏操作,方法是采用适当的表面活性剂涂在气路连接的各个接口,看是否有气泡产生,若有气泡说明该接口漏气,拧紧螺丝或更换密封垫。气密性检查操作虽然简单,但确是非常重要的一个操作,漏气不仅影响到测量数据的稳定性,有时可能会造成重大的安全事故,尤其当使用氢气作为载气时,气密性检查尤为重要。

2. 进样操作

手动进样时通过微量注射器吸取一定量的样品通过进样小孔快速注入气化室中,注射器应用待测液多次清洗,进样时速度要快,进样口的密封垫须定期更换。自动进样将样品装于进样小瓶中,由仪器进样针按计算机程序自动吸取样品进样,进样间隔宜设定洗针程序以避免样品的污染。

3. 色谱柱的老化操作

老化操作即是升高色谱柱的温度并保持一定的时间。新的色谱柱在使用前需老化以除去残留的溶剂、高沸点物质及易流失的物质,用过的柱也应定期老化以除去一些难挥发物在柱头的积累,尤其是在出现基线漂移或色谱峰拖尾时。老化时的温度通常高于分析中使用的最高温度,低于色谱柱最高使用温度。新柱老化时,最好不要连接检测器。

4. 氢焰离子化检测器点火操作

在点火前需先开启氢气与空气并调节至适当的流量,按下点火开关或按钮后,通常可在主机显示屏上及色谱图上看到信号的变化。观察不到信号的仪器可采用玻璃片靠近氢焰检测器的载气出口,看是否有水雾产生来判断火焰是否点燃。点火不成功的情形下,可调大氢气的流量,点火成功之后再调回所需流量。

第三节　气相色谱的固定相和流动相

气相色谱仪的色谱柱是完成分离过程的重要部件,色谱柱内的固定相与分离效能密切相关,流动相的种类与流速等对组分的分离及检测也有一定的影响。

气相色谱中法常用的固定相分两类:一类是涂布或键合在载体表面的高沸点液体称为固定液,用于气－液色谱法;另一类是固体相有吸附剂和高分子多孔微球,用于气－固色谱法。因固定液的选择余地大,气－液色谱法在实际工作中的应用更为广泛。

一、气－液色谱的固定相

气－液色谱固定相由固定液和载体(担体)构成。

(一)固定液

固定液一般是一些高沸点的液体,在操作温度下为液态,在室温时为固态或液态。固定液通过毛细管作用吸留在载体的表面或通过键合作用键合在载体的表面。固定液的液膜厚度在 $0.1 \sim 5.0 \mu m$。

1. 对固定液的要求

(1)沸点高,在操作温度下呈液态且蒸气压低,因为蒸气压低的固定液流失慢、柱寿命长、检测器本底低。

(2)固定液对样品中各组分有足够的溶解能力,分配系数较大。

(3)选择性能高,两个沸点或性质相近的组分的分配系数有差别。

(4)稳定性好,固定液与样品组分或载体不产生化学反应,高温下不分解。

(5)黏度小,凝固点低。

2. 固定液的分类

固定液的种类有数百种,其种类与色谱柱性能密切相关。固定液的合理分类有利于选择,通常有化学分类与极性分类两种方法。

(1)化学分类法　按固定液结构分类可分为以下几类。①烃类:包括烷烃与芳烃。如标准非极性固定液角鲨烷。②硅氧烷类:是目前应用最广的通用型固定液。其优点是温度黏度系数小、蒸气压低,流失少,对大多数有机物都有很好的溶解能力等。③醇类:是一类氢键型固定液,分为非聚合醇与聚合醇两类。④酯类:是中强极性固定液,分为非聚合酯与聚酯两类。

(2)极性分类法　按固定液的相对极性分类,固定液可分为 5 级。设 β,β' －氧二丙腈的相对极性为100,角鲨烷的相对极性为0,其他固定液的相对极性都在 $0 \sim 100$,以 20 单位为一级,共分为五级,分别以 $+1 \sim +5$ 表示。

知识拓展

常用固定液的极性数据

固定液	相对极性	级别	固定液	相对极性	级别
角鲨烷	0	+1	XE-60	52	+3
阿皮松	7~8	+1	新戊二醇丁二酸聚酯	58	+3
SE-30,OV-1	13	+1	PEG-20M	68	+3
DC 550	20	+2	PEG-600	74	+4
己二酸二辛酯	21	+2	己二酸聚乙二醇酯	72	+4
邻苯二甲酸二辛酯	28	+2	己二酸二乙二醇酯	80	+4
邻苯二甲酸二壬酯	25	+2	双甘油	89	+5
聚苯醚 OS 124	45	+3	TCEP	98	+5
磷酸三甲酚酯	46	+3	β,β-氧二丙腈	100	+5

（3）固定液与被分离组分的关系　气体在色谱柱中流动很快,对组分没有明显的选择性,组分在色谱柱中停留时间的长短以及样品的分离度好坏主要取决于固定液。固定液选择按"相似相溶"原理来进行,即按被分离组分的极性或官能团与固定液的极性或官能团相似的原理来选择。试样组分与固定液因为具有相似的极性或官能团,它们之间产生的相互作用力较强,组分在固定液中的溶解度大,分配系数大,保留时间长,试样组分被分离的可能性较大。

按官能团相似的原理,分离酯类物质应选酯和聚酯固定液;分离醇类物质选醇类或聚乙二醇固定液;分离能形成氢键的组分时选用极性或氢键型固定液,样品中易形成氢键的组分后流出色谱柱。

按极性相似的原理,分离非极性化合物时首选非极性固定液,分离时组分基本上以沸点顺序出柱,低沸点的先出柱,若样品中有极性组分,则相同沸点的极性组分先出柱。分离中等极性化合物选中等极性固定液,组分基本上按沸点顺序出柱,沸点相同的组分,极性成分后出柱。分离强极性化合物选极性固定液,组分按极性顺序出柱,极性小的组分先流出柱,极性大的组分后流出柱。分离复杂样品时,可选两种或两种以上混合固定液,也可以串联两根不同固定液色谱柱进行分离。

课堂互动

用极性固定液聚乙二醇(PEG-600)分析乙醛和丙烯醛混合物,哪个组分先出峰?

（二）载体

载体是用于承载固定液的固体物质。一般的载体(也称担体)是化学惰性的多孔性微粒,而特殊载体如玻璃微珠,是比表面积大的化学惰性物质,但并非多孔。

1. 对载体的要求

对一般载体通常要求热稳定性好;有一定的机械强度,不易破碎;表面呈化学惰性,即表面没有吸附性能或吸附很弱,不与被分离物质起化学反应;粒度细小均匀,比表面积大,具有良好的孔穴结构。

2. 载体的分类

载体可分为硅藻土型与非硅藻土型两大类。硅藻土型载体是天然硅藻土煅烧而成的多孔性固体微粒,分为红色载体和白色载体两种,分别适合与非极性和极性固定液配伍。非硅藻土型载体种类不一,多用于特殊用途,如氟载体、玻璃微珠、高分子多孔微球及素瓷等。

3. 载体的钝化

钝化是加入适当试剂与载体反应以除去或减弱载体表面吸附性能的操作。硅藻土型载体表面存在着硅醇基及少量的金属氧化物,常具有吸附性能,当被分析组分是氢键型化合物或酸碱时,可被未经钝化的载体吸附而产生拖尾现象,故需将这些活性中心除去,使载体表面结构钝化。钝化的方法有酸洗、碱洗、硅烷化及釉化等。

(1)酸洗法 酸洗载体表面的铁、铝等金属氧化物被除去,可用于分析酸类和酯类化合物。

(2)碱洗法 碱洗载体表面的 Al_2O_3 等酸性作用点被除去,适用于分析胺类等碱性化合物。

(3)硅烷化法 硅烷化是将载体与硅烷化试剂反应,除去载体表面的硅醇基,消除形成氢键的能力,用于分析醇、酸及胺类等易于形成氢键的化合物。

4. 载体的规格

气液色谱常用的载体粒径通常为 0.18 ~ 0.25mm、0.15 ~ 0.18mm 或 0.125 ~ 0.15mm 等。

二、气 – 固色谱的固定相

气 – 固色谱固定相通常为吸附剂、分子筛和高分子多孔微球等。

吸附剂有非极性的活性炭、中等极性的氧化铝、极性的硅胶等。

分子筛是一种特殊吸附剂,具有吸附及分子筛两种作用,若不考虑吸附作用,分子筛是一种"反筛子",分离机制与凝胶色谱类似。吸附剂与分子筛常用于永久性气体及低分子量化合物的分离分析。

高分子多孔微球(GDX)是一种由苯乙烯或乙基乙烯苯与二乙烯苯聚合而成的新型固定相,兼具吸附、分配及分子筛三种分离机制机制。该固定相热稳定性好,柱寿命长、机械强度高,具有耐腐蚀性能,适于分析混合物中的微量水分及低级醇。

三、气相色谱流动相

气相色谱的流动相为气体,通常称为载气。载气装在高压钢瓶中或者由气体发生器制备。常用的载气种类有氮气、氢气、氩气、氦气等。氮气使用时安全系数高,价格较低,最为常用,药物分析中,若未特别说明使用的流动相,均指使用氮气。氢气的黏度小,以热导池检测器检测时,以氢气作为流动相可获得更高的柱效,但氢气在使用上需特别注意因泄露带来的安全隐患。

流动相的纯度对气相色谱仪的性能以及分析结果均有影响,载气不纯可带来一系列问题。载气中氧的存在导致固定相氧化,损坏色谱柱,改变样品的保留值;载气中水的存在导致部分固定相或硅烷化担体发生水解,甚至损坏柱子;气体中有机化合物或其他杂质的存在产生基线噪声和拖尾现象;气体中夹带的粒状杂质可能使气路控制系统失灵。为保证仪器的良好性能及数据的稳定性,可选择购买纯度在 99.999% 以上的载气,或在仪器上加装载气净化装置以除去杂质。

载气在使用时要注意调节适当的压力与流速,在实验过程中保持流速的稳定性。

第四节 气相色谱检测器

检测器(detector)是将从色谱柱中流出组分的浓度或质量信号转换为电信号的装置。是色谱仪上的重要部件之一。

一、检测器的性能指标

检测器的性能与测定的灵敏度、稳定性等密切相关,要求检测器具有良好的性能。理想的检测器应具备灵敏度高、检测限低、线性范围广、噪声低、死体积小、响应快、稳定性好、应用范围宽的特点。

(一)灵敏度和检测限

检测器的灵敏度又称响应值或应答值,它是指单位物质的含量(质量或浓度)在检测器上所产生的响应信号变化率。灵敏度常用两种方法表示,浓度型检测器的灵敏度常用 S_c,质量型检测器的灵敏度常用 S_m。

S_c 为 1ml 载气中携带 1mg 的某组分通过检测器所产生的电压,单位为 mV·ml/mg。

S_m 为每秒有 1g 某组分通过检测器时所产生的电压或电流。单位为 mV·s/g 或 A·s/g。

色谱仪上检测器产生的信号可以被放大器任意放大,使灵敏度增高,但检测器的噪声也同时被放大,一些弱信号仍然难以辨认,因此单纯从灵敏度的数值大小并不能全面反映一个检测器的优劣,应以检测限来衡量。检测限也称敏感度,通常是指某组分的信号恰为噪声信号的三倍时,单位体积或单位时间中进入检测器的组分质量。检测限综合考虑了组分产生的信号强弱与检测器噪声的相对大小,更能全面客观地评价检测器的质量。

浓度型检测器的检测限 $D_c = 3N/S_c$,单位为 g/ml(或 mg/ml),质量型检测器的检测限 $D_m = 3N/S_m$,单位为 g/s。式中 N 为检测器的噪声,其单位为 mV。

(二)噪声和漂移

噪声是指没有样品通过检测器时,由仪器本身和工作条件等偶然因素引起的基线起伏。噪声的大小用噪声带的宽度来衡量。

基线随时间朝某一方向的缓慢变化称为漂移。通常用一小时内基线水平的变化来衡量,单位为 mV/h,见图 12-2。

检测器的噪声与漂移越小说明检测器性能越好。在实际测定时,应采用高纯度载气及保持适当的温度以避免污染检测器,降低噪声,同时需等仪器平衡一定时间,待漂移减小之后再进行分析测试。

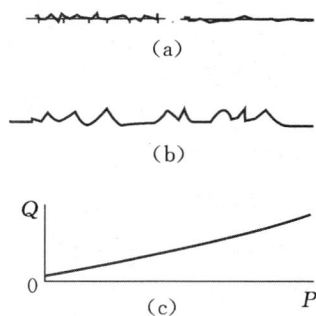

图 12-2 噪声和漂移
(a)两种短期噪声;(b)短期噪声和长期噪声的叠加;(c)漂移

二、热导检测器

热导检测器（TCD）是利用被检测组分与载气的热导率差别来检测组分的浓度变化的检测器。灵敏度决定于载气与组分的导热系数之差，两者相差越大，检测器越灵敏。

（一）TCD 的特点

具有构造简单、测定范围广、稳定性好、线性范围宽、样品不被破坏等优点，是一种通用型检测器，缺点是灵敏度相对较低。

（二）TCD 的检测原理

由于不同气态物质所具有的热传导系数不同，当它们到达处于恒温下的热敏元件时，其电阻将发生变化，引起的电阻变化通过某种方式转化为可以记录的电压信号，从而实现其检测功能。TCD 的结构示意如图12 – 3 所示。

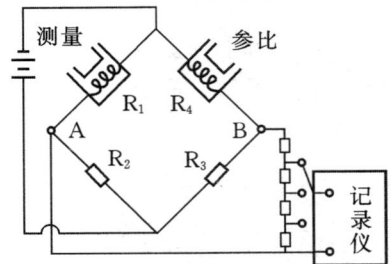

图 12 – 3　TCD 结构示意图

热敏元件用 Pt、Au、W 等金属丝或半导体制成，它们的电阻随温度的升高而变化，并且具有较大的温度系数。在一块不锈钢块上钻上孔道，装入二根材质、电阻相同的热敏元件（热丝），就构成双臂热导池。一臂联接在色谱柱之前，只通载气，称为参考臂；另一臂联接在色谱柱之后，称为测量臂。两臂的电阻与两个阻值相等的固定电阻组成惠斯敦电桥电路。当测量臂中无组分通过，即只通载气时，两个热丝的温度相等，惠斯敦电桥中的检流计电流回零，此时色谱图上信号显示为基线。当有组分从测量臂通过，由于组分与载气的热导率不等，热丝的温度将改变而引起电阻的改变，从而引起惠斯敦电桥中的平衡破坏，检流计产生电流，在色谱图上表现为出现色谱峰。由于色谱图上的色谱峰的高低决定于组分与载气的热导率之差以及组分在载气中之浓度，因此在载气与组分一定时，峰高与组分在载气中的浓度成正比。

早期生产的气相色谱仪多用双臂热导池，灵敏度较低。目前大多采用四臂热导池，其灵敏度在同样条件下是双臂热导池的二倍。

（三）TCD 使用注意事项

1. 应选择适当的载气

在热导池体温度与载气流速等实验条件恒定时，检测器的灵敏度决定于载气与组分热导率之差，两者相差越大检测器越灵敏。氢气、氮气和氦气等载气中，氮气的热导率比较小，与多数有机物的热导率相差较小，因此用氮气为载气时，灵敏度低且有时出倒峰。选用热导率大的氢气可获得较高的检测灵敏度，而且不出倒峰，但不安全，使用时应对气路系统进行严格检漏。氦气的热导率较大，但其价格较高。

2. 适当增加电桥的桥电流

增加电桥的桥电流能提高检测器灵敏度，但桥流过高会使热敏元件受损及基线噪声增加。特别要注意的是，未通载气不能加桥电流，以防热敏丝烧断。

3. 用峰面积定量时，保持载气流速恒定

热导检测器属浓度型检测器，当进样量一定时，峰面积与载气流速成反比。

课堂互动

如何提高热导池检测器的灵敏度？

三、氢焰离子化检测器

氢焰离子化检测器（FID）简称氢焰检测器，是利用有机物在氢焰中电离形成的离子流在电场作用下形成电流而进行检测的。

（一）FID 的特点

FID 具有灵敏度高、响应快、线性范围宽、死体积小等优点，是目前最常用的检测器之一。但一般只能测定含碳有机物，不能检测无机物、永久性气体和水，且检测时样品被破坏。

（二）FID 的检测原理

有机化合物进入氢火焰，在燃烧过程中直接或间接产生离子。检测器的收集极（阳极）与极化环（阴极）间具有电位差，使离子在收集极与极化环间作定向流动形成离子流，离子流强度与进入检测器中组分的量及分子中的含碳量有关，因此在组分一定时，测定电流（离子流）强度可以对组分进行定量分析。

（三）FID 使用注意事项

氢焰检测器通常以氮气为载气，氢气作燃气，空气作助燃气，三种气体比例约为 1∶1∶10。收集极与极化环两极间的极化电压大小对电流有明显影响，通常选用 150～300V 的极化电压。氢焰检测器属质量型检测器，在进样量一定时，峰高（响应信号）与载气流速成正比。在用峰高定量时，需保持载气流速恒定。

知识拓展

气相色谱仪的检测器种类很多，可按响应特性可分为浓度型检测器和质量型检测器两大类。浓度型检测器的响应值与被测组分的浓度成正比，受载气流速变化影响小；热导检测器和电子捕获检测器属于此类。质量型检测器的响应值与单位时间进入检测器的组分质量成正比，受载气流速变化影响大，氢焰离子化检测器、火焰光度检测器、氮磷检测器等属于此类。

第五节　实验条件的选择

一、分离度

分离度（R）是指相邻两组分色谱峰的保留时间之差与两组分色谱峰峰宽之和的一半的比值，又称分辨率，即：

$$R = \frac{t_{R2} - t_{R1}}{(W_1 + W_2)/2} = \frac{2(t_{R2} - t_{R1})}{(W_1 + W_2)} \tag{12-1}$$

式（12-1）中 t_{R1} 和 t_{R2} 分别为组分 1 和组分 2 的保留时间；W_1 和 W_2 分别为组分 1 和组分 2 的峰宽。若两组分的保留时间差异越大、色谱峰越窄则 R 值越大，两组分分离的就越完全，因

此 R 用于评价色谱柱的分离效能。

当 $R = 1.0$ 时，两峰略有重叠，可认为两组分基本分离；当 $R = 1.5$ 时，被分开的峰面积达 99.7%，两峰几乎完全分开，可认为两组分完全分离。做定量分析时，为了获得较好的精密度和准确度，要求分离度 $R \geqslant 1.5$。

分离度与柱效、柱选择性以及柱容量有关。分离度与理论塔板数 (n)、分配系数比 (α) 及容量因子 (k) 之间的关系如下：

$$R = \frac{\sqrt{n}}{4}\left(\frac{\alpha - 1}{\alpha}\right)\left(\frac{k_2}{1 + k_2}\right) \tag{12 - 2}$$

式中理论塔板数 n 是衡量柱效的参数，其大小影响峰的宽度，n 越大，组分色谱峰宽 W 越小，R 越大。

分配系数比 α 是衡量色谱柱选择性的参数，相邻的两个组分性质相差越大，则 α 越大，相邻两峰的保留时间之差越大，两者的分离度 R 也越大。

k_2 为色谱图上相邻两组分中第二个组分的容量因子，k_2 越大，组分的保留时间越长，相邻的两组分不会很快流出色谱柱，有充分的时间进行分离，分离度 R 越大。

二、色谱理论

气相色谱法的分离理论可分为热力学和动力学理论。热力学理论从相平衡观点来研究分离过程，以塔板理论为代表。动力学理论从动力学观点研究各种动力学因素对柱效的影响，以速率理论为代表。

（一）塔板理论简介

塔板理论由英国科学家马丁和辛格于 1941 年提出。该理论把色谱柱比拟成蒸馏塔，以蒸馏塔模型的塔板数目、塔板高度等概念来衡量色谱柱的柱效。将蒸馏塔中组分在两相间的连续转移过程，分解为间歇的在单个塔板中的分配平衡过程，即以分离过程的分解动作来说明色谱过程，并解释色谱流出曲线的形状。

塔板理论中，色谱柱的长度以符号 L 表示，虚拟的塔板的数目称为理论塔板数，用符号 n 表示，塔板间的距离称为理论塔板高度，用符号 H 表示。这三者的关系可用式 12 - 3 表示。

$$n = \frac{L}{H} \tag{12 - 3}$$

而理论塔板数与保留时间、标准差、半峰宽及峰宽之间的关系为：

$$n = \left(\frac{t_R}{\sigma}\right)^2 = 5.54\left(\frac{t_R}{W_{1/2}}\right)^2 = 16\left(\frac{t_R}{W}\right)^2 \tag{12 - 4}$$

由上式说明：

（1）理论塔板高度 (H) 和理论塔板数 (n) 都是柱效指标，其中 n 是衡量柱效的重要指标。色谱峰的区域宽度和柱效之间存在对应关系，σ、W、$W_{1/2}$ 越小，即峰越尖锐时，色谱柱的柱效越高。色谱柱的性能越好柱效越高时，所得到的色谱峰也较尖锐。

（2）不同的组分保留时间 t_R 不同，所求得的 n 也不同。即同一根色谱柱用不同物质计算可得到不同的理论塔板数，在说明某根色谱柱柱效时，需指明是用何种组分衡量柱效。

（3）相同的柱长，塔板数越多，对应的色谱柱塔板高度越小，色谱柱的柱效越高。

虽然塔板理论在解释流出曲线的形状、浓度极大点的位置及评价柱效等方面是成功的，但无法解释柱效与载气流速的关系,不能说明影响柱效的因素。

知识拓展

分离操作条件的选择是否得当,可用色谱系统适用性试验进行评价。色谱系统适用性试验系指用规定的对照品溶液或系统适用性试验溶液在规定的色谱系统进行试验,应符合要求,如达不到要求,可对色谱分离条件作适当的调整。色谱系统适用性试验通常包括理论板数、分离度、灵敏度、重复性和拖尾因子等指标。其中理论板数和分离度是系统适用性试验中最重要的指标。

（二）速率理论简介

Van Deemter 方程式如下:速率理论 1956 年由荷兰学者 Van Deemter 提出,从动力学角度研究了使色谱峰扩张而影响塔板高度的因素。该理论的核心为 Van Deemter 方程式,可用于说明影响柱效的因素,用于指导实验条件的选择与优化,弥补了塔板理论的不足。

$$H = A + \frac{B}{u} + Cu \qquad (12-5)$$

式 12-5 中,H 为塔板高度(cm),A、B 及 C 为三个常数,其单位分别为 cm、cm^2/s 及 s。u 为载气的流速(cm/s)。在 u 一定时,A、B 及 C 三个常数越小,则 H 越小,柱效越高,峰越尖锐。

1. 柱效与流速的关系

以 H 为纵坐标,u 为横坐标,根据 Van Deemter 方程式绘制的塔板高度 – 流速曲线,见图 12-4 所示。由图可见,曲线呈抛物线形,曲线的最低点所对应的塔板高度最小,柱效最高,此时的流速称为最佳流速($u_{最佳}$)。当载气流速低于最佳流速时,增加流速,柱效增加;而当载气流速高于最佳流速时,增加流速,柱效降低。

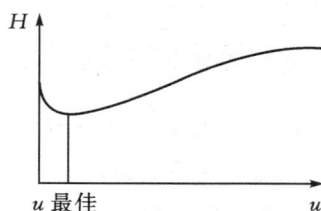

图 12-4　塔板高度 – 流速曲线

2. 柱效与其他因素的关系

理论塔板高度还与涡流扩散项、纵向扩散项、传质阻力项有关。

（1）涡流扩散项 A　色谱柱填充不均匀时,同一组分的分子经过色谱柱时所走的路径差别较大,形成形似涡流的扩散现象。

$$A = 2\lambda d_p \qquad (12-6)$$

式 12-6 中,A 称为涡流扩散常数,其数值越小,柱效越高;λ 为填充不规则因子,填充越不均匀,λ 越大;d_p 为固定相颗粒的直径。项 A 说明填充柱由于填充不均匀会引起色谱峰展宽。要获得较小的 A 值,需采用较小直径的固定相并填充均匀,一般采用球形且大小均匀的固定相。普通填充柱多采用粒度 60 ~ 80 目或 80 ~ 100 目的填料,空心毛细管柱的 $A = 0$。

（2）纵向扩散项 B/u　组分在色谱柱中,因前后存在浓度差,存在着向色谱柱的纵向扩散的趋势,这一扩散现象会引起色谱峰的展宽现象,在气相色谱中尤为明显。纵向扩散的程度与流动相的流速 u 及纵向扩散系数 B 相关。

$$B = 2\gamma D_g \qquad (12-7)$$

式 12-7 中,B 称为纵向扩散系数或分子扩散系数。γ 为与填充物有关的因数,填充柱 $\gamma < 1$,硅藻土载体的 γ 为 0.5 ~ 0.7,毛细管柱因无扩散的障碍 $\gamma = 1$。D_g 为组分在气体流动相

分析化学

中的扩散系数，D_g 与载气分子量的平方根成反比，还受柱温和柱压的影响。气相色谱法中，为减小纵向扩散带来的色谱峰展宽现象，可采用较高的载气流速，选择分子量大的载气（如 N_2），较低的柱温，较高的柱压以提高柱效。因分子量大的载气黏度也大，造成柱压降大，故载气流速较低时通常采用氮气为载气，流速较高时则用氦气或氢气为载气。

（3）传质阻抗项 Cu　在气－液填充柱中，样品混合物被载气带至固定液的表面时，大部分穿过气－液界面进入固定液，并扩散至固定液深部，组分在载气与固定液之间达到一个动态的平衡。当纯净载气或含有低于"平衡"浓度的载气到来时，固定液中该组分的分子将扩散回到气－液界面并逸出，而被载气携带往前移动。这种溶解、扩散、转移的过程称为传质过程。在传质过程中，有些组分在固定液的表面，有些组分在固定液的内部，由此回到载气的时间不一，造成组分的色谱峰扩张。在传质过程中所遇到的各种阻力称为传质阻抗，用传质阻抗系数 C 表示。气液色谱中，C 为液相传质阻抗系数 C_l 及气相传质阻抗系数 C_g 之和，即 $C = C_l + C_g$。因 C_g 很小可忽略不计，故

$$C \approx C_l = \frac{2k}{3(1+k)^2} \cdot \frac{d_f^2}{D_l} \qquad (12-8)$$

式 12－8 中，k 为容量因子，d_f 为固定液液膜厚度，D_l 为组分在固定液中的扩散系数。由上式可看出，降低固定液液膜厚度是减小传质阻抗系数的主要方法。在能完全覆盖载体表面的前提下，适当减少固定液的用量可提高柱效。但固定液也不能太少，因 d_f 小导致容量因子 k 也小，且色谱柱寿命变短。

三、分离条件的选择与优化

（一）气路系统条件的选择

1. 载气类型的选择

气相色谱的载气类型有氮气、氢气、氦气、氩气等，选择的余地不大。药物分析中，除另有规定外，通常选择氮气作为载气。在选择载气类型时通常需综合考虑检测器的种类、样品的性质以及载气流速等。采用氢火焰离子化检测器时，通常以氮气为载气，氢气作燃气，空气作助燃气。采用热导池检测器时，为获得较高的灵敏度，通常可采用导热系数大的 H_2 或 He 作载气。高流速时，采用相对分子质量小的 H_2 或 He，有利于降低气相传质阻力；低流速时，采用相对分子质量大的 N_2 或 Ar 作载气，可避免因分子扩散造成的柱效降低。

2. 载气流速的选择

载气的流速影响组分的保留时间、分离度、柱效等。流速 u 对柱效能 H 的影响见上图 12－4 所示，该曲线上的最低点所对应的流速为最佳流速。在最佳流速以上，载气的流速越大，组分的保留时间越短，组分的理论板高越大，理论板数越小，分离度也越小。在实际分析工作中，为了缩短分析时间，常使流速稍高于最佳流速。

（二）进样系统条件的选择

1. 进样方式的选择

进样方式根据仪器自身的配置及实验项目的要求进行选择。自动进样方式采用了自动进样装置，准确性比直接进样高，适用于各种定量方法。若采用直接进样方式，不宜用外标法定量。顶空进样方式适用于固体或基质复杂的液体中挥发性组分的分离和测定，该法在药物残

留溶剂的检查中广泛使用。不论哪种进样方式,进样均要求迅速,以避免试样起始宽度增大,色谱峰展宽甚至变形,柱效降低。

2. 进样口温度的选择

即气化室温度的选择。要求气化室须具有足够高的温度,以保证液体试样进入汽化室后能迅速汽化。对于热稳定性较好的样品,一般选择汽化温度比柱温高 20～70℃,与试样的平均沸点相近。对于热稳定性较差的试样,汽化温度不宜过高,以防试样分解。

3. 进样量的选择

进样量的大小影响色谱峰的峰高、峰面积与峰宽。进样量越大,峰高与峰面积越大,灵敏度越高。但进样量不宜过大,过大超出色谱柱的载荷时,将导致色谱峰严重拖尾,色谱峰重叠分不开,或者色谱峰面积与进样量不呈线性关系。进样量过小时又会使某些微量组分因信号太弱检测不到。在检测器灵敏度足够的前提下,宜尽量减少进样量以获得较高的柱效。进样量的大小取决于色谱柱的柱容量。柱径越细,色谱柱柱容量越小,则进样量也越少,故填充柱的进样量高于毛细管柱。通常填充柱气体样品进样量为 0.5～10ml,液体样品进样量为数微升,而毛细管柱进样时通常采用分流装置以避免过载。总之,进样量的选择需考虑柱径、检测灵敏度、试样的种类等,应使获得的峰面积或峰高与进样量的关系在线性范围之内,具体进样量通过实验确定。

(三)分离系统条件的选择

1. 色谱柱类型的选择

(1)色谱柱固定相的选择 应根据分离对象的特性来选择适当固定相的色谱柱。固定相有固体与液体之分。常用的固体固定相有吸附剂、分子筛与高分子多孔微球等,用于分离具有较强极性的组分,如水分、多元醇、脂肪酸等。液体固定相(即固定液)的种类繁多,常用的有聚乙二醇、甲基聚硅氧烷、苯基甲基聚硅氧烷等。气液色谱选择固定液类型时应按照"相似性原理"来选择,即固定液的极性与被分离组分的极性(或官能团)相似,以保证组分在高流速下有足够长的保留时间。

(2)色谱柱的柱径与柱长选择 较小的内径可以获得更好的分离度或者在更短的时间内获得同样的分离度。相比于填充柱而言,毛细管柱柱效更高、柱容量更低。对于难分离或多组分的试样,宜选择毛细管柱进行分离,当气相色谱仪与质谱仪联用时,也需采用毛细管柱进行分离。对于毛细管柱,小口径柱比大口径柱有更高柱效,但柱容量更小,样品易过载,当柱容量是主要考虑因素时(如痕量分析中),选择大口径毛细管柱较为合适。色谱柱柱长增加,理论塔板数相应增大,分离度提高,但分析时间延长、色谱峰变宽,综合考虑分离度与分析时间,柱长的选择原则是在满足一定分离度的条件下尽可能采用较短色谱柱。

2. 色谱柱柱温的选择

色谱柱的柱温对组分的分离度、色谱峰形以及分析时间均有显著影响,是气相色谱条件选择中的关键因素。选择柱温时应考虑以下几个方面:

(1)柱温不能高于色谱柱的最高使用温度。否则会造成固定液流失,色谱柱柱效降低或失效。

(2)柱温升高时分析时间缩短,组分间分离度减小,反之柱温较低分析时间延长,分离度增大,过低则使柱效变差导致色谱峰峰形变宽甚至拖尾。因此,柱温的选择原则是:在最难分

分析化学

离组分有较好分离度且保留时间适宜及峰形不拖尾的前提下,尽可能采用较低柱温。

(3)程序升温是指按预先设定的程序对色谱柱分期加热的温度控制方法。对于沸点范围较宽的复杂试样,采用恒定温度分析时会出现低沸点组分出峰拥挤,而高沸点组分出峰时间长且拖尾,甚至不能出峰的现象。此时宜采用程序升温技术以缩短分析时间,获得更好的分离度与峰形。

课堂互动

如何维护气相色谱柱?

(四)检测系统条件的选择

1. 检测器类型的选择

目前在药物分析上常用的检测器有氢焰离子化检测器、电子捕获检测器、热导检测器、氮磷检测器、质谱检测器等多种。氢焰离子化检测器具有很高的灵敏度与很宽的线性范围,是最常用的检测器,药物分析上,除另有规定外,选择氢焰离子化检测器作为检测器。被测试样的组成和性质不同,宜选择不同的检测器以获得较高的灵敏度。中药中有机氯类农药和拟除虫菊酯类农药残留量的测定时,以及化学药物中卤素类有机溶剂残留检测时,宜采用灵敏度很高的电子捕获检测器。对于未知化合物的定性定量分析,宜采用质谱检测器。

2. 检测器温度的选择

为了使色谱柱的流出物不在检测器中冷凝而污染检测器,检测室温度须高于柱温。热导池检测器(TCD)的灵敏度与温度密切相关,温度升高其灵敏度下降,因而需严格控制温度,一般需控制在所需温度的±0.05℃以内。氢火焰离子化检测器(FID)对温度要求不像热导池检测器那么严格,但要求温度不得低于150℃,以防水蒸气冷凝。电子捕获检测器(ECD)的温度对基流和峰高有很大的影响,不同样品在ECD上的电子捕获机制也不一样,受检测室温度的影响也不同,所以要具体情况具体分析。

综上所述,在进行气相色谱分析条件选择时,应综合考虑样品性质、灵敏度、分离效能、分析时间等各方面的因素。在药物分析中,各品种项下规定的色谱条件,除检测器种类、固定液品种及特殊指定的色谱柱材料不得改变外,其余如色谱柱内径、长度、载体牌号、粒度、固定液涂布浓度、载气流速、柱温、进样量、检测器的灵敏度等,均可适当改变,以适应具体品种并符合系统适用性试验。

第六节　气相色谱定性与定量分析

一、定性分析

气相色谱法定性分析就是确定每个色谱峰各代表何种物质,主要采用以下两种方法定性。

(一)利用保留值对照定性

在具有对照品的情况下,将样品与对照品在同一台色谱仪上用相同的色谱条件进行分析,比较色谱图上待鉴定组分与对照品的保留时间,若保留时间相同,则待鉴定组分与对照品可能为同一物质。也可在样品中加入对照,对比样品加入对照品前后的这两张色谱图,某个色谱峰如果峰高变高了,则该色谱峰对应的组分与对照品可能为同一物质。

当无对照品物质时,可利用待鉴定组分相对于已知组分的相对保留值或保留指数值定性,计算得到的结果与文献的分析数据进行比较,得出定性结论。

（二）利用联用技术定性

用利用保留值对照的方法需对样品里存在的组分已基本了解,通过保留值的比较加以验证。对于组分未知的复杂样品,仅用色谱数据定性很困难,须借助于联用技术定性。常用的气相色谱联用技术有气相色谱 – 质谱联用、气相色谱 – 傅立叶变换红外光谱联用、气相色谱 – 核磁共振谱联用等。其中气相色谱 – 质谱联用技术是目前最成功的联用仪器,已成为实验室中常用分析方法。

二、定量分析

气相色谱由于采用高灵敏度的检测器,可对痕量的组分进行定量分析。

（一）定量依据和校正因子

1. 定量依据

应用气相色谱法进行定量分析的依据是一定的实验条件下,被测组分在色谱图上的峰面积或峰高与其浓度或质量呈正比关系。测定组分的峰面积或峰高,采用适当的定量方法,即可求得该组分的含量。

2. 校正因子

气相色谱定量分析是基于被测物质的量与其峰面积的正比关系。由于同一检测器对不同的物质具有不同的响应值,相同质量的不同组分响应值也不相同,所以不能用峰面积直接计算物质的含量。为了使检测器产生的响应信号能真实地反映出物质的含量,而引入定量校正因子。用定量校正因子校正后的色谱峰峰面积或峰高可以定量地代表组分的量。定量校正因子分为绝对校正因子和相对校正因子。

（1）绝对校正因子　是指单位峰面积所代表的组分的量。即：

$$f'_i = \frac{m_i}{A_i} \qquad (12-9)$$

式（12 – 9）中 m_i、A_i 分别是组分的质量和峰面积。

（2）校正因子　因绝对校正因子不易准确测量,并随实验条件而变化,故在实际工作中一般采用相对校正因子 f_i,f_i 是指待测组分 i 与其标准物质 s 的绝对校正因子之比,通常称为校正因子。质量校正因子 f_{mi} 是最常用的一种定量校正因子,即：

$$f = \frac{f'_{mi}}{f'_{ms}} = \frac{m_i/A_i}{m_s/A_s} = \frac{A_s m_i}{A_i m_s} \qquad (12-10)$$

组分的校正因子可从手册或文献查找,也可自己测定。测定时准确称取一定量的纯被测组分和标准物质,配成混合溶液,在试样测定条件下,取一定量混合液注入气相色谱分析,测得纯被测组分和标准物质的峰面积,按上式计算校正因子。

（二）定量方法

气相色谱法的定量方法有外标法、内标法、面积归一化法、标准加入法等四种。根据分析要求、样品的特性以及进样方式的不同采用不同的定量方法。

分析化学

1. 外标法

外标法是测定待测组分的峰面积或峰高,与相同条件下该组分的对照品产生的峰面积或峰高相比较进行定量的方法。该法不需用校正因子,可用于微量组分的测定,但对进样准确性及实验条件稳定性要求严格。

外标法包括标准曲线法和外标一点法(标准比较法)。标准曲线法是在相同条件下配制不同浓度的标准溶液和样品溶液并在相同的色谱条件下进样分析,以色谱图上的峰面积为纵坐标,以浓度为横坐标,绘制标准曲线或求得回归方程,进一步求得样品中待测组分的含量。外标一点法是取相同条件下配制的标准溶液与样品溶液在相同的条件下测定,按公式(12-11)测定待测组分的含量。

$$m_i = \frac{A_i}{A_s} m_s \tag{12-11}$$

式(12-11)中 m_i、A_i 分别为试样溶液中被测组分的浓度及峰面积。m_s、A_s 分别为标准溶液的浓度和峰面积。

2. 内标法

将一种不同于待测组分的纯物质作为内标物加入到待测试样中,进行色谱定量分析的方法称为内标法。组分含量计算公式为:

$$\omega_i = \frac{f_i A_i}{f_s A_s} \times \frac{m_s}{m} \times 100\% \tag{12-12}$$

式(12-12)中 m 为试样质量,m_s 为内标物的质量;f_i、A_i 分别为被测组分的相对质量校正因子和峰面积;f_s、A_s 分别为内标物的相对质量校正因子和峰面积。

内标物质选取要求:

(1)内标物质应是样品中不含有的组分,能溶解于样品溶液中;

(2)最好是纯度合乎要求的纯物质;

(3)内标物质的保留时间、含量与待测组分相近,与相邻组分的分离度符合要求。

内标法的优点定量准确,操作条件不必严格控制。缺点必须对试样和内标物准确称量,因为色谱要求被测组分、内标物与其他组分都能分离,所以内标物不易寻找。

3. 面积归一化法

面积归一化法是通过测定各组分色谱峰峰面积占除溶剂峰以外的总峰面积的百分率来求含量的一种方法。该方法简便,定量结果准确度高,受进样量变化与操作条件变化的影响较小,但要求试样中各组分的含量接近且均能产生相应色谱峰。该法一般不宜用于微量杂质的检查。具体测定时,取一定量的供试品溶液注入仪器,记录色谱图,测量各峰的面积和色谱图上除溶剂峰以外的总色谱峰面积,按公式(12-13)计算各峰面积占总峰面积的百分率。

$$c_i\% = \frac{f_i \cdot A_i}{\sum f_i \cdot A_i} \times 100\% \tag{12-13}$$

式(12-13)中 $c_i\%$ 是待测组分的含量,A_i 是各组分峰面积,f_i 是各组分的校正因子。

4. 标准加入法

标准加入法是测量样品加入标准溶液前后的峰面积,以求得样品中待测组分含量的方法。该法适合于基质比较复杂的试样的测定。具体测定时,准确配制待测组分的对照品溶液适量,精密取一定量加入到样品溶液中,根据外标法或内标法测定样品中待测组分的含量,扣除加入的对照品溶液含量,即得供试品溶液中待测组分的含量。

$$\frac{A_{is}}{A_x} = \frac{(c_x + \Delta c_x)}{c_x} \qquad (12-14)$$

或

$$c_x = \frac{\Delta c_x}{(A_{is}/A_x) - 1} \qquad (12-15)$$

上式中,A_{is} 为加入对照品后待测组分的色谱峰面积;A_x 样品中待测组分的色谱峰面积;c_x 为样品中待测组分的浓度;Δc_x 为所加入的待测组分对照品溶液的浓度。

知识拓展

气相色谱法采用手动进样时,由于留针时间和室温对进样量的影响,采用内标法定量为宜。当采用自动进样方式时,由于进样重复性的提高,可采用外标法定量。当采用顶空进样时,宜采用标准溶液加入法以消除基质效应的影响,当标准溶液加入法与其他定量方法结果不一致时,结果以标准加入法为准。

三、应用及其实例

气相色谱法在药物分析中应用广泛,如药物含量测定、杂质检查、微量水分测定、有机溶剂残留量测定等,还可进行药物中间体的监测、治疗药物监测和药物代谢研究等。

(一)气相色谱法在中药挥发性组分含量测定上的应用

例:肉桂油的含量测定

色谱条件与系统适用性试验:以交联 5% 苯基甲基聚硅氧烷为固定相的毛细管柱(柱长为 30m,内径为 0.32mm,膜厚度为 0.25μm),柱温为程序升温:初始温度为 100℃,以每分钟 5℃的速率升温至 150℃,保持 5 分钟,再以每分钟的速率升温至 200℃,保持 5 分钟;进样口温度为 200℃;检测器温度为 220℃;分流进样,分流比为 20:1,理论板数按桂皮醛峰计算应不低于 20 000。

对照品溶液配制:取桂皮醛对照品适量,精密称定,加乙酸乙酯制成每 1ml 含 3mg 的溶液,即得。

供试品溶液配制:取本品 100mg,精密称定,置 25ml 量瓶中,加乙酸乙酯至刻度,摇匀,即得。

测定法:分别精密吸取对照品溶液与供试品溶液各 1μl,注入气相色谱仪,测定,即得。本品含桂皮醛不得少于 75.0%。

课堂互动

1. 本测定应用哪种定量方法?宜采用何种进样方式?

2. 如果测定某肉桂油样品时,桂皮醛对照品的浓度为 3.12mg/ml,称取肉桂油的质量为 100mg,测得对照品溶液中桂皮醛色谱峰的峰面积为 65 7398cm²,供试品溶液中桂皮醛的峰面积为 53 4879cm²,请问该肉桂油的含量是否合格?

(二)气相色谱法在化学药物残留溶剂检查上的应用

例:联苯苄唑中乙腈残留溶剂的测定

色谱条件与系统适用性试验:用聚乙二醇(PEG-20M)为固定液;起始温度为 40°C,维持 5 分钟,以每分钟 10℃的速率升温至 150℃,维持 2 分钟,再以每分钟 20℃的速率升温至

240℃,维持 3 分钟;进样口温度为 240℃;检测器温度为 250℃;顶空瓶平衡温度为 70℃,平衡时间为 35 分钟。取对照品溶液顶空进样,各成分峰及内标峰之间的分离度均应符合要求。

供试品溶液的制备:取本品约 0.5g,精密称定,置 20ml 顶空瓶中,精密加入内标溶液(0.75mg/ml丙醇的二甲基亚砜溶液)10ml,密封,振摇使溶解,作为供试品溶液。

对照品溶液的制备:另取乙腈,精密称定,用内标溶液定量稀释制成每1ml 中含 20.5μg 的溶液,精密量取 10ml,置 20ml 顶空瓶中,密封,作为对照品溶液。

测定法:取供试品溶液与对照品溶液分别顶空进样,记录色谱图。按内标法以峰面积计算乙腈含量。

课堂互动

1. 本测定采用何种检测器?
2. 本测定哪种柱温控制技术? 有何优点?

技能实训

实训 1 气相色谱仪基本操作

一、实训目的

1. 学会气相色谱仪的基本操作。
2. 掌握气相色谱法中外标法的定量原理及计算。

二、实训原理

气相色谱法是一种测定低沸点样品的方法。其基本操作的顺序通常为开载气,检查气密性,开仪器升温后开检测器,进样分析,再降温关机关载气。外标法是在相同条件下分别测定待测组分与对照品的峰面积(或峰高),再通过标准曲线的绘制或外标法公式求算待测组分含量的方法。本实验属于外标法中的外标一点法,方法简单易行,但当采用溶液直接进样的方式时,不宜采用外标法。

三、仪器与试剂

1. 仪器

气相色谱仪、10ml 量瓶、电子天平。

2. 试剂

冰片(合成龙脑)、龙脑对照品、乙酸乙酯、表面活性剂。

四、实训内容

(一)待测溶液的制备

取龙脑对照品适量,精密称定,加乙酸乙酯制成每1ml 含 5mg 的溶液。

取龙脑细粉约50mg,精密称定,置10ml量瓶中,加乙酸乙酯溶解并稀释至刻度,摇匀。

（二）仪器调试及参数设定

1. 气相色谱仪的检漏操作

打开氮气钢瓶,调节减压阀及气流调节旋钮调节载气流量,用表面活性剂溶液检漏。

2. 气相色谱仪各项参数设定

打开仪器及计算机电源开关,设置色谱柱、气化室、检测器温度,开启检测器,在计算机上打开分析软件,设定各项参数。

（三）测定法

分别精密吸取对照品溶液与样品溶液各1μl,注入气相色谱仪测定,平行测定2次。记录对照品与样品溶液中龙脑色谱峰的峰面积。

色谱条件与系统适用性试验：以聚乙二醇20 000（PEG－20M）为固定相,涂布浓度为10%;柱温为140℃。理论板数按龙脑峰计算应不低于2000。

五、数据记录与处理

1. 色谱条件

色谱柱			柱温	
固定液			检测器类型	
载气流速 （ml/min）	氢气		检测器温度	
	空气		气化室温度	

2. 色谱数据记录

		保留时间 t_R （分钟）	峰面积 A （cm^2）	理论板数 n	分离度 R	拖尾因子 f
对照品溶液	第一针					
	第二针					
样品溶液	第一针					
	第二针					

3. 数据处理

按外标法公式计算冰片中龙脑的含量。

六、注意事项

1. 正确使用容量仪器,准确配制对照溶液和样品溶液。

2. 对照品溶液与样品溶液的分析条件要严格一致,实验过程中载气流速和温度控制保持一致。

3. 氢气泄露可能会引起爆炸,实验中应严格检漏。

七、问题与讨论

1. 本实验中,采用哪种进样方式?
2. 如何判断氢焰检测器的氢焰已点燃?
3. 什么情况下可采用峰高代替峰面积进行定量分析?

实训2 甘氨双唑钠中残留溶剂的检查

一、实训目的

1. 掌握程序升温色谱的操作方法。
2. 熟悉内标法的定量原理及计算。

二、实训原理

在药物中的残留溶剂会影响药物的安全性,药品质量标准中气相色谱是残留溶剂检查的首选方法。内标法是将定量的内标物质加入到样品溶液中,测定样品色谱图中待测组分和内标物质色谱峰峰面积,进而确定测定待测组分含量的方法,内标法的进样量对测定结果准确度影响小,结果准确。

三、仪器与试剂

1. 仪器
气相色谱仪、10ml 量瓶、电子天平。
2. 试剂
甘氨双唑钠、乙醇、乙酸乙酯、二甲基亚砜。

四、实训内容

(一)待测溶液的制备
1. 内标溶液制备
取乙酸乙酯适量,用二甲基亚砜稀释制成每 1ml 中约含 0.5mg 溶液。
2. 对照品溶液的制备
精密称取乙醇适量,用内标溶液定量稀释制成每 1ml 中含乙醇 0.5mg 的溶液,摇匀,作为对照品溶液。
3. 供试品溶液的制备
取甘氨双唑钠约 1.0g,精密称定,置 10ml 量瓶中,精密加入内标溶液溶解并稀释至刻度,摇匀,作为样品溶液。

(二)设定色谱条件
以聚乙二醇(PEG - 20M)(或极性相近)为固定液的毛细管柱为色谱柱,起始温度 60℃,保持 10 分钟,再以每分钟 20℃的升温速率升至 200℃,保持 3 分钟,进样口温度为 230℃,检测器温度为 250℃。取对照品溶液 1μl 注入气相色谱仪,记录色谱图,乙醇与内标峰的分离度应符合要求。

（三）测定法

取样品溶液与对照品溶液各 1μl,分别注入气相色谱仪,记录色谱图,按内标法以峰面积比值计算乙醇含量。

五、数据记录与处理

1. 色谱条件

色谱柱			柱温	
固定液			检测器类型	
载气流速（ml/min）	氢气		检测器温度	
	空气		气化室温度	

2. 色谱数据记录

		乙醇峰面积（cm^2）	乙酸乙酯峰面积（cm^2）
对照品溶液	第一针		
	第二针		
样品溶液	第一针		
	第二针		

3. 数据处理

按内标法公式计算甘氨双唑钠中乙醇的含量,要求乙醇不得过 0.5%。

六、注意事项

1. 实验开始须先通入载气再开电源,实验结束时待各部件温度下降至规定值才可关电源,最后关载气。

2. 使用微量注射器移取溶液时,必须注意液面上气泡的排除,抽液时应缓慢上提针芯,若有气泡,可将注射器针尖向上,使气泡上浮后推出。

七、问题与讨论

1. 本测定中乙醇与内标峰的分离度是否符合要求?

2. 与恒温色谱相比,程序升温色谱操作具有哪些优缺点? 在哪些情况下,需采用程序升温色谱操作对样品进行分离?

考点提示

1. 气相色谱法特点:高灵敏度、高选择性、高效能、分析速度快、样品用量少、应用广泛

2. 气相色谱法分类
- 色谱柱的粗细分类：填充柱色谱与毛细管柱色谱
- 分离机制分类：吸附气相色谱法和分配气相色谱法
- 固定相的物态分类：气固色谱法和气－液色谱法

3. 气相色谱仪组成
- 载气系统：载气源、减压装置、气体净化装置、气路连接装置、气流调节与指示装置
- 进样系统：进样器、进样口、温度控制装置
- 分离系统：色谱柱、柱箱及温度控制装置
- 检测系统：检测系统 各类检测器及温度控制装置
- 数据处理与记录系统：信号放大器、色谱工作站、计算机

4. 气相色谱仪操作流程
- ①开启载气气源通入载气；②打开计算机和工作站；③开主机电源；④设置各单元的升温参数；⑤选择检测器；⑥进样分析；⑦关闭检测器；⑧降低升温单元的温度；⑨关闭色谱仪；⑩计算机电源；⑪关闭载气源

5. 固定相和流动相
- 对固定液的要求
- 固定液的分类
- 固定液的选择
- 气相色谱的载体

6. 检测器类型
- 浓度型热导检测器：是一种通用型检测器
- 质量型氢焰离子化检测器：可测定有机化合物

7. 定性分析法
- 保留值对照定性：已知物对照定性，相对保留值定性
- 联用技术定性

8. 定量分析法
- 外标法（含外标一点法）
- 内标法
- 归一化法
- 标准加入法

目标检测

一、选择题

（一）单项选择题

1. 测定中药中挥发性成分或检查药物中的残留溶剂时，宜采用的色谱法为

A. 薄层色谱法   B. 离子交换色谱法

C. 高效液相色谱法   D. 气相色谱法

2. 气相色谱法用于测定药物中残留溶剂氯仿时，宜选用的检测器为

A. TCD   B. ECD   C. FID   D. FPD

3. 应用 FID 检测器时，以防水蒸气冷凝，要求其温度不得低于

A. 100℃   B. 125℃   C. 150℃   D. 180℃

4. 色谱柱柱长增加，可引起变化的是

A. 理论塔板数变小   B. 分离度降低

C. 色谱峰变窄   D. 分析时间延长

5. 用色谱法进行定量计算时,要求混合物每一个组分都出峰的是

A. 外标法
B. 内标法
C. 归一化法
D. 内标对比法

6. 下列各种定量方法中,适合于基质比较复杂的试样测定的是

A. 归一化法
B. 外标法
C. 内标法
D. 标准加入法

7. 在气相色谱法中,用非极性固定相 SE – 30 分离环己烷、苯和甲苯混合物时,它们的流出顺序为

A. 环己烷、苯、甲苯
B. 甲苯、环己烷、苯
C. 环己烷、甲苯、苯
D. 甲苯、苯、环己烷

8. 气相色谱法中,实验室之间能通用的定性参数是

A. 保留时间
B. 调整保留时间
C. 相对保留值
D. 调整保留体积

9. 《中国药典》规定,相邻两色谱峰要实现完全分离,分离度至少应达到

A. 0. 8
B. 1. 0
C. 1. 5
D. 2. 0

10. 色谱法中,英文缩写为 FID 的检测器是

A. 光电二极管阵列检测器
B. 蒸发光散射检测器
C. 质谱检测器
D. 火焰离子化检测器

(二)多项选择题

1. 关于 GC 法中柱温的选择,下列说法正确的是

A. 柱温不能高于固定液最高使用温度
B. 宽沸程样品的分离宜采用程序升温
C. 柱温较高时柱效高,尽可能采用较高柱温
D. 柱温升高会使分析时间缩短
E. 柱温通常低于气化室温度

2. 气相色谱法中关于内标法选择正确的是

A. 内标物应是样品中存在的组分
B. 加入内标物的量应与被测组分的量相接近
C. 内标物的峰位应靠近待测组分但又必须完全分开
D. 内标物应能完全溶解于样品中且不得与待测组分发生化学反应
E. 内标物通常为纯物质

3. 下列各检测器中,可作为气相色谱检测器的是

A. 氢火焰光度检测器
B. 紫外检测器
C. 热导池检测器
D. 质谱检测器
E. 电子捕获检测器

4. 使用氢火焰光度检测器时常用到的气体是

A. 氮气
B. 氢气
C. 氧气
D. 空气
E. 二氧化碳

5. 气 – 液色谱法中,下列对载体要求的描述,正确的是

A. 载体的表面呈化学惰性
B. 具有足够小的表面积

C. 粒度细小均匀　　　　　　　　　　　　D. 具有良好的孔穴结构

E. 有一定的机械强度,具有良好的孔穴结构

二、名词解释

1. 校正因子;2. 内标法;3. 分离度;4. 程序升温

三、简答题

1. 气相色谱仪包含几个部分?

2. 气相色谱法的定量方法有哪些?

3. 气相色谱仪的检测器有哪些类型?

四、实例分析题

1. 用氢焰离子化检测器对 C_8 芳烃异构体样品进行气相色谱分析时,实验数据如下:

组分	乙苯	对二甲苯	间二甲苯	邻二甲苯
峰面积(cm^2)	10 021	8562	10 874	10 755
校正因子	0.97	1.00	0.96	0.98

试用归一化法计算各组分的百分含量。

2. 酞丁安中二氧六环的检查:取本品 0.1552g,精密称定,置 10ml 量瓶中,用内标溶液(取异丁醇适量,加 N,N′-二甲基甲酰胺溶解并稀释制成每 1ml 中含 3.3mg 的溶液)溶解并稀释至刻度,摇匀,作为供试品溶液;另取二氧六环对照品约 0.1501g,精密称定,置 50ml 量瓶中,用内标溶液溶解并稀释至刻度,摇匀,作为对照品溶液。取供试品溶液与对照品溶液各 1ml,分别置 10ml 顶空瓶中,密封,顶空进样,记录色谱图,测得对照品溶液中二氧六环色谱峰的峰面积为 3 956 616cm^2,异丁醇峰面积为 4 135 783 cm^2。供试品溶液中二氧六环色谱峰的峰面积为 4 107 724 cm^2,异丁醇峰面积为 4 207 657 cm^2 按内标法。计算酞丁安中二氧六环的含量。

(叶桦珍)

第十三章　高效液相色谱法

学习目标

　　【掌握】高效液相色谱法对流动相的要求,色谱条件的选择方法。
　　【熟悉】高效液相色谱仪的基本结构。
　　【了解】高效液相色谱法的特点、分类、基本原理。

　　高效液相色谱法(high performance liquid chromatography,HPLC)是在经典液相色谱法的基础上,引入了气相色谱法的理论和实验技术,以高压输送流动相,采用高效固定相及高灵敏度检测器的现代液相色谱分析方法。

　　高效液相色谱法具有以下优点:①分析速度快,一般试样分析时间只需数分钟,操作可实现自动化;②柱效高,理论塔板数一般在 $10^3 \sim 10^6$;③检测灵敏度高,重复性好;④应用广泛,许多气相色谱法不能分析的挥发性低、热稳定差、分子量大或离子型的化合物,高效液相色谱法均可分析;⑤色谱柱可反复使用,组分柱后回收容易。

　　目前,高效液相色谱法在化学化工、医药、生化、环保、农业等科学领域已获得广泛的应用。在药物分析中,高效液相色谱方法被大量应用于药物及其制剂的鉴别、检查和含量鉴定,对生物样品、中药等复杂体系的成分分离分析尤具优势。随着与质谱、核磁共振波谱等联用技术的发展,高效液相色谱法的应用范围更加广泛。

第一节　高效液相色谱法的主要类型及原理

一、高效液相色谱法的主要类型

　　高效液相色谱法的主要类型与经典液相色谱法的相似。按固定相的聚集状态可分为液 – 液色谱法(LLC)和液 – 固色谱法(LSC);按分离机制可分为分配色谱法(distribution chromatography,DC)、吸附色谱法(adsorption chromatography,AC)、离子交换色谱法(ion exchange chromatography,IEC)、尺寸排阻色谱法(size exclusion chromatography,SEC)。

　　近年来,高效液相色谱法的发展非常迅猛,许多新方法不断涌现和完善,发展了化学键合相色谱法(bonded phase chromatography,BPC)、离子抑制色谱法(ion suppression chromatography,ISC)、离子对色谱法(paired ion chromatography,PIC)、亲和色谱法(affinity chromatography,AC)、手性色谱法(chiral chromatography,CC)、胶束色谱法(micellar chromatography,MC)和毛细管电色谱法(capillary electro – chromatography,CEC)等多种方法。

二、高效液相色谱法的原理及应用

（一）化学键合相色谱法

化学键合相通过将固定液的官能团通过化学反应键合到载体表面而制得的,化学键合相色谱是以化学键合相为固定相的色谱法,其机制属于液液分配色谱法,在高效液相色谱法中占有极其重要的地位,适用于分离几乎所有类型的化合物,是应用最广的色谱法。

（二）离子交换色谱法

离子交换色谱法是利用离子交换原理和液相色谱技术的结合来测定溶液中阳离子和阴离子的一种分离分析方法。1975 年 Small 提出将离子交换色谱和电导检测器结合分析各种离子,可用于分离无机和有机阴、阳离子,以及氨基酸、核酸、糖类和蛋白质等。

（三）离子对色谱法

离子对色谱法可分为正相与反相离子对色谱法,前者已少用。反相离子对色谱法是把离子对试剂加入到含水流动相中,被分析的组分离子在流动相中与离子对试剂的反离子生成不带电荷的中性离子对,从而增加溶质与非极性固定相的作用,使分配系数增加,改善分离效果。用于分离可离子化或离子型的化合物,如生物碱类、儿茶酚胺类、有机酸类、维生素类和抗生素类等类药物。

（四）手性色谱法

手性色谱法是利用手性固定相或者手性流动相添加剂分离分析手性化合物的对映异构体的色谱法。此外,还有间接法分析手性化合物的对映体,即将试样与适当的手性试剂反应,使对映异构体转变为非对映异构体,然后用常规 HPLC 方法分离分析。该方法于 20 世纪 70 年代后期兴起并迅速发展起来,可以准确测定手性化合物对映体的含量、纯度和绝对构型,而且用大容量的手性色谱柱可以获得 99% 旋光纯度的单一对映体。

（五）亲和色谱法

亲和色谱法是利用或模拟生物分子之间的专一性作用,从复杂生物试样中分离和分析特殊物质的一种色谱方法。其原理是将相互间具有高度特异亲和性的两种物质(如抗体与抗原、酶与底物、药物与受体)之一作为固定相,利用与固定相不同程度的亲和性,使成分与杂质分离(如该酶的底物、抗体)。亲和色谱法是各种分离模式的色谱法中选择性最高的方法,回收率和纯化效率都很高,是生物大分子分离和分析的重要手段。

（六）毛细管电色谱法

毛细管电色谱法以内含色谱固定相的毛细管柱为分离柱,根据试样各组分在流动相和固定相中的分配系数不同和自身电泳淌度差异得以分离,兼具电泳和色谱两种机制。毛细管电色谱法既可分离带电物质又可分离中性物质,在中草药分析中尤其具有优势,目前以反相毛细管电色谱研究较多。

第二节　固定相和流动相及分离条件的选择

高效液相色谱法中固定相与流动相及流动相洗脱方法的选择,是色谱分离中最关键的条件。

一、固定相

高效液相色谱法对固定相的基本要求：①颗粒细且均匀；②传质快；③机械强度高，能耐高压；④化学稳定性好，不与流动相发生化学反应。

目前高效液相色谱法中，以化学键合相作为固定相的化学键合相色谱应用最广泛。化学键合相是以微粒硅胶为载体，将各种不同基团通过化学反应键合到硅胶表面的游离羟基上所得到的固定相。其性质与载体的形状、粒径、孔径、表面积、表面覆盖度、含碳量、键合类型等因素有关，并直接影响待测物的保留行为和分离效果。

化学键合相具有固定液不易流失，数据重现性好，使用寿命长；化学性能稳定，耐水，耐光，耐热、耐有机溶剂；可键合不同官能团，选择性好；适于作梯度洗脱等诸多特点，是目前应用最广、性能最佳的固定相。

按所键合基团的极性可将化学键合相分为非极性、弱极性和极性三种。非极性键合相键合的基团为非极性烃基，如十八烷基，辛烷基、甲基与苯基等，其中以十八烷基硅烷键合硅胶（简称 ODS 或 C_{18}）应用最为广泛。非极性键合相适合与极性较强流动相配伍，构成反相色谱分离模式，用于分析非极性至中等极性的试样，是目前应用最广泛的键合相，据统计，反相键合相色谱法几乎可以解决 80% 以上的液相色谱分离问题。弱极性键合相键合的是醚基和二羟基，这类固定相应用较少。极性键合相键合的是氨基、氰基、二醇基等极性基团，一般用作正相色谱固定相，适合与极性较弱的流动相配伍，用于分析极性或中等极性的试样，极性大的组分后洗脱出柱子。

二、流动相

高效液相色谱法对流动相的要求很高，通常有以下要求：

（1）化学稳定性好，不与固定相发生反应而使柱效下降或损坏柱子。

（2）对试样有良好的溶解度和选择性，以防止试样产生沉淀并在柱中沉积，与固定相不互溶以避免固定液流失。

（3）黏度要小。黏度低的流动相如甲醇、乙腈等可以降低柱压，提高柱效。

（4）纯度要高，以防止微量杂质长期累积损坏色谱柱、检测器噪声增加，为此配制流动相的有机溶剂要求是色谱纯，水要求是新制的高纯水或经二次以上蒸馏的水。

（5）经微孔滤膜过滤，并脱气，过滤通常采用 $0.45\mu m$ 或 $0.22\mu m$ 的滤膜，防止色谱柱的堵塞。滤膜有水系膜和油系膜之分，每张滤膜只能用一次。脱气是除去流动相中溶解的气体，脱气可使输液泵的输液准确，保留时间以及峰面积的重现性提高。

（6）与化学键合相相匹配，且 pH 值适当。如反相键合相通常使用极性流动相，硅胶键合相只可在 pH 为 2~8 范围内使用。

（7）与检测器相匹配。紫外检测器在低波长下检测时，选用比溶剂的紫外截止波长更长的检测器波长。折光率检测器选择与组分折光率有较大差别的溶剂作流动相。蒸发光散射检测器和质谱检测器不允许使用含不挥发性盐组分的流动相。

常用的流动相组分有己烷、四氯化碳、甲苯、乙酸乙酯、甲醇、乙腈、水等。通常采用二元或多元组合溶剂作为流动相以灵活调节流动相的极性或增加选择性，改善分离效果或调整出峰时间。流动相中也可加入适量的弱酸(如醋酸)、弱碱(如氨水)、缓冲盐(如磷酸盐或醋酸盐)等以调节流动相的 pH,以抑制组分的离解,减少峰拖尾,调整组分的保留时间,改善分离效果。

在使用 ODS 柱时,应注意流动相中有机相的比例不应低于 5% ,以避免对 ODS 柱浸渍能力的损害。使用含盐流动相尤其是含磷酸盐的流动相,应控制好盐的浓度与梯度,避免由于盐的析出造成色谱柱的堵塞。

课堂互动

甲醇的毒性比乙醇大,高效液相色谱实验中,流动相为什么常用甲醇而不用乙醇?

三、分离条件的选择

高效液相色谱的分离条件包括色谱柱种类,流动相种类、比例及洗脱方法,柱温等多个方面,其中流动相的条件选择尤为重要,具体的分离实验条件需通过实验进行确定。

流动相在使用时有等度洗脱和梯度洗脱两种方式。等度洗脱时流动相的组成及配比恒定,适用于组分数目较少,性质差别不大的简单体系。梯度洗脱在洗脱时使用两种或两种以上不同极性的溶剂,按仪器上设定的程序连续改变它们之间的比例,该方式有助于提高分离效果,缩短分析时间,改善峰形,增加检测灵敏度,但基线易漂移,重现性降低。适用于复杂体系的分离测定。

正相键合相色谱法一般采用含氰基、氨基等极性键合相的色谱柱,分离含双键的化合物常用氰基键合相,分离多官能团化合物如甾体、强心苷以及糖类等常用氨基键合相。正相键合相色谱的流动相通常采用烷烃加适量极性调节剂。

反相键合相色谱法一般选用含非极性键合相的色谱柱,用于分离分子型、离子型以及可离子化型的化合物。其中十八烷基硅烷键合硅胶(ODS)是应用最广泛的非极性固定相,对于各类型的化合物都有很强的适应能力。流动相一般以极性最强的水作为基础溶剂,加入甲醇、乙腈等极性调节剂。一般情况下,甲醇 - 水或乙腈 - 水已能满足多数试样的分离要求,是反相键合相色谱法最常用的流动相。紫外末端波长检测时,宜选乙腈 - 水系统,因为乙腈的溶剂强度较高,且黏度较小,截止波长(190nm)比甲醇(205nm)的短。

第三节　高效液相色谱仪

高效液相色谱法所用的仪器称为高效液相色谱仪,目前,高效液相色谱仪大多依赖进口,随着我国科技综合实力的提高,自主研发的高效液相色谱仪将越来越多地应用到生产实践中。

一、高效液相色谱仪的组成

高效液相色谱仪由五个系统组成,分别是输液系统、进样系统、分离系统、检测系统、数据记录及处理系统,如图 13 - 1 所示。

高效液相色谱仪的工作流程是:采用高压输

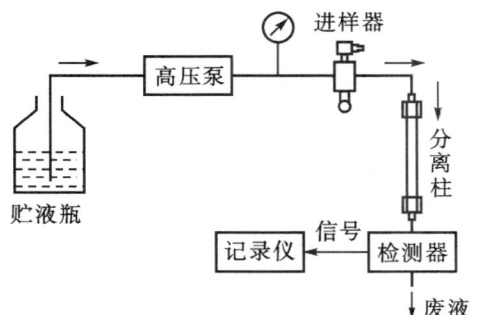

图 13 - 1　高效液相色谱仪结构示意图

液泵将规定的流动相泵入装有固定相的色谱柱,注入的试样,由流动相带入柱内,各组分在柱内被分离,并依次进入检测器,用记录仪或数据处理装置记录色谱图并进行数据处理,得到测定结果。

（一）输液系统

输液系统由贮液瓶、高压输液泵、梯度洗脱装置、脱气装置、流量控制装置等组成。

1. 贮液瓶

贮液瓶是用来贮存足量、符合要求的流动相。对大多数有机化合物呈化学惰性,耐酸碱腐蚀。常见的质地为玻璃、塑料,容量为 0.5~2L,通常无色透明,若流动相需避光,可选用棕色瓶。贮液瓶放置位置要高于泵体,以便保持一定的输液静压差。使用过程中,贮液瓶应密闭,防止溶剂蒸发引起流动相组成的改变,防止空气中的 O_2 和 CO_2 重新溶解于流动相中。

2. 高压输液泵

高压输液泵是高效液相色谱仪中关键部件之一,泵的性能好坏直接影响整个高效液相色谱仪的质量和分析结果的可靠性。其功能是将贮液瓶中的流动相以高压形式连续不断地送入液路系统。输液泵应具备以下性能:恒定压力通常为 $(150~350) \times 10^5 Pa$;流量稳定可调,范围宽;耐腐蚀,密封性能好;便于清洗,泵室体积小。

高压输液泵按工作原理可分为恒压泵和恒流泵。目前高效液相色谱仪广泛使用的是柱塞往复恒流泵,液缸容积小,可至 0.1ml,因此易于清洗和更换流动相,特别适用于梯度洗脱,输出压力可达 30MPa 以上。

为了延长泵的使用寿命和维持输液的稳定性,操作时注意以下几点:①防止固体颗粒进入泵体;②流动相中不应含有腐蚀性物质;③防止贮液瓶中流动相被用完,空气进入整个系统;④在泵的规定压力下工作,否则会使密封圈变形,产生漏液;⑤使用流动相应脱气。

3. 梯度洗脱装置

梯度洗脱装置分为两类:一类是低压梯度装置(又称外梯度),通过一个比例阀将两种或多种不同极性的溶剂按程序混合,再由一台高压泵输出进入色谱柱;另一类是高压梯度装置(又称内梯度),由两台或者多台高压输液泵分别将两种或多种不同极性的溶剂按一定的程序和比例送入混合室,混合后进入色谱柱。

脱气装置的主要部件是排气阀,用于排除贮液瓶至高压泵的流路中的气体。流量控制装置用于消除柱压过高对分离造成的影响。

（二）进样系统

进样系统的功能是把试样送入色谱柱进行分离,一般要求密封性好,重复性好,通常使用六通阀进样器和自动进样装置两种。

1. 六通阀进样器

六通阀进样器具有结构简单、进样量准确、重复性好的特点。进样时手柄位于进样(LOAD)位置,样品经微量进样针从进样孔注射进定量环,定量环充满后,多余样品从放空孔排出;将手柄转动至进样(INJECT)位置时,阀与液相流路接通,流动相通过进样阀,冲洗定量环,推动样品进入色谱柱进行分析(图 13-2)。为了确保进样的准确度,装样时微量进样器取的试样必须大于定量环的容积。

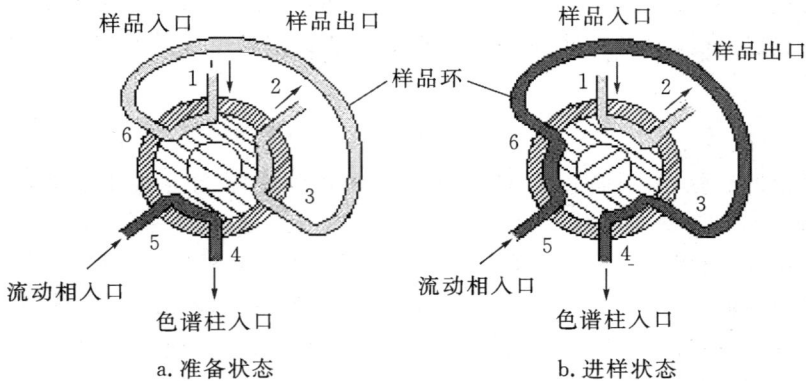

图 13 - 2　六通阀进样器示意图

知识拓展

采用六通阀进样器时,为防止缓冲盐和其他残留物质留在进样系统中,每次实验结束后应用不含盐的稀释剂、水或不含盐的流动相冲洗冲洗进样器,在进样阀的 LOAD 和 INJECT 位置反复冲洗。当样品量较少时,进样体积由注射器的进样体积决定;当样品量较多时,进样体积由六通阀定量管的体积决定,为保证样品完全把定量管的流动相置换干净,通常需注射 5 倍左右的定量环体积。

2. 自动进样器

目前市面上有各种形式的自动进样器,可处理的试样数量也不等。通过程序控制器或微机控制自动进行取样、进样、清洗等一系列动作,操作者只需将样品装入样品瓶并按顺序装入样品室即可。

(三)分离系统

分离系统包括色谱柱、柱温箱和连接管等部件。色谱柱(column)是色谱仪最重要的部件,由柱管和固定相组成。柱子通常是直型的,以利于装填和提高柱效,柱管多采用耐高压、耐腐蚀的不锈钢管制成,且管内壁要求光洁度很高,否则会引起柱效降低。

无论是自己填装的色谱柱还是购买的色谱柱,使用前都要对其性能进行考察,使用期间或放置一段时间后也要重新检查,需要检查柱压、理论塔板高度、理论塔板数、分离度等。色谱柱的维护保养在分析过程中非常重要。平常使用时尤其注意不可超出其使用 pH 值范围、温度范围及最大进样量,并消除堵塞色谱柱流路的各项因素。每天分析测定结束后,应用适当的溶剂清洗色谱柱,必要时须使用保护柱。一般保护柱内填充物应与分析柱中的固定相一致,可以将样品和流动相中的有害污染物被保留,延长柱子的寿命。

柱温箱可控制色谱柱柱温,一般为室温或接近室温,以硅胶为载体的键合固定相使用温度通常不超过 $40℃$,为改善分离效果可适当提高色谱柱的使用温度,但也不宜超过 $60℃$ 。

知识拓展

现在国内外许多公司都有商品色谱柱出售,可根据分析要求选购。

首先,根据分析对象选择色谱柱的类型。当分析对象为非极性至中等极性的组分时,通常选择反相色谱柱如十八烷基硅烷键合硅胶柱。而当分析的对象为极性组分时,则应选择正相色谱柱如氰基柱。分析对象为离子时,则可选择离子交换键合硅胶柱。

其次,根据分离分析目的选择色谱柱的柱长、内径、固定相的粒径和孔径。根据色谱柱的主要用途分为分析型和制备型,它们的尺寸规格也不同。常规分析柱内径 2 ~ 5mm,柱长 10 ~ 30cm;窄径柱内径 1 ~ 2mm,柱长 10 ~ 20cm;毛细管柱内径 0.2 ~ 0.5cm;制备柱内径 20 ~ 40mm,柱长 10 ~ 30cm,生产用的制备柱内径可达几十厘米。固定相孔径在 15nm 以下的填料适合于分析分子量小于 2000 的化合物,分子量大于 2000 的化合物如蛋白、多肽类药物则应选择孔径在 30nm 以上的填料。

再次,考虑载体的形状,按孔隙深度分类,载体可分为表面多孔型和全多孔型两类。表面多孔型的多孔层厚度小、孔浅,相对死体积小,出峰迅速、柱效亦高,颗粒较大,渗透性好,装柱容易,梯度洗脱时能迅速达到平衡,进样量小,较适合做常规分析。全多孔型固定相由直径为 10nm 的硅胶微粒凝聚而成,这类固定相颗粒细(5 ~ 10μm),孔仍然较浅,传质速率快,特别适合复杂混合物分离及痕量分析,实际应用更为广泛。

(四)检测系统

检测器是高效液相色谱仪的三大关键部件之一,作用是把色谱洗脱液中组分的量(或浓度)转变为电信号。按照检测器的适用范围可分为通用型和专属型两大类,专属型检测器只能检测某些组分的某一性质,如紫外检测器和荧光检测器;通用型检测器是检测一般物质均具有的性质,如示差折光检测器和蒸发光检测器。紫外检测器(ultraviolet detector,UVD)是高效液相色谱中应用最广泛的检测器,具有灵敏度高(可达 10^{-10} g/ml),精密度与线性范围均较好,应用范围广(对大部分有机化合物有响应),不易受温度和流速的影响,不破坏样品,能与其他检测器串联使用,可用于制备色谱的检测,也可用于梯度洗脱等特点,适用于具有紫外吸收的物质的检测。

其他常见的检测器有荧光检测器、蒸发光散射检测器、示差折光检测器、电化学检测器和质谱检测器等,适应不同的试样与分析要求。

(五)数据记录及处理系统

现代高效液相色谱仪都是用电脑控制,如流速,流动相中各溶剂的比例,检测器的波长等。电脑上配备有色谱工作站,能对来自检测器的原始数据进行分析处理,给出所需要的信息。许多数据处理系统能计算峰高、峰面积、峰宽、容量因子、分离度等色谱参数,这对色谱方法的建立十分重要,对医药分析意义很重大。

知识拓展

2000 年初,Waters 研发出填料粒径为亚 2μm 的色谱柱,与 5μm 色谱柱相比,它可以帮助色谱工作者带来更好的分离效果。然而常规的液相产品较大的扩散体积无法将亚 2μm 色谱柱的性能优势体现出来,因此 Waters 公司推出了具有超低扩散体积(小于 15μl)的超高效液相

分析化学

系统(ultra performance liquid chromatography,UPLC)。与传统的 HPLC 相比,UPLC 在制造技术,扩散体积和耐受压力方面进行了优化,最大限度发挥色谱性能,其速度、灵敏度及分离度分别是 HPLC 的 9 倍、3 倍及 1.7 倍。

二、高效液相色谱仪的操作步骤

高效液相色谱仪的种类很多,发展十分迅速,仪器朝着高灵敏度、高专属性、联用的方向发展,但使用仪器测定样品的基本操作步骤一致,现介绍如下。

（一）流动相和样品的预处理

1. 流动相

流动相使用前通常须过滤并脱气。过滤须经 0.22μm 或 0.45μm 微孔滤膜,脱气的方法有超声脱气、氦脱气、抽真空脱气、加热回流脱气等。

2. 样品

样品预处理的方法有溶解过滤、离心、选择性沉淀、萃取等,预处理完的样品均需经 0.22μm 或 0.45μm 滤膜过滤后再进样。

（二）仪器的使用流程

1. 开机,排气泡

用流动相冲洗滤器器,再把滤器浸入流动相中,启动泵。打开排气阀,排除贮液瓶至高压泵之间管路中的气泡,防止试验过程中气泡进入色谱柱。

2. 平衡系统

初次使用新的流动相,可以先试一下压力,流速越大,压力越大。缓慢调节流速至分析用流速(常用的流速为 1ml/min),平衡色谱柱 30 分钟后,通过色谱数据工作站,观察基线的情况。

3. 设定参数

通过色谱数据工作站,进行仪器各项参数的设定,包括分析时间、分析方法、实验信息、文件名称及保存位置等。

4. 进样

用试样润洗进样针,并排除气泡后抽取适量进样。

5. 采集数据和色谱图

同步采集色谱数据,实验完毕手动或自动保存色谱数据,并对色谱数据进行处理。

（三）实验完毕的清洗和关机操作

全部分析工作完毕后,关闭检测器和光源。用适当的流动相冲洗柱子 30~60 分钟,清洗泵头和进样器,先关闭计算机,再关闭泵电源,填写使用记录本。

第四节　高效液相色谱定性与定量分析

一、定性分析

高效液相色谱法的定性分析方法分为色谱鉴定法和非色谱鉴定法,后者又可分为化学鉴定法和两谱联用鉴定法。

（一）色谱鉴定法

通过色谱定性参数保留时间或相对保留时间对组分进行鉴别分析。在相同分析条件下，保留时间相同可能为同一组分，保留时间不同肯定不是同一组分。此法只能对范围已知的化合物进行定性。

（二）两谱联用定性

如果标准物质缺乏或难以获得，或者试样中所含的组分未知时，可以利用高效液相色谱与质谱、核磁共振、红外光谱等手段联用定性。将高效液相色谱仪与光谱仪联成一个整体仪器，实现在线监测，称为两谱联用，是当代最重要的分离与鉴定方法。

二、定量分析

高效液相色谱法定量分析的原理和方法，与气相色谱法相同，常用的定量方法有外标法、内标法等，较少使用面积归一法。

（一）外标法

在相同的色谱条件下，以待测组分的对照品作为对照物质，对照品和试样分别进样，色谱图上对照品峰面积与被测组分的峰面积进行比较求得被测组分的含量，按公式（13-1）计算含量。外标物与被测组分同为一种物质但要求它有一定的纯度，分析时外标物的浓度应与被测物浓度相接近，以利于定量分析的准确性。

$$(c_x) = c_R \frac{A_x}{A_R} \tag{13-1}$$

式（13-1）中 A_x 为待测组分的峰面积或峰高，A_R 为对照品的峰面积或峰高，c_x 为待测组分的浓度，c_R 为对照品的浓度。

（二）内标法

内标法是色谱分析中一种比较准确的定量方法，尤其在没有标准物对照时，此方法更显其优越性。精密称（量）取对照品和内标物质，分别配成溶液，精密量取各适量，混合配成校正因子测定用的对照溶液。取一定量进样，记录色谱图。根据对照品和内标物质的峰面积或峰高，按下式计算校正因子：

$$校正因子(f) = \frac{(A_s/c_s)}{(A_R/c_R)} \tag{13-2}$$

式（13-2）中 A_s 为内标物质的峰面积或峰高，A_R 为对照品的峰面积或峰高，c_s 为内标物质的浓度，c_R 为对照品的浓度。

再取含有内标物质的试样溶液，注入仪器，记录色谱图，根据试样中待测组分（或其杂质）和内标物质的峰面积（或峰高），按下式计算含量：

$$(c_x) = f \times \frac{A_x}{A'_s/c'_s} \tag{13-3}$$

式（13-3）中 A_x 为试样中待测组分（或其杂质）的峰面积或峰高，c_x 为试样中待测组分（或其杂质）的浓度，A'_s 为内标物质的峰面积或峰高，c'_s 为内标物质的浓度，f 为校正因子。

三、应用及实例

高效液相色谱法适用于复杂成分的分离分析。在药物分析领域,合成药物、天然药物、原料药、制剂的分离、鉴定及含量测定都用到高效液相色谱法。

1. 丙酸氯倍他索乳膏含量测定

(1)色谱条件 ①固定相:十八烷基硅烷键合硅胶;②流动相:甲醇 – 水(65:35);③检测波长:249nm;④流速:1.0ml/min;⑤进样量:20μl。

(2)内标溶液的制备 取醋酸氟轻松,加甲醇溶解并稀释成每1ml中约含0.15mg的溶液即得。

(3)样品溶液的制备 取本品适量(约相当于丙酸氯倍他索1mg),精密称定,置于50ml容量瓶中,精密加内标溶液5.00ml,加甲醇约30ml,置60℃水浴中加热5分钟,振摇溶解,放冷,加甲醇稀释至刻度,摇匀,冰浴2小时以上,取出后迅速滤过,取续滤液放冷,取20μl进样,记录色谱图;另取丙酸氯倍他索对照品适量,精密称定,加甲醇溶液稀释为每1ml约含0.2mg的溶液,精密移取该溶液5ml与内标溶液5ml于50ml容量瓶中,用甲醇稀释至刻度,摇匀,取20μl进样,记录色谱图,按内标法以峰面积计算,即得。

2. 丙硫异烟胺中有关物质的检查

(1)色谱条件 ①固定相:十八烷基硅烷键合硅胶;②流动相:0.2mol/L 磷酸二氢钠溶液(用磷酸调节 pH 值至 3.0) – 乙腈(80:20);③检测波长:282nm;④流速:1.0ml/min;⑤进样量:20μl。

(2)制备 取本品适量,用流动相制成每1ml含丙硫异烟胺0.1mg的溶液,作为供试品溶液;精密量取1ml,置100ml量瓶中,加流动相稀释至刻度,摇匀,作为对照溶液。取对照溶液20μl注入液相色谱仪,调节检测灵敏度,使主成分色谱峰的峰高为满量程的20%~30%;再精密量取供试品溶液与对照溶液各20μl,分别注入液相色谱仪,记录色谱图至主成分峰保留时间的3倍。供试品溶液的色谱图中如有杂质峰,单个杂质峰面积不得大于对照溶液主峰面积的1/2(0.5%),各杂质峰面积的和不得大于对照溶液主峰面积(1.0%)。

立德树人

社会主义核心价值观教育

一些企业为了提高产品中蛋白质含量,将三聚氰胺非法添加到食品、饲料等产品中,危害生命的健康。采用高效液相色谱法能测定奶粉中的三聚氰胺。作为一名分析化学工作者,既要掌握高超的分析技术和计算方法,又要实事求是、诚实守信,具有高度的社会责任感,在检测工作中坚守诚信的社会主义核心价值观,使非法分子无机可乘。

技能实训

实训1 高效液相色谱仪的性能检查及色谱柱参数测定

一、实训目的

1. 了解高效液相色谱仪的基本结构。

2. 掌握流动相与试样的配制方法与预处理方法。

3. 学会高效液相色谱仪的使用方法。

二、仪器与试剂

1. 仪器

高效液相色谱仪(型号、厂家)、ODS 柱、紫外检测器、高纯水制备仪(型号、厂家)、真空抽滤装置(型号、厂家)、脱气装置(型号、厂家)、容量瓶、移液管、微孔滤膜、针筒、微量注射器。

2. 试剂

甲醇(HPLC 色谱纯)、高纯水、肌苷注对照品(厂家、规格、批号)。

三、实训内容

1. 认识仪器及一般性检查

认识贮液瓶、输液泵、进样阀、色谱柱、检测器等主要部件,认识仪器的名称及型号和系列号、生产厂家、出厂日期。同时检查仪器的电源线、信号线等是否插接紧密,各开关、旋钮、按键等是否功能正常。各开关位置是否处于关断的位置。检查色谱柱是否为 ODS 柱,色谱柱标签上箭头所示方向是否与流动相的流向一致,原保存溶剂与现用流动相能否互溶,流动相的 pH 与该色谱柱是否相适用。

2. 色谱条件

ODS 柱,室温,流动相为甲醇 – 水(10:90),流速 1.0ml/min,紫外检测器,检测波长为 248nm。

3. 标准品溶液与流动相的制备

(1)标准品溶液配制　精密称取肌苷对照品约 10mg,80℃水浴加热 10 分钟,放冷,加高纯水溶解,定容至 50ml,经 0.22μm(或 0.45μm)的水相微孔滤膜过滤后脱气备用。

(2)流动相的制备　按甲醇与高纯水体积比为 10:90 的比例配制足量的流动相,选择孔径为 0.45μm 的水相微孔滤膜、高效液相专用的抽滤装置过滤流动相,再进行脱气后备用。

4. 测定步骤

(1)开启高压泵与检测器　开启电流稳压器的电源开关,稳定后接通仪器电源,打开高压泵的电源开关。用流动相冲洗贮液瓶中的过滤器,再把过滤器浸入流动相中。打开泵的排气阀,排除贮液瓶与泵之间的管路中可能存在的气体,排完气,关闭排气阀。先设置泵参数,再启动泵,让流动相平衡色谱柱至柱压恒定。开启紫外检测器的电源开关,选择光源,设置紫外检测器的检测波长为 248nm。开启计算机和色谱工作站,打开在线分析软件,设置测定参数。

(2)进样操作及色谱数据的采集与处理操作　仪器若为六通阀进样器,用进样针吸取一定溶液手动进样,若为自动进样器,则将样品装入样品小瓶中,设置相应的进样程序。进样的同时开始色谱数据的采集。标准品溶液进样 5 次,分析完毕,对所采集的色谱图与色谱数据进行处理。

(3)清洗和关机操作　全部分析工作完毕后,关闭检测器和光源,在分析流速下分别用甲

醇 – 水（20∶80）、甲醇 – 水（40∶60）、甲醇 – 水（80∶20）和纯甲醇冲洗色谱柱各 20 分钟左右。关闭计算机和电源，填写使用记录本。

四、注意事项

1. 实验前需观察流路各接头处有无渗漏，若有渗漏，可拧紧渗漏接头处的螺母。进样器密封垫圈（亚硝基氟橡胶）漏液时要及时更换。
2. 流动相须临用时配制，应按流速与实验需要的时间估算配制足量的流动相。
3. 过滤流动相与样品的滤膜均为一次性使用，过滤不同溶液时须更换滤膜。
4. 在实验过程中，不要移动流动相贮液瓶。
5. 试验中注意通风，脱气时最好在通风橱进行。配制流动相时最好戴手套。

五、数据记录与处理

1. 色谱数据

	测定次数	保留时间（分钟）	峰面积	理论板数	对称因子	分离度
肌苷 对照品 溶液	1					
	2					
	3					
	4					
	5					

2. 系统适用性实验测定结果

求取平行 5 次测定所得峰面积的相对标准偏差、理论板数平均值、对称因子平均值、分离度平均值，列于下表，判断各系统适用性项目是否合格。

	肌苷对照品峰面积相对标准偏差 RSD（%）	理论板数 n	对称因子 T	肌苷对照品与相关物质的分离度
测定结果				
药典要求	< 2.0%	> 2000	0.95 ~ 1.05	> 1.5
系统适用性评价				

六、问题与讨论

流动相在使用前为什么要进行过滤和脱气？

实训2　高效液相色谱法测定肌苷注射液的含量

一、实训目的

1. 进一步熟悉高效液相色谱仪的使用方法。
2. 学会外标法测定组分的含量。

二、仪器与试剂

1. 仪器

高效液相色谱仪(型号、厂家)、紫外检测器、高纯水制备仪(型号、厂家)、真空抽滤装置(型号、厂家)、脱气装置(型号、厂家)、容量瓶、移液管、微孔滤膜、针筒、微量注射器。

2. 试剂

甲醇(HPLC色谱纯)、高纯水、肌苷注射液(厂家、规格、批号)、肌苷对照品(厂家、规格、批号)。

三、实训内容

1. 色谱条件

ODS柱,室温,流动相为甲醇－水(10:90),流速1.0ml/min,紫外检测器的检测波长为248nm,进样量20μL。

2. 标准溶液与试样溶液的制备

(1)肌苷标准溶液的配制　精密称取肌苷对照品约10mg,置100ml量瓶中,加水溶解并稀释至刻度,摇匀。得肌苷标准贮备液。精密吸取肌苷标准贮备液2.0ml置于10ml量瓶中,加水稀释至刻度,摇匀,得肌苷标准溶液,平行配制两份。经0.22μm(或0.45μm)的水相微孔滤膜过滤后脱气备用。

(2)试样溶液的制备　精密吸取肌苷注射液适量加水稀释制成每1ml约含20μg肌苷的溶液,摇匀,经0.22μm(或0.45μm)的水相微孔滤膜过滤后脱气备用,平行配制两份。

3. 流动相的制备

按甲醇与水体积比为10:90的比例配制足量的流动相,过滤、脱气后备用。

4. 测定

设定肌苷的色谱条件,分别吸取肌苷标准溶液和试样溶液进样,平行测定2次。

四、注意事项

1. 进行标准溶液与试样溶液的过滤时,如果用同一支注射器吸取溶液,吸取之前须用待吸的溶液洗涤多次。
2. 计算试样标示量的百分含量时注意乘上稀释倍数。

五、数据记录与处理

1. 数据记录

测定对象	测定次数		保留时间(分钟)	峰面积
标准溶液	第一份	1		
		2		
	第二份	1		
		2		
试样溶液	第一份	1		
		2		
	第二份	1		
		2		

2. 数据处理

外标法计算公式如下:

$$c_x = c_R \left(\frac{\overline{A_x}}{A_R} \right)$$

其中 c_x 为供试溶液的浓度;c_R 为标准溶液的浓度;$\overline{A_R}$ 为肌苷标准溶液的峰面积平均值;$\overline{A_x}$ 为肌苷供试溶液的峰面积平均值。

按外标法计算公式求得试样溶液的浓度,再进一步求得试样中氯霉素的标示量的百分含量如下表所示。

	对照品溶液	试样溶液
$\overline{A_x}$		
$\overline{A_R}$		
$\overline{A_x} / \overline{A_R}$		
$c_R(\mu g/ml)$		
$c_x(\mu g/ml)$		
肌苷注射液标示量的百分含量(%)		

六、问题与讨论

本实验中以肌苷表示的理论塔板数为多少?是否符合要求?

考点提示

1. 高效液相色谱法的类型
  - 化学键合相色谱法
    - 正相色谱
      - 固定相：极性键合相
      - 流动相：非极性或弱极性溶剂
      - 应用：分离多官能团化合物
    - 反相色谱
      - 流动相：水加入一定量与水混溶的极性调整剂
      - 应用：分离分子型、离子型和可离子化型化合物
  - 离子色谱法
  - 手性色谱法
  - 亲和色谱法
  - 毛细管电色谱法

2. 高效液相色谱仪的组成
  - 输液系统
  - 进样系统
  - 分离系统
  - 检测系统
  - 数据记录及处理系统

3. 高效液相色谱仪的操作步骤
  - 流动相和样品预处理
    - 流动相：过滤、脱气
    - 样品：去除干扰物质
  - 仪器的使用流程
  - 实验完毕的清洗和关机操作

4. 高效液相色谱仪的应用
  - 定性分析
    - 色谱鉴定法：保留时间或相对保留时间
    - 两谱联用技术
  - 定量分析
    - 外标法：待测组分的对照品作为对照物质，对照品和试样分别进样
    - 内标法：内标物是纯的已知化合物，准确、已知的量加到样品中，进样

目标检测

一、选择题

（一）单项选择题

1. HPLC 与 GC 比较，应用范围更加广泛，其主要原因是

A. 要求样品能制成溶液即可　　　　　B. 采用高压输送流动相

C. 采用小粒径固定相　　　　　　　　D. 采用高灵敏度检测器

2. 载体表面键合以下基团后，可作为反相色谱键合相的是

A. C_{18}　　　　　B. 氰基　　　　　C. —COOH　　　　　D. 氨基

3. 对 HPLC 流动相的要求，以下说法错误的是

A. 化学稳定性要好　　　　　　　　　B. 黏度要高

C. 纯度要高　　　　　　　　　　　　D. 应与检测器相匹配

4. 高效液相色谱法中，应用最广泛的检测器是

分析化学

A. 电化学检测器　　　　　B. 荧光检测器　　　　　C. 紫外检测器

D. 示差折光检测器　　　　E. 氢火焰离子化检测器

5. 以 ODS 为固定相、甲醇－水为流动相进行 HPLC 分离时,组分的流出顺序为

A. 分子量大的组分先流出　　　　　B. 沸点高的组分先流出

C. 极性弱的组分后流出　　　　　　D. 极性强的组分先流出

(二)多项选择题

1. 关于反相高效液相色谱法,下列说法正确的是

A. 其应用范围远比正相色谱法更为广泛

B. 其固定相的极性小于流动相的极性

C. 样品中极性大的组分先流出色谱柱

D. 样品中极性小的组分先流出色谱柱

E. 该法适合于分离极性或中等极性的组分

2. 关于 HPLC 色谱条件的选择,以下说法正确的是

A. 通常在室温下进行实验　　　　　B. 常用的流速为 $1ml/min$。

C. 分析柱进样量范围通常为 $5\sim50\mu l$　　　D. 流动相使用前需经过滤与脱气

E. 复杂试样的分离宜用梯度洗脱

3. 下列检测器属于高效液相色谱中的检测器是

A. 紫外检测器　　　　　B. 氢火焰离子化检测器　　　　　C. 荧光检测器

D. 热导检测器　　　　　E. 示差折光检测器

4. 下列溶剂常用于反相色谱法流动相的是

A. 氯仿　　　　　B. 环己烷　　　　　C. 甲醇－水

D. 乙腈－水　　　　　E. 环己烷－甲醇

二、名词解释

1. 化学键合相　　　　　2. 梯度洗脱　　　　　3. 反相色谱

三、简答题

1. 高效液相色谱法对流动相有哪些要求?

2. 高效液相色谱仪一般由哪些部分组成?

3. 最常用的反相色谱系统的固定相、流动相是什么,分离时何种组分先流出色谱柱?

四、计算题

1. 测定生物碱试样中黄连碱和小檗碱的含量,称取内标物、黄连碱和小檗碱对照品各 0.2000g 配成混合溶液。测得峰面积分别为 3.60、3.43 和 4.04cm^2。称取 0.2400g 内标物和试样 0.8560g 同法配制成溶液后,在相同色谱条件下测得峰面积为 4.16cm^2、3.71cm^2 和 4.54cm^2。计算试样中黄连碱和小檗碱的含量。

2. 用 15cm 长的 ODS 柱分离两个组分。柱效 $n = 4260$;测得 $t_0 = 1.31$ 分钟;组分的 $t_{R1} = 4.10$ 分钟;$t_{R2} = 4.45$ 分钟。(1) 求 k_1、k_2、α、R 值。(2) 若增加柱长至 30cm,分离度 R 可否达 1.5?

(李慧芳)

第十四章　原子吸收分光光度法

学习目标

【掌握】原子吸收吸光度与待测元素浓度的关系,标准曲线法,标准加入法。

【熟悉】原子吸收分光光度计的构造。

【了解】原子吸收光谱的产生机制,原子吸收分光光度法的应用。

　　原子吸收分光光度法(atomic absorption spectrophotometry,AAS)是基于蒸汽相中待测元素的基态原子对电磁辐射的吸收而建立起来的分析方法,又称原子吸收光谱法(atomic absorption spectrometry,AAS),它是测定痕量和超痕量金属元素的有效方法。该方法具有测定快速、灵敏度高、选择性好、干扰较少、操作简便、结果准确可靠等优点。目前,原子吸收分光光度法可对七十余种金属元素进行分析,广泛应用于地质、冶金、机械、化工、农业、食品、轻工、生物医药、环境保护、材料科学等各个领域;在药物分析中,常常用于中成药中微量重金属的含量检测。

第一节　基本原理

一、原子吸收光谱的产生

(一)原子的能级

　　在正常情况下,原子处于能量最低、最稳定的状态称为基态(E_0)。当基态原子受外界能量的激发时,其最外层电子可跃迁至能量较高的不同能级,较高的能级状态称为激发态(E_j)。能量最低的激发态称为第一激发态(E_1),能量较高的激发态依次称为第二激发态(E_2)、第三激发态(E_3)……第 n 激发态(E_n),如图 14 - 1 所示。

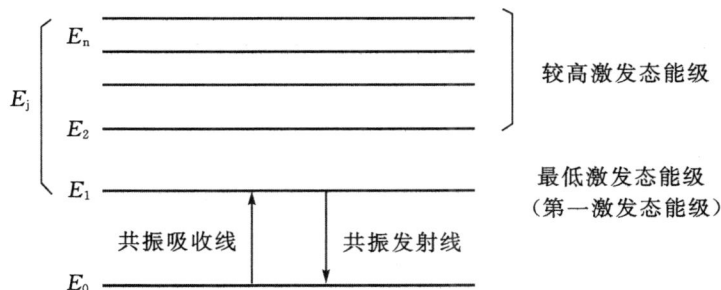

图 14 - 1　原子能级示意图

分析化学

原子处于激发态时很不稳定,在极短的时间内会辐射出一定频率的光子,跃迁至基态。辐射光子的频率与其基态电子跃迁到激发态时所吸收光子的频率相等,其所吸收或辐射的光子的频率(v)与电子跃迁时的两能级能量差的关系为:

$$\Delta E = E_j - E_0 = hv \qquad (14-1)$$

很多原子的吸收光谱位于紫外光区和可见光区。

(二)共振线

原子吸收一定频率的辐射从基态跃迁至激发态,所产生的吸收线称为共振吸收线;当原子从激发态跃迁到基态时,所发射的相同频率的电磁辐射称为共振发射线。很显然,电子在第一激发态和基态间的跃迁最容易,相应的吸收线和发射线最强、最灵敏,因此,所谓的共振吸收线指原子由基态跃迁到第一激发态所吸收的电磁辐射;共振发射线指原子由第一激发态跃迁至基态所发射的电磁辐射。共振吸收线和共振发射线统称共振线。不同元素的原子结构不同,第一激发态和基态之间的能量差也不同,其共振线就不同,即 $\Delta E = E_1 - E_0 = hv$。对于大多数元素来说,共振线是元素所有谱线中最灵敏的谱线,是元素的特征谱线,也称为分析线,原子吸收分光光度法就是利用元素对共振线的吸收强度而进行定量的分析方法。

知识拓展

原子吸收共振线并不是严格意义上的单色光,而是具有相当窄的频率或波长范围,即有一定的宽度,这是原子吸收分光光度法误差的来源之一。

二、原子吸收吸光度与待测元素浓度的关系

在进行原子吸收分析时,必须先将试样中的待测元素由化合物状态转变成基态原子,这个过程称为原子化。因此,必须明确试样中待测元素经原子化后的基态原子数与该元素原子总数的关系。一般情况下,在实验温度范围内,试样溶液中的待测元素经原子化器之后,就变成了气态基态原子,可用气态基态原子数来代表待测原子总数。

在锐线光源条件下,光源的发射线通过一定厚度的基态原子蒸气,则有一部分光被基态原子所吸收,与紫外－可见分光光度法中一样,入射光强度、透射光强度与原子蒸汽的宽度(火焰的宽度)、基态原子浓度之间的关系遵循朗伯－比耳定律:

$$A = \lg \frac{I_0}{I_t} = KcL \qquad (14-2)$$

式(14-2)中,A 为吸光度,I_0 为入射光强度,I_t 为通过原子蒸气吸收后的透射光强度,K 为常数(可由实验测定),c 为试样浓度(基态原子),L 为原子蒸气光径。

在实验条件下,原子蒸气光径(火焰宽度)是固定的,所以,式(14-2)又可以写成 $A = K'c$,这就是原子吸收分光光度法的定量分析的理论基础。

第二节 原子吸收分光光度计基本结构及操作

一、原子吸收分光光度计基本结构

原子吸收分光光度计的主要部件由五个部分所组成,即光源、原子化器、单色器、检测器、数据处理及显示器,其基本结构如图 14 – 2 所示。

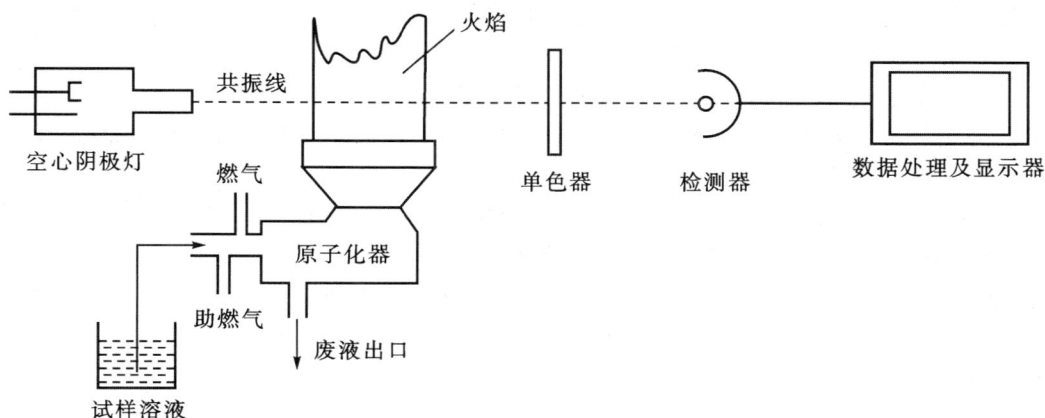

图 14 – 2 原子吸收分光光度计结构示意图

光源发射待测元素的共振线;试样溶液被引入原子化器,待测元素变为基态原子蒸汽;共振线通过基态原子蒸汽之后,单色器将透过基态原子蒸汽的共振线和邻近谱线分开;检测器接收透过原子蒸汽之后的共振线,并将光信号转换为电信号;电信号经过处理放大,由显示系统显示出吸光度或光谱图。

(一)光源

光源的作用是供给原子跃迁所需的特征共振线,故称为锐线光源,具有辐射光强度足够大、稳定性好、背景信号低、使用寿命长等特点。常见的光源有空心阴极灯、蒸气放电灯、高频无极放电灯等。本节着重介绍结构简单、操作方便、应用最广泛的空心阴极灯。

空心阴极灯是一种低压气体放电管,它包括一个阳极(钨棒)和一个空心圆筒的阴极,阴极由待测元素的纯金属或合金制成,两电极密封于充有低压惰性气体的带有光学窗口的硬质玻璃管内。阴极和阳极的设计要求是可以产生稳定的受控放电,可以产生很狭窄的线性输出,其结构如图 14 – 3 所示。

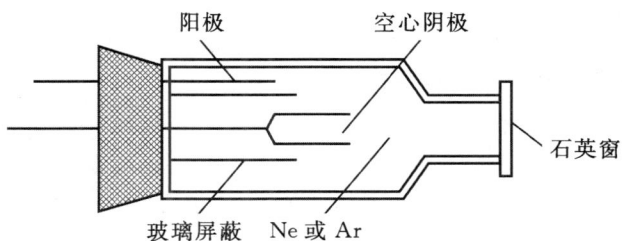

图 14 – 3 空心阴极灯结构示意图

（二）原子化器

原子化器的作用是提供合适的能量,使试样中被测元素转化为吸收特征辐射线的基态原子蒸气。试样的原子化是原子吸收分光光度法的一个关键步骤,所以,原子化器是原子吸收分光光度计中极其重要的部件。

最常用的原子化器是火焰原子化器和石墨炉原子化器,另外还有氢化物发生原子化器、冷蒸气原子化器等类型。

1. 火焰原子化器

它是通过火焰温度和气氛使试样原子化的装置,其功能是将供试品溶液雾化成气溶胶后,再与燃气混合,进入燃烧灯头产生的火焰中,以干燥、蒸发、离解供试品,使待测元素形成基态原子。燃烧火焰由不同种类的气体混合物产生,常用乙炔空气火焰。改变燃气和助燃气的种类及比例可以控制火焰的温度,以获得较好的火焰稳定性和测定灵敏度。火焰原子化器的结构简单、操作方便、快速,重现性和准确度都比较好,对大多数元素都有较高的灵敏度,适用范围广。

火焰原子化器又分为全消耗型和预混合型两种类型。全消耗型燃烧器是将试液直接喷入火焰。预混合型燃烧器是先将试液的雾滴、燃气和助燃气在进入火焰前,于雾化室内预先混合均匀,然后再进入火焰,其气流稳定、噪声小、原子化效率较高,所以一般仪器都采用预混合型。

预混合型火焰原子化器包括雾化器、雾化室、燃烧器、火焰四个部分,其结构如图 14 - 4 所示。

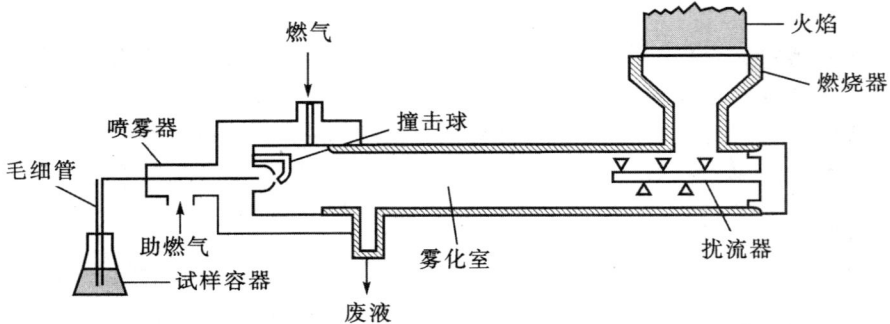

图 14 - 4　火焰原子化器结构示意图

（1）雾化器　雾化器是火焰原子化器的重要部件。雾化器的作用是将试液雾化,使其在火焰中产生更多且稳定的基态原子。

（2）雾化室　雾化室又称与混合室,其作用是进一步细化雾滴,并使之与燃气(乙炔、丙烷、氢等)均匀混合后进入火焰。而一些未被细化的雾滴则在雾化室内凝结为液珠,沿废液排泄管排出。另外,雾化室可以缓冲稳定混合气气压,以便使燃烧器产生稳定的火焰。

（3）燃烧器　燃烧器的作用是使燃气在助燃器的作用下形成火焰,在高温下使试样中的待测元素原子化

（4）火焰　在火焰原子化法中,火焰是使样品中的被测元素原子化的能源,其作用是使待测物质分解成基态自由原子,它直接决定分析的灵敏度和结果的重现性,应用最广泛的火焰是

空气 – 乙炔火焰。

虽然火焰原子化器操作简便,重现性好,但由于原子化效率低,基态原子吸收区域停留时间短,限制了测定灵敏度的提高,同时,这种原子化法要求有较多的试样溶液,且无法直接分析黏稠状液体和固体试样。

2. 石墨炉原子化器

石墨炉原子化器是一个电加热器,利用低压、大电流来加热石墨管(可升温至3000℃),以实现试样的蒸发和原子化的装置。其结构如图 14 – 5 所示。先进的原子吸收分光光度计能通过微处理器,按所指令的控温程序自动分段完成干燥、灰化、原子化、净化操作,从而提高测定的选择性和灵敏度。

(1)干燥　目的是蒸发除去溶剂或其他低沸点挥发性成分,常选择 100℃、60 秒,当进样体积较大时,可以适当延长干燥时间。

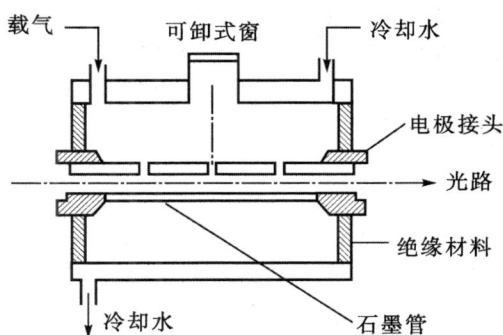

图 14 – 5　石墨炉原子化器结构示意图

(2)最佳灰化温度　指在低温下吸光度保持不变,当吸光度下降时对应的较高温度,即为最佳灰化温度,可通过绘制吸光度与灰化温度的关系来确定。灰化目的是在不损失被测元素的前提下,除去高沸点挥发性酸、有机复合物及非挥发性的无机化合物等成分。

(3)原子化温度　原子化的温度因元素不同而异,其最佳温度也可通过绘制吸光度与原子化温度的关系来确定,对多数元素来讲,当曲线上升至平顶形时,与最大吸光度值对应的温度就是最佳原子化温度。但是为了延长石墨管寿命,只要有足够的灵敏度,也可采用较低的温度进行原子化。

(4)净化　用高于原子化温度烧尽上一次测定时残留在石墨管内的残渣,以避免影响下一次测定,即称净化。

由于高温石墨炉法原子化效率高达 90% 以上,且高浓度的基态原子在测定区的有效停留时间较长(0.1 ~ 1 秒),所以与火焰原子化法相比,石墨炉原子化具有如下优点:①检出限低,对很多元素的测定比火焰原子化法低 2 ~ 3 个数量级。②试样在体积很小的石墨管里直接原子化,有利于难熔氧化物的分解,提高了测定的选择性和灵敏度。③可以直接进行黏度较大样品、悬浮液和固体样品的进样。④取样量小(固体 0.1 ~ 10mg,液体 1 ~ 50μl)。但是,石墨炉法也有缺点,如:背景干扰较大,须有扣除背景装置;设备复杂、昂贵;精密度较差(相对偏差约 3%);单试样分析所需时间较长等。

课堂互动

试谈谈石墨炉原子化与火焰原子化法相比有哪些优点。

3. 氢化物发生原子化器

由氢化物发生器和原子吸收池组成,可用于砷、锗、铅、镉、硒、锡、锑等元素的测定。其功能是将待测元素在酸性介质中还原成低沸点、易受热分解的氢化物,再由载气导入由石英管、加热器等组成的原子吸收池,在吸收池中氢化物被加热分解,并形成基态原子。

271

4. 冷蒸气发生原子化器

由汞蒸气发生器和原子吸收池组成,专门用于汞的测定。其功能是将供试品溶液中的汞离子还原成汞蒸气,再由载气导入石英原子吸收池进行测定。

在原子吸收分光光度分析中,必须注意背景以及其他因素对测定的干扰。仪器某些工作条件(如波长、狭缝、原子化条件等)的变化可影响灵敏度、稳定程度和干扰情况。在火焰法原子吸收测定中可采用选择适宜的测定谱线和狭缝、改变火焰温度、加入配位剂或释放剂、采用标准加入法等方法消除干扰;在石墨炉原子吸收测定中可采用选择适宜的背景校正系统、加入适宜的基体改进剂等方法消除干扰。

(三)单色器

其作用是将待测元素的共振线和邻近谱线分开,从而使分析线选择性地进入检测器。为了防止原子化时产生的辐射不加选择地都进入检测器以及避免光电倍增管的疲劳,单色器通常配置在原子化器后。单色器要保持干燥,平时应定期更换单色器内的干燥剂。单色器中的关键部件是色散元件,现多用光栅,严禁用手触摸和擅自调节。

(四)检测器

将单色器分出的光信号进行光电转换,通常采用光电倍增管作为检测器,最常用的是峰响应在 $185 \sim 900nm$ 范围的广域光电倍增管。备用光电倍增管应轻拿轻放,严禁振动。仪器中的光电倍增管严禁强光照射,检修时要关掉负高压。

(五)数据处理及显示器

它由电信号放大器、对数转换器和显示装置组成,其作用是对电信号进行处理并将适当的结果显示出来。

现代仪器都有对数转换装置,可以浓度直读,还有标尺扩展、曲线校直、背景扣除、自动进样器和打印机等装置。新型的微型电子计算机控制的原子吸收分光光度计不仅有对各个元素分析参数的建议,而且自动化程度大为提高。

二、原子吸收分光光度计的类型

原子吸收分光光度法的发展速度比较快,仪器的种类与型号较多,根据光路的不同可分为单光束和双光束两类。

(一)单光束型原子吸收分光光度计

这是最早出现的一类原子吸收分光光度计,结构简单,外光路只有一束光,灵敏度较高,价格便宜,能适应一般分析需要。缺点是不能消除光源波动的影响,造成基线漂移,影响测定的精密度和准确度。使用时空心阴极灯要充分预热,待稳定后才能测定,测定过程中需注意校正基线。单光束型原子吸收分光光度计的光路如图 14 - 6(a)所示。

(二)双光束型原子吸收分光光度计

这类仪器是通过切光器将光源分成两束光,其中一束通过火焰作为测量光束,另一束不通过火焰作为参比光束。两束光交替进入单色光器和检测系统,测其比值。其光路如图 14 - 6(b)所示。由于两束光来自同一光源,检测器输出的是两光束的讯号进行比较的结果,因此,即使光源强度、检测器灵敏度发生变化时也能稳定的进行测量;另外,其精密度和准确度均较单光束高,光源无需预热,相应延长了光源的使用寿命,分析速度快。缺点是不能消除原子化系统的不稳定和背景吸收的影响,而且仪器结构复杂,价格较贵。

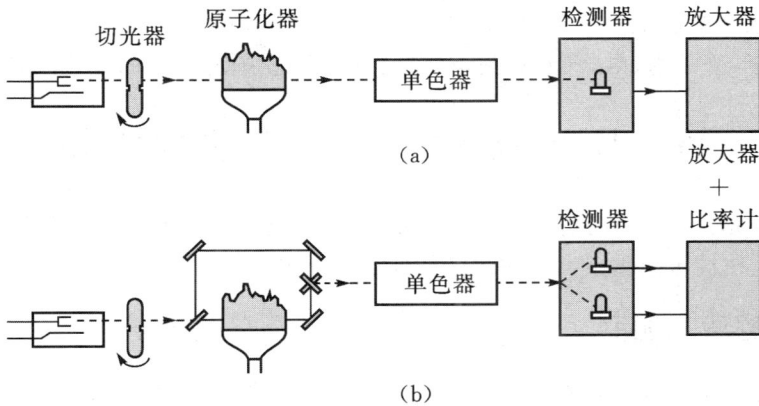

图14-6　原子吸收分光光度计光路示意图

三、原子吸收分光光度计的操作规程

（一）开机

1. 依次打开排风扇、冷却水、稳压电源、主机电源、计算机显示屏电源开关。
2. 开启燃气钢瓶主阀,乙炔钢瓶主阀（最多开启一圈）。
3. 装上待测元素空心阴极灯,调节灯电流与波长至所需值。

（二）测试

1. 点火,设置仪器测试参数。
2. 将毛细管插入去离子水中,调零。
3. 将进样毛细管插入待测溶液,待吸光度显示稳定后,记录测试结果。
4. 将毛细管插入去离子水中,回到零点,再将进样毛细管插入另一个待测溶液,待吸光度显示稳定后,记录测试结果,依次测定其他待测溶液。

（三）关机

1. 测试完毕,在点火状态下吸喷去离子水清洗原子化器数分钟。
2. 关闭燃气钢瓶主阀,待管路中余气燃净后关闭仪器的燃气阀门。
3. 松开仪器面板上燃气和助燃气旋钮,将灯电流旋至零。
4. 依次关闭计算机、主机、稳压器、冷却水、排风扇开关。
5. 用滤纸将燃烧头缝擦干净。

（四）注意事项

1. 经过严格培训和考核合格者方可使用该仪器,未经允许不得使用。
2. 操作者在使用仪器前必须仔细阅读操作说明书,熟悉操作步骤,了解仪器的基本结构和水、电、气管路及开关。

分析化学

3. 点火前应打开排风扇,仪器排液管的水封中应注满水。

4. 点火前先通助燃气,再通燃料气;熄火时先关燃料气,再关助燃气。使用 N_2O 作助燃气时,须切换到空气状态方可点火和熄火,同时应更换燃烧头。

5. 空心阴极灯电流不得大于 10mA,空心阴极灯和氘灯的能量计指针应于蓝色区。

6. 使用完毕,确认水、电、气开关关闭,在记录本上记录使用情况,方可离开实验室。

第三节　原子吸收分光光度法的定量方法

原子吸收分光光度法定量分析的方法主要有标准曲线法、标准加入法两种,都是利用吸光度和浓度之间的线性函数关系由已知浓度标准溶液求得样品溶液的浓度。

一、标准溶液的配制

标准溶液在原子吸收分光光度法定量分析中非常重要,有必要专门讨论。火焰原子吸收测定中常用的标准溶液浓度单位为 $\mu g/ml$,无火焰原子吸收测定中标准溶液浓度单位为 $\mu g/L$。

1. 标准储备液

一般选用高纯金属(99.99%)或被测元素的盐类精确称量溶解后配成 1mg/ml 的标准储备液。目前可以购买到多种元素的专用标准储备液。

2. 标准溶液

标准储备液经过稀释即成为所需要的标准溶液。对于火焰原子吸收测定的标准储备液一般要稀释 1000 倍,无火焰原子吸收测定的标准储备液要稀释 100 000 ~ 1 000 000 倍。

3. 配制标准溶液的注意事项

(1)配制标准储备液和标准溶液应使用去离子水,保证玻璃器皿纯净,防止污染。

(2)配制标准储备液和标准溶液所用硝酸、盐酸应为优级纯,一般避免使用磷酸或硫酸。

(3)标准储备液要保持一定酸度防止金属离子水解,存放在玻璃或聚乙烯试剂瓶中,有些元素(如金、银)的贮备液应存放在棕色试剂瓶中,应避免阳光照射,避免存储在寒冷的地方。

(4)许多元素的标准储备液直接用水稀释时,有可能产生沉淀被吸附而降低浓度。因此,校准用的标准溶液应使用 0.1mol/L 的标准储备液中酸或碱溶液稀释制备。

(5)校准用的标准溶液长期使用后浓度容易改变,因此,应在每次测定前制备。

(6)标准储备液和标准溶液一般是用酸溶解金属或盐类制成,不宜久存,应在有效期内使用。金属在使用前一定要注意除去表面的污染物和氧化层。

二、标准曲线法

原子吸收分析的标准曲线法和紫外分光光度法相似,也叫工作曲线法。在仪器推荐的浓度范围内,配制标准系列(一组浓度适宜的标准溶液);在一定的测试条件下,依次测定空白溶液和标准系列(按浓度由低到高的顺序)的吸光度;以吸光度 A 为纵坐标,浓度 c 为横坐标,绘制 $A-c$ 标准曲线。在完全相同的实验条件下,测定待测溶液(待测元素的浓度在标准曲线浓度范围内)的吸光度 A_x;在标准曲线上查出 A_x 对应的浓度 c_x,计算试样中待测元素的浓度或含量。

为了确保标准曲线法定量的精密度和准确度,使用标准曲线法时必须注意:①所配制的标准溶液的浓度和相应吸光度应在线性范围内。②在整个分析过程中,各测定条件应保持恒定。③待测样品溶液和标准溶液所加试剂应一致。

标准曲线法简单、快速,适用于组成简单或共存元素无干扰的试样,可用于同类大批量试样的分析测定。该方法的主要缺点是基体影响较大。

三、标准加入法

若试样的基体组成复杂,对测定有明显影响,且没有基体空白,或测定纯物质中极微量的元素时,可采用标准加入法进行定量分析,以消除基体的干扰。

操作步骤如下:

1. 制备试液

取 4 个同容积的洁净容量瓶,依次编号为 0、1、2、3,分别加入相同体积的待测试样溶液,再依次向 1、2、3 号容量瓶精密加入不同浓度(各浓度间距应一致)的待测元素的标准溶液,将所有容量瓶均加溶剂定容。设待测试样中元素的浓度为 c_x,加入待测元素标准溶液之后,则各容量瓶的浓度依次为 c_x、$c_x + c_0$、$c_x + 2c_0$、$c_x + 3c_0$。

2. 测定试液的吸光度

在相同条件下,依次测定各试液的吸光度 A_0、A_1、A_2、A_3。

3. 绘制 $A - c$ 曲线

以浓度 c 为横坐标,相应吸光度 A 为纵坐标,绘制 $A - c$ 曲线。延长 $A - c$ 曲线,与横坐标的交点的绝对值即为待测试样溶液中待测元素的浓度 c_x,如图 14 - 7 所示。

使用标准加入法时应注意:①待测元素的浓度与其对应的吸光度在测定浓度范围内呈线性关系。②为了得到较准确的外推结果,最少应取 4 个点来做外推曲线,且第 1 份加入的标准溶液与试样溶液浓度之比应适当。③本法可以消除基体干扰,但不能消除背景吸收干扰。④对于斜率太低的曲线(灵敏度差),容易引进较大的误差。

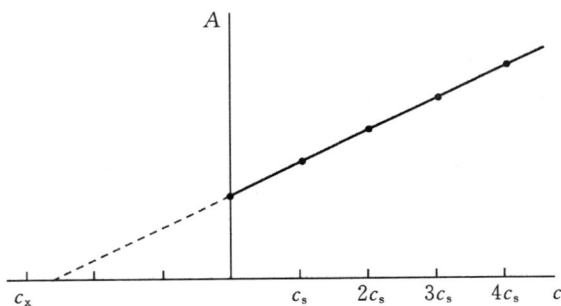

图 14 - 7　标准加入法示意图

技能实训

实训 1　水中微量镁的测定

一、实训目的

1. 熟悉原子吸收分光光度计的主要结构及其性能。
2. 学习原子吸收分光光度计的使用方法。

分析化学

3. 用标准曲线法测定水中镁的含量。

二、仪器与试剂

1. 仪器

原子吸收分光光度计(型号、厂家)、镁元素空心阴极灯、乙炔钢瓶、空气压缩机、容量瓶、吸量管、聚乙烯瓶。

2. 试剂

镁标准贮备液(1mg/ml)。

三、实训原理

在使用锐线光源和稀溶液的情况下,基态原子蒸气对其特征辐射的共振吸收符合朗伯 – 比尔定律,实验条件下,可认为原子蒸气中基态原子的数目实际上接近或等于原子总数,而原子总数与试样浓度 c 的比例是一定的,因此有 $A = Kc$,这就是原子分光光度法进行定量分析的理论依据。

在 $A = Kc$ 线性范围内,配制标准系列(一组浓度适宜的标准溶液);在一定试条件下,依次测定空白溶液和标准系列(按浓度由低到高的顺序)的吸光度;以吸光度 A 为纵坐标,浓度 c 为横坐标,绘制 $A – c$ 标准曲线。在相同条件下,测定待测溶液(待测元素的浓度在标准曲线浓度范围内)的吸光度 A_x;在标准曲线上查出 A_x 对应的浓度 c_x,计算试样中待测元素的浓度或含量。

四、实训内容

1. 配制测试溶液

(1)镁标准溶液(50μg/ml)的配制　精密吸取 2.50ml 镁标准贮备液(1mg/ml)于 50ml 容量瓶中,加入去离子水稀释至刻度,摇匀。

(2)镁标准系列溶液的配制　精密吸取镁标准溶液(50μg/ml)5.00ml 置于 50ml 容量瓶中,用去离子水稀释至刻度,摇匀。在精密吸取此稀释溶液 2.00ml、4.00ml、6.00ml、8.00ml、10.00ml 分别置于 5 只 100ml 容量瓶中,用去离子水稀释至刻度,摇匀,则溶液的浓度分别为 0.10μg/ml、0.20μg/ml、0.30μg/ml、0.40μg/ml、0.50μg/ml。

(3)试样溶液的配制　精密吸取 2.00ml 自来水于 100ml 容量瓶中,用去离子水稀释至刻度,摇匀。

2. 设置实验条件

(1)镁的吸收线波长 λ　285.2nm。

(2)灯电流 I　2mA。

(3)狭缝宽度 d　2 档。

(4)燃烧器高度 h　4.0mm。

(5)乙炔转子流量计 Q　0.7～0.8L/min。

(6)空气转子流量计 Q　5.5 L/min。

3. 测定吸光度

按照原子吸收分光光度计的操作规程,在设定的实验条件下,以去离子水作空白,喷雾调零后,由稀到浓依次测定上述镁标准系列溶液和试样溶液的吸光度。

4. 绘制标准曲线,查找试样测试液的浓度

以镁标准系列溶液浓度 c 为横坐标,对应的吸光度 A 为纵坐标,绘制标准曲线。从标准曲线上查出该溶液的含镁量(c_x),并计算自来水的含镁量。

五、数据记录与处理

1. 数据记录

测试液浓度 $c(\mu g/ml)$	0.10	0.20	0.30	0.40	0.50	c_x
吸光度 A						

2. 数据处理

标准曲线:

从标准曲线上查得 c_x =

自来水中的含镁量($\mu g/ml$)= c_x × 稀释倍数 =

六、注意事项

1. 实验中所使用的试剂其纯度应符合规定要求,所用玻璃器皿需严格洗涤,保证洁净。

2. 点燃火焰时,应先开助燃气(空气),调节好流量,再开燃气(乙炔),调节好流量后,方可点燃火焰。熄灭火焰时,应先关燃气(乙炔)总阀,待火焰自行熄灭后,再关闭仪器上的燃气(乙炔)钮,最后才切断助燃气(空气)。并检查此时乙炔钢瓶压力表指针是否回到零,否则表示未关紧。

3. 进行喷雾时,要保证助燃气和燃气压力不变,否则影响测定值的准确性。

4. 测定结束后,用去离子水喷洗 5~10 分钟,待火焰自行熄灭后,再将去离子水移开。

七、问题与讨论

1. 原子吸收分光光度计测定不同元素时,对光源有什么要求?为什么?

2. 试样原子化的方法有哪几种?

实训2　镀镍溶液中微量铜的测定

一、实训目的

1. 掌握原子吸收分光光度计的基本实验技术。

2. 用标准加入法测定镀镍溶液中铜的含量。

分析化学

二、实训原理

待测元素空心阴极灯发射出的一定强度和一定波长的特征谱线的光,通过含有待测元素基态原子蒸气的火焰时,其中部分特征谱线的光被基态原子吸收,而未被吸收的光经单色器照射到光电检测器上被检测,根据该特征谱线光被吸收的程度,即可测得试样中待测元素的含量。

用原子吸收分光光度法测定镀镍溶液中的微量铜,试样基体的影响比较大,采用标准加入法可以消除这种影响。测定时,在一系列待测试样中分别加入不同浓度的待测溶液的标准溶液,分别测得吸光度。然后,以浓度 c 为横坐标,相应吸光度 A 为纵坐标,绘制 $A-c$ 曲线。延长 $A-c$ 曲线,与横坐标的交点的绝对值即为待测试样溶液中待测元素的浓度。

三、仪器与试剂

1. 仪器
火焰离子化原子吸收分光光度计、50ml 容量瓶。

2. 试剂
铜标准溶液（100μg/ml）、铜标准溶液（10μg/ml）。

四、实训内容

1. 铜标准溶液的配制
（1）铜标准溶液（100μg/ml）　溶解 0.1000g 纯金属铜于 15ml 1:1 硝酸中,转入 1000ml 容量瓶中,用去离子水稀释至刻度。

（2）铜标准溶液（100μg/ml）　由 100μg/ml 的铜标准溶液准确稀释 10 倍而成。

2. 测试液的配制
取 5 个 50ml 的洁净容量瓶,依次编号为 0、1、2、3、4,分别加入 5.0ml 待测镀镍溶液,再依次向 1、2、3、4 号容量瓶中分别精密加入 0.5ml、1.0ml、1.5ml、2.0ml 铜标准溶液（100μg/ml）,定容。

3. 设置实验条件
（1）铜的吸收线波长 λ　324.75nm。
（2）空心阴极灯电流 I　4mA。
（3）狭缝宽度 d　2 档。
（4）燃烧器高度 h　4.0mm。
（5）乙炔流量 Q　1.2 L/min。
（6）空气流量 Q　5.0 L/min。

4. 测定试液的吸光度
按照火焰离子化原子吸收分光光度计的操作规程,在设定的实验条件下,以 0 号试液作空白,喷雾调零后,由稀到浓依次测定各试液的吸光度。

5. 绘制标准曲线,查找试样测试液的浓度
以试液浓度 c 为横坐标,对应的吸光度 A 为纵坐标,绘制标准曲线。延长标准曲线交于横坐标,则横坐标示数的绝对值就是待测镀镍溶液中铜的含量 c_x。

五、数据记录与处理

1. 数据记录

容量瓶编号	0	1	2	3	4
加 10μg/ml 铜标液的体积（ml）	0	0.5	1.0	1.5	2.0
测定液中加入铜标液浓度（μg/ml）	0	0.1	0.2	0.3	0.4
吸光度 A					

2. 数据处理

标准曲线：

从标准曲线上查得 c_x = ＿＿＿＿＿＿

六、注意事项

1. 本实训使用乙炔作为燃气。点火前要先开空气后开乙炔气，熄火时要先关乙炔气后关空气，防止回火事故的发生。

2. 元素灯使用前应该预热一段时间，使发光强度达到稳定。预热时间一般在 20～30 分钟。

3. 保持燃烧头清洁，燃烧头狭缝上不应有任何沉积物，因这些沉积物可能引起燃烧头堵塞，使雾化室内压力增大，使液封盒中的液体被压出，或残渣从燃烧狭缝中落入雾化室将燃气引燃。清除方法是把火焰熄灭后，用滤纸插入缝内擦拭。燃烧头使用后温度很高，严禁用手触摸。

4. 废液管必须接在液封盒下出液口上，排液必须通畅。废液管下端不能插入废液中，应与液面保持一定距离。上通气口必须与大气相通。

七、问题与讨论

1. 标准加入法有什么优缺点？
2. 若使标准加入法测定结果更加可靠，应注意什么问题？

考点提示

本章主要介绍了原子吸收分光光度法的基本原理、原子吸收分光光度计、原子吸收吸分光光度法的定量分析方法等基本知识。在各类考试中，常见的考点如下。

1. 原子吸收分光光度法的基本原理 $\begin{cases} 原子吸收光谱的产生机制 \\ 原子吸收吸光度与待测元素的关系 \ A = K'c \end{cases}$

2. 原子吸收分光光度计 $\begin{cases} 原子吸收分光光度计的基本结构 \\ 原子吸收分光光度计的基本类型 \end{cases}$

分析化学

3. 原子吸收分光光度法的定量方法 $\begin{cases} 标准曲线法 \\ 标准加入法 \end{cases}$

目标检测

一、选择题

（一）单项选择题

1. 原子吸收分光光度法选择性好，是因为

A. 原子化效率高

B. 光源发出的特征辐射只能被特定的基态原子所吸收

C. 检测器灵敏度高

D. 原子蒸汽中基态原子数不受温度影响

2. 原子化器的主要作用是

A. 将试样中待测元素转化为基态原子

B. 将试样中待测元素转化为激发态原子

C. 将试样中待测元素转化为中性分子

D. 将试样中待测元素转化为离子

3. 在原子吸收分光光度计中，目前常用的光源是

A. 火焰 　　　　　　　　　　B. 空心阴极灯

C. 氙灯 　　　　　　　　　　D. 交流电弧

4. 原子吸收的吸光度与原子浓度的关系是

A. 指数关系 　　　　　　　　B. 对数关系

C. 反比关系 　　　　　　　　D. 线性关系

5. 原子分光光度法测量的是

A. 溶液中分子的吸收 　　　　B. 蒸汽中分子的吸收

C. 溶液中原子的吸收 　　　　D. 蒸汽中原子的吸收

6. 共振吸收线是

A. $I - \nu$ 曲线

B. $K - \nu$ 曲线

C. 电子由激发态跃迁至低能级时所产生的发射线

D. 电子由基态跃迁至第一激发态所产生的吸收线

7. 原子吸收光谱是

A. 带状光谱 　　　　　　　　B. 线状光谱

C. 振动光谱 　　　　　　　　D. 转动光谱

8. 原子吸收分光光度计与紫外 – 可见分光光度计不同之处是

A. 光源不同 　　　　　　　　B. 吸收池不同

C. 单色器位置不同 　　　　　D. 以上均是

9. 原子吸收分光光度计中光源的作用是

A. 提供试样原子化所需的能量

B. 发射待测元素基态原子所吸收的特征光谱

C. 产生足够强度的散射光

D. 发射很强的紫外 – 可见光谱

10. 空心阴极灯可以提供

A. 可见光谱　　　　　　　　　　　B. 紫外光谱

C. 红外光谱　　　　　　　　　　　D. 锐线光谱

（二）多项选择题

1. 原子吸收分光光度计由（　　　　）、单色器、检测器等主要部件组成

A. 电感耦合等离子体　　B. 空心阴极灯　　　　C. 原子化器

D. 辐射源　　　　　　　E. 能斯特棒灯

2. 原子吸收分光光度法常用的定量分析方法有

A. 标准曲线法　　　　　B. 标准加入法　　　　C. 对照法

D. 吸光系数法　　　　　E. 内标法

3. 原子吸收分光光度计的基本结构包括

A. 光源　　　　　　　　B. 原子化器　　　　　C. 单色器

D. 检测器　　　　　　　E. 数据处理及显示器

4. 下列叙述正确的是

A. 原子吸收分光光度法常用于微量金属元素的含量检测

B. 原子吸收分光光度法常用于微量有机化合物的结构分析

C. 原子吸收分光光度法通过测定电信号强度而进行定性分析

D. 空心阴极灯的电磁辐射在紫外光区和可见光区

E. 原子化器能把试样中被测元素转化为吸收特征辐射线的基态原子

二、名词解释

1. 原子吸收分光光度法

2. 共振线

三、简答题

1. 单光束原子吸收分光光度计由哪几部分组成？其主要作用是什么？

2. 原子吸收分光光度法定量分析的理论依据是什么？有哪些定量分析方法？

3. 原子化器的功能是什么？最常用的原子化器有哪两类？

四、实例分析题

1. 制备的储存溶液含钙 0.1mg/ml，取一系列不同体积的储存溶液于 100ml 的容量瓶中，以纯化水稀释至刻度。取 5ml 天然水样品于 100ml 容量瓶中，并以纯化水稀释至刻度。上述系列溶液用原子吸收光谱法测定其吸光度，吸光度的测量结果列于下表，试计算天然水中钙的含量。

储存溶液体积（ml）	吸光度（A）	储存溶液体积（ml）	吸光度（A）
1.00	0.224	4.00	0.900
2.00	0.447	5.00	1.122
3.00	0.675	稀释的天然水溶液	0.475

分析化学

2. 用标准加入法测定液体中镉。各试样中加入镉标准溶液(浓度为 $10.0\mu g/ml$)后,用纯化水稀释至 50ml,测得吸光度如下表,求试样中镉的浓度。

测定次数	试样体积(ml)	加入镉标准液的体积(ml)	吸光度(A)
1	20	0	0.042
2	20	1	0.080
3	20	2	0.116
4	20	4	0.190

(闫冬良)

第十五章 其他仪器分析法简介

学习目标

【了解】红外分光光度法、荧光分光光度法、核磁共振波谱法、质谱法、毛细管电泳分离分析法基本原理、仪器结构及主要应用。

第一节 红外分光光度法简介

1800年,德国物理学家赫胥尔从热的观点研究光,发现了红外线,是波长位于 0.76 ~ 1000μm 的电磁波。其中,0.76 ~ 2.5μm 称为近红外区,2.5 ~ 25μm 称为中红外区,25μm 以上称为远红外区。绝大多数有机物和无机离子的化学键基频吸收都出现在中红外区,并且常见红外光谱仪的测定波长范围为 2.5 ~ 25μm,所以通常所说的红外光谱(infrared spectrum, IR)指中红外区的光谱。

由于红外线照射能量较低,只能引起分子振动能级的跃迁,而振动能级的跃迁会伴随着许多转动能级的跃迁,所以红外光谱也称为振-转光谱。

一、基本原理

(一)红外光谱的表示方法

红外光谱是一种分析吸收光谱,谱图常以百分透光率($T\%$)为纵坐标,线性波数(σ,单位 cm^{-1})或线性波长(λ,单位 μm)为横坐标绘制的曲线来表示。一般的红外光谱的横轴都有两个标度。目前红外光谱中最常用的是波数等距绘制的 $T-\sigma$ 曲线,谱图上的"谷"是红外光谱的吸收峰,即吸收峰峰顶向下,如图 15-1 为肉桂酸甲酯的红外光谱图。

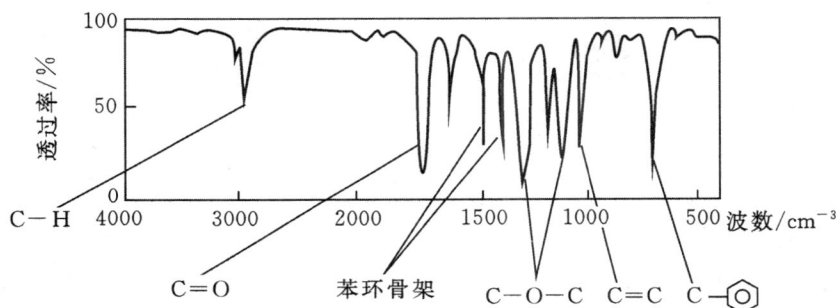

图 15-1 肉桂酸甲酯的红外光谱图

(二) 分子的振动频率和振动形式

1. 振动频率

以双原子分子的振动光谱为例,如图 15 - 2 所示,把两个不同质量的原子近似地看作两个小球,把连接两者的化学键看成质量可以忽略不计的弹簧,两个原子间的伸缩振动可近似地看成沿键轴方向的简谐振动,双原子分子近似地看作谐振子。

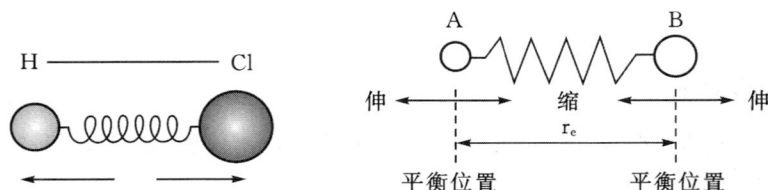

图 15 - 2 双原子分析振动示意图

这个体系的振动频率可以用 Hooke 定律(公式 15 - 1)推导出:

$$v = \frac{1}{2\pi}\sqrt{\frac{K}{u}} \qquad (15 - 1)$$

式中,K 为化学键合力常数,即将化学键两端的原子由平衡位置拉长 0.1nm 后的恢复力。u 为折合质量,即 $u = \frac{m_A \cdot m_B}{m_A + m_B}$,$m_A$ 及 m_B 分别为化学键两端 A 和 B 的质量。上式说明,化学键合力常数 K 越大,折合质量 u 越小,则谐振子振动频率越大。

2. 伸缩振动

化学键沿键轴方向作规律性的伸与缩的运动。其振动形式主要有对称伸缩振动(v_s 或 v^s 表示)和不对称伸缩振动(v_{as} 或 v^{as} 表示)两种。

以 CH_3 为例(图 15 - 3),三个氢原子沿键轴的运动方向相同,即三个氢键同时伸长或缩短,称为对称伸缩振动。若三个碳氢键交替伸长与缩短,则称为不对称伸缩振动。

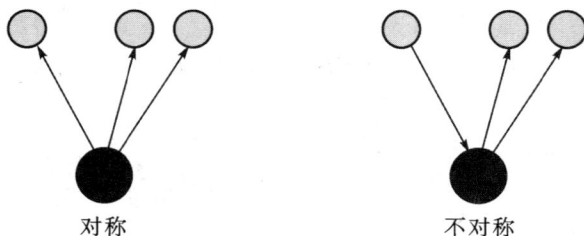

对称   不对称

图 15 - 3 CH_3 伸缩振动

3. 弯曲振动

键角发生规律性变化的振动称为弯曲振动(图 15 - 4)。可分为面内弯曲振动(指几个原子所构成的平面内进行的弯曲振动,用 β 表示)、面外弯曲振动(指垂直于由几个原子所构成的平面方向上进行的弯曲振动,用 γ 表示)、变形振动(指多个化学键端的原子相对于分子的其余部分的弯曲振动)等形式。

一般情况下,对称伸缩振动比不对称伸缩振动容易;弯曲振动比伸缩振动容易。各振动形式的能量排列顺序为:$v_{as} > v_s > \beta > \gamma$。

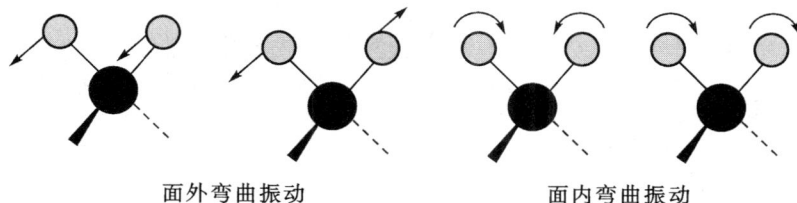

面外弯曲振动　　　　　面内弯曲振动

图 15 - 4　弯曲振动

（三）红外吸收峰的类型

吸收峰的位置简称峰位。同一种基团的同一种振动形式的吸收,由于受不同化学环境的影响,而使其吸收峰的位置有所改变,但是振动吸收峰的大致位置会稳定出现在一段区间内。

1. 基频峰

分子吸收一定频率的红外线,若振动能级由基态($V = 0$)跃迁到第一振动激发态($V = 1$)时,所产生的吸收峰称为基频峰。基频峰的强度一般都比较大,其峰位置的规律性也比较强,所以在红外光谱上最容易识别,基频峰是红外光谱最主要的一类吸收峰。

2. 泛频峰

在红外吸收光谱上,真实分子的振动并不是严格的简谐振动。若振动能级由基态($V = 0$)直接跃迁到第二振动激发态($V = 2$)所产生的吸收峰为二倍频峰。同理,若振动能级由基态($V = 0$)直接跃迁到第三振动激发态($V = 3$)所产生的吸收峰为三倍频峰,以此类推,我们总称这些吸收峰为倍频峰。除倍频峰之外,有些弱峰还由两个或多个基频峰的和或差产生,称为合频峰或差频峰。将倍频峰、合频峰及差频峰统称泛频峰。

3. 特征峰

特征吸收峰是可用于鉴别官能团存在的吸收峰,简称特征峰或特征频率。例如在 1870 ~ 1540cm^{-1} 区间出现强大的吸收峰,一般就是羰基伸缩振动($\nu_{C=O}$)峰,可以鉴定化合物的结构中存在羰基。

4. 相关峰

相关吸收峰是由一个官能团产生的一组相互具有依存关系的吸收峰,简称相关峰。用一组相关吸收峰确定一个官能团的存在,是光谱解析的一条较重要的原则。

二、红外分光光度计的基本结构

红外分光光度计主要由光源、吸收池、单色器、检测器和记录系统五个基本部分组成。其结构与紫外可见分光光度计相似。根据单色器的种类不同,将红外分光光度计划分为三个发展阶段,目前使用的红外分光光度计有两种,即色散型红外分光光度计和傅立叶变换红外光谱仪,本节主要介绍色散型红外分光光度计。仪器结构见图 15 - 5。

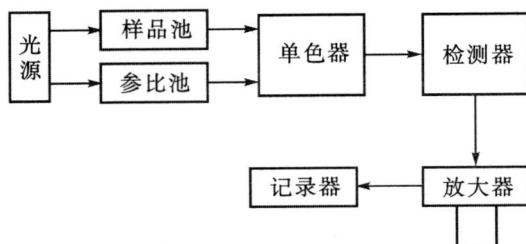

图 15 - 5　双光束红外分光光度计示意图

1. 光源

常用的光源有硅碳棒(工作温度为 1750℃,预热,发射波数 400～5000cm^{-1},发光强度大,但寿命短,易损坏)和能斯特灯(工作温度为 1750℃,发射波数 400～5000cm^{-1},发光面积大,寿命长)。

2. 吸收池

有液体池(测定液体样品)和气体池(测定气体和沸点较低的样品),均需要用在中红外区透光性能好的岩盐做吸收池的窗片。吸收池不用时需在干燥器中保存。

3. 单色器

由狭缝、准直镜和色散元件组成。色散元件目前多用反射光栅。

4. 检测器

应用最普遍的检测器是真空热电偶。

5. 记录系统

记录和处理数据。

常用的色散型红外分光光度计多为双光束型,即光源发出的红外光,由切光器分成两束强度相等的平行光,交替通过样品池和参比池,被样品吸收,带有样品信息的光由斩光器交替进入单色器,经单色器色散后的光,通过检测器检测的信号被放大后,可得红外光谱图。

三、主要应用及实例

红外光谱法是根据样品红外光谱的峰位、峰强及峰形进行定性、定量及测定物质分子结构。该方法具有样品用量少,分析速度快,不破坏样品的特点。目前,在医药领域可以测定药品中的有效成分、组成和含量,亦可进行样品的种类鉴别;在医学检验领域可以测定蛋白质、糖、脂肪等物质的含量测定。以下是采用红外光谱法进行结构分析的一般步骤:

1. 确认样品的来源和性质。

2. 用分子式可以计算不饱和度(U),估算分子结构中是否含有双键、三键以及化合物是饱和还是芳香等。

3. 确认特征区吸收峰的归属。

根据特征区吸收峰的位置与强度确定化合物是芳香族、脂肪族饱和或不饱和化合物。红外光谱有九个重要区段用来鉴别官能团,见表 15 - 1。

表 15 - 1　红外光谱的九个重要区段

波数（cm^{-1}）	波长（μm）	振动类型
3750 ~ 3000	2.7 ~ 3.3	υ_{OH}、υ_{NH}
3300 ~ 3000	3.0 ~ 3.4	$\upsilon_{\equiv CH} > \upsilon_{=CH} \approx \upsilon_{ArH}$
3000 ~ 2700	3.3 ~ 3.7	υ_{CH}（CH_3、CH_2、CH、CHO）
2400 ~ 2100	4.2 ~ 4.9	$\upsilon_{C \equiv C}$、$\upsilon_{C \equiv N}$
1900 ~ 1650	5.3 ~ 6.1	$\upsilon_{C=O}$（酸酐、酰氯、酯、醛、酮、羧酸、酰胺）
1675 ~ 1500	5.9 ~ 6.2	$\upsilon_{C=C}$、$\upsilon_{C=N}$
1475 ~ 1300	6.8 ~ 7.7	δ_{CH}
1300 ~ 1000	7.7 ~ 10.0	υ_{C-O}（醇、酚、醚、酯、羧酸）
1000 ~ 650	10.0 ~ 15.4	$\gamma_{=CH}$（烯氢、芳氢）

4. 与标准红外光谱比较。

【实例解析】

例 1　某液体沸点为 203.5℃，分子式为 C_7H_9N，测定其红外吸收光谱如图 15 - 6，试推断其结构式。

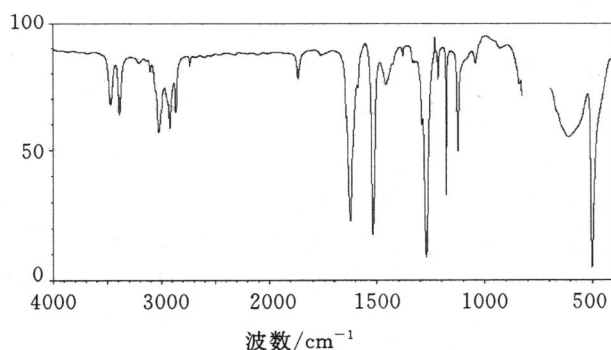

图 15 - 6　C_7H_9N 的红外吸收光谱

解析：

1. $U = (2 + 2 \times 7 + 1 - 9)/2 = 4$，提示可能含有苯环。

2. 查苯环一组相关峰，提示苯环存在。

（1）$\upsilon\varphi H$ 3010cm^{-1}。

（2）泛频峰峰形为间二取代峰形。

（3）苯环骨架振动 $\upsilon_{C=C}$，1595cm^{-1} 及 1500cm^{-1}。

（4）$\gamma\varphi$ 880、775、690cm^{-1} 落在间取代范围内。

3. 查胺基相关峰，提示 NH_2 存在。

（1）υNH 3450cm^{-1}、3300cm^{-1}（双峰）。

（2）δNH 1625cm^{-1}。

分析化学

（3）$\upsilon C-N 1295cm^{-1}$。

4.查烷基相关峰,提示 CH_3 存在。

（1）$\upsilon CH 2920cm^{-1}$、$2860cm^{-1}$。

（2）$\delta CH_3 1470cm^{-1}$、$1378cm^{-1}$。

5.初步认定:未知物可能结构为对甲苯胺。

6.经标准光谱核对,并对照沸点等数据,证明该未知化合物为对甲苯胺。

知识拓展

红外光谱具有先进的取样和制样技术,已在生物医学分析中得以应用,如检测和监测肿瘤、控制血糖等的方面,这对患者来说是显著的改善。该技术的应用已达到了成熟的状态,但在保证信号质量和样品最相关信息的收集方面仍然存在一定的困难,需要继续深入研究。

第二节　荧光分光光度法简介

有些物质受到激发光照射时,除了吸收某种波长的光之外还会发射出比原来吸收波长更长的光,这种现象称为光致发光,最常见的是荧光和磷光。荧光(fluorescence)是物质分子被激发后,从激发态的最低振动能级返回基态时发出的光。

一、基本原理

（一）荧光的产生

在室温下,分子大都处在基态的最低振动能级,当受到光的照射时便吸收与它的特征频率一致的光线,其中某些电子由原来的基态能级跃迁到第一电子激发态或更高电子激发态中的各个不同振动能级,这就是在分光光度法中所述的吸光现象。跃迁到较高能级的分子是不稳定的,在很短时间内(为 $10^{-9}\sim10^{-7}$ 秒)因碰撞而以热的形态损失部分能量,由所处的激发态能级下降到第一电子激发态的最低振动能级,能量的这种转移形式称为无辐射跃迁。分子中电子由第一激发态的最低振动能级以辐射形式发射光量子而返回至基态的任一振动能级上,这时发射的光量子称为荧光。由于要损失部分能量,所以荧光的波长比激发光的波长长。

（二）激发光谱与荧光光谱

任何荧光化合物都具有两种特征光谱,即激发光谱和发射光谱(或称荧光光谱)。荧光物质吸收的光称为激发光,荧光物质吸收激发光后所发射的光,称为发射光或者荧光。激发光谱表示不同激发波长的辐射引起物质发射某一波长荧光的相对效率,是以激发光波长(λ_{ex})为横坐标,以荧光强度(F)为纵坐标的光谱。发射光谱表示在所发射的荧光中各波长组分的相对强度,是以荧光的发射波长(λ_{em})为横坐标,荧光强度(F)为纵坐标的光谱。

荧光物质的最大激发波长和最大荧光波长是鉴定物质的依据,也是定量测定时最灵敏的光谱条件。

（三）荧光产生的条件

能够发射荧光的物质必须同时具备两个条件:首先,物质分子必须有强的紫外－可见吸收,只有分子结构中存在共轭的 π→π＊跃迁,才可能有荧光发生;其次,荧光的强度还取决于荧光效率,即发射荧光的量子数与吸收的激发光量子数之比。荧光效率越大,该物质的荧光越强,具有分析应用价值的荧光物质,其荧光效率一般在 0.1~1.0。

(四)荧光强度与物质浓度的关系

由于荧光物质是在吸收光能而被激发之后才发射荧光的,因此溶液的荧光强度与该物质中荧光物质吸收光能的程度以及荧光效率有关。当溶液中荧光物质浓度为 c,液层厚度为 L 的,被入射光(I_0)激发后,荧光强度 F 正比于入射光强度、荧光效率及荧光物质的吸光度,即:

$$F = 2.3\varphi_F I_0 KcL = K'c \tag{15-2}$$

二、荧光分光光度计

用于测量荧光强度的仪器有滤光片荧光计、滤光片－单色器荧光计和荧光分光光度计三类。荧光分光光度计可测量某一波长处的荧光强度,还可绘制激发光谱和荧光光谱。

荧光分光光度计种类很多,但其主要部件包含激发光源、激发单色器(置于样品池前)和发射单色器(置于样品池后)、样品池、检测系统组成,见图 15-7。

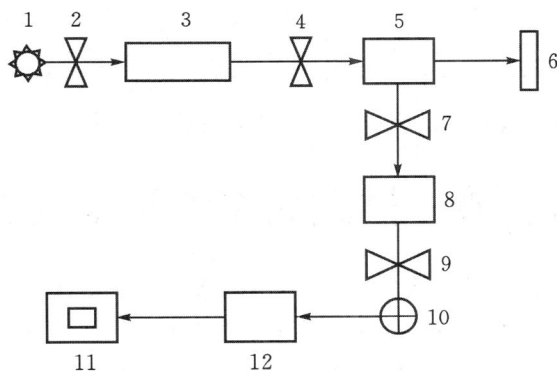

图 15-7　荧光分光光度计结构示意图
1. 光源;2.4.7.9. 狭缝;3. 激发单色器;5. 样品池;6. 表面吸收器;8. 发射单色器;
10. 检测器;11. 放大器;12. 指示器与记录器

1. 激发光源

测量荧光通常用高压汞灯和氙灯。高压汞灯在荧光分析中常用 365nm、405nm 和 436nm 谱线。氙灯可产生较强的连续光谱,分布在 250~700nm。

2. 样品池

通常用石英制成,样品池以散射光较少的方形为宜。

3. 检测器

荧光强度低,一般使用光电倍增管检测,经微电计测定,自动描绘光谱图。

4. 单色器

在荧光分光光度计中,都用光栅作单色器,测定灵敏度高。

分析化学

三、定量分析方法

由于物质分子结构不同,所吸收光的波长和发射的荧光波长也有所不同,利用这个性质,可以进行物质的定性鉴别。在稀溶液中,荧光强度与荧光物质的浓度成正比,这是荧光分析法对应荧光物质进行定量分析的依据。许多重要的生化试剂、药物以及致癌物质都有荧光现象,所以荧光分光光度法得到广泛应用。例如,喹诺酮类药物、维生素类药物等。

与紫外可见分光光度法相似,也是用标准曲线法和标准品对照法.

(一)标准曲线法

将已知含量的标准品经过和样品同样处理后配成一系列标准溶液,测定其荧光强度,以荧光强度为纵坐标,对照品溶液的浓度为横坐标,绘制标准曲线。再测定样品溶液的荧光强度,由标准曲线便可求出样品中待测荧光物质的含量。

(二)标准品对照法

如果荧光物质的标准曲线通过原点,可以配制浓度在线性范围内的标准溶液,测定荧光强度,同样条件下测定样品溶液的荧光强度,需扣除空白溶液的荧光强度。

$$\frac{F_s - F_0}{F_x - F_0} = \frac{c_s}{c_x} \qquad c_x = \frac{F_x - F_0}{F_s - F_0} \times c_s \qquad (15-3)$$

式中,F_s 表示对照品溶液的荧光强度;c_s 表示对照品溶液的浓度;F_x 表示试样溶液的荧光强度;c_x 表示试样溶液的浓度;F_0 表示空白溶液的荧光强度。

第三节　核磁共振波谱法简介

当无线电波照射处于磁场中的分子时,引起原子核自旋能级跃迁,这种现象叫作核磁共振(nuclear magnetic resonance,NMR)。以核磁共振信号强度对照射频率(或磁场强度)作图,所得图谱即为核磁共振波谱(NMR spectrum)。利用核磁共振波谱进行结构分析、定性及定量分析的方法称为核磁共振波谱法(NMR spectroscopy)。目前应用最多的是氢核磁共振谱,简称氢谱(1H-NMR),又称质子核磁共振谱(proton magnetic resonance spectrum,PMR),可提供三方面的信息:①质子类型和化学环境;②氢分布;③核间关系。氢谱只能给出含氢基团的共振信号,若出现其他含碳基团需要用到碳-13核磁共振谱(13C-NMR spectrum,13C-NMR,简称碳谱)。碳谱可给出丰富的碳骨架及有关结构和分子运动的信息。氢谱和碳谱互为补充,广泛用于有机物结构分析中。

一、基本原理

(一)自旋分类

核磁共振的研究对象为具有磁矩的原子核。原子核是带正电荷的粒子,通过自旋运动产生磁矩。核自旋特征用自旋量子数 I 来描述。原子核以零、半整数和整数分为三类:

1. 质量数与电荷数都是偶数的核

I = 0。这类核的磁矩为零,不产生核磁共振信号,如$^{12}_6C$、$^{16}_8O$等。

2. 质量数为奇数的核

I 为半整数（I = $\frac{1}{2}$，$\frac{3}{2}$，$\frac{5}{2}$，…）。这类核的电荷数可为奇数，也可为偶数，如${}_1^1H$、${}_9^{19}F$、${}_6^{13}C$ 等，核磁矩不为零。I = $\frac{1}{2}$的核是目前核磁共振研究与测定的主要对象。

3. 质量数为偶数，电荷数为奇数的核

I 为整数（I = 1，2，…），如${}_1^2H$、${}_7^{14}N$ 等。

（二）核磁距（μ）

自旋量子数不为零的核，自旋产生核磁矩，核磁矩的方向服从右手法则。

（三）能级分裂

无外磁场时，原子核的自旋运动是任意的，不同自旋方向的核不存在能级差别。在外磁场作用下，核磁矩的取向不是任意的，是量子化的，并且按一定方向排列。以 I = $\frac{1}{2}$为例，磁量子数 m = 2 个，即 m = $\frac{1}{2}$低能量的顺磁场和 m = $-\frac{1}{2}$高能量的逆磁场。两者的能级差随外磁场强度 H_0 的增大而增大，这种现象称为能级分裂，见图 15 - 8。

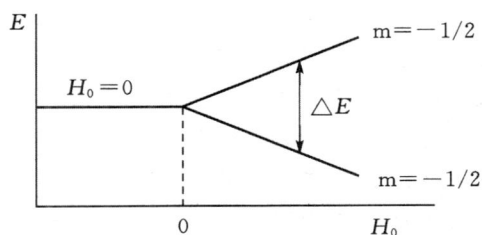

图 15 - 8　I = $\frac{1}{2}$核的能级分裂

（四）自旋弛豫

激发核通过无辐射跃迁返回至基态的过程称为自旋弛豫。处于高能态的核自旋体系将能量传递给周围环境，自己回到低能态的过程称为自旋 - 晶格弛豫，也称为纵向弛豫。弛豫过程所需时间越少，弛豫效率越高。处于高能态的核自旋体系将能量传递给邻近低能态同类磁性核的过程，称为自旋 - 自旋弛豫，又称为横向弛豫。这种过程只是同类磁性核自旋状态能量交换，不引起核磁总能量的改变。

弛豫是保持核磁信号有固定强度必不可少的过程。弛豫过程所需要的时间称为弛豫时间，在碳谱中很重要。

二、化学位移

氢核受核外电子云及其邻近其他原子的影响，绕核电子在外加磁场的诱导下，产生与外加磁场方向相反的感应磁场，这使原子核受磁场强度有所降低，这种核外电子及其他因素对抗外加磁场的现象称为屏蔽效应。氢核实际受到的磁场强度 H 为（σ 称为屏蔽常数）：

$$H = (1 - \sigma)H_0 \qquad\qquad (15 - 4)$$

由于屏蔽效应的存在，不同化学环境的氢核共振频率不同，这种现象称为化学位移。但屏蔽常数很小，测量较为困难，因此用核共振频率的相对差值来表示化学位移，符号为 δ，单位为 ppm。化学位移是核磁共振谱的定性参数。若固定磁场强度 H_0，则：

$$\delta = \frac{\nu_{样品} - \nu_{标准}}{\nu_{标准}} \times 10^6 (ppm) = \frac{\Delta\nu}{\nu_{标准}} 10^6 (ppm) \qquad (15-5)$$

式中,$\nu_{样品}$ 与 $\nu_{标准}$ 分别为被测试样和标准品的共振频率。

三、核磁共振仪

核磁共振仪按照扫描方式不同可分为连续波核磁共振仪(CW - NMR)和脉冲傅立叶变换核磁共振仪(PFT - NMR)。连续波核磁共振仪的基本结构是由磁铁、探头、射频发生器、射频接收器、扫描发生器、信号放大及记录仪组成,见图 15 - 9。脉冲傅立叶变换核磁共振仪是用一个强的射频,以脉冲方式将样品中所有化学环境不同的同类核同时激发,发生共振,同时接收信号。脉冲傅立叶变换核磁共振仪测定速度快,易于实现累加技术。

图 15 - 9 连续波核磁共振仪结构示意图

选择溶剂时主要考虑对试样的溶解度,不产生干扰信号,所以氢谱常使用氘代溶剂。制备试样溶液时,常需加入标准物,以有机溶剂溶解样品时,常用四甲基硅烷(TMS)为标准物;以重水为溶剂时,可采用 4,4 - 二甲基 - 4 - 硅代戊磺酸钠(DDS)。测定时,应考虑有足够的谱宽。

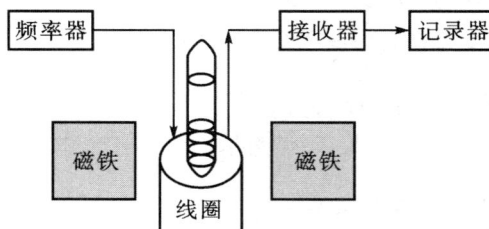

第四节 质谱法简介

质谱分析法(mass spectrometry,MS)是利用离子化技术,在真空中将化合物离解成离子和碎片离子,按其质荷比(m/z)的不同进行分离测定,从而进行物质成分和结构分析的方法。

质谱分析法的主要特点有:①灵敏度高,样品用量少。一次分析只需几微克或更少的试样。②分析速度快,最快可达千分之一秒,可实现液 - 质连用。③测定对象广,可以对气体、液体、固体(室温下具有 10^{-7} Pa 蒸汽压的固体)等进行分析。④用途广,可以测定化合物的分子量、推测分子式、结构式。

质谱是目前能最有效与各种色谱连用的方法,如液相色谱 - 质谱联用仪、气相色谱与质谱联用仪等。

一、基本原理

质谱法是应用多种离子化技术,是物质分子失去外层价电子形成分子离子,分子离子中的化学键又继续发生某些有规律的断裂而形成不同质量的碎片离子,根据正电荷离子的质荷比差异进行分离,记录各离子质荷比的顺序和相对强度,得到质谱。

其过程可以简单描述为:样品被离子源轰击→电离形成各种不同质核比的离子→各种离子加速进入质量分离管→各种离子旋转半径不同而得到分离→依次改变磁场强度,各离子按照其质核比的不同,依次到达检测器的收集极进而获得质谱。

二、质谱图

质谱图是质谱表示方法的一种。常见的质谱图是经过计算机处理的棒图,纵坐标是离子的相对强度,横坐标是质荷比。质荷比和相对强度代表物质的性质和结构特点,质谱中每个质谱峰表示一种质荷比的离子,质谱峰的强度表示该种离子的多少,因此通过解析质谱图可以得到物质的成分和结构。正辛酮 - 4 的质谱图见图 15 - 10。

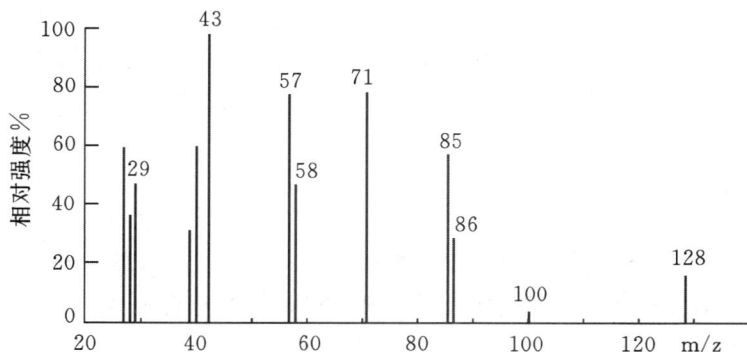

图 15 - 10　正辛酮 - 4 的质谱图

注:质谱图上的 m/z 29、43、57、71 及 85 等质谱峰为碎片离子峰,m/z 128 是分子离子峰

三、质谱仪

质谱仪是直接检测物质分子量或原子量的唯一手段,也是国际上最尖端的科学仪器之一,已成为现代科学研究最重要的工具,主要由真空系统(包括进样系统、离子源、质量分析器、离子检测器)以及记录系统组成,如图 15 - 11。

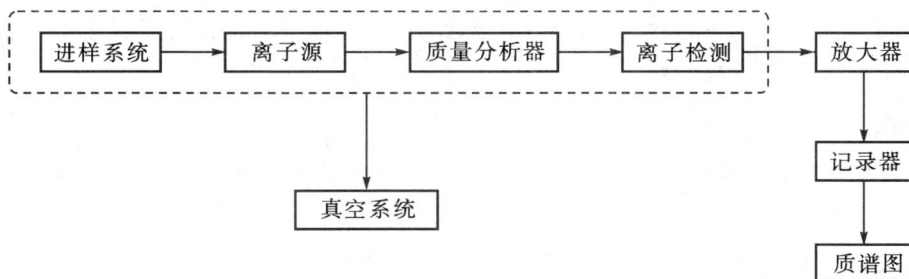

图 15 - 11　质谱仪组成示意图

1. 离子源

作用是将被分析样品离子化,并使其具有一定能量。目前常用的是电子轰击源和化学电离源两种,前者不适合于难挥发热不稳定性化合物的分析,后者在分析不稳定的有机化合物时也能得到明显的分子离子峰,并且能使谱图简单化。

2. 质量分析器

将离子源中形成的离子按质荷比的差异进行分离。加速后的离子在分析器中受到磁场引力的作用,运动轨迹发生变化,改为圆周运动。圆周运动的离心力等于磁场力。

分析化学

仪器所用的加速电压和磁场强度是固定的,离子的运动轨道半径仅仅和离子的质荷比有关。在质谱仪中,离子接收器是固定的,因此只有一定质荷比的离子可以通过狭缝到达接收器。由此可知,连续的改变加速电压,可以让不同质荷比的离子顺序通过狭缝道道接收器,得到某个范围的质谱。

3. 离子检测器

离子源产生的离子经过质量分析器按质荷比分离后,形成不同强度的离子流。离子检测器将这些离子流信号接收并放大,然后送到显示单元及计算机处理系统,得到被分析样品的质谱图。

四、主要用途

在化学物质分析工作中质谱分析是最重要的手段之一,它通过对各种质核比(m/z)的谱峰加以识别和解析来推断分子结构。他可以解决有机物质结构的鉴定、化学式的确定以及相对分子质量的确定等问题。

(一)分子离子峰的确认

分子离子峰一般位于质谱图中质荷比最高的位置,但有时最高质荷比峰不一定是分子离子峰,有可能是同位素峰,但同位素峰与分子离子峰的峰强比有一定的关系,因而不难辨别。

1. 分子离子峰稳定性的一般规律

分子离子峰的稳定性有如下顺序:芳香族化合物 > 共轭链烯 > 脂环化合物 > 直链烷烃 > 硫醇 > 酮 > 胺 > 酯 > 醚 > 酸 > 分支烷烃 > 醇。当分子离子峰为基峰时,该化合物一般都是芳香族化合物。

2. 分子离子的质量数服从氮律

只含有 C、H、O 的化合物,分子离子峰的质量数是偶数。由 C、H、O、N 组成的化合物,含奇数个氮,分子离子峰的质量数是奇数;含偶数个氮,分子离子峰的质量数是偶数。凡不符合奇偶规律的,就不是分子离子峰。

(二)相对分子质量的测定

一般来说,分子离子峰的质荷比就是分子量。在绝大多数情况下,荷质比与相对分子质量的整数部分相等。

(三)分子式的确定

常用同位素峰强比法和精密质量法来确定分子式。

知识拓展

随着科技创新和技术改进,质谱技术应用越来越广泛,而质谱仪器在原有的基础之上所迎来的是质谱新品的不断诞生,从技术创新、检测范围以及应用领域都有了诸多不同的变化,尤其是更加适应了如今多样化试验检测工作需求,如实时在线检测呼气质谱仪(用于食管癌患者与健康志愿者呼气检测比较)、撞击器 + 气溶胶质谱仪(用于单个活性雾滴颗粒的在线分析)、电感耦合等离子体质谱仪(用于食品安全检测)等,已成为多个重要产业的战略支撑。

第五节　毛细管电泳分离分析法简介

毛细管电泳法(capillary electrophoresis,CE)又称为高效毛细管电泳法,是 20 世纪 80 年代在国际迅速发展起来的一种分离分析技术。毛细管电泳法是经典电泳技术与现代微柱分离相结合的产物,主要特点是高效、快速、微量和自动化。该方法作为一种现代分析技术,应用比较广泛,分析对象包括氨基酸、多肽、蛋白质、无机离子和有机酸等。

一、基本原理

溶液中的带电粒子以高压电场为驱动力,沿毛细管通道,以不同速度向与其所带电荷相反的电极方向迁移,并依据样品中各组分之间淌度和分配行为上的差异而实现分离。

与毛细管电泳分离分析方法相关的基本概念:

1. **电泳和电泳淌度**

电泳是在电场作用下,电解质中的带电粒子向带相反电荷的电极迁移的现象。物理学中常用淌度量度电场中离子的迁移速度。

2. **电渗和电渗淌度**

电渗是毛细管内壁表面电荷所引起的管内液体的整体流动,来源于外加电场对管壁溶液双电层的作用。电渗流的大小可用速度或淌度来表示。

3. **表观淌度和迁移时间**

在电渗流存在的情况下,CE 中观察到的离子淌度是离子的电泳淌度和溶液的电渗淌度的加和,定义为表观淌度。溶质迁移到检测点所用的时间称为迁移时间,可用迁移时间计算溶质的表观淌度。

4. **分离效率和分离度**

在 CE 中,纵向扩散是影响分离效率的主要因素;分离度与色谱法的分离度定义相同。

二、毛细管电泳仪的基本结构

毛细管电泳仪主要由高压电源、进样系统、毛细管、检测器、缓冲液、冷却系统和计算机管理系统组成,其基本结构见图 15 - 12。

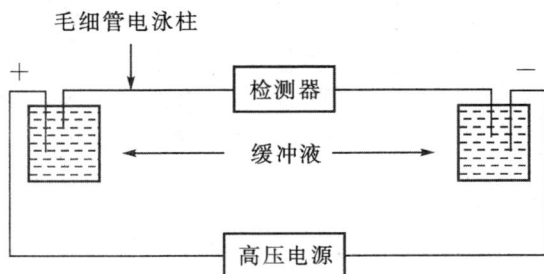

图 15 - 12　毛细管电泳结构示意图

分析化学

石英毛细管的两端浸在缓冲液中,缓冲液充满毛细管,在毛细管一端安装检测器。CE 操作一般包括以下几个步骤:移开进样端的缓冲液,换上样品管;使用低压或电迁移方式进样;换上缓冲液;加上分离电压;样品被检测。

知识拓展

毛细管电泳最初是解决高效液相色谱分离生物大分子效率低的问题,是生物大分子分离分析的利器,人类的科技到 20 世纪末才能测定分子庞大、结构复杂的人类和动物基因的 DNA(脱氧核糖核酸)序列,靠的正是这一技术。

考点提示

1. 红外分光光度法
　　基本原理
　　　　分子的振动形式
　　　　　　伸缩振动
　　　　　　弯曲振动
　　　　红外吸收峰:基频峰、泛频峰、特征峰、相关峰
　　红外分光光度计的结构:光源、吸收池、单色器、检测器和记录装置

2. 荧光分光光度法
　　基本原理
　　　　特征光谱
　　　　　　激发光谱
　　　　　　荧光光谱
　　　　荧光产生条件
　　　　　　物质有紫外吸收
　　　　　　荧光效率要求达到 0.35 以上
　　荧光分光光度计的结构:激发光源、激发单色器和发射单色器、样品池、检测系统

3. 核磁共振波谱法
　　基本原理
　　　　核磁矩
　　　　能级分裂
　　　　自旋弛豫
　　核磁共振仪:磁铁、探头、射频发生器、射频接收器、扫描发生器、信号放大及记录仪

4. 质谱法
　　定义:将化合物离解成离子,按质荷比(m/z)的不同进行分离测定
　　质谱仪:进样系统、离子源、质量分析器、离子检测器、记录器、真空系统

5. 毛细管电泳法
　　定义:以高压电场为驱动力,沿毛细管通道,依据样品中各组分之间淌度和分配行为上的差异而实现分离
　　毛细管电泳仪:高压电源、进样系统、毛细管、检测器、缓冲液、冷却系统和计算机管理系统

目标检测

一、选择题

(一)单项选择题

1. 在荧光定量分析中,测定的是荧光物质的

A. 同位素峰　　　　　　　　　　　　　B. 激发波长

C. 荧光效率　　　　　　　　　　D. 荧光强度

2. 红外光谱属于

A. 原子吸收光谱　　　　　　　　B. 分子吸收光谱

C. 电子光谱　　　　　　　　　　D. 磁共振谱

3. 在质谱分析中,测定分子式和分子量的关键依据是

A. 同位素　　　　　　　　　　　B. 分子离子峰

C. 色谱　　　　　　　　　　　　D. 碎片

(二)多项选择题

1. 荧光定量分析方法主要有

A. 工作曲线法　　　　B. 标准品对照法　　　　C. 比例法

D. 内标法　　　　　　E. 吸收曲线法

2. 构成毛细管电泳仪的主要部件中,不包括的部分是

A. 单色器　　　　　　B. 进样系统　　　　　　C. 缓冲液槽

D. 高压电源　　　　　E. 色谱柱

二、简答题

1. 在红外光谱中,分子的振动形式主要有哪些?

2. 质谱法的主要特点有哪些?

3. 能够发射荧光的物质必须同时具备哪两个条件?

4. 什么是氮律?

(李慧芳)

实训预习指导与检测

第二章　分析操作的基本技能

实训1　电子分析天平称量练习

一、预习指导

1. 复习电子天平的结构、使用方法及注意事项。
2. 复习分析天平的称量方法。
3. 预习实训内容,熟悉三种称量法的具体操作步骤。

二、预习检测

1. 用直接称量法称取空称量瓶的质量的操作步骤为

(1)调水平,开机,预热,(　　　　　),仪器自检,显示(　　　　　)g。

(2)将干燥器中的空称量瓶用纸带夹住取出或(　　　　)取出,放在天平盘上,(　　　　)天平侧门,待读数(　　　　),显示屏上显示的数值即为(　　　　)质量 m_0,记录。

2. 用递减称量法称取 3 份固体 $K_2Cr_2O_7$ 样品的操作步骤为

(1)粗称　从干燥器中取出洁净的称量瓶,打开瓶盖,将(　　　　)放在台秤的(　　　　)上,在右盘上加上砝码,移动(　　　　)使天平平衡后,继续移动(　　　　)或更换(　　　　),使(　　　　)重量增加1g(约为 3 份 $K_2Cr_2O_7$ 样品的质量),用小药勺(　　　　)加入适量的 $K_2Cr_2O_7$ 样品于称量瓶中,直到(　　　　),盖上瓶盖。

(2)第一份药品的称量　戴上手套,将粗称后盛有 $K_2Cr_2O_7$ 样品的称量瓶用(　　　　)纸擦干净后,放入电子天平中,待显示屏显示数字稳定后,按(　　　　)归零。将(　　　　)从天平盘上取出,打开(　　　　),瓶身(　　　　),用瓶盖轻敲瓶口(　　　　)使样品缓慢落入小烧杯中,然后缓缓(　　　　)称量瓶,同时用瓶盖轻轻敲击(　　　　),使(　　　　)落回瓶底。盖好称量瓶,用擦镜纸擦干净,放入天平盘中,(　　　　)天平门,显示屏显示(　　　　)即为倒出样品的质量,若样品质量不足,则继续取出称量瓶取药,直至质量达(　　　　)关闭天平侧门,记录显示屏显示负值的(　　　　)即为第一份样品的质量 m_1。

(3)第二份药品的称量　第一份样品记录后,按(　　　　)归零,取出称量盘,放在第二个小烧杯(或锥形瓶)上方,按上述方法操作,直到倒出药品质量为 0.3g ± 0.03g,(　　　　)天平侧门,记录第二份样品的质量 m_2。

（4）第三份药品的称量　第二份样品记录后,按（　　　　　　　）归零,取出称量盘,放在第三个小烧杯（或锥形瓶）上方,按上述方法操作,直到倒出药品质量为（　　　　）g,（　　　　　）天平侧门,记录第三份样品的质量 m_3。

3. 用固定质量称量法称取 $K_2Cr_2O_7$ 样品 0.3000g 的操作步骤为

将干燥洁净的（　　　　　）放在电子天平的（　　　　　　），待读数稳定后,（　　　　　）记录数值,按（　　　　）键,显示 0.0000g 后,打开天平侧门,用（　　　　　）向表面皿中缓缓加入 $K_2Cr_2O_7$ 样品,直到显示屏上显示 0.3000g ± 0.0001g 时停止,关闭天平门,读数稳定后,记录 $K_2Cr_2O_7$ 样品的质量 m_4。

实训2　滴定分析仪器的洗涤及基本操作

一、预习指导

1. 滴定分析中常用的仪器很多,其中定量玻璃仪器主要有容量瓶、移液管和滴定管,掌握这些仪器的洗涤与操作方法非常重要。

2. 预习实训内容,了解、熟悉仪器的洗涤与使用方法。

二、预习检测

（一）仪器的洗涤

1. 可根据仪器的沾污程度,酌情选用洗涤剂或铬酸洗液。其程序一般为:用自来水冲洗,洗净后用（　　　　）淌洗 3 次;如自来水洗不干净,先用（　　　　）洗,再用（　　　　）洗,最后用（　　　　）淌洗 3 次;如仍不能洗净,可以用（　　　　）处理,再用（　　　　）冲洗,最后用（　　　　）淌洗 3 次;判断仪器是否洗净的方法:将洗净的仪器倒置,（　　　　　　　　　）。

（二）容量瓶的使用练习

1. 容量瓶的使用练习包括（　　　）、（　　　）、（　　　　　）、（　　　　　）、（　　　　　）。

2. 检漏操作是将容量瓶装自来水至（　　　　）附近,盖紧瓶塞,一手（　　　　　），一手（　　　　　），将量瓶倒置 1～2 分钟,观察瓶口是否有水渗出,如不漏水,将（　　　　）后,再试验一次,仍不漏水,即可使用。

3. 定量转移操作是用一（　　　　）插入容量瓶内,玻璃棒下端靠着（　　　　　），烧杯嘴紧靠（　　　　），使溶液沿玻璃棒流入容量瓶中。待溶液全部流完后,将烧杯沿玻璃棒（　　　　　　　），并同时直立,使附在玻璃棒和烧杯嘴之间的溶液流回烧杯中。用纯化水冲洗（　　　　）和（　　　　），冲洗液按上述方法一并转入容量瓶中,重复冲洗 3 次。

4. 定容操作是加纯化水至容量瓶容积的 2/3 处时,（　　　　　），使溶液混合均匀。继续加水到接近标线（　　　　）左右处,改用胶头滴管逐滴加入,直至溶液的（　　　　　　）相切为止。

5. 摇匀操作是盖紧瓶塞,一手手指握住瓶底,另一手食指压紧瓶塞,（　　　　　）摇动 10～20 次,使溶液充分混合均匀。

分析化学

（三）移液管使用练习

1. 移液管使用练习包括（　　　　）、（　　　　）、（　　　　）、（　　　　）。

2. 洗净后的移液管在使用时必须用少量（　　　　）润洗 2～3 次，以除去残留在管内的水分。

3. 吸取溶液时，右手将（　　　　）插入溶液中，左手拿（　　　　），先把球内空气（　　　　），然后把球的尖端插入移液管顶口，慢慢松开洗耳球，使溶液吸入管内。当液面升高到标线以上时，立即用右手（　　　　）将管口堵住，将管尖离开液面，稍松食指，使液面缓缓下降至弯月面下缘与标线相切，立即（　　　　）管口，使液体不再流出。然后将移液管移入稍微（　　　　）的准备承接溶液的容器中，（　　　　）垂直，使（　　　　）与（　　　　）接触。松开食指，让管内溶液自然沿器壁全部流下，等待 15 秒后，取出移液管。

（四）滴定管使用练习

1. 滴定管使用练习包括（　　　　）、（　　　　）、（　　　　）、（　　　　）、（　　　　）、（　　　　）。

2. 检漏操作是先将滴定管的活塞（　　　　），在滴定管内装满水，擦干滴定管外部，直立放置约 2 分钟，仔细观察有无水滴滴下，活塞缝隙中是否有水渗出；然后将活塞（　　　　），再放置约 2 分钟，观察是否有水渗出。如无渗水现象，即可洗净使用。

3. 洗净后的滴定管在使用时必须用少量（　　　　）润洗 2～3 次，即可向滴定管中装满待装溶液；然后将滴定管（　　　　），迅速转动活塞至竖直，让溶液急速下流以除去气泡；调节溶液的（　　　　）零刻度线相切。

4. 滴定操作练习时，用（　　　　）手控制滴定管，（　　　　）手拿锥形瓶。（　　　　）指在活塞前，（　　　　）指及（　　　　）指在活塞后，灵活控制活塞。转动活塞时，手指微微弯曲，轻轻向（　　　　）扣住，手心不要（　　　　），以免顶出活塞，使溶液漏出。滴定时，滴定管应（　　　　），左手控制溶液的流速，右手前三指拿住瓶颈，其余两指做辅助，向同一方向作圆周运动，随滴随摇，反复练习。溶液由滴定管逐滴连续滴加，到滴出一滴及半滴的操作。（半滴操作：　　　　　　　　　　　　　　　　　　　　　　　　　　　　　）。

5. 读数时滴定管应保持（　　　　），管内的液面呈弯月形，读取与弯月面（　　　　）与刻度的相切之点，视线与切点在（　　　　）。读准到小数点后（　　　　）。

第四章　　滴定分析法概论

实训 1　　重铬酸钾溶液的配制

一、预习指导

1. 复习理论知识直接配制法及相关计算；基准物质及基准物质必须具备的条件。

2. 复习电子天平及容量瓶的使用。

3. 预习本实训内容。

二、预习检测

（一）相关理论知识

1. 因为重铬酸钾符合基准物质条件,故可用（　　　　　）配制法配制。其配制的主要步骤包括（　　　　）、（　　　　　）、（　　　　）、（　　　　）、（　　　　）和计算等。

2. 准确称取约 2.94g 基准 $K_2Cr_2O_7$ 的是因为要配制约 0.01mol/L 的 $K_2Cr_2O_7$（　　　）ml,若配制同样浓度的 $K_2Cr_2O_7$ 250ml,需称取（　　　　）g。计算公式为（　　　　　　　　　）。

（二）操作步骤

1. 称量

用感量为（　　　　　）的分析天平精密称取 120℃ 干燥至恒重的基准 $K_2Cr_2O_7$ 2.94g 准确至（　　　　）mg,置于 50ml 小烧杯中。

2. 溶解

加适量纯化水用（　　　　）搅拌溶解。

3. 定量转移

借助于玻璃棒将小烧杯中 $K_2Cr_2O_7$ 溶液定量转移至（　　　　　　）,用纯化水冲洗（　　　　）和（　　　　）3～5 次,冲洗液（　　　　　　　　）中。

4. 旋摇

继续加纯化水至容量瓶容积的（　　　　　）,（　　　　　）容量瓶使溶液初步混合。

5. 定容

慢慢加纯化水至近标线时（　　　　）cm 处,改用（　　　　）逐滴加入,直至溶液的（　　　　　）与标线相切为止。

6. 摇匀

盖紧瓶塞,（　　　　）容量瓶摇动十余次,使溶液充分混合均匀。

7. 计算

计算 $K_2Cr_2O_7$ 的准确浓度,计算公式为（　　　　　　　　　　）。

实训 2　氢氧化钠滴定液的配制与标定

一、预习指导

1. 复习理论知识间接配制法与滴定液的标定方法。
2. 预习第五章第三节氢氧化钠滴定液的配制方法
3. 预习本实训内容。

二、预习检测

（一）相关理论知识

1. 氢氧化钠不符合基准物质条件,故可用（　　　　　）配制法配制。其配制方法是先配成（　　　　）的试剂溶液,然后再（　　　　）。

2. 标定方法有（   ）和（   ），本实验用（   ）法进行标定。

（二）操作步骤

1. 饱和溶液的配制

用托盘天平称取 NaOH 固体 120g，放入盛有 20ml 水的 100ml 量杯内，边搅拌边（   ）至刻线，待（   ）后，倒入（   ）瓶中，密封，贴签，静置数日，备用。

2. 氢氧化钠滴定液的配制

取饱和溶液的（   ）2.8ml 置 500ml 量杯中，加（   ）水，稀释至刻线，摇匀即可配制浓度大约为（   ）mol/L 的氢氧化钠滴定液，倒入塑料瓶中，密封，贴标签备用。

3. 氢氧化钠滴定液（0.1mol/L）的标定

标定过程可分为仪器的洗涤、滴定管装溶液、往锥形瓶中移取盐酸滴定液、用氢氧化钠滴定盐酸、计算氢氧化钠滴定液的准确浓度。

（1）仪器的洗涤　首先将标定用的仪器如滴定管、锥形瓶、移液管等按仪器的洗涤方法洗净。

（2）滴定管装溶液　将洗净的滴定管（纯化水润洗过的）用（   ）溶液润洗 2~3 次，装满 NaOH 滴定液，（   ）、调零点。

（3）移取盐酸滴定液　将洗净的移液管（25ml）用（   ）滴定液润洗 2~3 次，然后精密量取已知浓度的（   ）滴定液 25.00ml，置（   ）中。加（   ）指示液 2 滴。

（4）滴定　用待标定的氢氧化钠滴定液滴定至溶液呈（   ），且 30 秒内不褪色，即为终点。记录消耗（   ）滴定液的体积。平行测定 3 次。

（5）氢氧化钠滴定液浓度的计算　根据盐酸滴定液的浓度、体积及消耗用待标定的氢氧化钠滴定液体积可算出氢氧化钠滴定液浓度，计算公式为（   ）

第五章　酸碱滴定法

实训 1　盐酸滴定液的配制与标定

一、预习指导

1. 复习理论知识间接配制法与滴定液的标定方法。
2. 复习本章第三节盐酸滴定液的配制和标定，巩固有关计算。
3. 预习本实训内容.

二、预习检测

（一）相关理论知识

盐酸不符合基准物质条件，故可用（   ）配制法配制。其配制方法是先配成（   ）的试剂溶液，然后再（   ）。本实验用（   ）法进行标定，所用基准物质是（   ），基准物质标定法又分为（   ）法和（   ）法。

（二）操作步骤

1. HCl 滴定液的配制

用（　　　　）量取浓 HCl 4.5ml 至洁净的具有玻璃塞（　　　　）中,加（　　　　）稀释至 500ml,配制成浓度大约为（　　　　）mol/L HCl 滴定液。

2. 多次称量法标定 HCl 滴定液

（1）仪器的洗涤　首先将标定用的仪器如滴定管、锥形瓶等按（　　　　）洗净。

（2）称量采用（　　　　）精密称定在 270～300℃ 干燥至恒重的基准无水 Na$_2$CO$_3$ 为 0.12～0.15g,共三份,分别置于洗净的 250ml 锥形瓶中,标记称取的准确质量。

（3）溶解及加指示剂加 50ml 纯化水溶解后,（　　　　）混合指示剂 10 滴。

（4）滴定管装溶液　将洗净的滴定管用（　　　　）溶液润洗 2～3 次,装满（　　　　）滴定液,排气泡、调（　　　　）。

（5）标定用（　　　　）滴定至溶液由（　　　　）,停止滴定,将锥形瓶置于电炉上（　　　　）分钟,溶液由（　　　　）,（　　　　）后继续滴定至溶液呈（　　　　）,记录消耗 HCl 滴定液的体积。记录到小数点后（　　　　）位。平行测定三次。

（6）计算根据 Na$_2$CO$_3$ 的质量和消耗（　　　　）的体积即可计算 HCl 滴定液的浓度,计算公式为（　　　　　　　　　　　）。

3. 移液管法标定 HCl 滴定液

（1）配制 Na$_2$CO$_3$ 溶液　精密称定在 270～300℃ 干燥至恒重的基准无水 Na$_2$CO$_3$ 约 0.60g,置于烧杯中,加（　　　　）后,定量转移至（　　　　）中,加纯化水稀释至刻度,摇匀。

（2）Na$_2$CO$_3$ 溶液的移取　用 25ml 移液管移取该溶液三份,分别置于 250ml 锥形瓶中。

（3）加指示剂　在上述锥形瓶中分别加甲基红－溴甲酚绿混合指示剂（　　　　）滴。

（4）滴定管装溶液　将洗净的滴定管用（　　　　）溶液润洗 2～3 次,装满（　　　　）滴定液,排气泡、调（　　　　）。

（5）标定　同上滴定,记录消耗 HCl 滴定液的体积。计算 HCl 滴定液的浓度的公式为（　　　　　　　　　　　）。

第六章　沉淀滴定法

实训 1　硝酸银滴定液的配制和标定

一、预习指导

1. 复习理论知识:K$_2$CrO$_4$ 为指示剂判断滴定终点的方法。

2. 预习本实训内容。

二、预习检测

（一）相关理论知识

1. 硝酸银滴定溶液可以用经过预处理的基准试剂硝酸银直接配制,但非基准试剂硝酸银

分析化学

中常含有杂质,如金属银、氧化银、游离硝酸、亚硝酸盐等,因此用(　　　　　)配制,先配制成
(　　)浓度的溶液后,用基准物质(　　　　　)标定。

2. 硝酸银见光易分解,因此需(　　　)保存,可将配制好的硝酸银滴定液置于棕色试剂瓶中。

（二）操作步骤

1. 配制 0.1mol/L AgNO₃ 溶液

（1）仪器的洗涤　将(　　　　)和(　　　　)等洗净备用。

（2）配制　用(　　　　)天平称取 AgNO₃ 约(　　　)g,置于洗净的 500ml 烧杯中,加不含 Cl⁻
的纯化水 500ml 溶解。

（3）贮存　将配制好的溶液贮存于带玻璃塞的(　　　　　　)棕色试剂瓶中,摇匀,置于
(　　　),贴标签,备用。

2. AgNO₃ 滴定液(0.1mol/L)的标定

（1）仪器的洗涤　将(　　　　)、(　　　　)和(　　　　)等洗净备用。

（2）称量与溶解　用(　　　　)准确称取在 110℃ 温度下、干燥至(　　　　)的基准物
质 NaCl 0.12～0.15g 三分,分别置于三个 250ml 的(　　　　)中,加 50ml 不含 Cl⁻ 的(
)溶解。

（3）滴定管装溶液　将洗净的滴定管用(　　　　)润洗 2～3 次,(　　　　)滴定液,排
气泡、调(　　　)。

（4）滴定　在第一份基准 NaCl 溶液中加(　　　　)指示剂 1ml,在充分摇动下,用待标定的
AgNO₃ 溶液滴定至出现(　　　)的沉淀即为滴定终点。记录消耗(　　　　)的体积。平行测定
3 次。用第二份或第三份基准 NaCl 溶液滴定时,注意滴定管中的 AgNO₃ 溶液要重新(　　　)。

（5）计算　AgNO₃ 滴定液浓度计算公式为(　　　　　　　　　　　)。

实训 2　生理盐水中氯化钠含量的测定（银量法）

一、预习指导

1. 复习理论知识吸附指示剂法。
2. 预习本实训内容。

二、预习检测

（一）相关理论知识

1. 吸附指示剂法是以(　　　　)确定滴定终点,以(　　　　)标准溶液测定(　　　)
的银量法,本实验就是采用这种方法测定氯化钠的含量。

2. 采用此方法测定时,应尽可能使沉淀呈(　　　)状态,且避免(　　　)照射。

（二）操作步骤

用(　　　)精密移取生理盐水 10.00ml 于洗净的 250ml (　　　　)中,加纯化水 25ml、
糊精 5ml、(　　　　)指示剂 5～8 滴,摇匀,用(　　　　)滴定液滴定,边滴定边(　　　),

滴至溶液由（　　　　）色变为（　　　　）色,即为滴定终点,记录消耗 $AgNO_3$ 滴定液的体积,平行测定 3 次。生理盐水的质量浓度计算公式为（　　　　　　　　　　　　　　　　　）。

第七章　配位滴定法

实训 1　EDTA 滴定液的配制与标定

一、预习指导

1. 复习 EDTA 与金属离子配位的特点、酸度对滴定的影响及金属指示剂的变色原理。
2. 预习本实训内容。

二、预习检测

（一）相关理论知识

1. EDTA 为白色粉末状结晶,在水中的溶解度（　　　　）,一般情况下不采用直接配制法,而是用 $Na_2H_2Y \cdot 2H_2O$ 配制（　　　　）浓度的滴定液,再用（　　　　）标定。

2. 采用金属指示剂,到达滴定终点呈现是（　　　　　　　　　　）的颜色。

3. 以铬黑 T 为指示剂,可加入（　　　　）来控制溶液的 pH ＝ 10。

（二）操作步骤

1. EDTA 滴定液的配制（0.05mol/L）

用（　　　）称取 $Na_2H_2Y \cdot 2H_2O$ 约 9.5g,置于 500ml 洗净的烧杯中,加 200ml（　　　　）,用（　　　）搅拌使其溶解后,加蒸馏水稀释至 500ml,转入（　　　　）中,（　　　　）。

2. EDTA 滴定液的标定

用（　　　）准确称取在 800℃ 灼烧至（　　　）的基准（　　　）约 0.12g,于 250ml 锥形瓶中,加 6mol/L（　　　　）溶液 3ml 使溶解,加蒸馏水 25ml 和 0.025%（　　　）指示液 1 滴,滴加 2mol/L（　　　）溶液至溶液呈（　　　　）色。再加蒸馏水 25ml,加（　　　　）缓冲溶液 10ml 及（　　　　）指示剂少许,用（　　　　　　）标准溶液滴定至溶液由（　　　）色变为（　　　）色即为终点。记录所消耗 EDTA 标准溶液的体积。平行测定 3 份。EDTA 滴定液的浓度计算公式为（　　　　　　　　　　　　）。

实训 2　自来水硬度的测定

一、预习指导

1. 复习 EDTA 滴定液测定金属离子含量的原理和方法。
2. 查阅资料,了解水的硬度的相关内容。
3. 预习本实训内容。

分析化学

二、预习检测

（一）相关理论知识

1. 水的硬度是指（   ），计算公式是（   ）。

2. 以铬黑 T 为指示剂，到达终点是溶液刚变为（   ）色。

3. EDTA 与金属离子配位，其中配位比为（   ），因此，1mol 的 EDTA 可与（   ）mol 的 Ca^{2+} 和 Mg^{2+} 反应。

（二）操作步骤

1. 实训准备

（1）滴定管洗涤及装液（50ml）　将洗净的滴定管用（   ）滴定液润洗 2~3 次，装满（   ）滴定液，排气泡、调（   ）。

（2）锥形瓶洗涤（250ml）　用自来水冲洗，洗净后用（   ）涮洗 3 次；如自来水洗不干净，先用洗涤剂洗或铬酸洗液处理，再用（   ）洗，最后用（   ）涮洗 3 次。

（3）移液管洗涤（100ml）　用水样润洗。

2. 实训操作

（1）打开水龙头，先放水数分钟，使积存在水管中的（   ）排出。用水样润洗取样瓶及塞子 2~3 次。将取样瓶装满水，盖好塞子。

（2）用（   ）精密移取（   ）于洗净的 250ml 锥形瓶中，用 10ml 量筒加（   ）缓冲溶液，一小撮（   ），用（   ）滴定液滴定至溶液由（   ）色变为（   ）色，即为滴定终点，记录消耗 EDTA 滴定液的体积，平行测定三份。水的硬度计算公式为（   ）。

第八章　氧化还原滴定法

实训1　硫代硫酸钠滴定液的配制与标定

一、预习指导

1. 复习配制硫代硫酸钠滴定液对水的要求。

2. 复习碘量法中，指示剂的加入顺序及出现的现象。

3. 预习本实训内容。

二、预习检测

（一）相关理论知识

1. 市售的硫代硫酸钠一般都含有少量杂质，因此配制硫代硫酸钠滴定液只能用（   ）法。

2. 配制硫代硫酸钠溶液时，应用（   ）的水，是为了除去水中的（   ）和（   ），并且加入少量（   ）使溶液呈现弱碱性。

3. 标定时,采用(　　　　)碘量法,指示剂应在(　　　　　　　)时候加入。

4. 为了减少 I_2 的挥发,加入足量的过量的(　　　　　)。

(二)操作步骤

1. 实验准备

(1)滴定管洗涤及装液(50ml)　将洗净的滴定管用(　　　　　　)滴定液润洗 2～3 次,装满(　　　　)滴定液,(　　　　)、调(　　　　)。

(2)碘量瓶洗涤(250ml)　用自来水冲洗,洗净后用(　　　　　　)淌洗 3 次;如自来水洗不干净,先用洗涤剂洗或铬酸洗液处理,再用(　　　　　　)洗,最后用(　　　　　)淌洗 3 次。

2. 实验操作

精确称取在 120℃ 干燥至恒重的(　　　　　)0.15g,于洗净的(　　　　　)中。加(　　　　)50ml 使溶解,加(　　　　　　)2.0g,轻轻振摇,使 KI 充分溶解,加 5ml(　　　　　)溶液,具塞,(　　　　　),暗处放置 10 分钟;再加纯化水 50ml 稀释,用待标定的(　　　　　　)滴定液滴定至(　　　　)色(近终点)时,加(　　　　　)指示剂 3ml,溶液显(　　　　)色,继续滴定至(　　　　　　)消失,即为滴定终点,记录消耗硫代硫酸钠滴定液的体积,平行操作三份。硫代硫酸钠滴定液的浓度计算公式为(　　　　　　　　　　　　　　　　)。

实训 2　维生素 C 的含量测定

一、预习指导

1. 复习维生素 C 的性质。

2. 复习直接碘量法的相关内容。

3. 预习本实训内容

二、预习检测

(一)相关理论知识

1. 维生素 C 具有(　　　　　)性,因此易被(　　　　　　　),可以用氧化还原滴定法测定含量。

2. 滴定时,采用直接碘量法,指示剂应在(　　　　　)时候加入。

(二)操作步骤

1. 称量

用(　　　　　　)准确称量约 0.2g 维生素 C,于 250ml 锥形瓶中。

2. 溶解

加(　　　　　)的冷纯化水 100ml,再加(　　　　　)10ml(原因:　　　　　　　)使之溶解。

3. 滴定

加(　　　　　)指示剂 1ml,立即用碘标准溶液滴定至溶液显(　　　　　)色,且 30 秒不褪色,即为终点,记录消耗的碘标准溶液的体积,平行操作三次。

(陈素娥　李慧芳)

参考答案

第一章　分析化学概论

一、选择题

（一）单项选择题

1. B　2. A　3. B　4. B　5. B　6. C　7. B　8. D　9. D　10. B

（二）多项选择题

1. ABCD　2. ABCD　3. AB　4. BC　5. ABC

二、名词解释（略）

三、简答题（略）

第二章　分析操作的基本技能

一、选择题

（一）单项选择题

1. D　2. C　3. C　4. B　5. C　6. A　7. C

（二）多项选择题

1. ACD　2. ABC　3. ACE　4. ABCDE

二、名词解释（略）

三、简答题（略）

第三章　误差和分析数据的处理

一、选择题

（一）单项选择题

1. C　2. B　3. A　4. A　5. D　6. B　7. A　8. C.

（二）多项选择题

1. AB　2. CDE　3. AC　4. AD

二、名词解释（略）

三、简答题

1. 答：误差分为系统误差和偶然误差，系统误差具有单向性，可测性的特点，可通过与经典方法比较、校准仪器、空白试验、对照试验、回收试验消除不同原因引起的系统误差；偶然误差的出现具有随机性和不可测性，但其出现符合统计规律，可通过增加平行测定次数减小。

2. 0.8% ;0.08% 。

说明当绝对误差相等时,消耗滴定液的体积越多,相对误差越小。因此为了减小相对误差提高测量的准确度,试验中消耗滴定液的体积不应太大。

3. (1)12. 23   (2)25. 45   (3)10. 46   (4)40. 16   (5)32. 03   (6)17. 08

4. (1)218.3   (2)39. 4

四、实例分析题

1. 0.2043mol/L   2. 0.0003mol/L   3. 0.15%   4. 0.004mol/L   5. 0.2%

第四章　　滴定分析法概论

一、选择题

(一)单项选择题

1. B   2. B   3. D   4. D   5. A   6. C   7. D   8. B

(二)多项选择题

1. ABE   2. ABCD   3. DE   4. AB   5. AB

二、名词解释(略)

三、简答题(略)

四、实例分析题

1. 0.1000mol/L   2. 0.1132mol/L   3. 0.094 34mol/L   4. 0.1225mol/L   5. 0.9899   6. 0.9945

第五章　　酸碱滴定法

一、选择题

(一)单项选择题

1. C   2. D   3. C   4. A   5. B   6. B   7. B   8. A   9. D   10. C   11. D   12. B   13. B
14. D   15. A   16. B   17. A   18. C   19. D   20. B   21. C   22. C   23. C   24. A   25. B   26. C
27. C   28. D

(二)多项选择题

1. ABCE   2. CDE   3. AB   4. ABCE   5. ABCDE   6. CD   7. AC   8. ABC

二、名词解释(略)

三、简答题(略)

四、实例分析题

1. (1)略   (2)0.5881mol/L;0.04941g/ml   (3)99.73%

2. (1)5ml   (2)0.1094mol/L;略

3. 11ml

4. 95.59%

5. 略、0.1026mol/L

分析化学

第六章　沉淀滴定

一、选择题

（一）单项选择题

1. D　2. B　3. A　4. B　5. C　6. C　7. B　8. A　9. C　10. B

（二）多项选择题

1. ABC　2. ABE　3. AE　4. CD

二、简答题（略）

三、实例分析题

1. 71. 49%，$AgNO_3$溶液盛装在酸式滴定管，该滴定管先自来水洗，再蒸馏水洗，最后用$AgNO_3$溶液润洗。

2. 88. 11%，稀HNO_3 2ml采用量筒加入，$AgNO_3$溶定液采用酸式滴定管加入，加HNO_3 2ml是为了调节溶液酸度，因为铁铵矾指示剂法是在酸性条件下进行的。

3. 0. 096 85mol/L，防止胶粒的凝聚，使AgCl沉淀保持溶胶状态，以增大吸附表面积。不能改用曙红指示剂，因为AgCl沉淀对曙红的吸附能力大于Cl^-离子的，会使终点提前。

第七章　配位滴定法

一、选择题

（一）单项选择题

1. D　2. C　3. D　4. B　5. B　6. D　7. D　8. D

（二）多项选择题

1. ABC　2. ABC　3. AD　4. ABD　5. CD　6. BCD　7. ABCD

二、简答题（略）

三、实例分析题

1. 98. 31%

2. 121. 3mg/L

3. 230. 4mg/L　　145. 8mg/L

4. pH＝3. 8时可以

第八章　氧化还原滴定法

一、选择题

（一）单项选择题

1. D　2. A　3. C　4. B　5. A　6. B　7. B

（二）多项选择题

1. AC　2. ABC　3. BCD　4. BD　5. BC　6. ACD

二、简答题（略）

三、实例分析题

1. 3.40ml   2. 0.1175mol/L

第九章　电化学分析法

一、选择题

（一）单项选择题

1. B　2. D　3. B　4. C　5. C　6. C　7. D　8. A　9. C　10. B

（二）多项选择题

1. AC　2. ABC　3. ABCD　4. ABCD　5. AC　6. CD　7. ABCD　8. AC　9. ABCD　10. ABC

二、名词解释（略）

三、简答题（略）

四、实例分析题

1. 2.69　2. 7.8%

第十章　紫外－可见分光光度法

一、选择题

（一）单项选择题

1. C　2. D　3. B　4. C　5. D　6. B　7. B　8. D　9. C　10. C　11. B　12. C　13. D

14. B　15. B　16. A　17. B　18. C　19. D　20. A

（二）多项选择题

1. BD　2. ABCDE　3. ABCDE　4. ACE　5. BC　6. ABC　7. ABCDE　8. ACE　9. ABC　10. ACE

二、名词解释（略）

三、简答题（略）

四、实例分析题

1. 0.466mg/L，钨灯　　　　2. 6.82×10^4 L/(mol·cm)，1.20×10^3 L/(g·cm)

3. 9927 L/(mol·cm)　　　　4. $5.14 \times 10^{-6} \sim 1.92 \times 10^{-5}$ mol/L

5. 2.94mmol/L

第十一章　色谱法概述与经典液相色谱法

一、选择题

（一）单项选择题

1. C　2. C　3. A　4. A　5. A　6. B　7. D　8. B　9. B　10. A

（二）多项选择题

1. ABDE　2. ACDE　3. CE　4. ABCE　5. ABE　6. DE　7. CE　8. ABCD　9. ABCDE

10. ABDE

分析化学

二、名词解释（略）

三、简答题（略）

四、实例分析题

$R_f = 0.52$　　距离起始线6.76cm处

第十二章　气相色谱法

一、选择题

（一）单项选择题

1. D　2. B　3. C　4. D　5. C　6. D　7. D　8. C　9. C　10. D

（二）多项选择题

1. ABD　2. BCD　3. ACD　4. ABD　5. ABCD

二、名词解释：

1. 校正因子：当组分的质量（或质量浓度）与参考物质相等时,参考物质的峰面积相对于组分峰面积的倍数。

2. 内标法：是将定量的内标物质加入到样品溶液中,测定样品色谱图中待测组分和内标物质色谱峰峰面积,进而确定测定待测组分含量的方法。

3. 分离度：是指相邻两峰的保留时间之差与两组分峰宽平均值的比值。

4. 程序升温：是指按预先设定的程序对色谱柱分期加热的温度控制方法。

三、简答题

1. 气相色谱仪的基本组成包括气路系统、进样系统、分离系统、检测系统、数据处理与记录系统等五个部分。

2. 气相色谱法的定量方法有外标法、内标法、面积归一化法、标准加入法等四种。

3. 气相色谱仪的检测器有热导检测器、氢焰离子化检测器、电子捕获检测器、氮磷检测器、质谱检测器等多种。

四、实例分析题

1. 乙苯24.8%,对二甲苯21.8%,间二甲苯26.6%,邻二甲苯26.8%。

2. 19.74%

第十三章　高效液相色谱法

一、选择题

（一）单项选择题

1. A　2. A　3. B　4. C　5. D

（二）多项选择题

1. ABCD　2. ABCD　3. ACE　4. CD

二、名词解释

1. 化学键合相：将固定液的官能团通过化学反应键合到载体表面而制得的。

2. 反相色谱：采用非极性键合相为固定相,有时也用弱极性或中等极性的键合相为固定相,以水作为基础溶剂再加入一定量的与水混溶的极性调整剂为流动相,固定相的极性比流动相的极性弱。

3. 内标法:精密称(量)取对照品和内标物质,分别配成溶液,精密量取各适量,混合配成溶液,进样,记录色谱图,根据对照品和内标物质的峰面积或峰高计算含量。

4. 梯度洗脱:在一个分析周期内程序控制流动相的组成,如溶剂的极性、离子强度和 pH 值等,用于分析组分数目多、性质差异较大的复杂样品。

三、简答题

1. (1)化学稳定性好,不与固定相发生反应而使柱效下降或损坏柱子。

(2)对试样有良好的溶解度和选择性,以防止试样产生沉淀并在柱中沉积,与固定相不互溶以避免固定液溶解流失。

(3)黏度要小。黏度低的流动相如甲醇、乙腈等可以降低柱压,提高柱效。

(4)纯度要高,以防止微量杂质长期累积损坏色谱柱、检测器噪声增加,为此配制流动相的有机溶剂要求是色谱纯,水要求是新制的高纯水或经二次以上蒸馏的水。

(5)经微孔滤膜过滤,并脱气,过滤通常采用 $0.45\mu m$ 或 $0.22\mu m$ 的滤膜,防止色谱柱的堵塞。

(6)与化学键合相相匹配,且 pH 值适当。

(7)与检测器相匹配。

2. 高效液相色谱仪由五个系统组成,分别是输液系统、进样系统、分离系统、检测系统、数据记录及处理系统。

3. 在反相键合相色谱法中,常选用非极性键合相,用于分离分子型、离子型以及可离子化型的化合物。流动相一般以极性最强的水作为基础溶剂,加入甲醇、乙腈等极性调节剂。

四、实例分析题

1. 黄连碱 26.2% 小檗碱 27.3% 。

2. (1) $k_1 = 2.13$ $k_2 = 2.40$ $\alpha = 1.13$ $R = 1.33$ (2) $R = 1.88$,能

第十四章 原子吸收分光光度法

一、选择题

(一)单项选择题

1. B 2. A 3. B 4. D 5. D 6. D 7. B 8. D 9. B 10. D

(二)多项选择题

1. BC 2. AB 3. ABCDE 4. ADE

二、名词解释(略)

三、简答题(略)

四、实例分析题

1. 根据表中的实验数据,首先做 $A - c$ 标准曲线,然后在 $A - c$ 标准曲线上查得稀释的天然水溶液中钙的含量约为 $2.115 \times 10^{-3} mg/ml$,从而计算出天然水溶液中钙的含量约为 $0.0423mg/ml$。

2. 根据表中的实验数据,首先做 $A - c$ 标准加入曲线,然后,延长 $A - c$ 标准加入曲线与横

坐标相交,交点的绝对值为0.575,即试样中镉的浓度为0.575μg/ml。

第十五章　其他仪器分析法简介

一、选择题

（一）单项选择题

1. D　2. B　3. B

（二）多项选择题

1. AB　2. AE

二、简答题

1. 分子的振动形式可以分为两大类:伸缩振动和弯曲振动。前者是指原子沿键轴方向的往复运动,振动过程中键长发生变化。后者是指原子垂直于化学键方向的振动。通常用不同的符号表示不同的振动形式,例如,伸缩振动可分为对称伸缩振动和反对称伸缩振动,分别用 v_s 和 v_{as} 表示。弯曲振动可分为面内弯曲振动(δ)和面外弯曲振动(γ)。

2. 质谱分析法的主要特点有:可以对气体、液体、固体(室温下具有 10^{-7}Pa 蒸汽压的固体)等进行分析,分析的范围广;分析速度快,灵敏度高,样品用量小,一次分析只需几微克或更少的试样;可以测定化合物的分子量,推测分子式、结构式,用途广。

3. 能够发射荧光的物质必须同时具备两个条件:首先,物质分子必须有强的紫外－可见吸收,只有分子结构中存在共轭的 $\pi \rightarrow \pi *$ 跃迁,才可能有荧光发生;其次,荧光的强度还取决于荧光效率,即发射荧光的量子数与吸收的激发光量子数之比。

4. 只含有 C、H、O 的化合物,分子离子峰的质量数是偶数。由 C、H、O、N 组成的化合物,含奇数个氮,分子离子峰的质量数是奇数;含偶数个氮,分子离子峰的质量数是偶数。凡不符合奇偶规律的,就不是分子离子峰。

参考文献

[1]郭丽霞,陈素娥．分析化学．西安:西安交通大学出版社,2014.

[2]谢庆娟,李维斌．分析化学．北京:人民卫生出版社,2013.

[3]闫冬良,王润霞．分析化学．北京:人民卫生出版社,2015.

[4]潘国石．分析化学．北京:人民卫生出版社,2014.

[5]毛金银,杜学勤．仪器分析技术．北京:中国医药科技出版社,2013.

[6]赵世芬,闫冬良．仪器分析技术．北京:化学工业出版社,2016.

[7]闫冬良．药品仪器检验技术．北京:中国中医药出版社,2013.

[8]李发美．分析化学．北京:人民卫生出版社,2014.

[9]刘燕娥．分析化学．北京:第四军医大学出版社,2014.

[10]朱开梅．分析化学．西安:西安交通大学出版社,2012.

[11]国家药典委员会．中华人民共和国药典．2015年版．北京:中国医药科技出版社,2015.

附　录

一、国际相对原子质量表

（按照原子序数排列，以 $^{12}C = 12.00$ 为基准）

名称	英文名	符号	原子量	名称	英文名	符号	原子量
氢	Hydrogen	H	1.00794（7）	砷	Arsenic	As	74.92160（2）
氦	Helium	He	4.002602（2）	硒	Selenium	Se	78.96（3）
锂	Lithium	Li	6.941（2）	溴	Bromine	Br	79.904（1）
硼	Boron	B	10.811（7）	锶	Strontium	Sr	87.62（1）
碳	Carbon	C	12.0107（8）	锆	Zirconium	Zr	91.224（2）
氮	Nitrogen	N	14.0067（2）	钼	Molybdenum	Mo	95.94（1）
氧	Oxygen	O	15.9994（3）	锝	Technetium	Tc	［99］
氟	Fluorine	F	18.9984032（5）	钯	Palladium	Pd	106.42（1）
钠	Sodium（Natrium）	Na	22.989770（2）	银	Silver（Argentum）	Ag	107.8682（2）
镁	Magnesium	Mg	24.3050（6）	镉	Cadmium	Cd	112.411（8）
铝	Aluminium	Al	26.981538（2）	铟	Indium	In	114.818（3）
硅	Silicon	Si	28.0855（3）	锡	Tin（Stannum）	Sn	118.710（7）
磷	Phosphorus	P	30.973761（2）	锑	Antimony（Stibium）	Sb	121.760（1）
硫	Sulfur	S	32.065（5）	碘	Iodine	I	126.90447（3）
氯	Chlorine	Cl	35.453（2）	碲	Tellurium	Te	127.60（3）
氩	Argon	Ar	39.948（1）	氙	Xenon	Xe	131.293（6）
钾	Potassium（Kalium）	K	39.0983（1）	钡	Barium	Ba	137.327（7）
钙	Calcium	Ca	40.078（4）	镧	Lanthanum	La	138.9055（2）
钛	Titanium	Ti	47.867（1）	铈	Cerium	Ce	140.116（1）
钒	Vanadium	V	50.9415（1）	钬	Holmium	Ho	164.93032（2）
铬	Chromium	Cr	51.9961（6）	镱	Ytterbium	Yb	173.04（3）
锰	Manganese	Mn	54.938049（9）	钨	Tungsten（Wolfram）	W	183.84（1）
铁	Iron（Ferrum）	Fe	55.845（2）	铂	Platinum	Pt	195.078（2）
钴	Cobalt	Co	58.933200（9）	金	Gold（Aurum）	Au	196.96655（2）
镍	Nickel	Ni	58.6934（2）	汞	Mercury（Hydrargyrum）	Hg	200.59（2）

名称	英文名	符号	原子量	名称	英文名	符号	原子量
铜	Copper(Cuprum)	Cu	63.546(3)	铅	Lead(Plumbum)	Pb	207.2(1)
锌	Zinc	Zn	65.409(4)	铋	Bismuth	Bi	208.98038(2)
镓	Gallium	Ga	69.723(1)	钍	Thorium	Th	232.0381(1)
锗	Germanium	Ge	72.64(1)	铀	Uranium	U	238.02891(3)

注:原子量末位数的准确度加注在其后括号内,中括号内的数字是半衰期最长的放射性同位素的质量数

二、常见化合物的相对分子质量表

分子式	相对分子质量	分子式	相对分子质量
$AgBr$	187.78	$CaCl_2 \cdot H_2O$	129.00
$AgCl$	143.32	CaF_2	78.07
$AgCN$	133.84	$Ca(NO_3)_2$	164.09
Ag_2CrO_4	331.73	CaO	56.08
AgI	234.77	$Ca(OH)_2$	74.09
$AgNO_3$	169.87	$CaSO_4$	136.14
$AgSCN$	165.95	$Ca_3(PO_4)_2$	310.18
Al_2O_3	101.96	CH_3COOH	60.05
$Al_2(SO_4)_2$	342.15	$C_6H_5 \cdot COOH$	122.12
As_2O_3	197.84	$C_6H_5 \cdot COONa$	144.10
As_2O_5	229.84	$C_6H_4 \cdot COOH \cdot COOK$ (邻苯二甲酸氢钾)	204.22
$BaCO_3$	197.34	$CH_3 \cdot COONa$	82.03
BaC_2O_4	225.35	C_6H_5OH	94.11
$BaCl_2$	208.23	$COOH \cdot CH_2 \cdot COOH$	104.06
$BaCl_2 \cdot 2H_2O$	244.26	$COOH \cdot CH_2 \cdot COONa$	126.04
$BaCrO_4$	253.32	CCl_4	153.81
BaO	153.33	CO_2	44.01
$Ba(OH)_2$	171.35	Cr_2O_3	151.99
$BaSO_4$	233.39	CuO	79.54
		Cu_2O	143.09
$CaCO_3$	100.09	$CuSCN$	121.63
CaC_2O_4	128.10	$CuSO_4$	159.61
$CaCl_2$	110.98	$CuSO_4 \cdot 5H_2O$	249.69

分析化学

分子式	相对分子质量	分子式	相对分子质量
CH_3OH	32.04		
$CH_3 \cdot CO \cdot CH_3$	58.08	$KAl(SO_4)_2 \cdot 12H_2O$	474.39
		KBr	119.01
$FeCl_3$	162.21	$KBrO_3$	167.01
$FeCl_3 \cdot 6H_2O$	270.30	KCN	65.12
FeO	71.85	K_2CO_3	138.21
Fe_2O_3	159.69	KCl	74.56
Fe_3O_4	231.54	$KClO_3$	122.55
$FeSO_4 \cdot H_2O$	169.93	$KClO_4$	138.55
$FeSO_4 \cdot 7H_2O$	278.02	K_2CrO_4	194.20
$Fe_2(SO_4)_3$	399.89	$K_2Cr_2O_7$	294.19
$FeSO_4 \cdot (NH_4)_2SO_4 \cdot 6H_2O$	392.14	$KHC_2O_4 \cdot H_2O$	146.14
		KI	166.01
HF	20.01	KIO_3	214.00
H_3BO_3	61.83	$KIO_3 \cdot HIO_3$	389.92
HBr	80.91	$KMnO_4$	158.04
$H_6C_4O_6(酒石酸)$	150.09	KNO_2	85.10
$H_2C_2O_4$	90.04	K_2O	92.20
$H_2C_2O_4 \cdot 2H_2O$	126.07	KOH	56.11
$HCOOH$	46.03	$KSCN$	97.18
HCl	36.46	K_2SO_4	174.26
$HClO_4$	100.46		
HI	127.91	$MgNH_4PO_4$	137.33
HNO_2	47.01	$MgCO_3$	84.32
HNO_3	63.01	$MgCl_2$	95.21
H_2O	18.02	MgO	40.31
H_2O_2	34.02	$Mg_2P_2O_7$	222.60
H_3PO_4	98.00	MnO	70.94
H_2S	34.08	MnO_2	86.94
H_2SO_3	82.08		
H_2SO_4	98.08	$Na_2B_4O_7$	201.22
HCN	27.03	$Na_2B_4O_7 \cdot 10H_2O$	381.37
H_2CO_3	62.03	$NaBiO_3$	279.97

分子式	相对分子质量	分子式	相对分子质量
NaBr	102.90	NH_4Cl	53.49
NaCN	49.01	$(NH_4)_2C_2O_4 \cdot H_2O$	142.11
Na_2CO_3	105.99	$NH_3 \cdot H_2O$	35.05
$Na_2C_2O_4$	134.00	$(NH_4)_3HPO_4 \cdot 12MoO_3$	1876.53
NaCl	58.44	NH_4SCN	76.12
NaF	41.99	$(NH_4)_2SO_4$	132.14
$NaHCO_3$	84.01	$NH_4Fe(SO_4)_2 \cdot 12H_2O$	482.20
NaH_2PO_4	119.98	$(NH_4)_2HPO_4$	132.05
Na_2HPO_4	141.96		
$Na_2H_2Y \cdot 2H_2O$ （EDTA 二钠盐）	372.26	P_2O_5	141.95
		$PbCrO_4$	323.18
NaI	149.89	PbO	223.19
$NaNO_3$	69.00	PbO_2	239.19
Na_2O	61.98		
NaOH	40.01	SO_2	64.06
Na_2S	78.05	SO_3	80.06
$Na_2S \cdot 9H_2O$	240.18	SiO_2	60.08
Na_2SO_3	126.04		
Na_2SO_4	142.04	WO_3	231.83
$Na_2SO_4 \cdot 10H_2O$	322.20		
$Na_2S_2O_3$	158.11	$ZnCl_2$	136.30
$Na_2S_2O_3 \cdot 5H_2O$	248.19	ZnO	81.39
Na_2SiF_6	188.06	$ZnSO_4$	161.45
NH_3	17.03		

三、弱酸、弱碱的电离常数(25℃)

名 称	电离常数 $K_a(K_b)$	$pK_a(pK_b)$
H_3AsO_3	6.0×10^{-10}	9.22
H_3AsO_4	$K_1 = 6.3 \times 10^{-3}$	2.2
	$K_2 = 1.05 \times 10^{-7}$	6.98
	$K_3 = 3.2 \times 10^{-12}$	11.5
HCN	6.2×10^{-10}	9.21

分析化学

名　称	电离常数 $K_a(K_b)$	$pK_a(pK_b)$
H_3BO_3	$K_1 = 7.3 \times 10^{-10}$	9.14
H_2CO_3	$K_1 = 4.30 \times 10^{-7}$	6.35
	$K_2 = 5.61 \times 10^{-11}$	10.33
HClO	3.2×10^{-8}	7.5
HF	6.61×10^{-4}	3.18
HIO_4	2.8×10^{-2}	1.56
HNO_2	5.1×10^{-4}	3.29
H_3PO_4	$K_1 = 6.92 \times 10^{-3}$	2.12
	$K_2 = 6.23 \times 10^{-8}$	7.2
	$K_3 = 4.80 \times 10^{-13}$	12.36
H_2S	$K_1 = 8.91 \times 10^{-8}$	7.05
	$K_2 = 1.12 \times 10^{-12}$	11.95
H_2SO_3	$K_1 = 1.23 \times 10^{-2}$	1.91
	$K_2 = 6.6 \times 10^{-8}$	7.18
H_2SO_4	$K_1 = 1.0 \times 10^3$	-3
	$K_2 = 1.02 \times 10^{-2}$	1.99
$H_2S_2O_3$	$K_1 = 2.52 \times 10^{-1}$	0.6
	$K_2 = 1.9 \times 10^{-2}$	1.72
HCOOH	1.8×10^{-4}	3.75
CH_3COOH	1.74×10^{-5}	4.76
$H_2C_2O_4$	$K_1 = 5.9 \times 10^{-2}$	1.23
$K_2 = 6.4 \times 10^{-5}$	4.19	
$H_3C_6H_5O_7$（柠檬酸）	$K_1 = 7.10 \times 10^{-4}$	3.14
	$K_2 = 1.68 \times 10^{-5}$	4.77
	$K_3 = 6.4 \times 10^{-6}$	6.39
C_6H_5COOH	6.46×10^{-5}	4.19
C_6H_5OH	1.1×10^{-10}	9.96
$NH_3 \cdot H_2O$	1.78×10^{-5}	4.75
$CH_3CH_2NH_2$	4.27×10^{-4}	3.37
$H_2N(CH_2)_2OH$	3.16×10^{-5}	4.5
$C_6H_5NH_2$	3.98×10^{-10}	9.4

四、常见难溶电解质的溶度积常数（298K）

难溶电解质	K_{sp}	难溶电解质	K_{sp}
AgAc	1.94×10^{-3}	$CaCrO_4$	7.1×10^{-4}
AgBr	5.35×10^{-13}	CuBr	6.27×10^{-9}
Ag_2CO_3	8.46×10^{-12}	CuCl	1.72×10^{-7}
AgCl	1.8×10^{-10}	CuI CuS	1.27×10^{-12} 6.3×10^{-36}
Ag_2CrO_4	1.10×10^{-12}	$Fe(OH)_2$	4.87×10^{-17}
AgI	8.52×10^{-17}	$Fe(OH)_3$	2.79×10^{-39}
Ag_2S	6.3×10^{-50}	FeS	6.3×10^{-18}
$BaCO_3$	2.58×10^{-9}	HgS(红)	4.0×10^{-53}
BaC_2O_4	1.6×10^{-7}	$Mg(OH)_2$	5.61×10^{-12}
$BaCrO_4$	1.17×10^{-10}	$Mn(OH)_2$	1.9×10^{-13}
$BaSO_4$	1.08×10^{-10}	MnS(无定形)	2.5×10^{-10}
$CaCO_3$	3.36×10^{-9}	MnS(结晶)	2.5×10^{-13}
$CaC_2O_4 \cdot H_2O$	2.32×10^{-9}		

五、水溶液中的标准电极电势 $\varphi^{\ominus}$（298K）

电极	电极反应	$\varphi^{\ominus}/V$
氧化型/还原型	氧化型 + ne $\rightleftharpoons$ 还原型	
Li^+/Li	$Li^+ + e \rightleftharpoons Li$	-3.045
K^+/K	$K^+ + e \rightleftharpoons K$	-2.925
Na^+/Na	$Na^+ + e \rightleftharpoons Na$	-2.714
Mg^{2+}/Mg	$Mg^{2+} + 2e \rightleftharpoons Mg$	-2.363
Zn^{2+}/Zn	$Zn^{2+} + 2e \rightleftharpoons Zn$	-0.7618
Fe^{2+}/Fe	$Fe^{2+} + 2e \rightleftharpoons Fe$	-0.4402
Sn^{2+}/Sn	$Sn^{2+} + 2e \rightleftharpoons Sn$	-0.136
H^+/H_2, pt	$2H^+ + 2e \rightleftharpoons H_2$	± 0.000
$Sn^{4+}/Sn^{2+}|Pt$	$Sn^{4+} + 2e \rightleftharpoons Sn^{2+}$	$+0.15$
Cu^{2+}/Cu	$Cu^{2+} + 2e \rightleftharpoons Cu$	$+0.3419$
I^-/I_2, Pt	$I_2 + 2e \rightleftharpoons 2I^-$	$+0.5345$
Fe^{3+}/Fe^{2+}	$Fe^{3+} + e \rightleftharpoons Fe^{2+}$	0.77
Ag^+/Ag	$Ag^+ + e \rightleftharpoons Ag$	$+0.7991$
Br^-/Br_2, Pt	$Br_2 + 2e \rightleftharpoons 2Br^-$	$+1.0652$

续表

电 极	电 极 反 应	$\varphi^{\ominus}/V$
Mn^{2+},H^+/MnO_2,Pt	$MnO_2+4H^++2e\Longrightarrow Mn^{2+}+2H_2O$	+1.23
$Pb^{2+}\cdot H^+/PbO_2$,Pt	$PbO_2+4H^++2e\Longrightarrow Pb^{2+}+2H_2O$	+1.455
Au^{3+}/Au	$Au^{3+}+3e\Longrightarrow Au$	+1.498
Au^+/Au	$Au^++e\Longrightarrow Au$	+1.691
H_2O_2/H_2O	$H_2O_2+2H^++2e\Longrightarrow 2H_2O$	+1.776
H^-/H_2,Pt	$H_2+2e\Longrightarrow 2H^-$	+2.2
F^-/F_2,Pt	$F_2+2e\Longrightarrow 2F^-$	+2.87

六、标准缓冲溶液及常用缓冲溶液的配制(25℃)

名 称	pH	配 制 方 法
四草酸氢钾溶液 (0.05mol/L)	1.68	称取在54℃±3℃下烘干4~5小时四草酸氢钾12.61g,溶于纯化水中,于25℃下稀释至1L
饱和酒石酸 氢钾溶液	3.56	在磨口瓶中装入纯化水和过量的酒石酸氢钾粉末(20g/L),温度控制在25℃±3℃,剧烈摇动20~30分钟,溶液澄清后,用倾泻法取清液备用
邻苯二甲酸氢钾溶液 (0.05mol/L)	4.00	称取在115.0℃±5.0℃下干燥2~3小时的邻苯二甲酸氢钾($KHC_8H_4O_4$)10.21g,溶于无CO_2的纯化水,并稀释至1000ml
磷酸氢二钠和磷酸 二氢钾混合溶液 (0.025mol/L)	6.88	分别称取在115℃±5℃下烘干2~3小时的磷酸氢二钠3.53g和磷酸二氢钾3.39g,溶于纯化水中,于25℃下稀释至1L。配制溶液用的蒸馏水应预先煮沸30分钟或通入惰性气体(除去溶解的二氧化碳)
硼砂溶液 (0.01mol/L)	9.18	称取硼砂3.80g(注意,不能烘),溶于纯化水,于25℃下稀释至1L。配制溶液用的纯化水应预先煮沸30分钟或通入惰性气体(除去溶解的二氧化碳)
醋酸钠－醋酸	4.7	无水醋酸钠83g,溶于适量水中,加冰醋酸60ml,稀释至1L
氨水－氯化铵	10.0	氯化铵54g,溶于适量水中,加浓氨水350ml,稀释至1L

七、常用试剂的配制

1. 常用酸、碱溶液

名 称	浓度 (mol/L)	相对密度 (20℃)	质量分数	配制方法
浓盐酸	12	1.19	0.3723	
稀盐酸	6	1.10	0.20	取浓盐酸与等体积纯化水混合
	3	—	—	取浓盐酸250ml,加纯化水稀释成1L
	2	1.036	0.0715	取浓盐酸167ml,加纯化水稀释成1L

名　　称	浓度 （mol/L）	相对密度 （20℃）	质量分数	配制方法
浓硝酸	16	1.42	0.6980	
稀硝酸	6	1.20	0.3236	取浓硝酸375ml,加纯化水稀释成1L
	2	1.07	0.1200	取浓硝酸127ml,加纯化水稀释成1L
浓硫酸	18	1.84	0.956	
稀硫酸	3	1.18	0.248	取浓硫酸167ml,缓缓倾入800ml纯化水中,稀释成1L
	1	1.08	0.0927	取浓硫酸53ml,缓缓倾入800ml纯化水中,稀释成1L
冰醋酸	17	1.05	0.995	
稀醋酸	6	—	0.350	冰醋酸353ml,加纯化水稀释成1L
稀醋酸	2	1.016	0.1210	冰醋酸118ml,加纯化水稀释成1L
浓磷酸	14.7	1.69	0.8509	
浓氨水	15	0.90	0.25~0.27	
稀氨水	6	—	0.10	取浓氨水400ml,加纯化水稀释成1L
	2	—	—	取浓氨水133ml,加纯化水稀释成1L
	1	—	—	取浓氨水67ml,加纯化水稀释成1L
氢氧化钠	6	1.22	0.197	将NaOH 250g溶于水,加纯化水稀释成1L
	2	—	—	将NaOH 80g溶于水,加纯化水稀释成1L
	1	—	—	将NaOH 40g溶于水,加纯化水稀释成1L
氢氧化钾	2	—	—	将KOH 112g溶于水,稀释成1L

2. 指示剂

名　　称	配　制　方　法
甲基橙	0.1g甲基橙溶解于100ml热纯化水中,如有不溶物应过滤
甲基红	0.1g甲基红溶解于60ml乙醇中,溶解后加水稀释至100ml
酚酞	1g酚酞溶解于80ml 95%乙醇中,溶解后加水稀释至100ml
麝香草酚蓝	称0.5g麝香草酚蓝,加无水甲醇中溶解后稀释至100ml
溴甲酚绿	0.1g溴甲酚绿溶解于2.88ml 0.05mol/L氢氧化钠溶液中,加水稀释至250ml
结晶紫	称0.5g结晶紫,加100ml冰醋酸,使溶解,摇匀
铬酸钾	称10g铬酸钾,加100ml H_2O,使溶解,摇匀
硫酸铁铵	称8g硫酸铁铵,加100ml H_2O,使溶解,摇匀
荧光黄	称0.1g荧光黄,加100ml乙醇,使溶解,摇匀
铬黑T	0.5g铬黑T加50g氯化钠研磨均匀

分析化学

名 称	配 制 方 法
钙指示液	称 0.20g 钙指示剂与在 105℃ 下干燥的 20g 氯化钠,置于研钵中研细混匀,贮存与棕色磨口瓶中
淀粉溶液	取可溶性淀粉 0.5g,加水约 5ml,搅拌成糊状后,缓缓倾于 100ml 水中,随加随搅拌,煮沸 2~3 分钟使之溶液透明,迅速冷却,取上清液。(临用现配)
碘化钾淀粉	称取 0.5g 碘化钾,加新制淀粉指示剂 100ml,使其溶解即得(24 小时后不能用)

八、常用基准物质的干燥条件和应用

基准物质		干燥后的组成	干燥条件(℃)	标定对象
名称	分子式			
碳酸氢钠	$NaHCO_3$	Na_2CO_3	270~300	酸
碳酸钠	$Na_2CO_3 \cdot 10H_2O$	Na_2CO_3	270~300	酸
硼砂	$Na_2B_4O_7 \cdot 10H_2O$	$Na_2B_4O_7 \cdot 10H_2O$	蔗糖饱和溶液的干燥器中	酸
碳酸氢钾	$KHCO_3$	K_2CO_3	270~300	酸或碱
草酸	$H_2C_2O_4 \cdot 2H_2O$	$H_2C_2O_4 \cdot 2H_2O$	室温、空气干燥	$KMnO_4$
邻苯二甲酸氢钾	$KHC_8H_4O_4$	$KHC_8H_4O_4$	110~120	碱
重铬酸钾	$K_2Cr_2O_7$	$K_2Cr_2O_7$	140~150	还原剂
溴酸钾	$KBrO_3$	$KBrO_3$	130	还原剂
碘酸钾	KIO_3	KIO_3	130	还原剂
铜	Cu	Cu	室温、干燥器中保存	还原剂
三氧化二砷	As_2O_3	As_2O_3	同上	氧化剂
草酸钠	$Na_2C_2O_4$	$Na_2C_2O_4$	130	氧化剂
碳酸钙	$CaCO_3$	$CaCO_3$	110	EDTA
锌	Zn	Zn	室温、干燥器中保存	EDTA
氧化锌	ZnO	ZnO	900~1000	EDTA
氯化钠	$NaCl$	$NaCl$	500~600	$AgNO_3$
氯化钾	KCl	KCl	500~600	$AgNO_3$
硝酸银	$AgNO_3$	$AgNO_3$	280~290	氯化物

(杨 阳)